蔬果雕中級大全

1500張步驟圖清楚示範，你也能成為果雕大師

楊順龍 著

蔬果雕中級大全

作　　者　楊順龍
編　　輯　黃馨慧
美術設計　劉錦堂、曹文甄
封面設計　劉錦堂

發 行 人　程安琪
總 策 劃　程顯灝
總 編 輯　呂增娣
主　　編　翁瑞祐、羅德禎
編　　輯　鄭婷尹、邱昌昊、黃馨慧
美術主編　劉錦堂
美術編輯　曹文甄
行銷總監　呂增慧
資深行銷　謝儀方
行銷企劃　李承恩

發 行 部　侯莉莉
財 務 部　許麗娟、陳美齡
印　　務　許丁財
出 版 者　橘子文化事業有限公司

總 代 理　三友圖書有限公司
地　　址　106 台北市安和路 2 段 213 號 4 樓
電　　話　(02)2377-4155
傳　　真　(02)2377-4355
E－mail　service@sanyau.com.tw
郵政劃撥　05844889 三友圖書有限公司

總 經 銷　大和書報圖書股份有限公司
地　　址　新北市新莊區五工五路 2 號
電　　話　(02) 8990-2588
傳　　真　(02) 2299-7900

製版印刷　鴻嘉彩藝印刷股份有限公司

初　　版　2017 年 03 月
定　　價　新台幣 430 元
I S B N　978-986-364-101-8(平裝)

國家圖書館出版品預行編目 (CIP) 資料

蔬果雕中級大全 / 楊順龍著 . -- 初版 . -- 臺北市 : 橘子文化 , 2017.03
面； 公分

ISBN 978-986-364-101-8 (平裝)

1. 蔬果雕切
427.32　　106001972

—作者序—

由初級果雕入門後，經基礎扎實的刀功練習，讀者們肯定對於刀器具的使用及線修形狀修飾、進一步至成品的組裝盤飾已有概念。並且能夠經由簡易的刀法運用及掌握食材本身特有的顏色、形狀、質地等特點進行切雕成形，輕鬆完成作品及引發興趣建立自信心，開啟愉快的果雕學習大門。

「臨摹」在果雕學習過程中是很重要的一環，起先借由模仿實物形體雕刻，進而建立了立體動物的形體概念，才能以形刻形。《蔬果雕中級大全》是一本帶領讀者向前邁進學習的進階書。以常見、可愛的小型立體動物，乃至較寫實的中大型動物為題材。當了解外形、捕捉特徵後，再配合專門繪製的「等分示意線條圖」，借由詳細的等分位置及不同面向的部位圖解，搭配示範照片操作，讓讀者能清楚明白由哪裡下刀，如此方能正確的學習及完成作品。

此書有多達 1500 張的步驟圖，是市售果雕書中單一作品最多、示範照片最清楚的，從無到有，一步一步帶領你學會果雕，翻轉你對果雕的刻板觀念，提升果雕技法、觀念及思維，加強第二專長，記住：創意無所不在，用心觀察，你也是大師喔！

楊順龍

2017.02.08

目錄

作者序 003

Chapter 1 蔬果切雕基礎概念

基本必備刀器具 008

刀具研磨示範 009

刀器具保養 012

果雕作品保存方法 012

Chapter 2 切雕技法示範

白蘿蔔

白鵝直飛 017

白鵝覓食 023

白鵝上仰 028

白鵝 2 式 033

小白鵝 038

白鶴覓食 046

白鶴 2 式 052

白鶴仰式 057

白鷺鷥 S 式 062

白鷺鷥仰式 067

小白兔 073

小白兔立式 078

南瓜

小青蛙....085

紅蘿蔔

小鴨子....095
小蝦....103
公鴛鴦....112
母鴛鴦....121

芋頭

山羊....129
梅花鹿....141
猴子....154
老鷹....169

附錄：作品欣賞....186

Chapter 1 蔬果切雕基礎概念

008 | 基本必備刀器具
009 | 刀具研磨示範
012 | 刀器具保養
012 | 果雕作品保存方法

基本必備刀器具

▶ **西式切刀**

用於切割面積範圍較小的素材，刃長210mm。

▶ **中式片刀**

用於切割面積範圍較大的素材，刃長210mm。

▶ **專業雕刻刀**

將素材雕刻出形狀或細部修飾時使用，刃長100mm。

▶ **砧板**

分為木質、塑膠材質。木質砧板適合切雕生食、蔬菜；塑膠砧板則適合切雕水果、熟食。

▶ **專業大圓槽刀**

可將素材挖出較大圓孔，或是處理弧度造型，刀長220mm。

▶ **專業中圓槽刀**

可將素材挖出中等圓孔，或是處理弧度造型，刀長220mm。

▶ **專業小圓槽刀**

可將素材挖出小圓孔，或是處理弧度造型，刀長220mm。

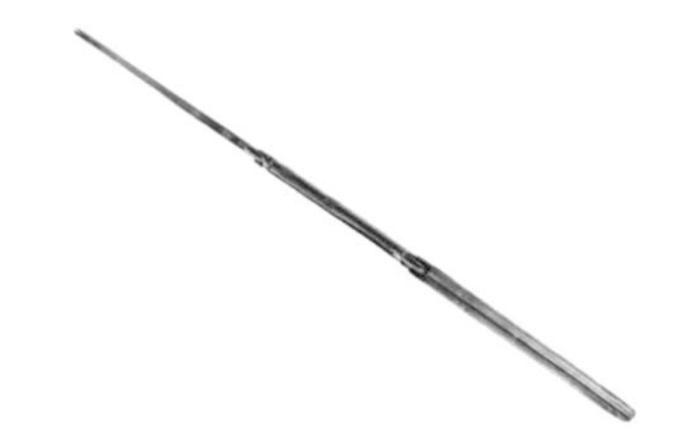

▶ **專業特小圓槽刀**

可將素材挖出較小圓孔，或是處理弧度造型，刀長220mm。

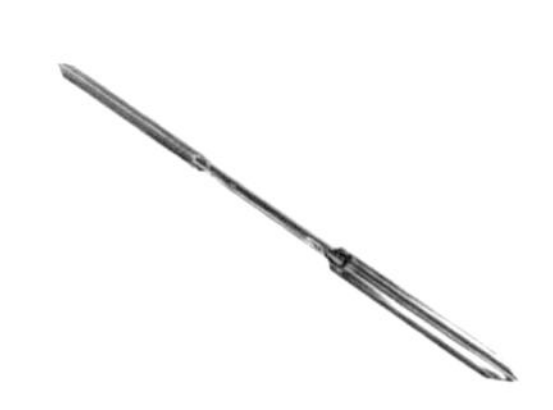

▶ **專業V型槽刀**

此V形刀口可以將素材刻出V形缺口或是線條，刀長220mm。

備註：大圓、中圓、小圓、特小圓槽刀，又稱為U型槽刀。

刀具研磨示範

（一） 直式研磨法

中式片刀

01 中式片刀研磨正視圖

刀刃

仰角 3 ～ 5 度

刀刃須緊貼磨刀石面

磨刀石

02

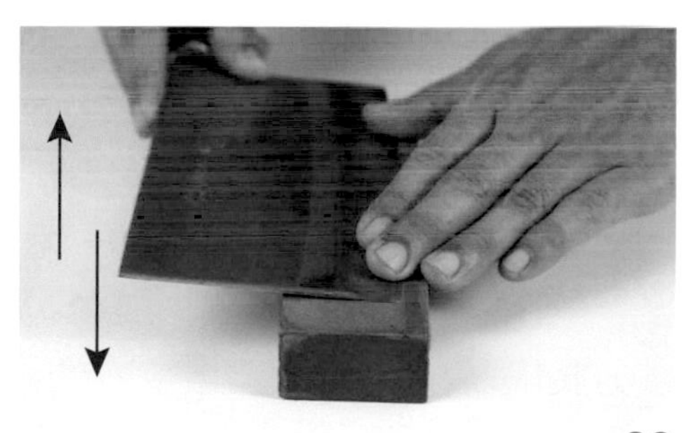

03

04

把片刀平放於磨刀石，刀身往上仰角約 3 ～ 5 度，使刀刃緊貼磨刀石面（01），左手平均施力壓於刀面（02），用前推後拉方式來回研磨，向前推時使力、往後拉時不需用力（03）。右側刀刃磨好時，再反面研磨左側刀刃（04），兩側刀刃須反覆交叉研磨，使力勻稱，才能磨出鋒利的刀刃。

Tips：研磨時，磨刀石下方須墊溼布或置於專用木板架，以防滑動。雙腳微張與肩同寬，上身保持端正，目視刀面，雙手平均施力，規律研磨。磨好刀時，如欲試刀的鋒利度，可用蔬果食材試切。

西式切刀

把切刀平放於磨刀石，刀身往上仰角約 3～5 度，使刀刃緊貼磨刀石面（01），左手平均施力壓於刀面（05），採前推後拉方式來回研磨，向前推時使力、往後拉時不須用力（06）。右側刀刃磨好時，再反面研磨左側刀刃（07），兩側刀刃須反覆交叉研磨，使受力勻稱，才能磨出鋒利的刀刃。

05

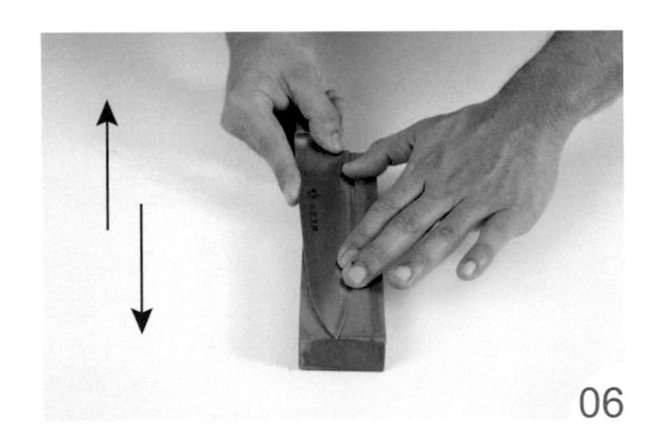
06

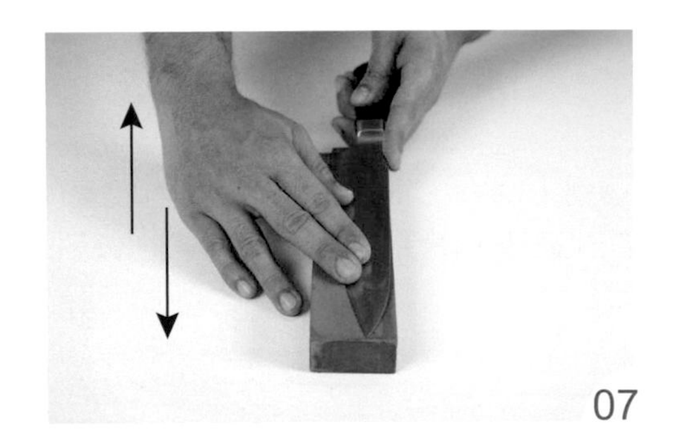
07

雕刻刀

研磨方式與西式切刀相同，皆採用直式研磨法，可將雕刻刀放在磨刀石的側邊研磨（08），或者放在磨刀石底側研磨（09），右側刀刃磨好時，再反面研磨左側刀刃（10）。

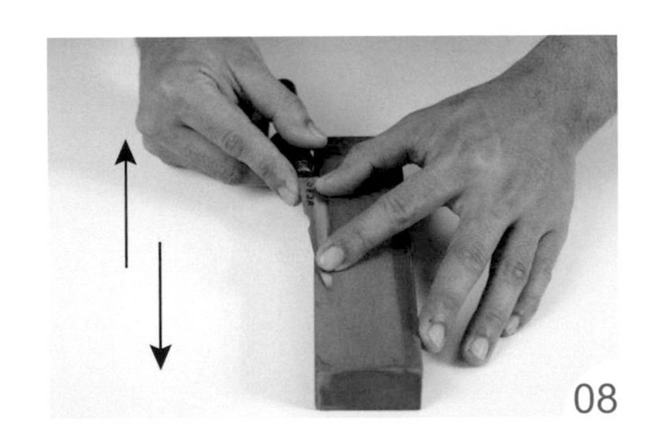
08

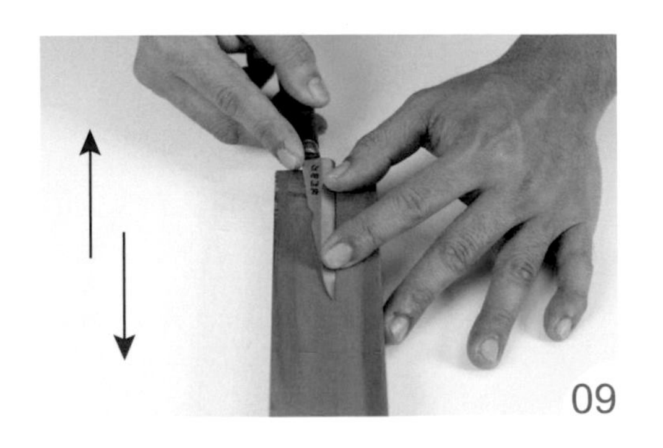
09

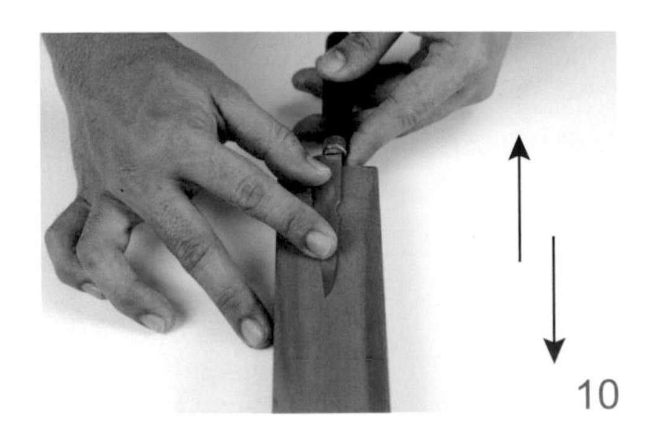
10

Tips：由於雕刻刀的刀面較窄，研磨時，大拇指（或中指）和食指施力於刀面上，須特別注意手指壓刀的位置，不可以太靠近刀刃，否則會容易割傷手指。

（二）橫式研磨法

中式片刀

11 中式片刀研磨側視圖

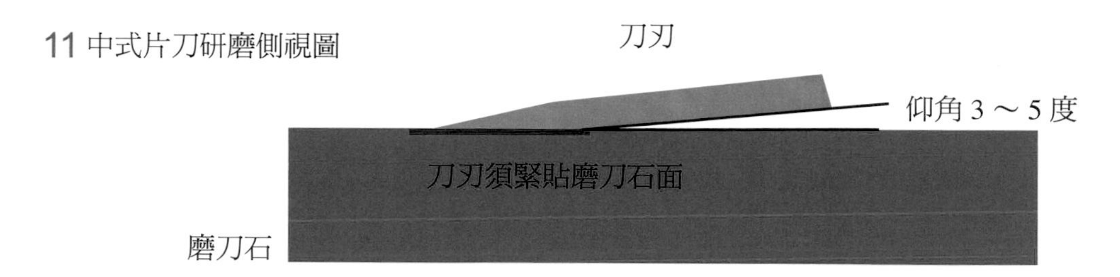

把片刀橫放於磨刀石，刀身往上仰角約 3 ～ 5 度，使刀刃緊貼磨刀石面（11），左右手平均施力壓於刀面，用前推後拉、左右移動方式來回研磨（12）。向前推時使力、往後拉時不須用力，在前後研磨時、同時向左往刀後跟移動，磨至刀後跟時、再向右移動至刀尖，使整段刀刃都有磨到（14），來回反覆研磨。內側刀刃磨好時，再反面研磨外側刀刃（13），兩側刀刃須反覆交叉研磨，使受力勻稱、才能磨出鋒利的刀刃。

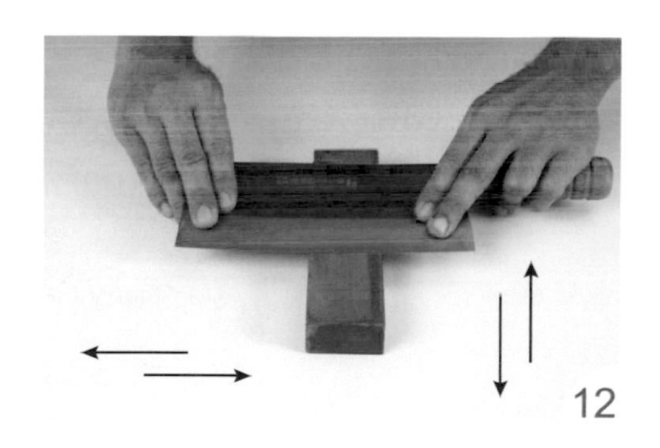
12

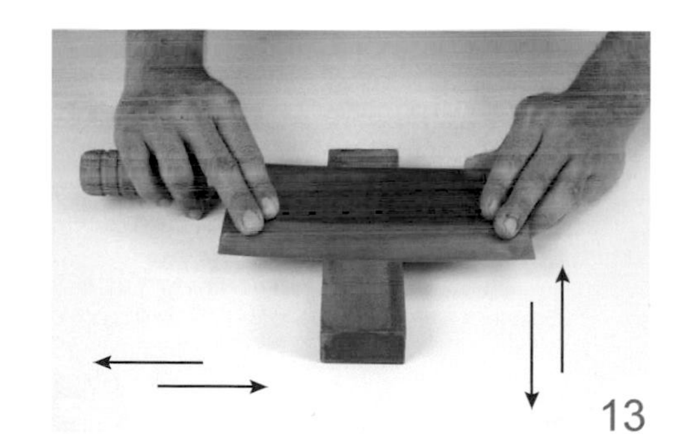
13

‧ 刀具的各部名稱

14 其他各類刀具的部位名稱，皆相同定義。

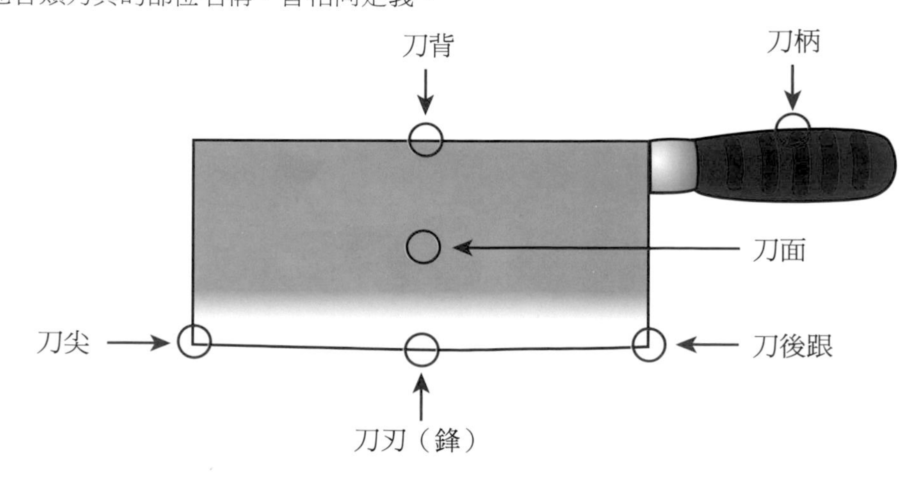

刀器具保養

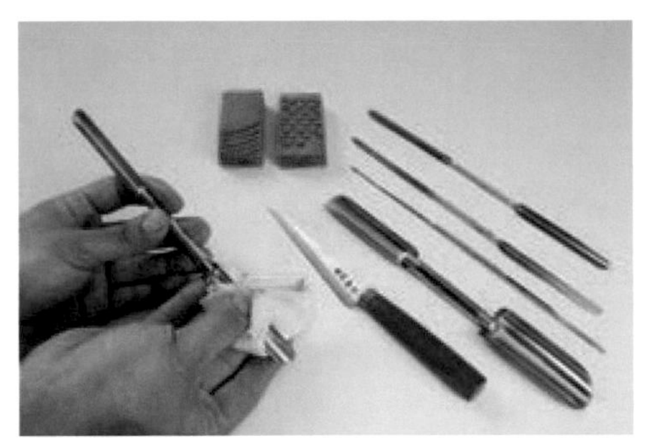

雕刻刀器具使用完畢時，可用乾布或餐巾紙擦拭乾淨，不可殘留水分、果屑，保持乾燥，以免生鏽。

雕刻刀、槽刀使用時，應避免掉落或刀尖直接碰觸桌面，導致刀尖刃損壞，而影響操作。

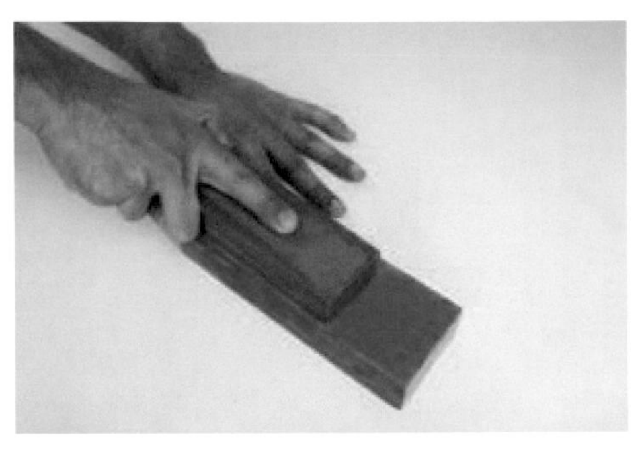

磨刀石經使用後，會造成表面凹陷不平的磨痕，可用係數較粗的磨刀石將它表面磨平，方便其他刀具的研磨並延長磨刀石壽命。

Tips：雕刻刀、槽刀如不慎掉落，導致刀口損壞，可用砂輪機研磨修復，但須由專業人員操作。

果雕作品保存方法

完成精心雕琢的果雕作品後，需了解素材的質地特性及正確的保存方法，才能保持素材的鮮度、色澤，延長作品的生命週期及雕製工時、增加重複使用的次數，以達最高的經濟效益。因雕刻素材的種類不同，所以保存方法、期限也不同，一般果雕的保存方法可分為：溼裹冷藏、泡水冷藏。

（一）溼裹冷藏（乾冰法）

適用素材

水果類、瓜果類、蔬菜類、果雕半成品(在雕製期間，如因時間關係須暫時中斷雕刻，為防止作品表面失水、質地軟化，可用「乾冰法」保存。如長時間中斷雕刻，則需以「溼冰法」保存)。

使用方法

把果雕作品先浸泡清水中約 5 ～ 10 分鐘，再放入已鋪好濕布的保鮮盒（01），蓋上濕布（溼紙巾）包裹（02），再用水槍將其噴溼（03），蓋上盒蓋放入冰箱冷藏即可（04）。

01

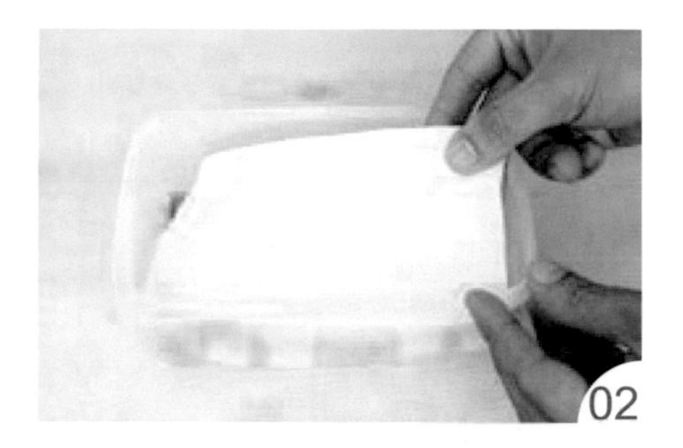

02

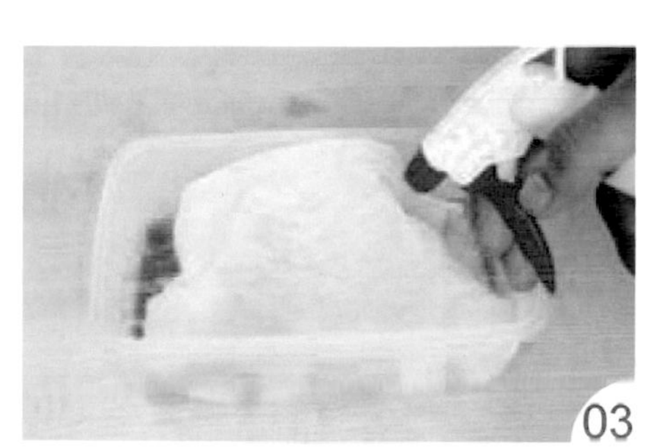

03

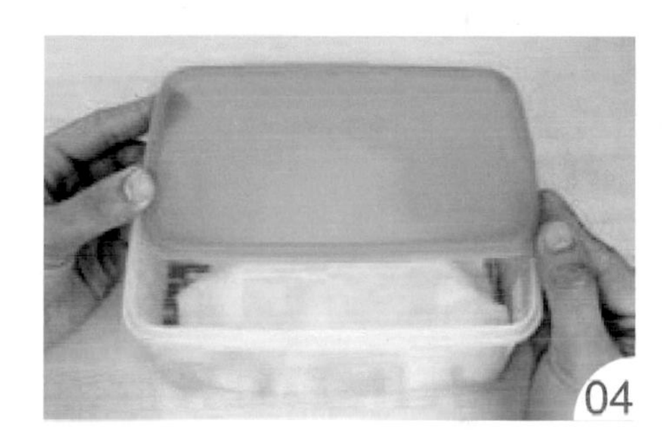

04

Tips：1 切雕後素材顏色會褐變的蔬果類，如蘋果、茄子等，可先浸泡鹽水或酸性水中（加入少許檸檬汁或白醋）約 3 ～ 5 分鐘，可延緩褐變的時間。

2 如雕刻作品須以泡水後才會呈現捲曲外翻變形，當達到預期的形狀效果時，即須取出並以「乾冰法」保存，以防過度變形。

（二）泡水冷藏（溼冰法）

適用素材

根莖類廣用的保存方法。

使用方法

1.將容器裝水，水的高度以能全部浸泡果雕作品為主，再把果雕作品放入水中，加蓋或封保鮮膜後再放至冰箱冷藏即可（05）。此法適用所有根莖類作品的保存。

2.保存期間約每隔 7 ～ 10 天更換一次水，才可延長保存期限。

05

Tips：換水時，須在新調製 好的水中加入冰塊，讓舊水與新水的溫度一致，因作品會熱漲冷縮，所以要以冰換冰，對果雕作品的保存會比較好。

Chapter 2 切雕技法示範

白蘿蔔
017 | 白鵝直飛
023 | 白鵝覓食
028 | 白鵝上仰
033 | 白鵝2式
038 | 小白鵝
046 | 白鶴覓食
052 | 白鶴2式
057 | 白鶴仰式
062 | 白鷺鷥S式
067 | 白鷺鷥仰式
073 | 小白兔
078 | 小白兔立式

南瓜
085 | 小青蛙
紅蘿蔔
095 | 小鴨子
103 | 小蝦
112 | 公鴛鴦
121 | 母鴛鴦
芋頭
129 | 山羊
141 | 梅花鹿
154 | 猴子
169 | 老鷹

白蘿蔔

運用白蘿蔔雕刻出姿態優雅的白鵝、白鶴、白鷺鷥，
還有惹人喜愛的小白兔，
並以各式蔬果組合作為裝飾。

白鵝直飛

▸材　料
白蘿蔔 1 條、紅蘿蔔 1 段、乾辣椒梗 1 個

▸工　具
西式切刀、雕刻刀、大圓槽刀、小圓槽刀、水性畫筆、三秒膠、牙籤、剪刀

▸取 材 比 例
高：長：寬 = 1：3：1 又 1/3，假設高度 1 是 3 公分，那長度 3 就是 9 公分，寬度 1 又 1/3 就是 4 公分

※長脖子動物雕刻的特徵重點是：由俯視或側視看，脖子中間段須為最瘦處

・ 示意圖

A. 側視圖

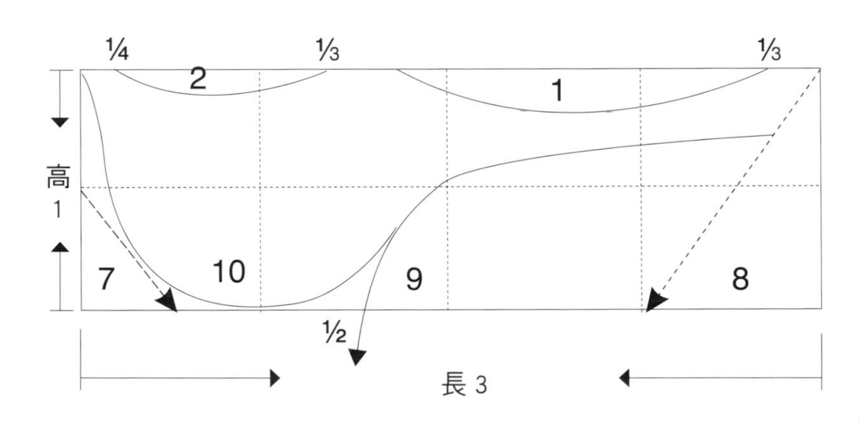

B. 俯視圖

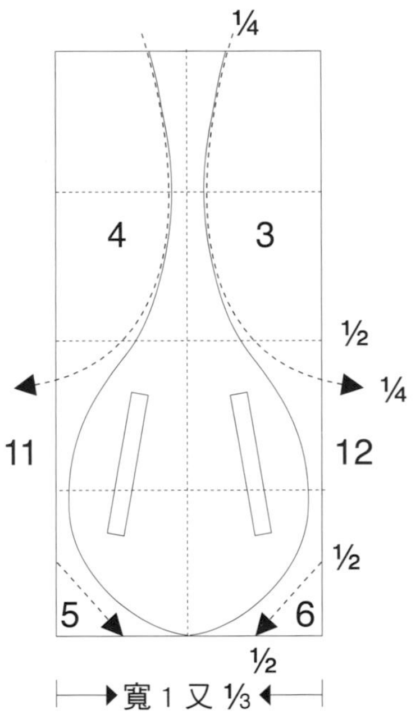

C. 嘴形

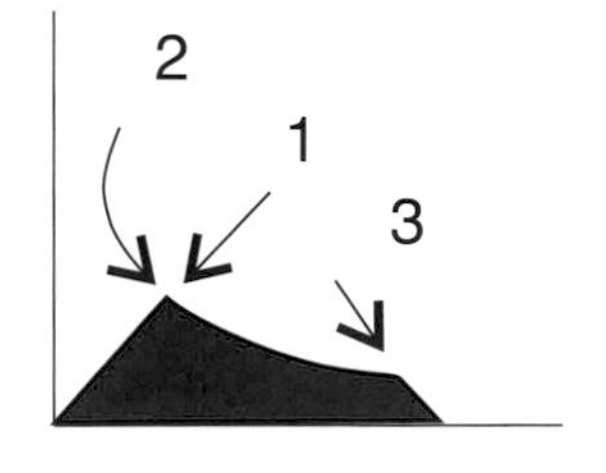

D. 翅膀

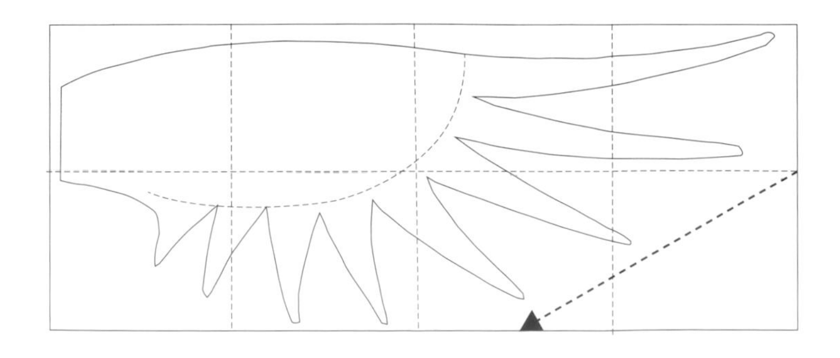

· 作法

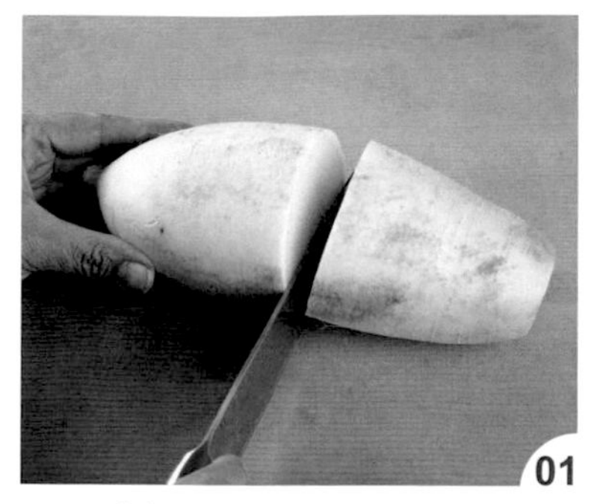

用西式切刀切取白蘿蔔頭段，長約 9 ~ 10 公分。

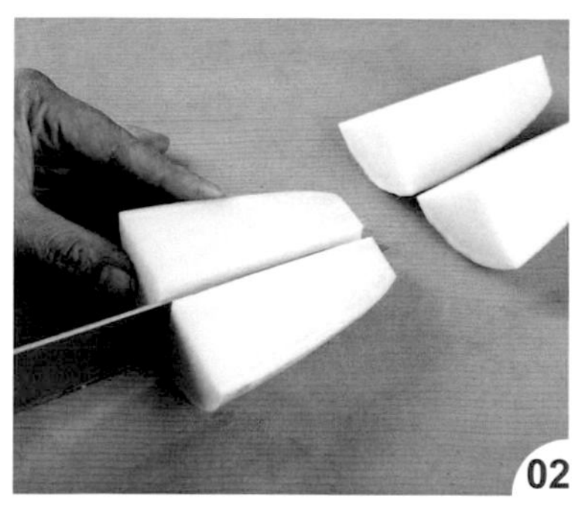

把白蘿蔔頭段切成 4 等分。

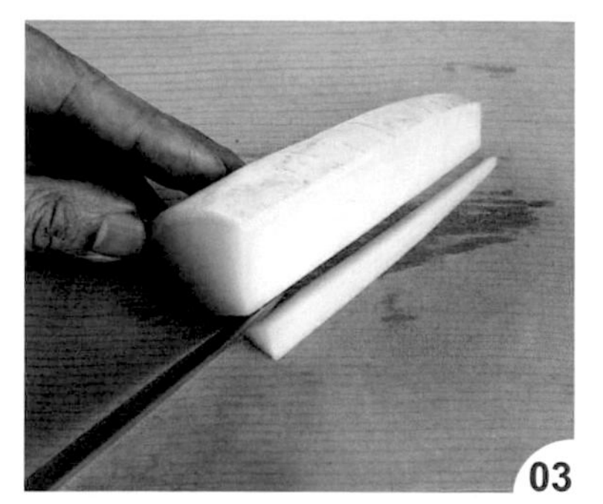

取一等分側邊平放後，再把尖角部分切除，此時的高度假設為基數 1。

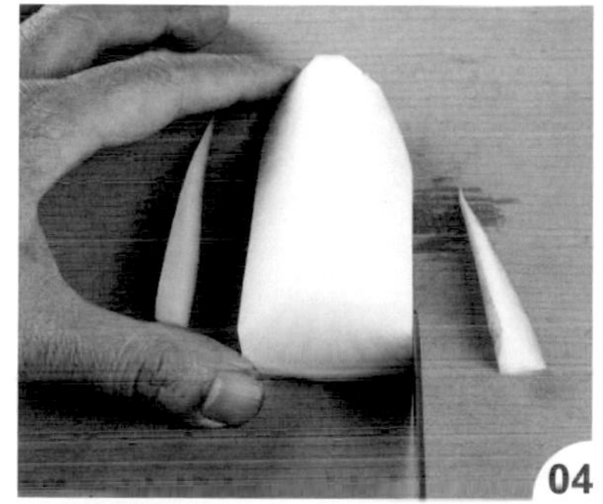

把白蘿蔔放正後再將兩側切除，此時的寬度須為作法 03 高度的 1 又 1/3 倍。

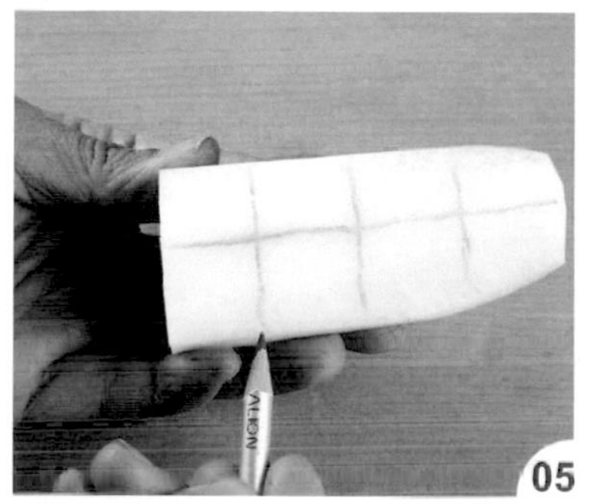

參考示意圖，用水性畫筆於白蘿蔔上畫出等分線。

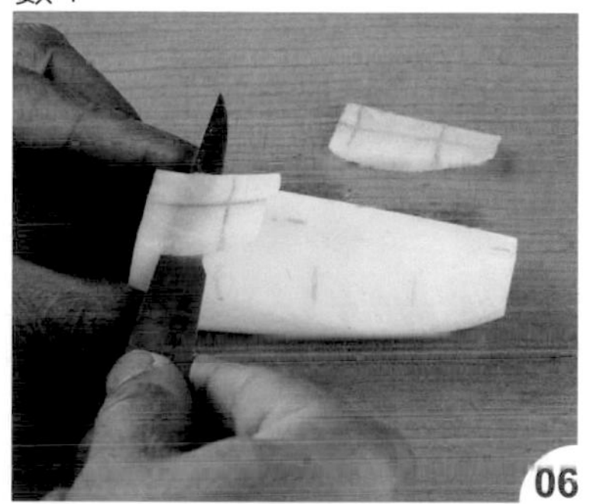

用雕刻刀將白鵝的脖子及背部弧度切出（側視圖 A1、A2）。

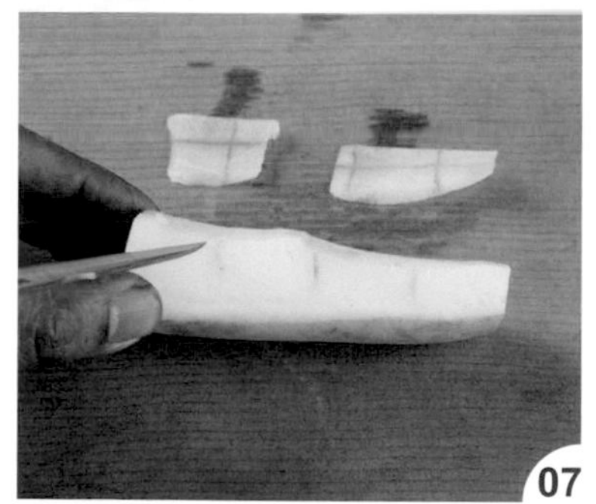

如圖修出弧度。

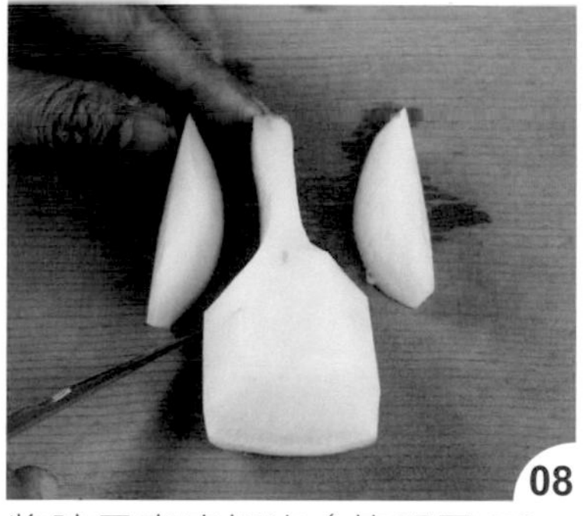

將脖子寬度切出（俯視圖 B3、B4）。

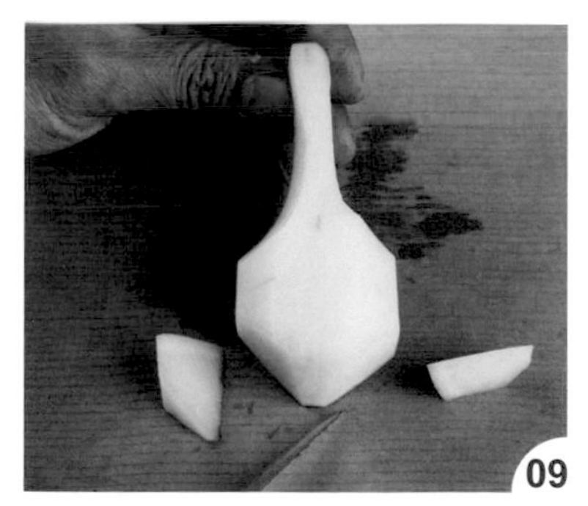

切除下方兩側邊角（俯視圖 B5、B6）。

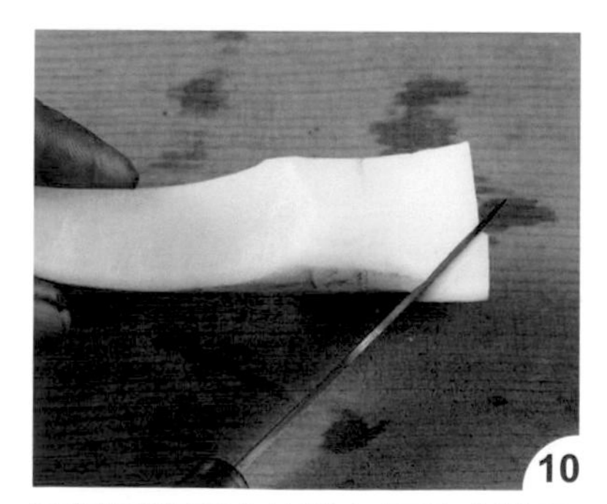

再把屁股下方的邊角切除（側視圖 A7）。

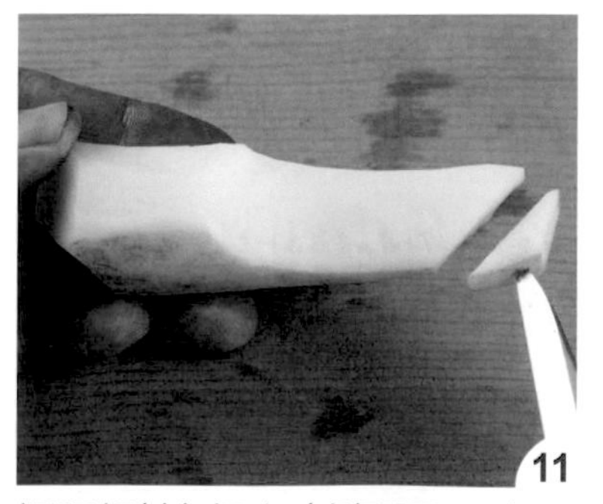

把頭部斜角切出（側視圖 A8）。

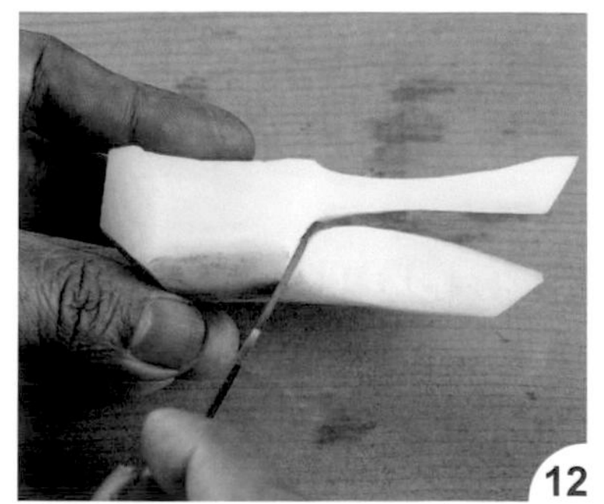

將脖子下方的弧度刻出（側視圖 A9）。

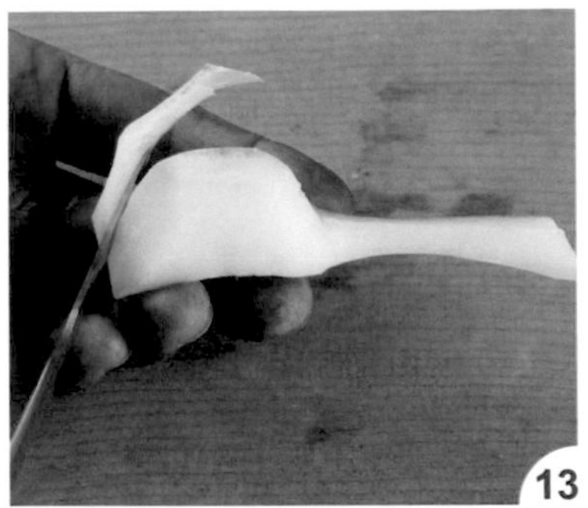

把作法10的腹尾部線條刻出（側視圖 A10）。

再將身體兩側的弧度切出如雞蛋形（俯視圖 B11、12），大致完成身體的雛形。

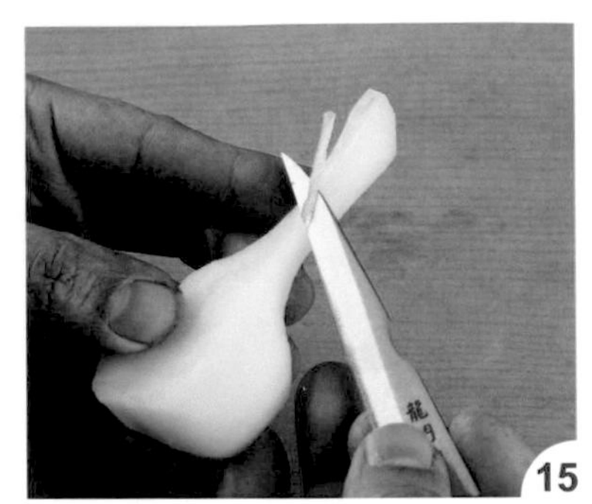

接著進行脖子四刀的切除步驟，先把右上邊角修除。

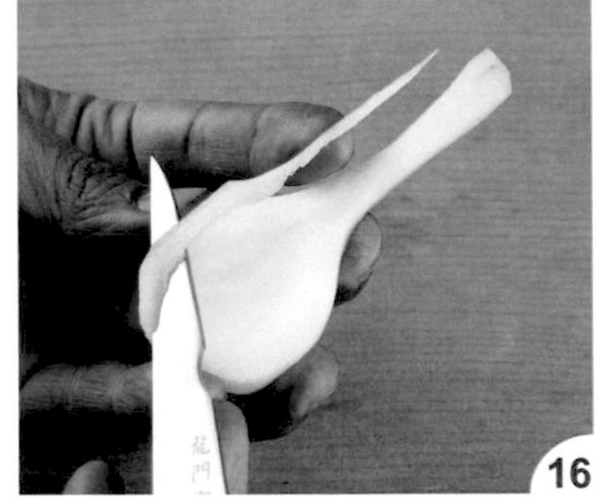

換修左上邊角，由前面修到尾部中間。

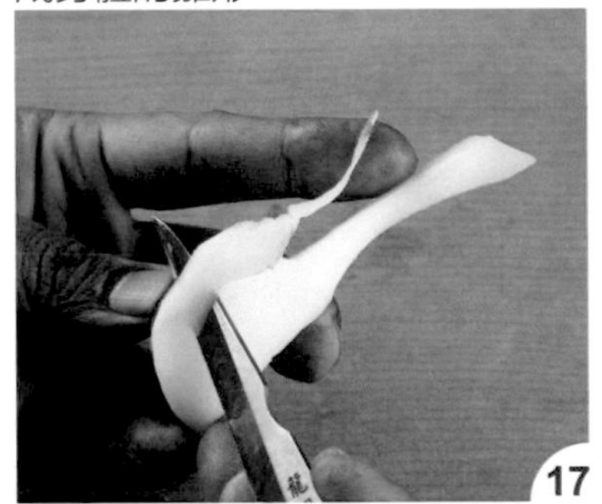

再切左下邊角。

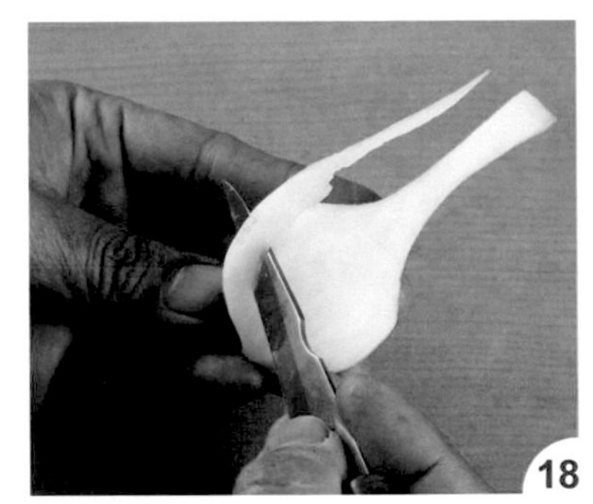

最後再把右下邊角切除。

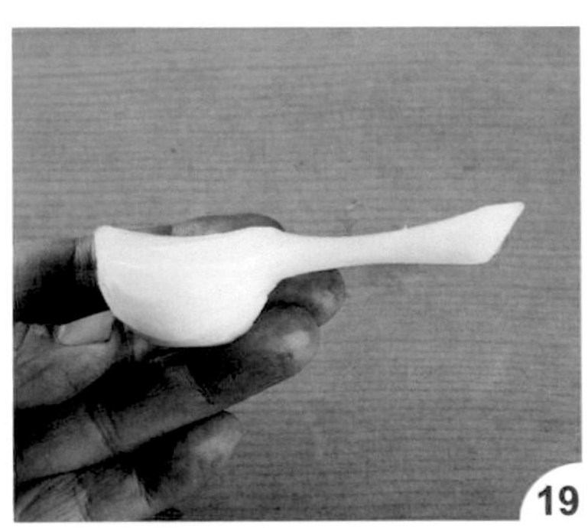

修完脖子四刀，如圖即完成白鵝身體的雕刻。

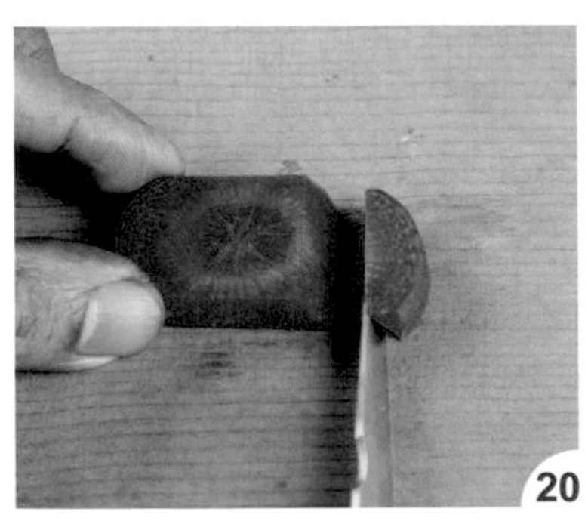

取一段紅蘿蔔，斜切出嘴部線條（嘴形圖 C1）。

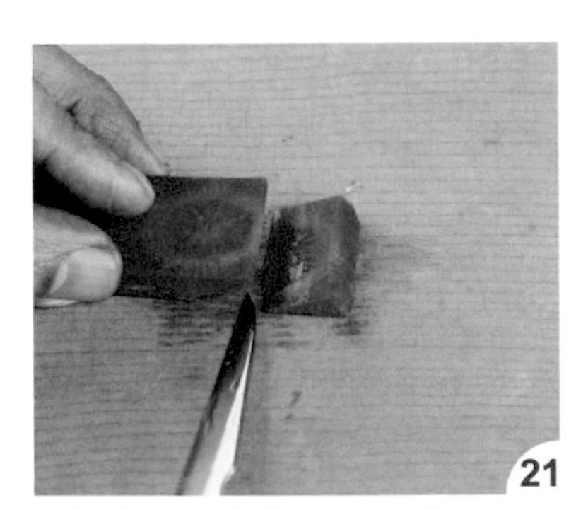

再切出弧度（嘴形圖 C2）。

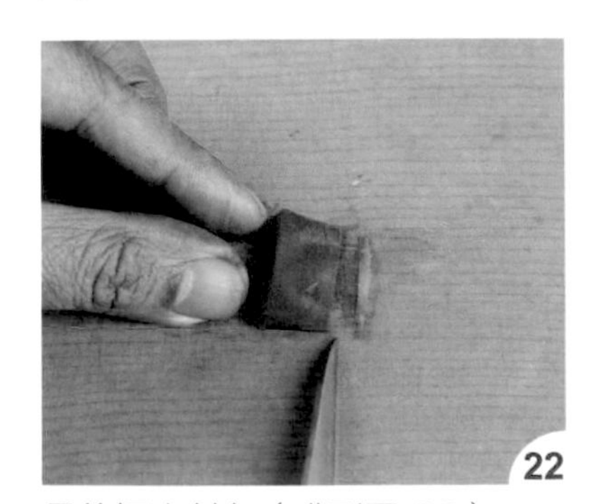

最後切出斜角（嘴形圖 C3）。

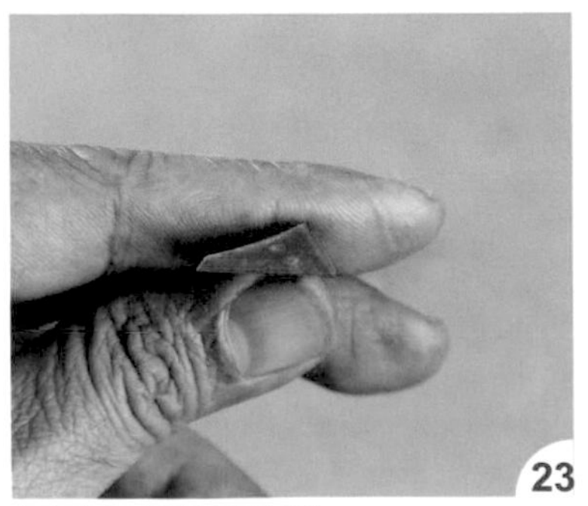

如圖完成嘴部外形。

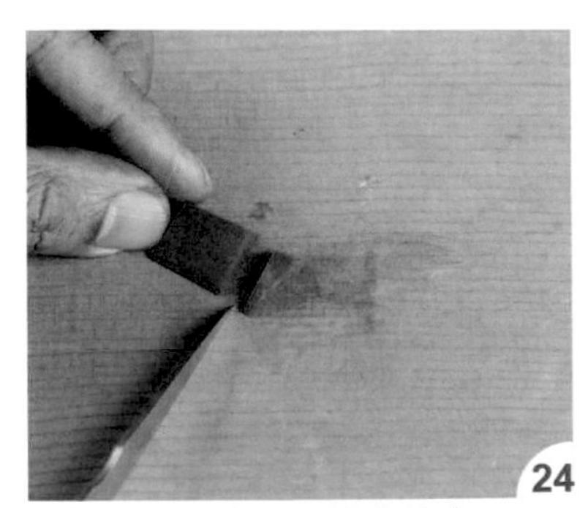

再切出嘴部寬度，前窄後寬。

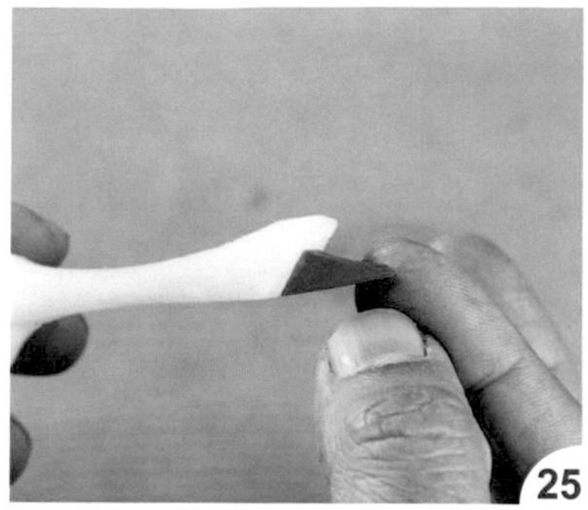

用三秒膠將嘴巴黏上，並將下方切齊脖子，讓額頭突出。

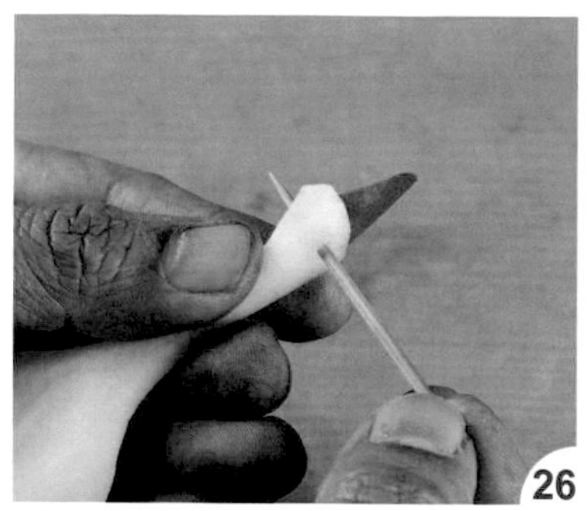

利用牙籤於頭部插出一個小孔。

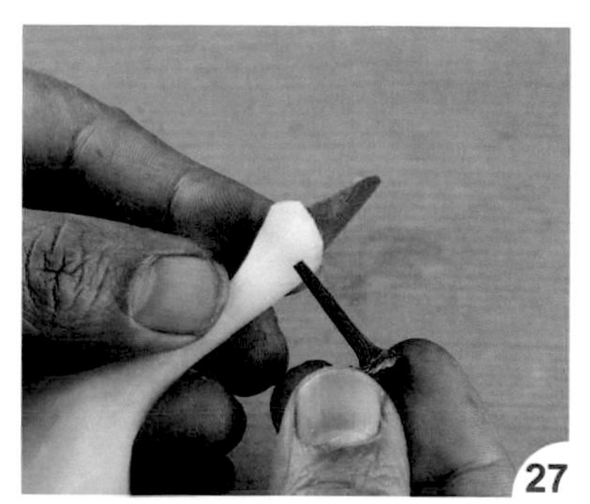

把乾辣椒梗插入。

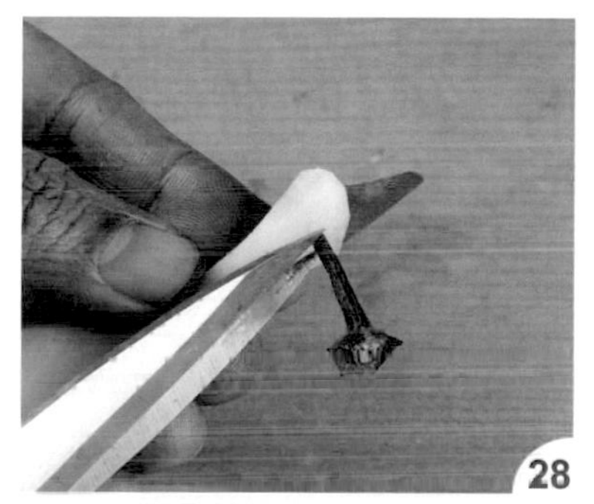

用剪刀把多餘的乾辣椒梗剪掉。

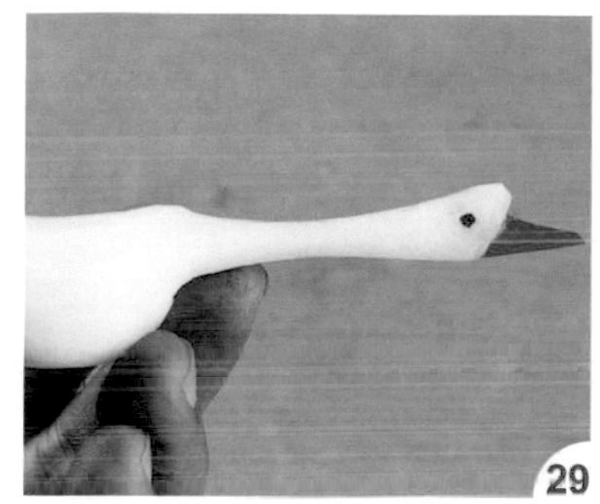

如圖完成眼睛部分。

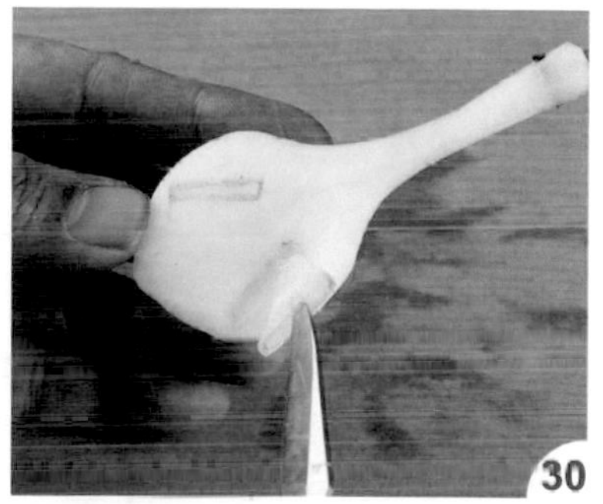

在白鵝背部畫出俯視圖上的八字形，並用雕刻刀刻出右側凹槽。

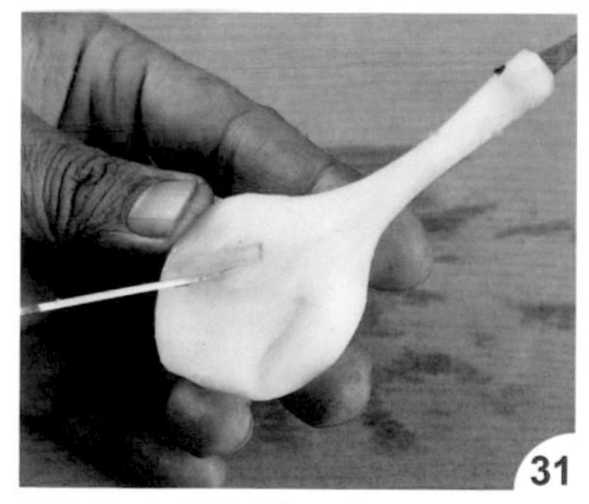

再刻出左側凹槽，此「八」即為裝翅膀的插槽。

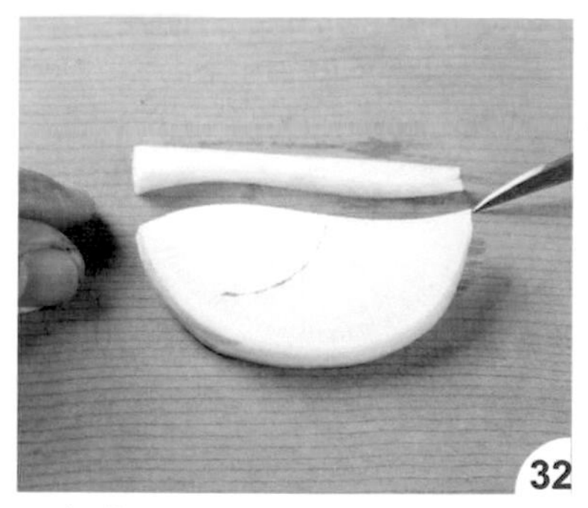

取白蘿蔔，切出兩片厚度約 0.3 ~ 0.4 公分的半圓形並疊在一起，以雕刻刀切出翅膀圖上方的弧度。

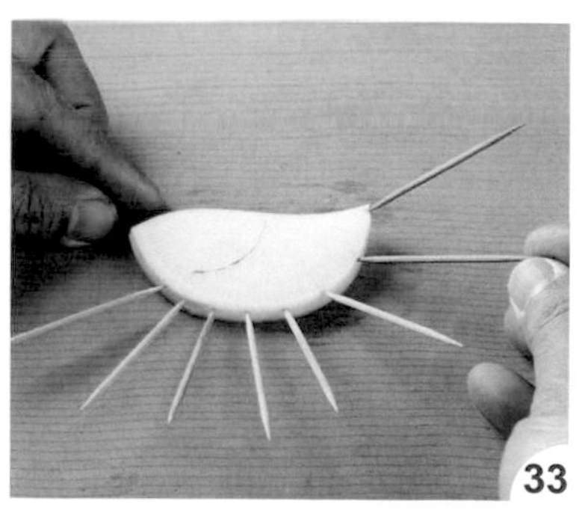

用牙籤依序標出翅尖的位置。

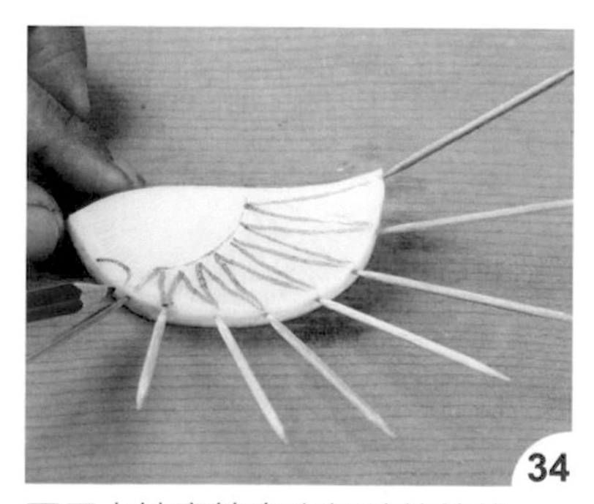

再用水性畫筆畫出翅膀的線條。

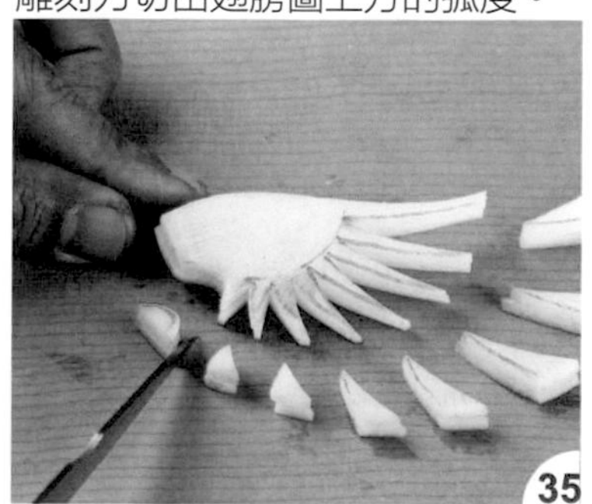

依線條刻出翅膀形狀。

如圖完成翅膀的雕刻。

再把翅膀插入背部凹槽內固定。

如圖完成翅膀的接著。

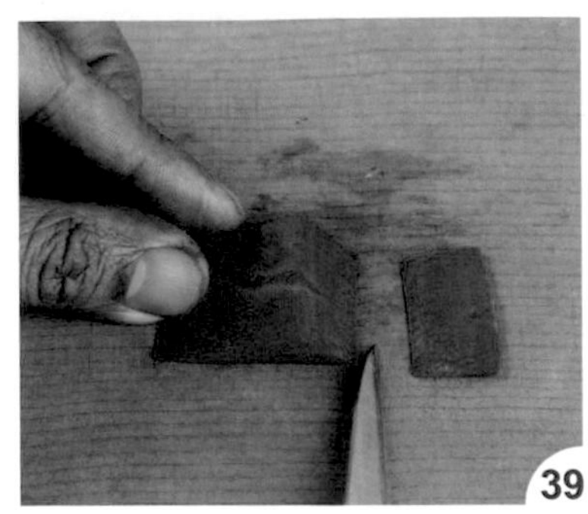

取一段紅蘿蔔，依腳部圖的線條切出斜面。

用大圓槽刀刻出腳部弧度。

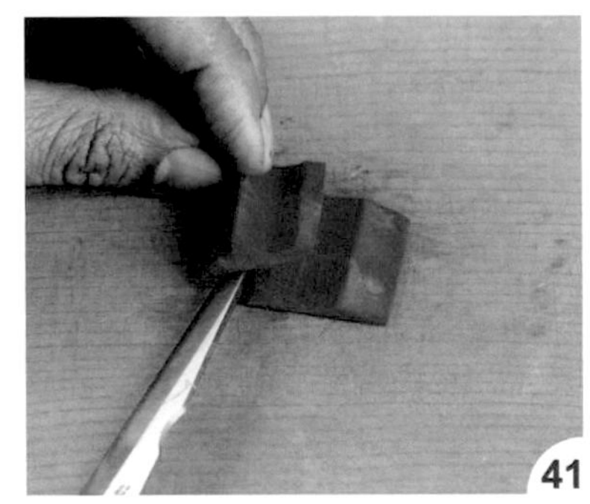

再把外形切出。

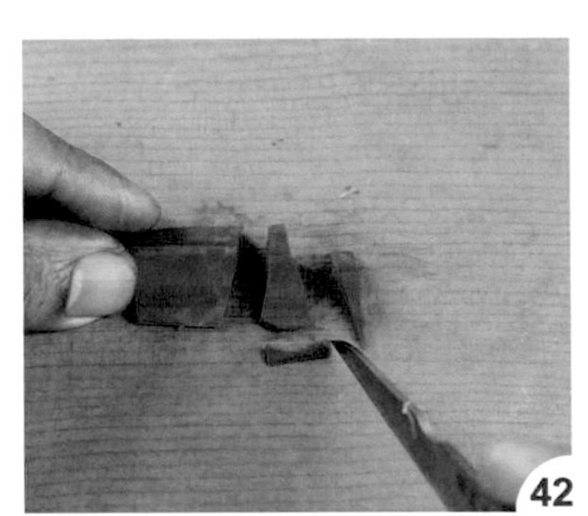

接著切出腳的寬度，上窄下寬。

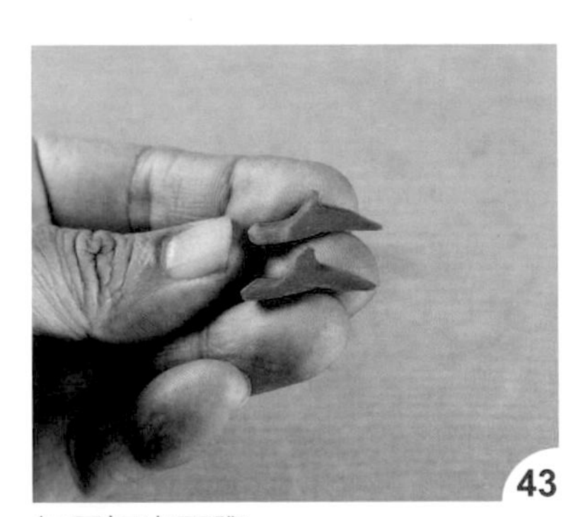

如圖切出兩腳。

用小圓槽刀在腹部尾端兩側挖出兩個小圓孔。

再把鵝腳裝上（可沾三秒膠後再黏接）。

將另一隻鵝腳也裝上。

如圖完成作品。

白鵝覓食

▸材　料
白蘿蔔 1 條、紅蘿蔔 1 段、乾辣椒梗 1 個

▸工　具
西式切刀、雕刻刀、中圓槽刀、大圓槽刀、水性畫筆、三秒膠、牙籤、剪刀

▸取 材 比 例
寬 = 直徑的 1/3，假設直徑是 9 公分，那寬度就是 3 公分

※脖子四刀的切除順序是可以變更的，沒有固定的順序

· 示意圖

A. 俯視圖

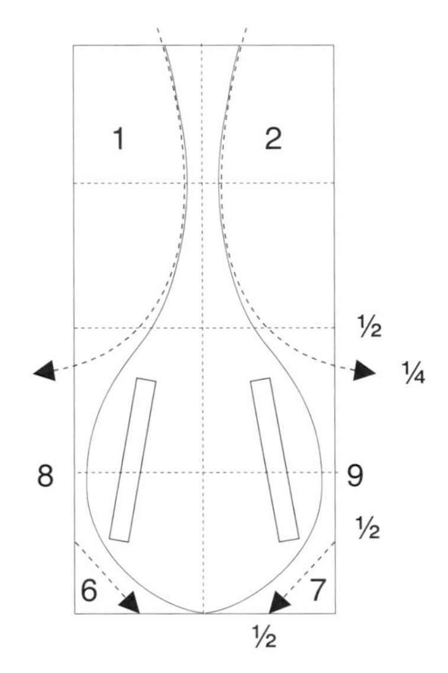

B. 側視圖

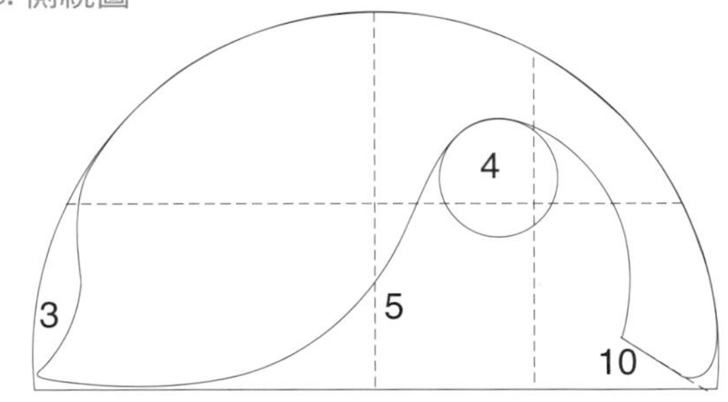

C. 嘴形

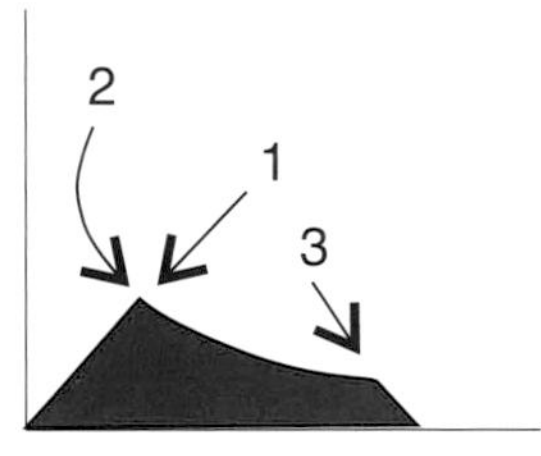

D. 翅膀

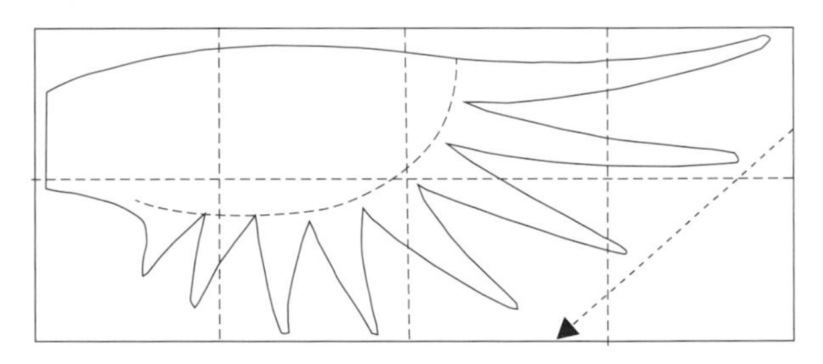

· 作法

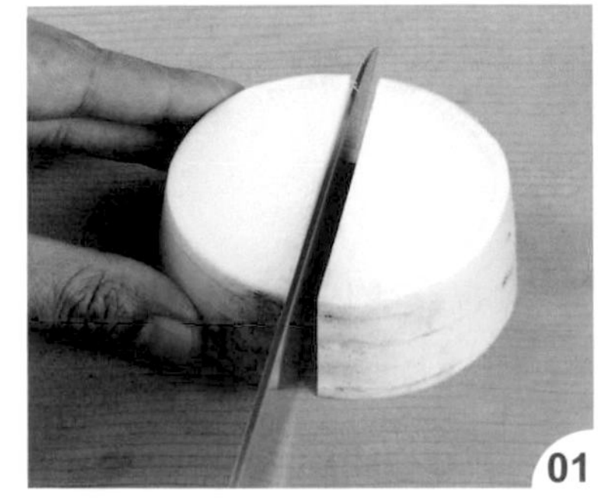

白蘿蔔依取材比例切段後再對半切開，取半圓來雕刻白鵝的身體。

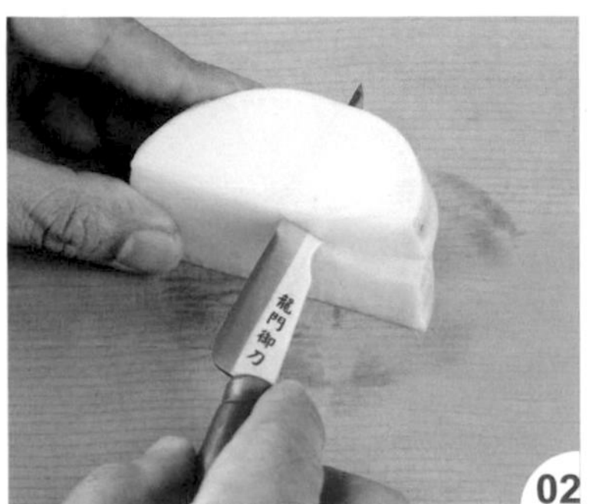

用雕刻刀把脖子左側切除（俯視圖 A1）。

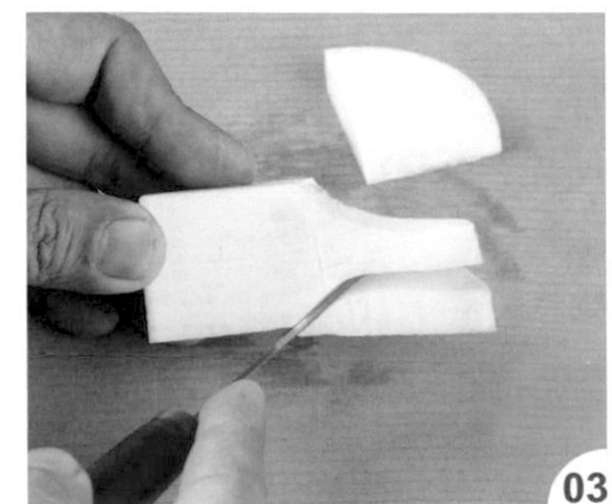

再將脖子右側也切除（俯視圖 A2）。

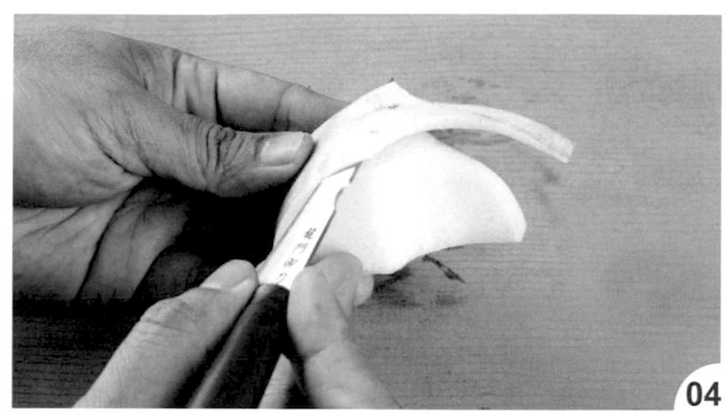

反轉白蘿蔔片除表皮。

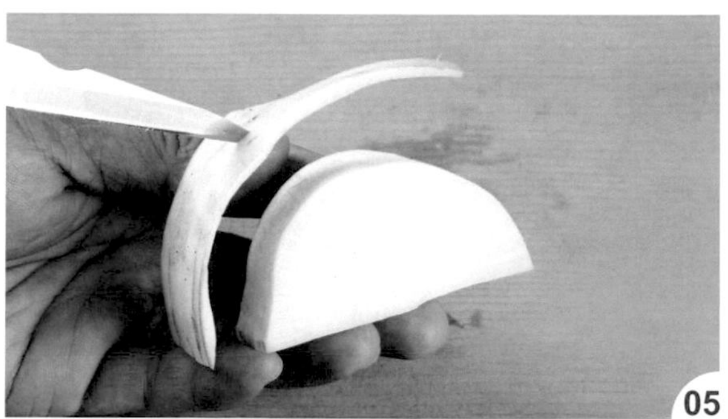

切至尾巴，並把尾部弧度也修出（側視圖 B3）。

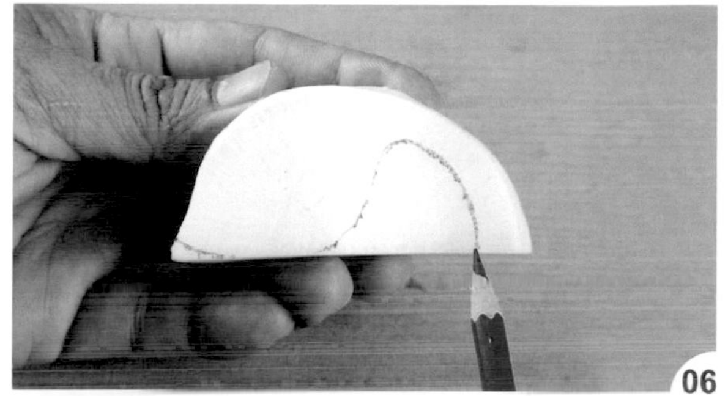

依側視圖的位置，用水性畫筆把脖子及腹部線條畫出。

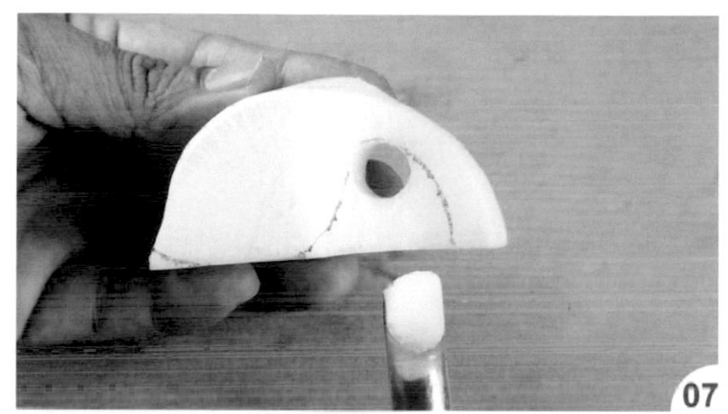

用中圓槽刀在轉彎處挖出圓洞（側視圖 B4）。

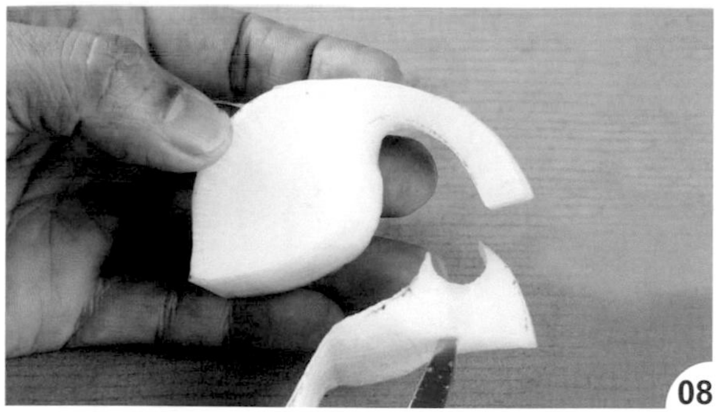

依畫出的線條把多餘的廢料切除（側視圖 B5）。

把尾部左右兩側切除，定出尾巴形狀（俯視圖 A6、A7）。

再修出身體右側的弧度（俯視圖 A9）。

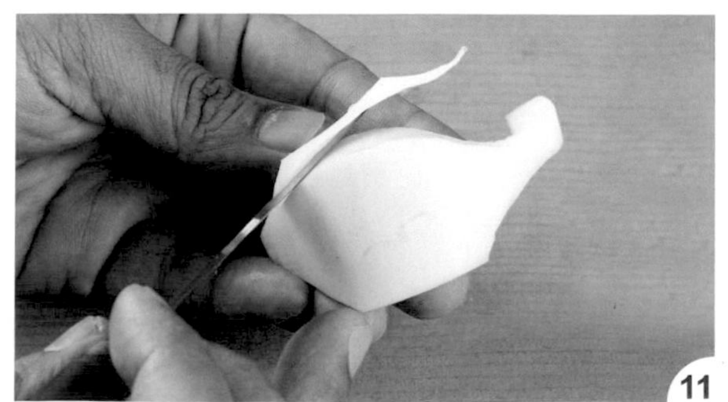

把身體左側的弧度修出（俯視圖 A8）。

把頭部的斜度切出（側視圖 B10）。

接著進行脖子四刀的切除，先把右上邊角修除。

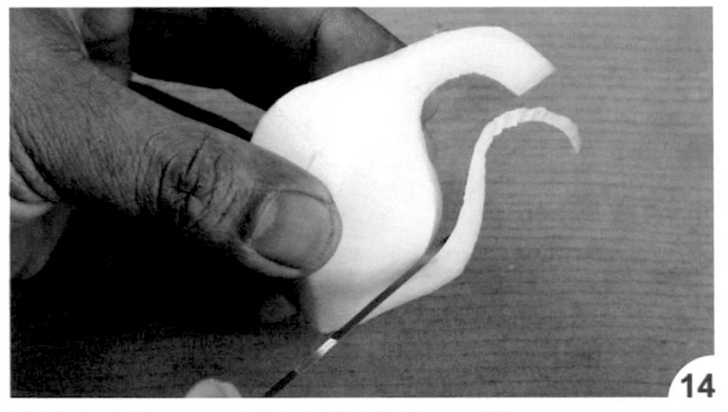

換修左上邊角，由前面修到尾部中間。

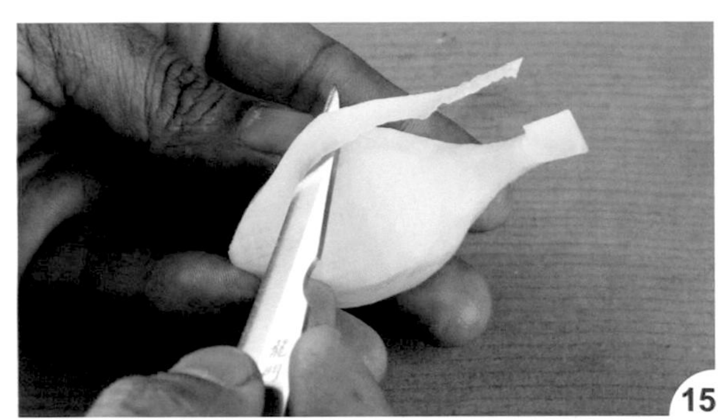

再切左下邊角。

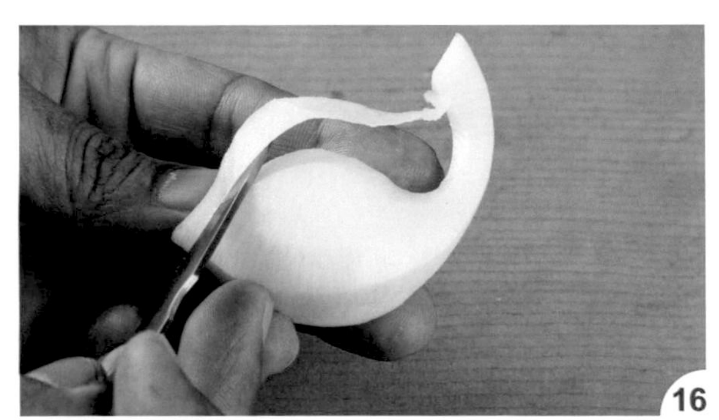

接著把右下邊角切除。

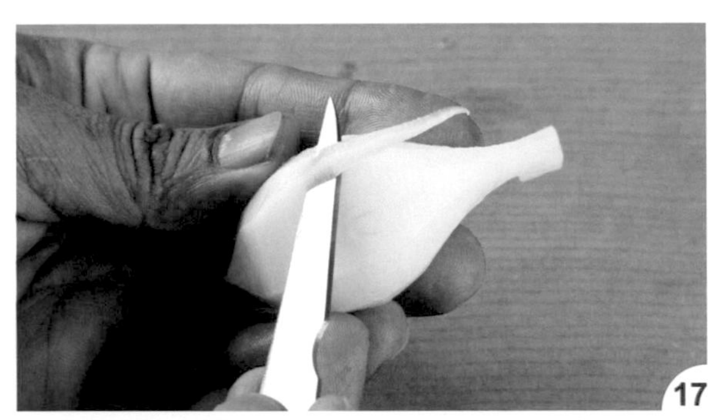

最後再修除身體小角，讓身形更顯圓弧一些。

用大圓槽刀在背面尾部刻出弧度。

再把尾部的尖角刻出。

用牙籤於頭部插出一個小孔，將乾辣椒梗插入，並用剪刀修除多餘部分，完成眼睛。

取一段紅蘿蔔，刻出嘴巴（參 p.20 的作法 20 ~ 24）並用三秒膠黏上。

把額頭的小角修成圓弧。

取白蘿蔔，切出兩片厚度約 0.3 ~ 0.4 公分的半圓形來製作翅膀。

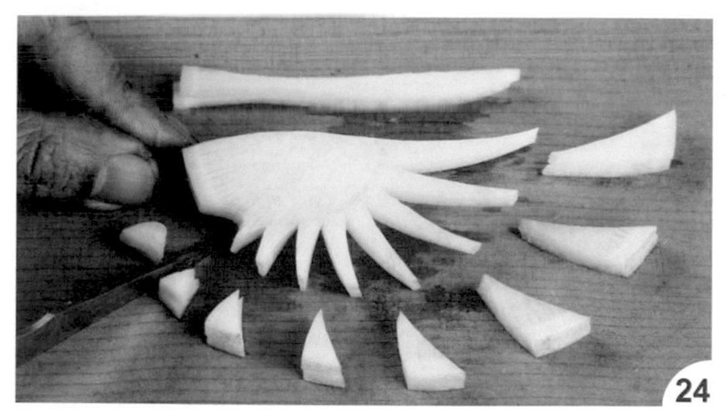

將兩片白蘿蔔疊在一起，依線條刻出翅膀形狀。

如圖完成翅膀。

在白鵝背部畫出俯視圖上的八字形，用雕刻刀刻出凹槽，並裝上翅膀。

如圖完成作品。

白鵝上仰

▶材　料
白蘿蔔 1 條、紅蘿蔔 1 段、乾辣椒梗 1 個

▶工　具
西式切刀、雕刻刀、大圓槽刀、水性畫筆、三秒膠、牙籤、剪刀

▶取 材 比 例
寬 = 直徑的 1/3，假設直徑是 9 公分，那寬度就是 3 公分

※脖子四刀的切除順序是可以變更的，沒有固定的順序

· 示意圖

A. 俯視圖

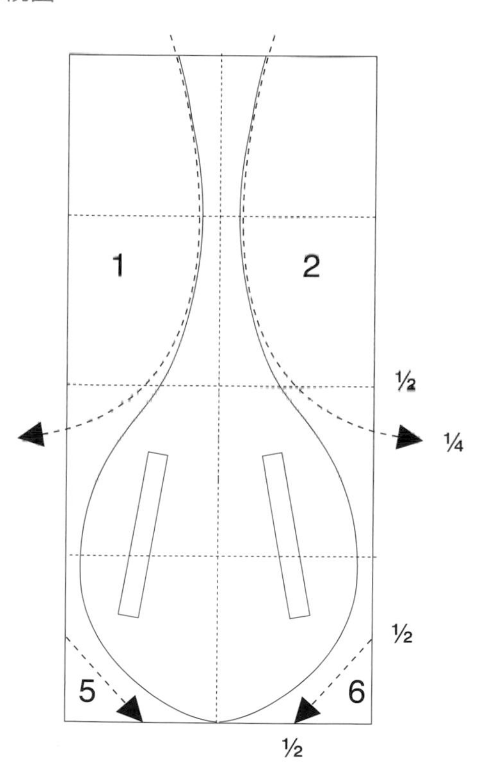

B. 側視圖

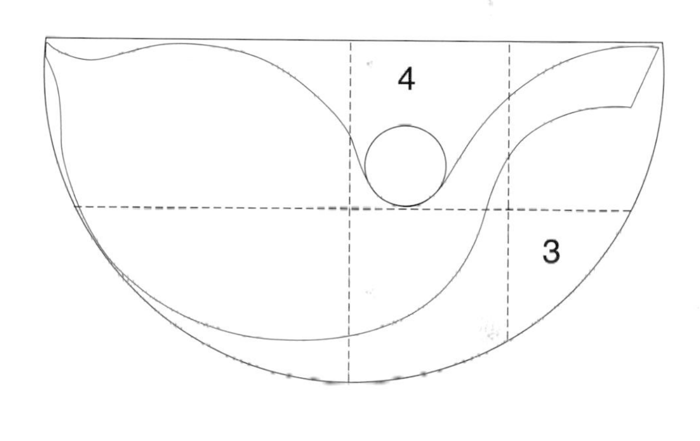

C. 嘴形

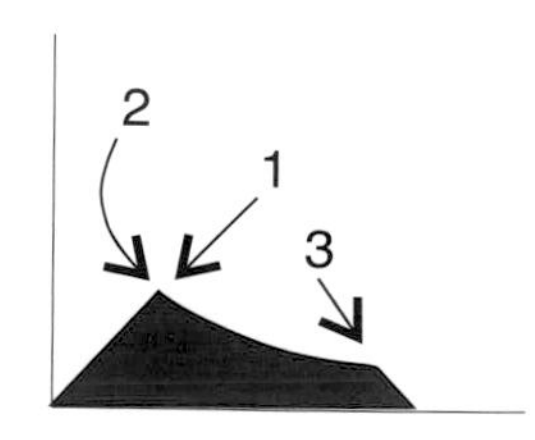

D. 翅膀

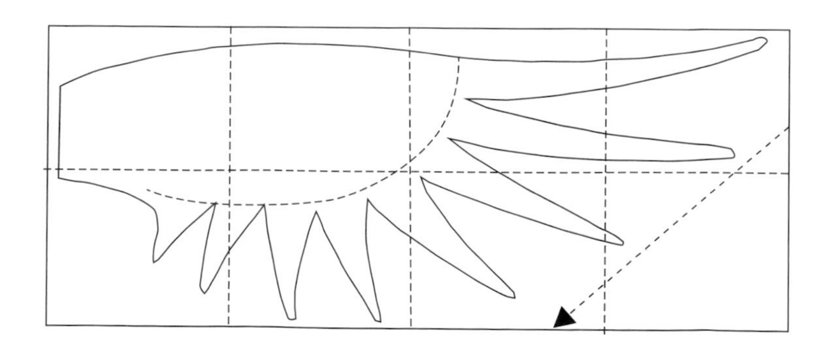

· 作法

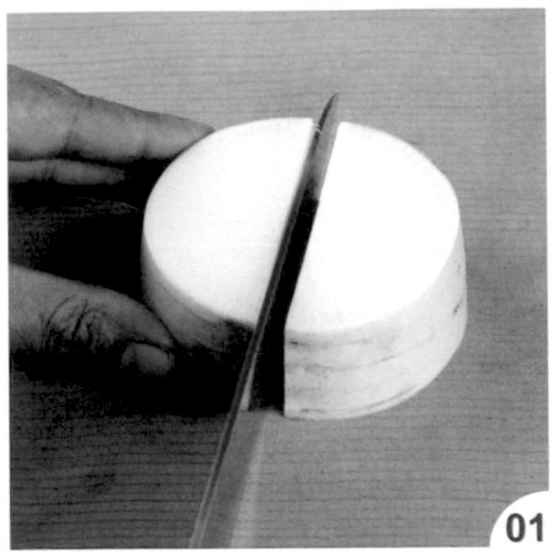

白蘿蔔依取材比例切段後再對半切開，取半圓來雕刻白鵝的身體。

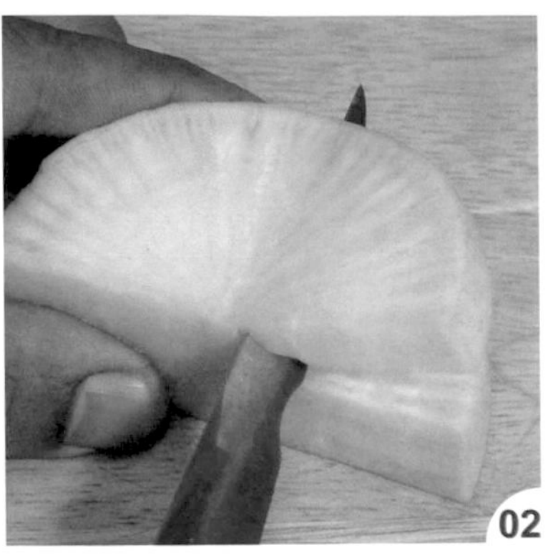

用雕刻刀把脖子左側切除（俯視圖 A1）。

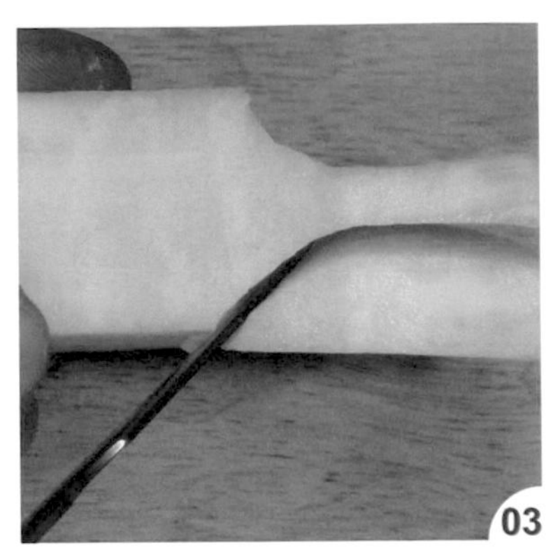

再將脖子右側也切除（俯視圖 A2），刻出脖子的粗細。

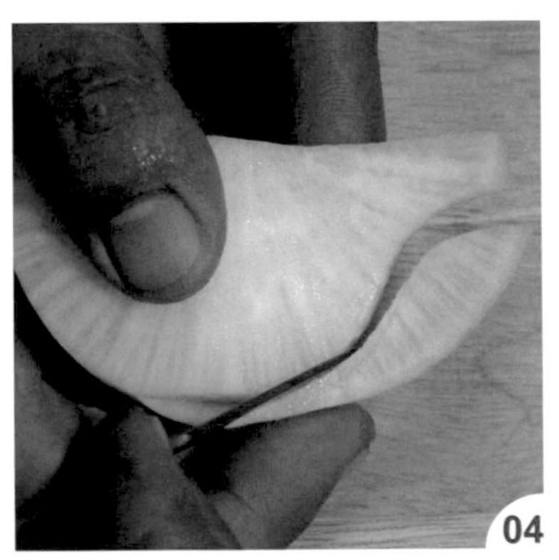

把脖子的下線條刻出（側視圖 B3）。

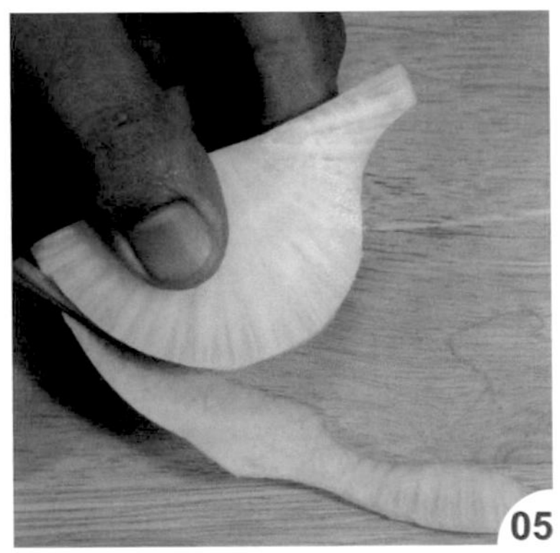

連續刻至尾部，把表皮也切除。

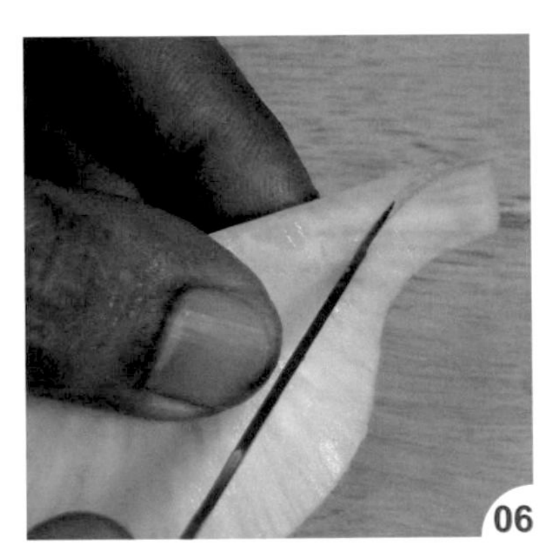

由頭部後方下刀。

把背部的廢料一併切除（側視圖 B4）。

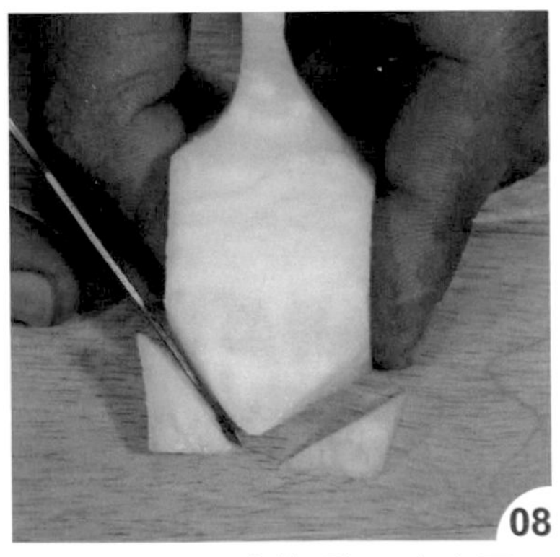

把尾部左右兩側切除，定出尾巴形狀（俯視圖 A5、A6）。

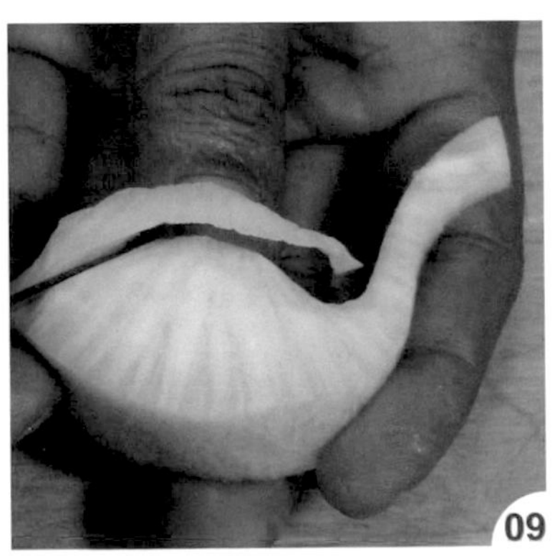

接著進行脖子四刀的切除步驟，先把右上邊角修除。

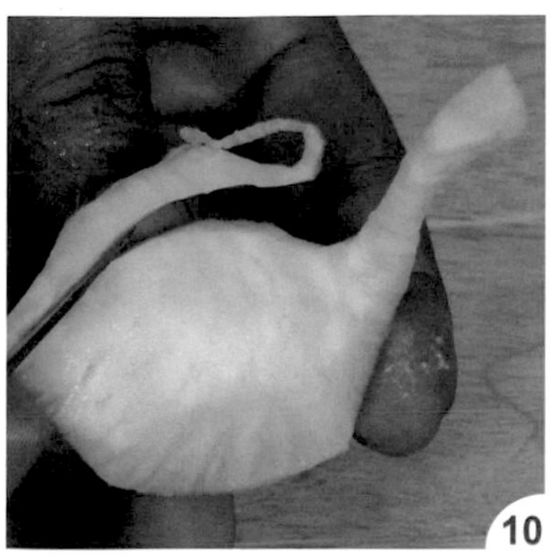
換修左上邊角，由前面修到尾部中間。

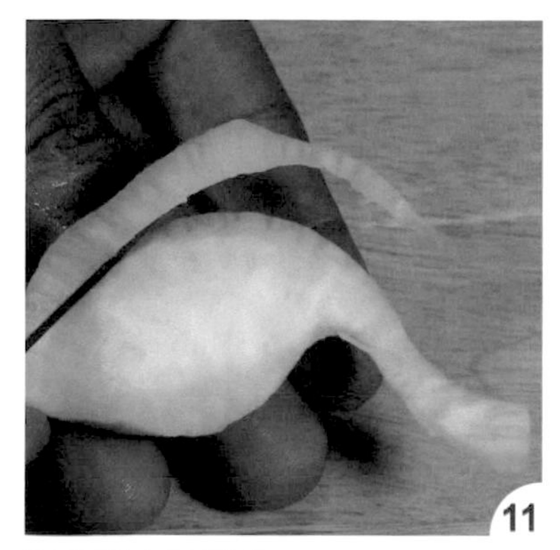
再切除左下邊角。

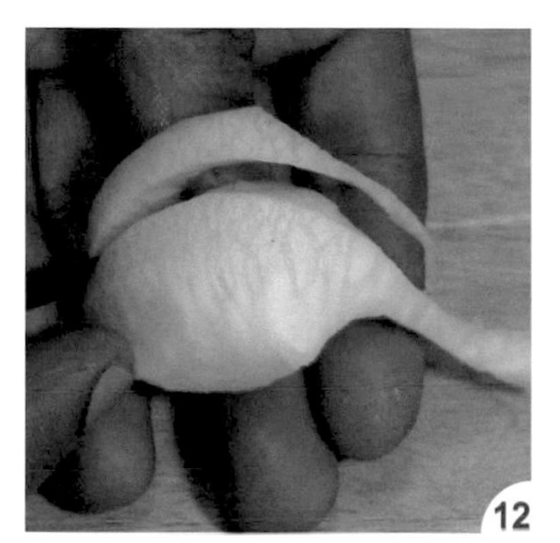
接著把右下邊角切除。

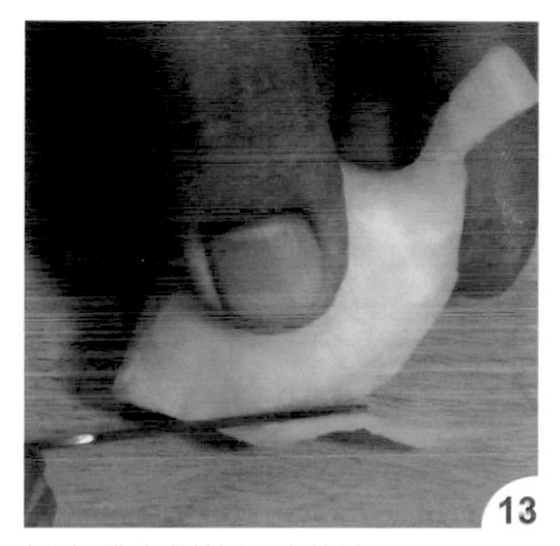
把身體右側的弧度修出。

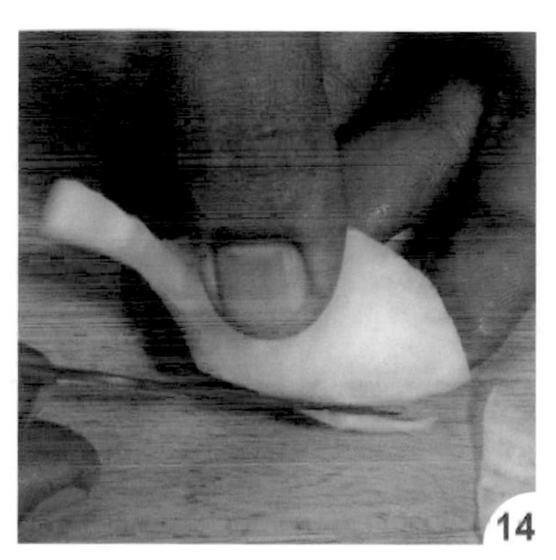
最後再修出身體左側的弧度。

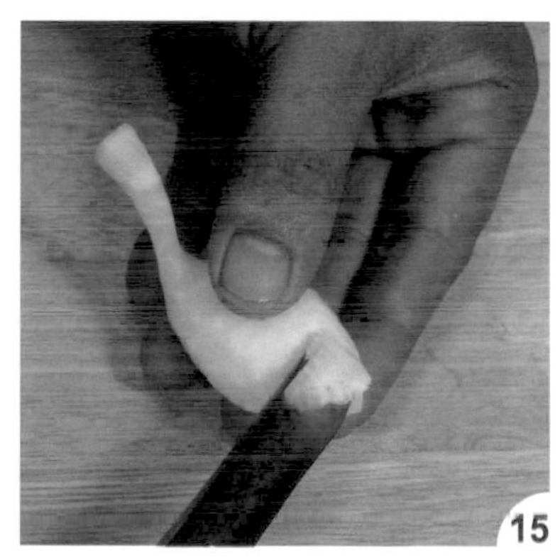
用大圓槽刀在背面尾部刻出弧度，再把尾部的尖角刻出。

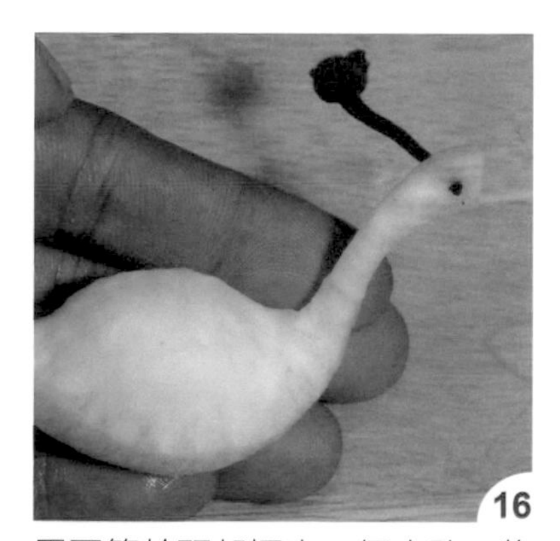
用牙籤於頭部插出一個小孔，將乾辣椒梗插入，並用剪刀修除多餘部分，完成眼睛。

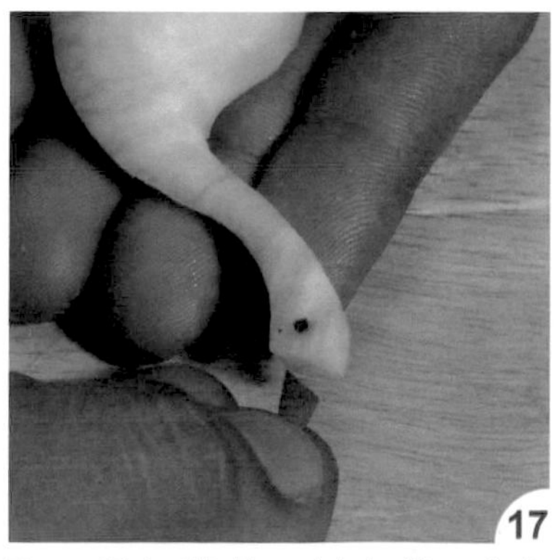
取一段紅蘿蔔，刻出嘴巴（參p.20的作法20～24）並用三秒膠黏上。

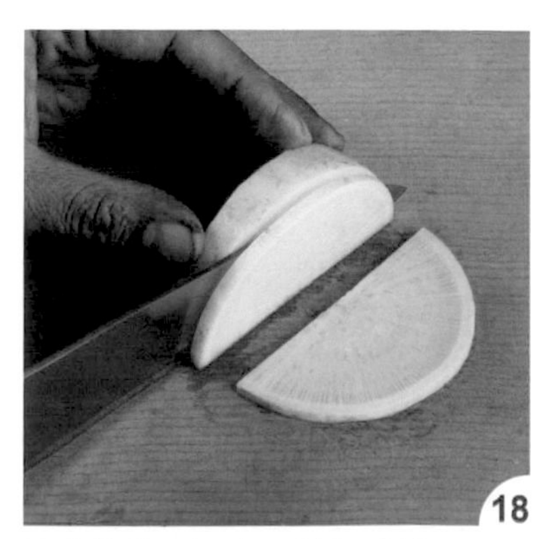
取白蘿蔔，切出兩片厚度約0.3～0.4公分的半圓形。

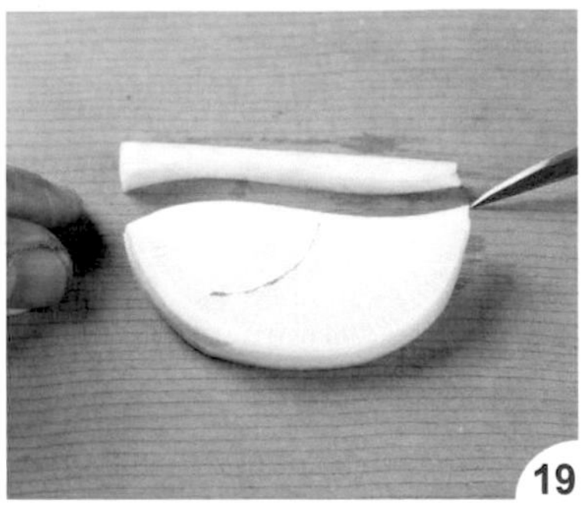

將兩片白蘿蔔疊在一起，以雕刻刀切出翅膀圖上方的弧度。

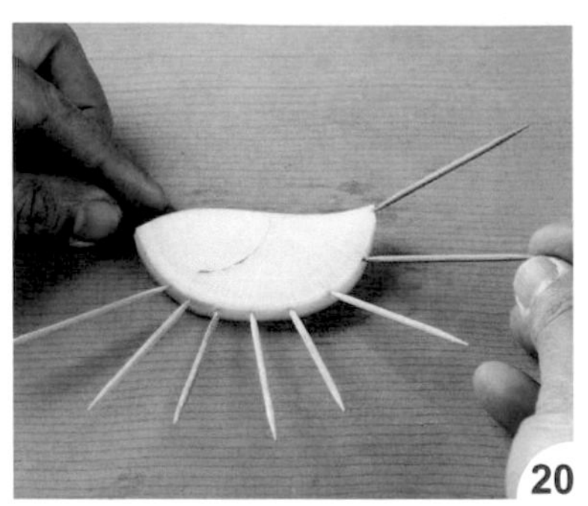

用牙籤標出翅尖的位置。

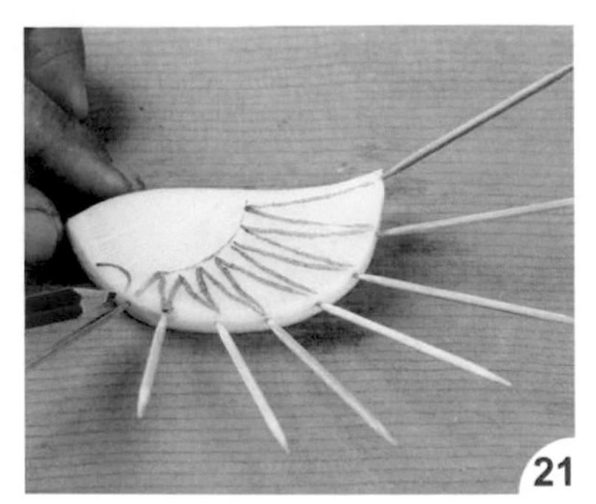

再用水性畫筆畫出翅膀的線條。

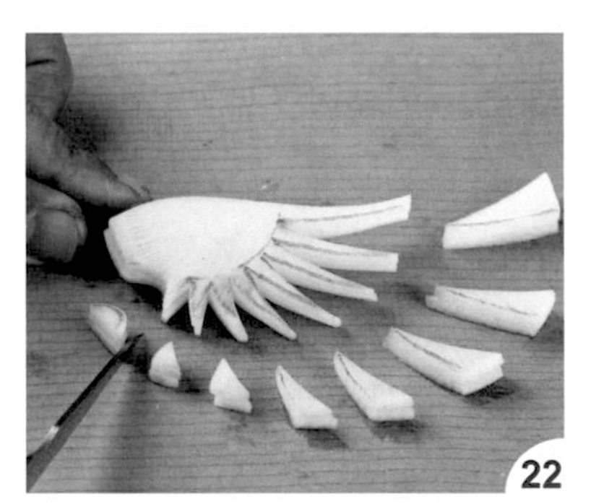

依線條刻出翅膀形狀。

如圖完成翅膀的雕刻。

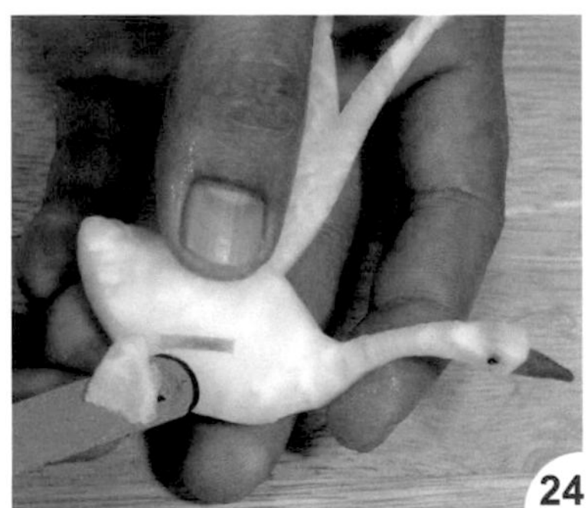

在白鵝背部畫出俯視圖上的八字形，並用雕刻刀刻出凹槽，裝上翅膀。

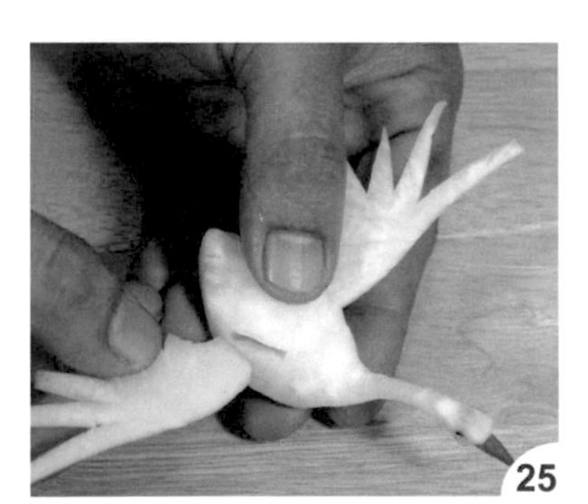

將另一邊的翅膀也裝上。

如圖完成作品。

白鵝 2 式

▸材　料

白蘿蔔 1 條、紅蘿蔔 1 段、乾辣椒梗 1 個

▸工　具

西式切刀、雕刻刀、中圓槽刀、小圓槽刀、V 型槽刀、水性畫筆、三秒膠、牙籤、剪刀

▸取材比例

寬 = 直徑的 1/3，假設直徑是 9 公分，那寬度就是 3 公分

※脖子四刀的切除順序是可以變更的，沒有固定的順序

・ 示意圖

A. 俯視圖

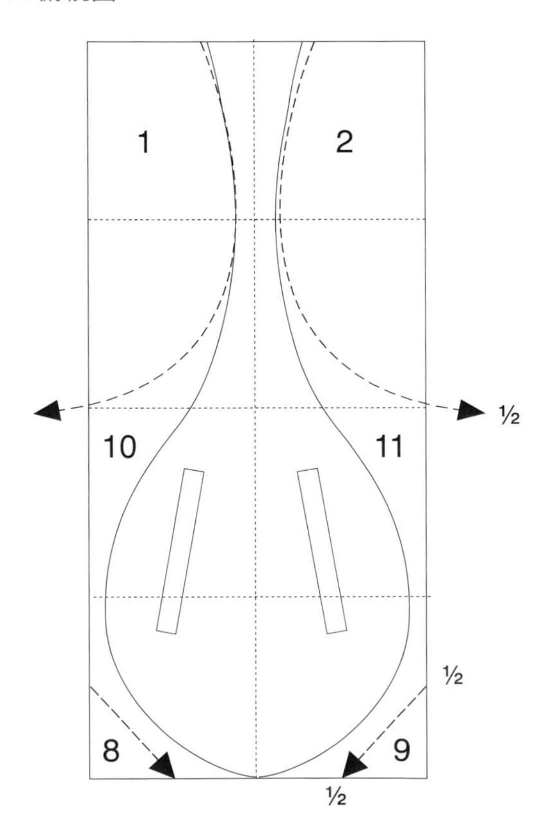

B. 側視圖

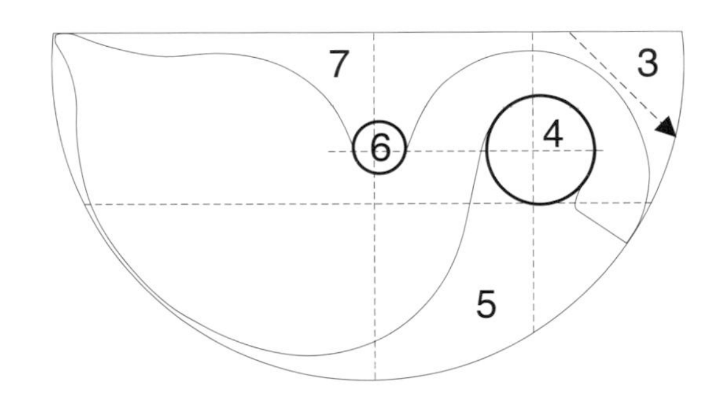

C. 嘴形

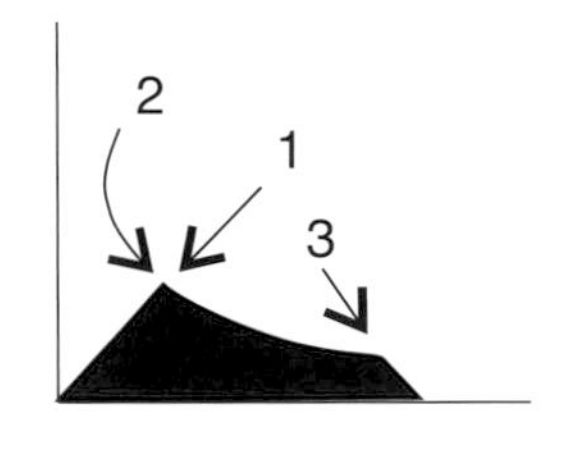

D. 翅膀

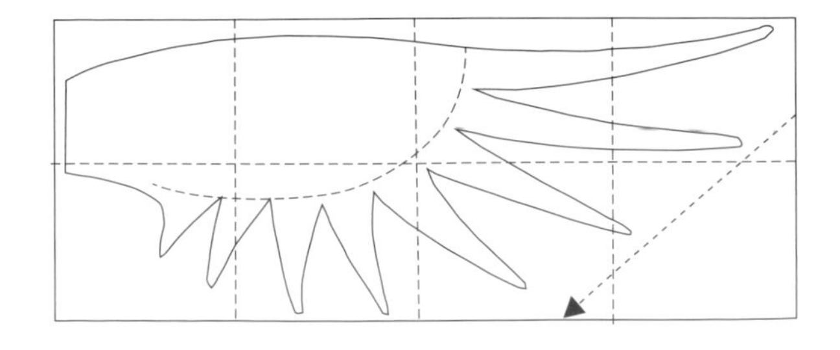

· 作法

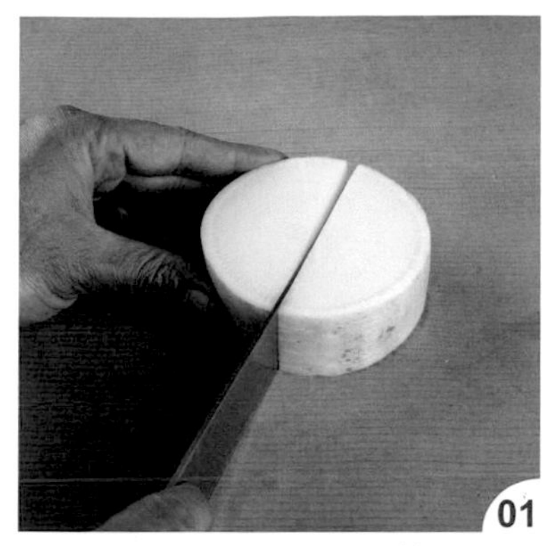

白蘿蔔依取材比例切段後再對半切開，取半圓來雕刻白鵝的身體。

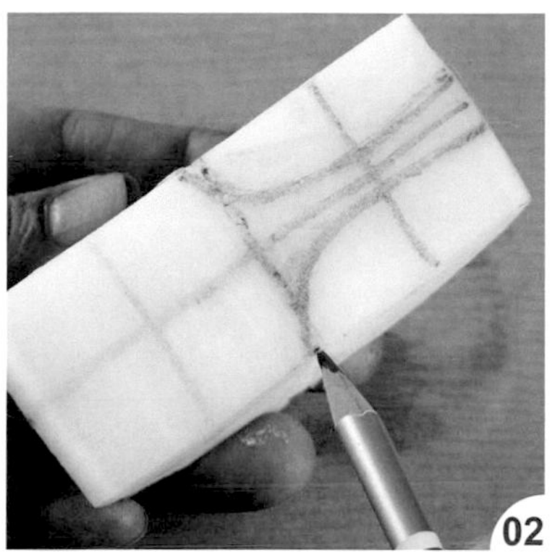

用水性畫筆依俯視圖把脖子及身體線條畫出。

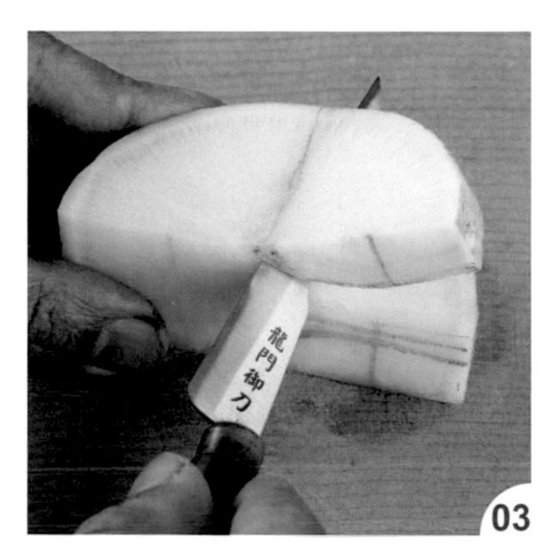

用雕刻刀把脖子左側切除（俯視圖 A1）。

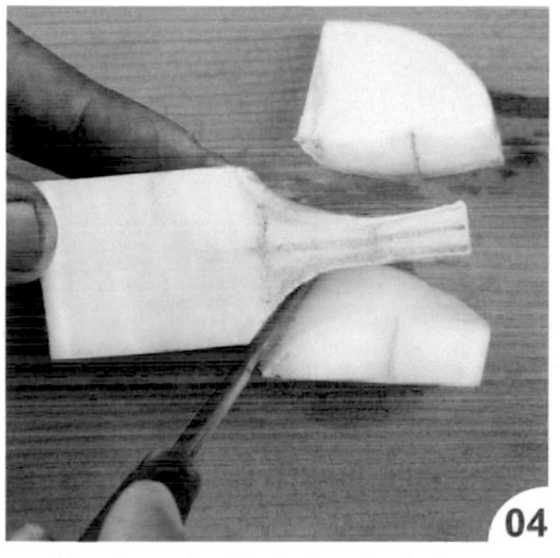

再將脖子右側也切除（俯視圖 A2）。

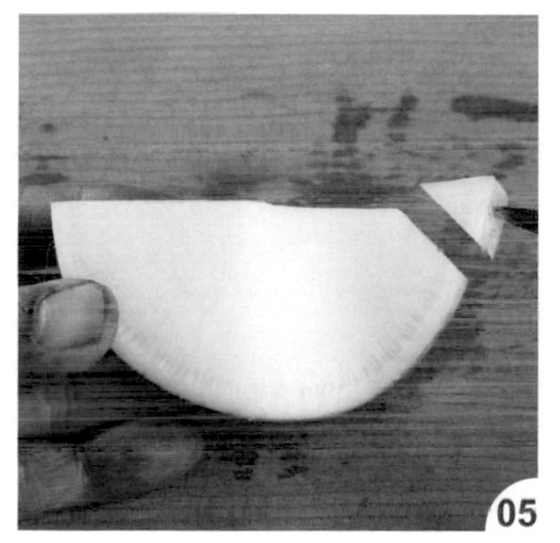

將右上角切除（側視圖 B3）。

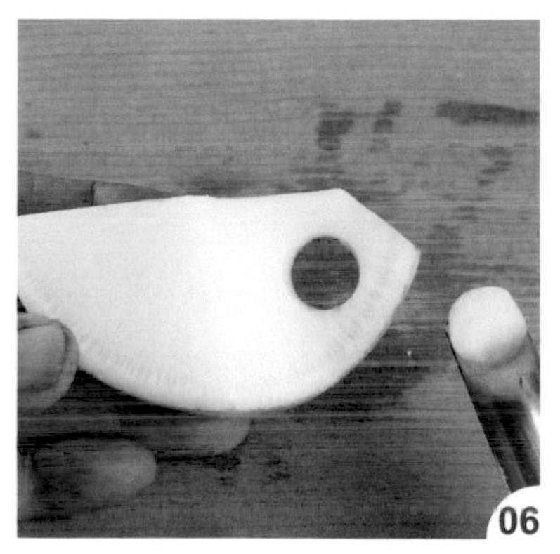

用中圓槽刀依側視圖 B4 位置挖出一圓。

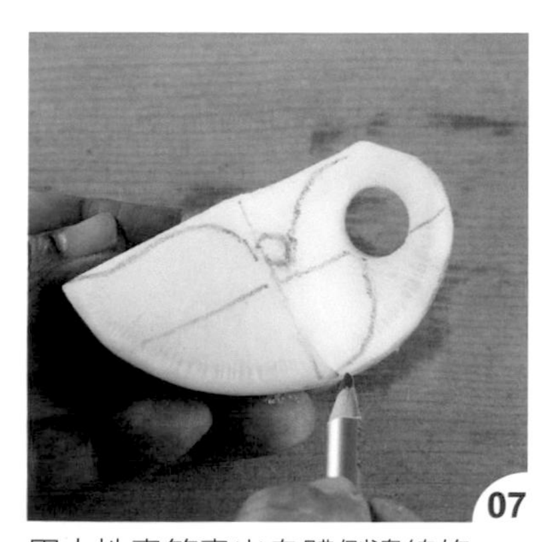

用水性畫筆畫出身體側邊線條。

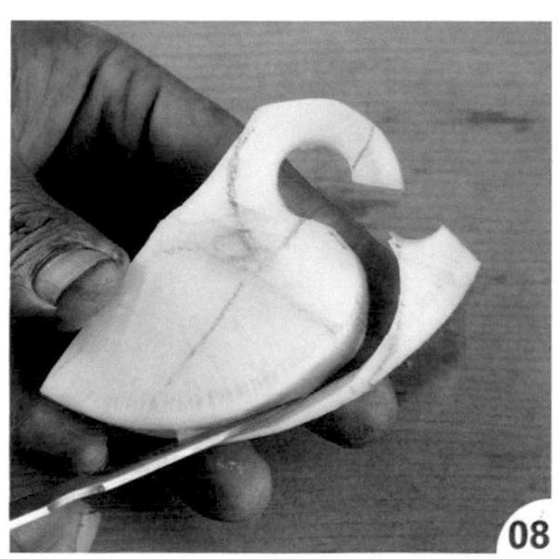

把前胸線條刻出（側視圖 B5）。

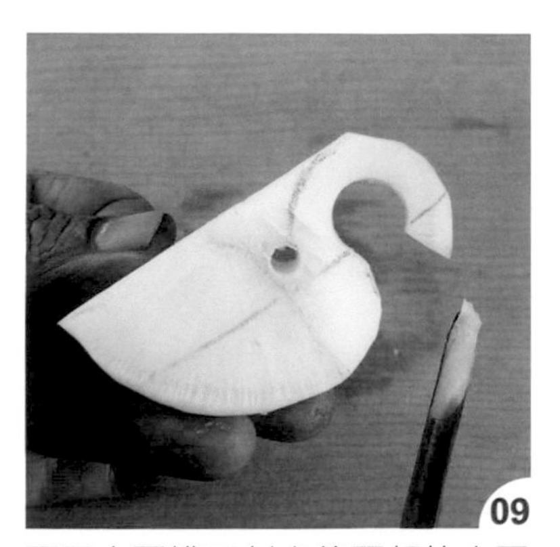

再用小圓槽刀刻出後頸部的小圓（側視圖 B6）。

10

如圖再把背部的廢料切除（側視圖 B7）。

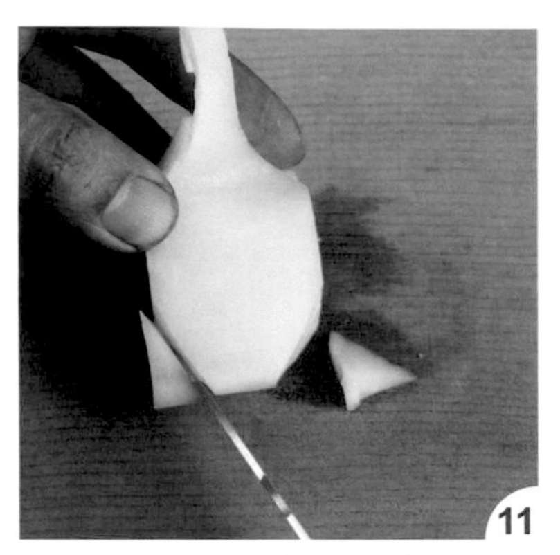

11

把尾部左右兩側切除，定出尾巴形狀（俯視圖 A8、A9）。

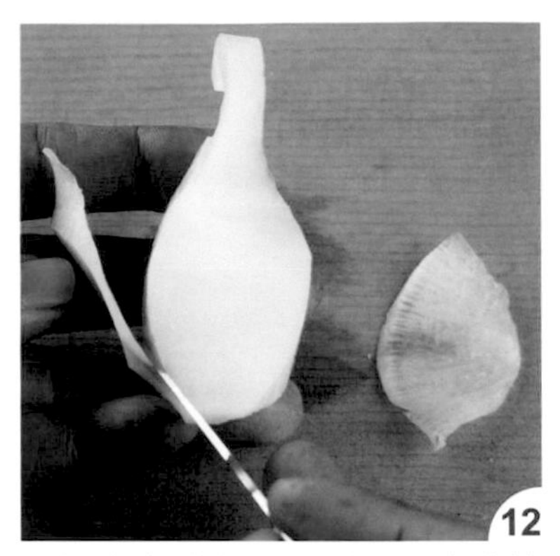

12

再修出身體左右兩側的弧度（俯視圖 A10、A11）。

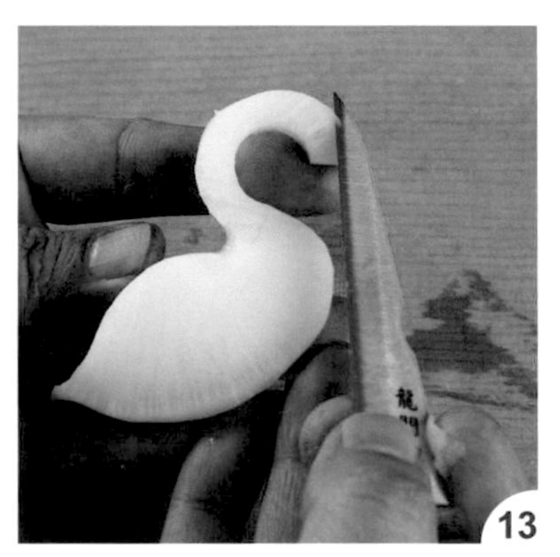

13

接著進行脖子四刀的切除步驟，由右上額頭後方開始。

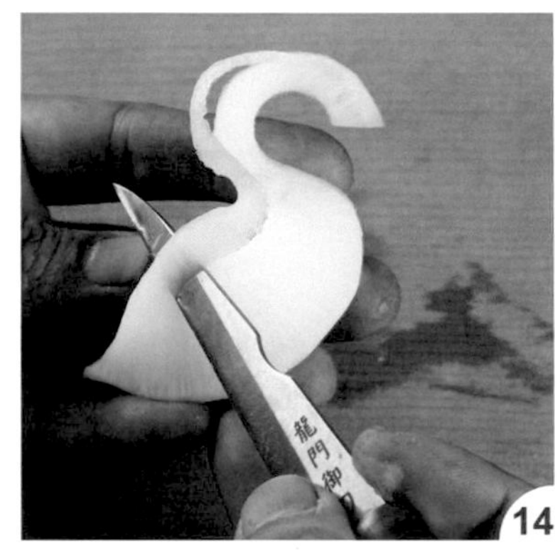

14

先把右上邊角切除，由前面修到尾部中間。

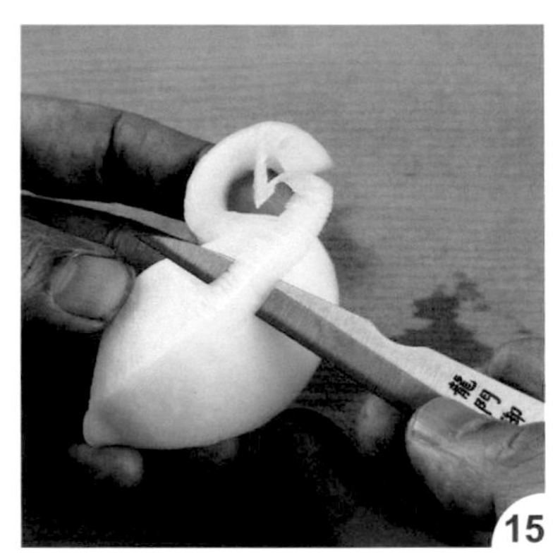

15

再把右下邊角切除。

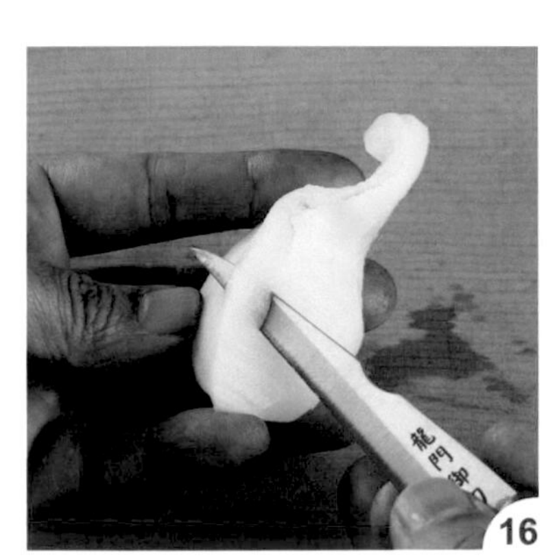

16

換修左上邊角。

17

再切除左下邊角。

18

取白蘿蔔，切出兩片厚度約 0.3 ~ 0.4 公分的半圓形。

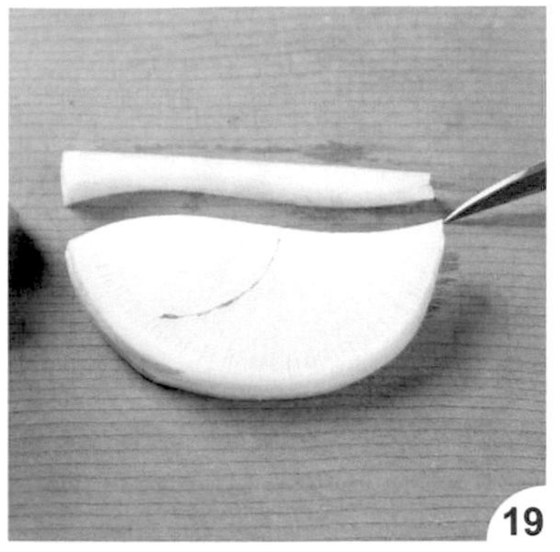

將兩片白蘿蔔疊在一起，以雕刻刀切出翅膀圖上方的弧度。

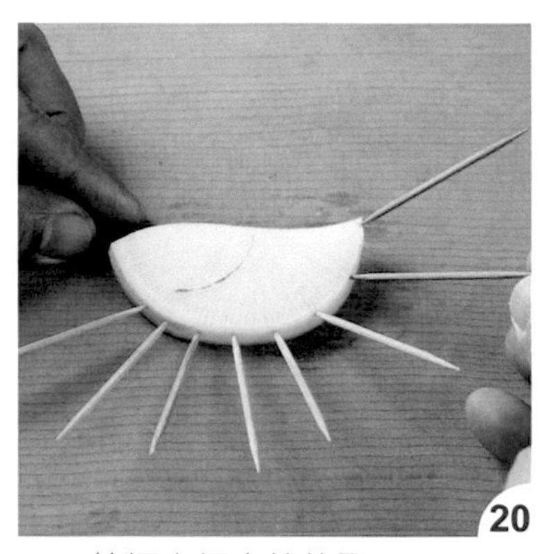

用牙籤標出翅尖的位置。

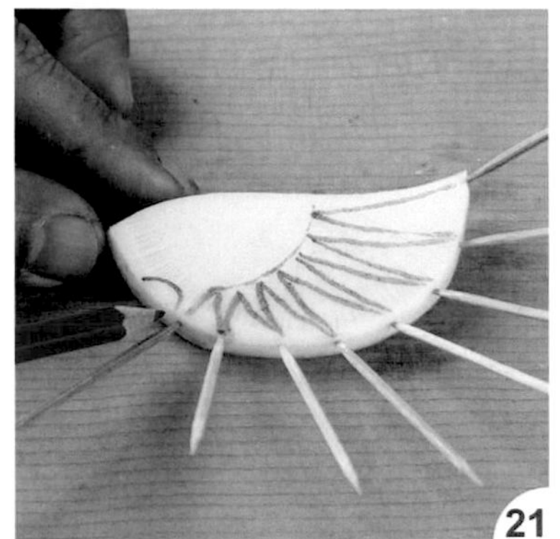

再用水性畫筆畫出翅膀的線條。

依線條刻出翅膀形狀。

如圖完成翅膀的雕刻。

裝上眼睛並把嘴巴也黏上（參p.20 ~ 21 的作法 20 ~ 29）。

在白鵝背部畫出俯視圖上的八字形，並用雕刻刀刻出凹槽。

再把翅膀插入背部凹槽內固定。

最後用 V 型槽刀在尾部刻出尾毛即可。

小白鵝

▶材　料
白蘿蔔 1 條、紅蘿蔔 1 段、乾辣椒梗 1 個

▶工　具
西式切刀、雕刻刀、大圓槽刀、中圓槽刀、水性畫筆、三秒膠、牙籤、剪刀

▶取 材 比 例
見取材比例圖，高度約 10 ~ 12 公分

· 示意圖

A. 取材比例

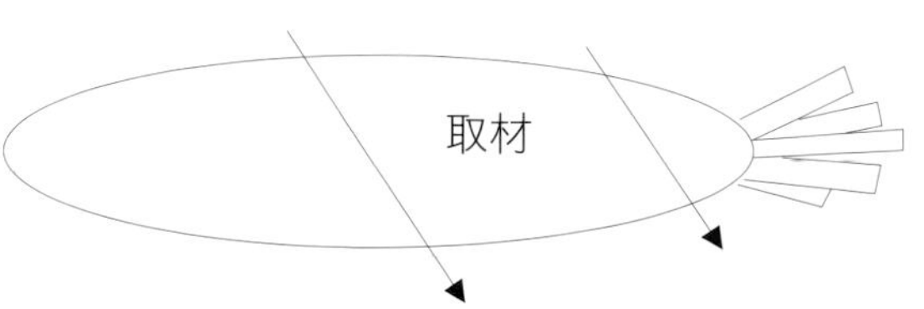

B. 側視圖

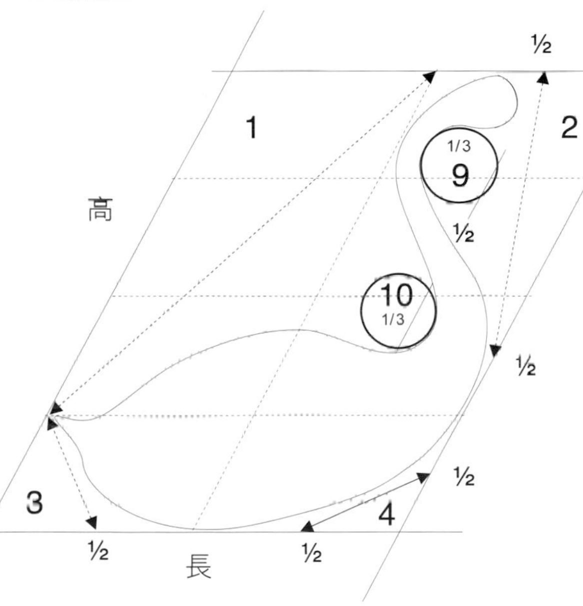

C. 後視圖

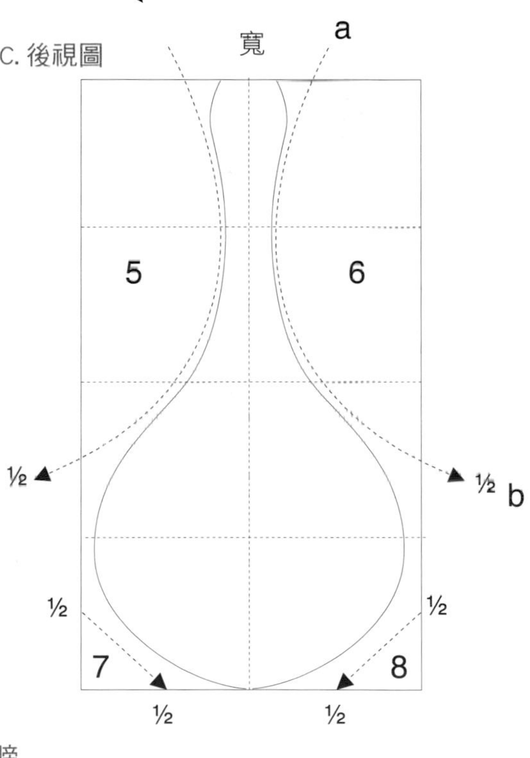

D. 嘴形

F. 翅膀

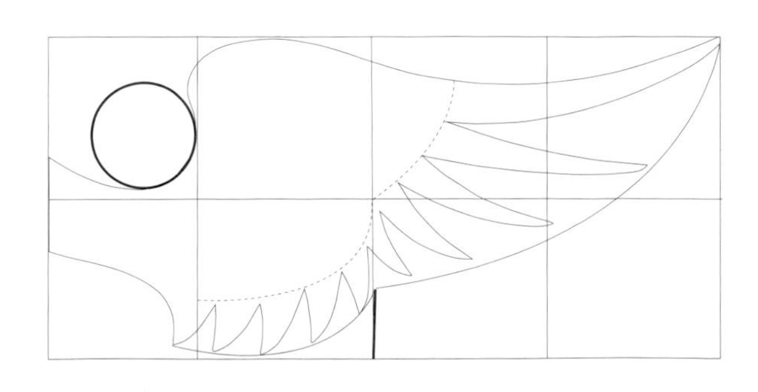

E. 腳部

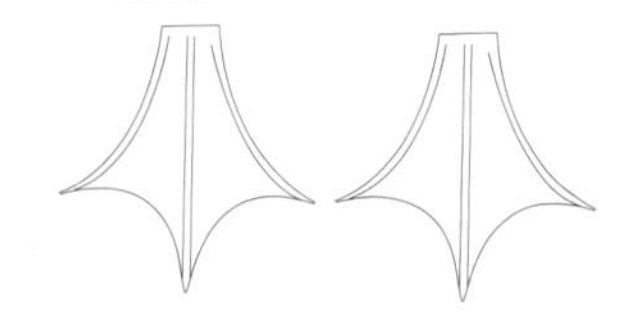

· 作法

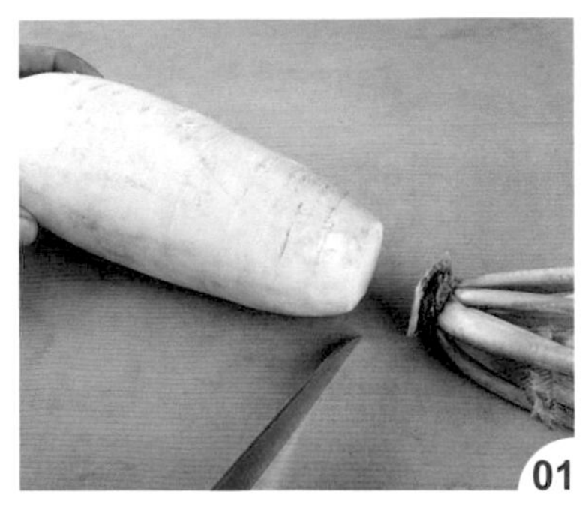

用西式切刀將白蘿蔔頭部切除。

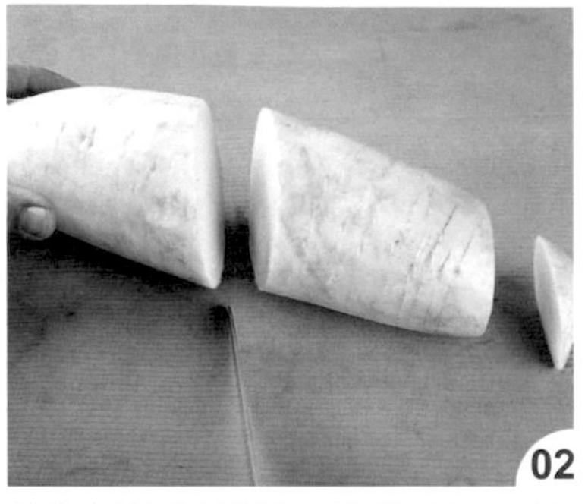

依取材比例斜切一段約 10 ~ 12 公分長的白蘿蔔。

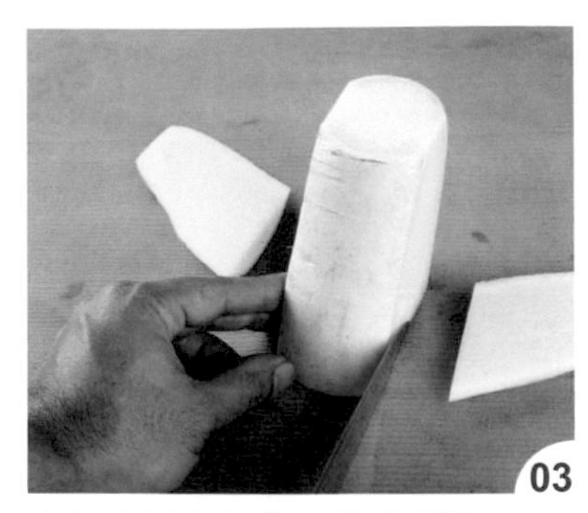

立起中間白蘿蔔、將兩側切除。

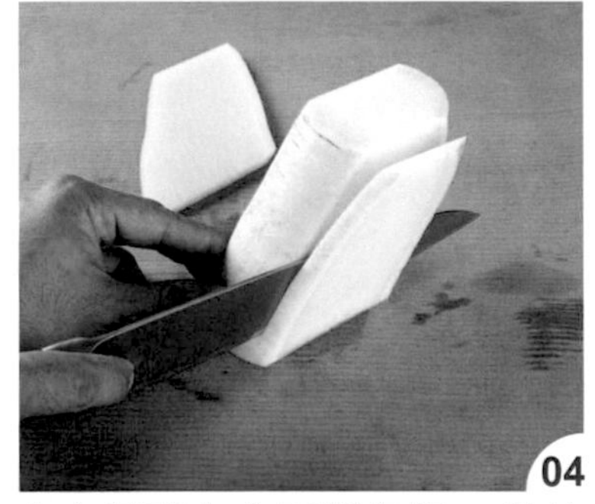

在白蘿蔔左右兩側各切一片約 0.4 公分的厚片當翅膀素材。

平放白蘿蔔，在前後兩端稍切出平面，呈平行四邊形。

用水性畫筆先把等分畫出。

把要切除的區域畫出（側視圖 B1、B2、B3、B4）。

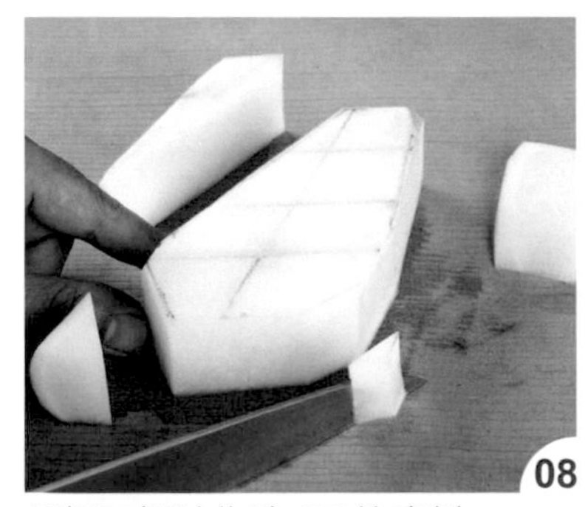

用切刀切除作法 07 的廢料。

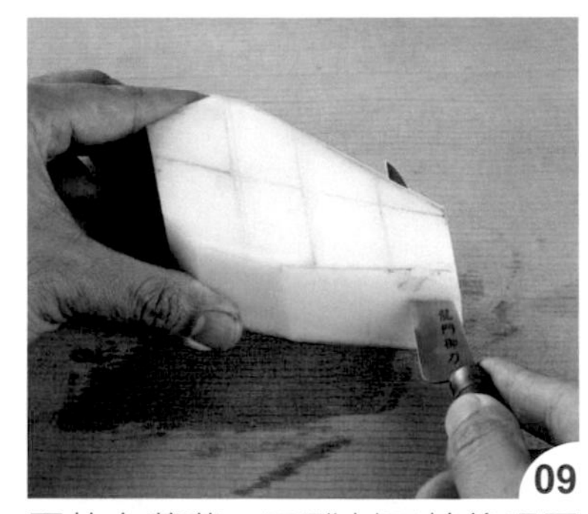

平放白蘿蔔，用雕刻刀於後視圖 a 處下刀。

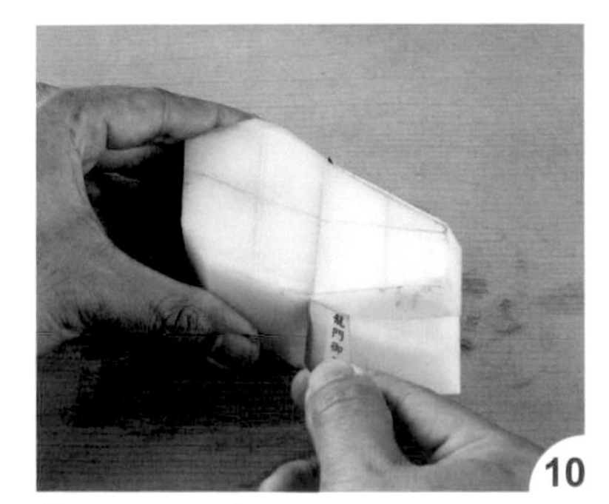

修出弧度，由 b 處出刀。

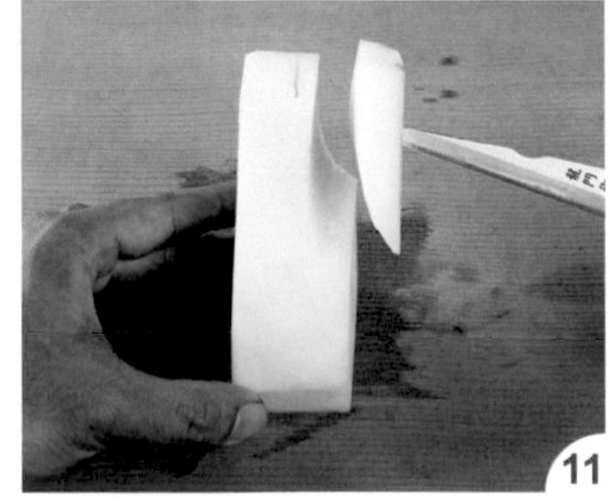

如圖把脖子右側線條刻出。

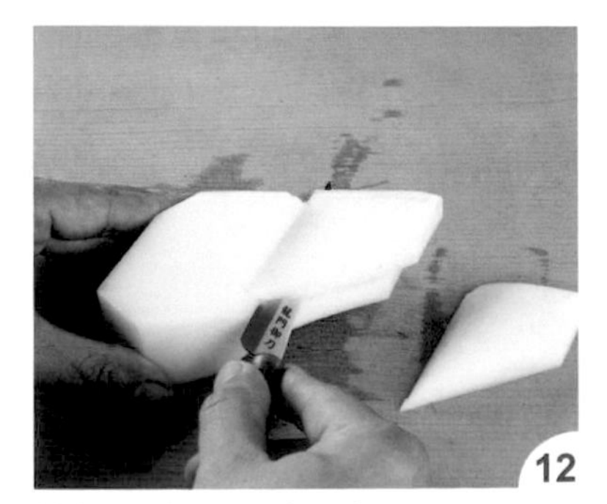

換刻出脖子左側弧線。

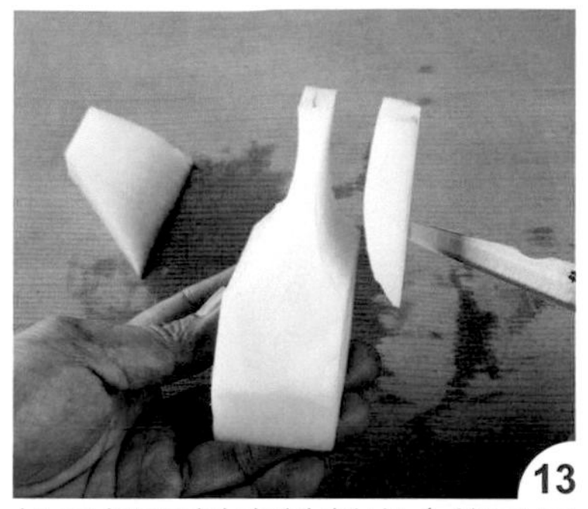

如圖把兩側廢料刻出（後視圖 C5、C6）。

把尾部左右兩側切除，定出尾部（後視圖 C7、C8）。

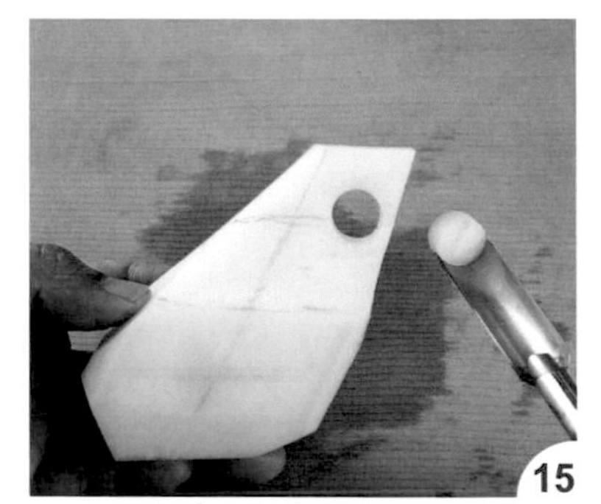

用大圓槽刀刻出頸部圓（側視圖 B9）。

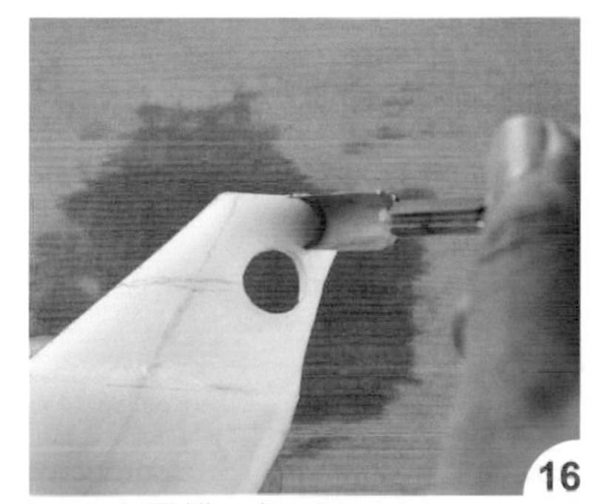

再用中圓槽刀把頭部刻出。

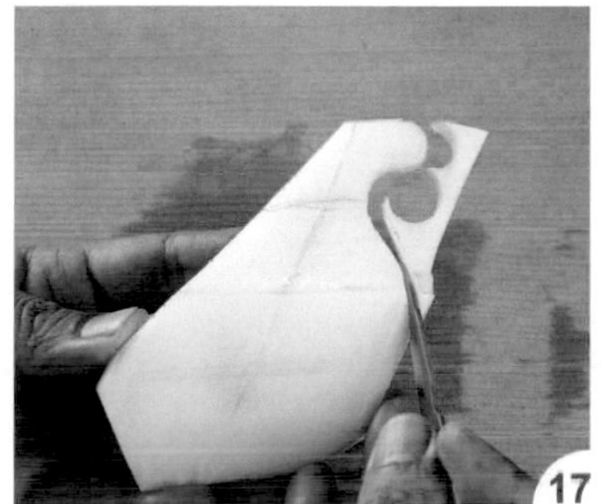

刻出前胸線條。

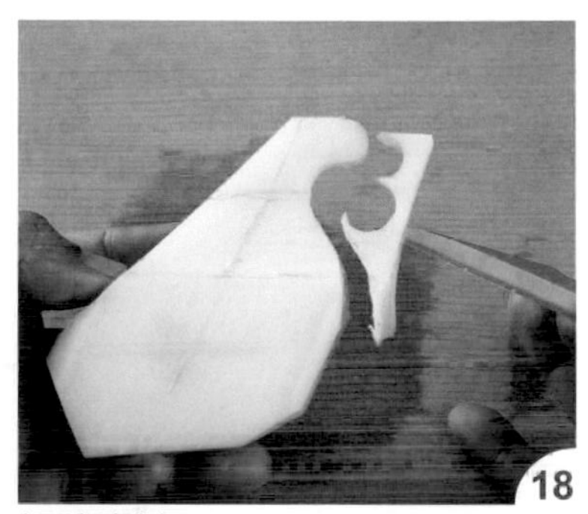

切除廢料。

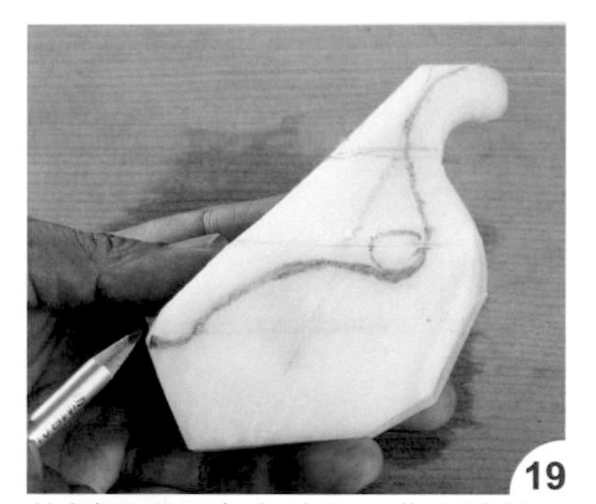

依側視圖，畫出後頸及背部線條。

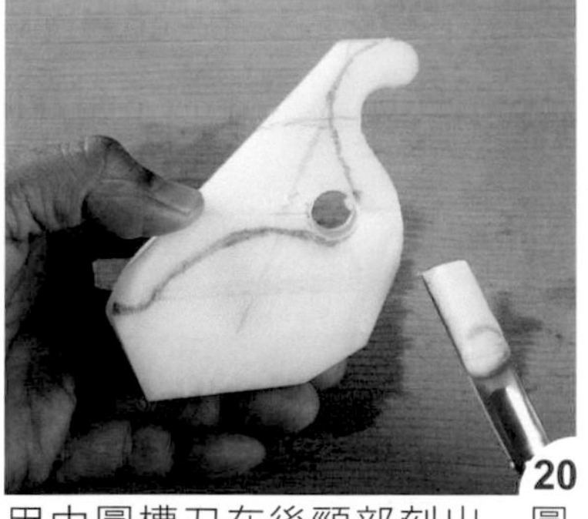

用中圓槽刀在後頸部刻出一圓（側視圖 B10）。

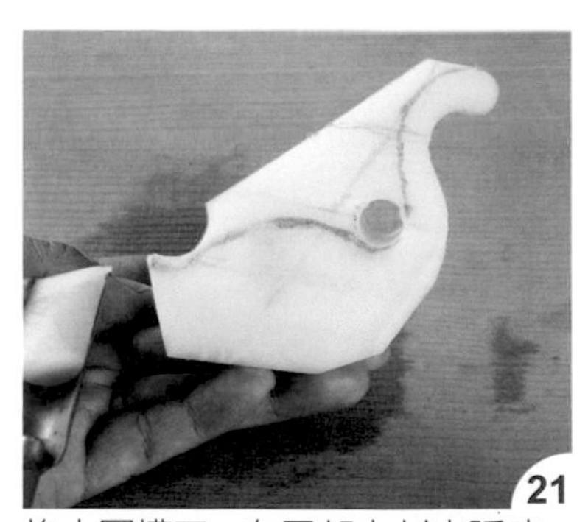

換大圓槽刀，在尾部也刻出弧度。

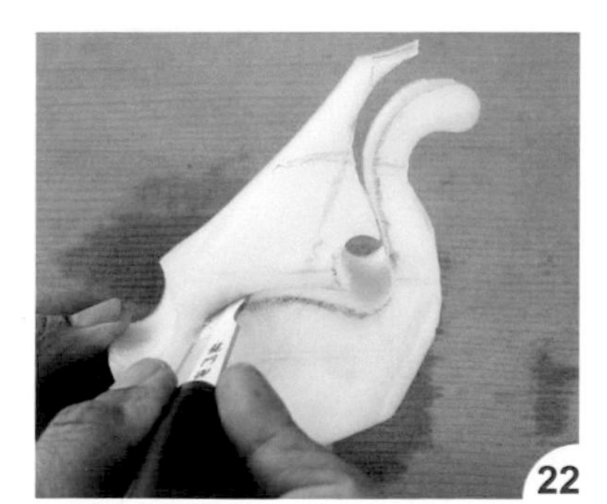

用雕刻刀把背部廢料切除。

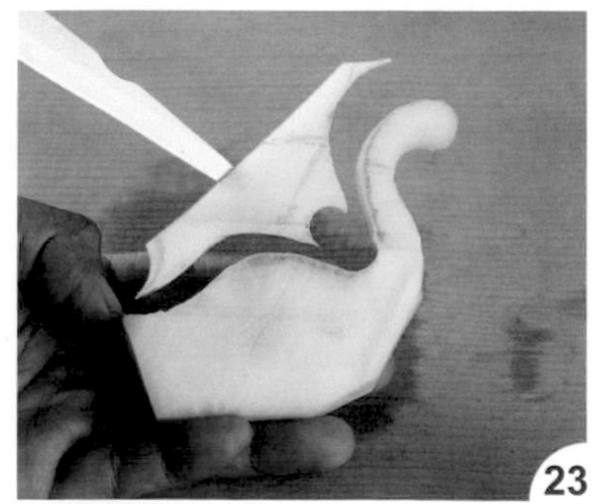

取下廢料。

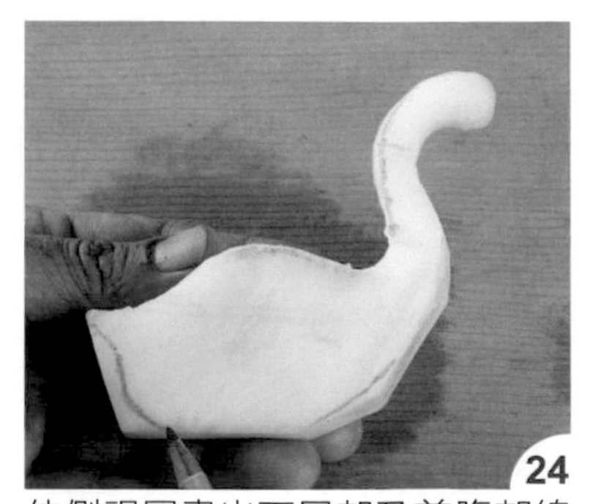

依側視圖畫出下尾部及前腹部線條。

刻出下尾部。

再切出前腹部。

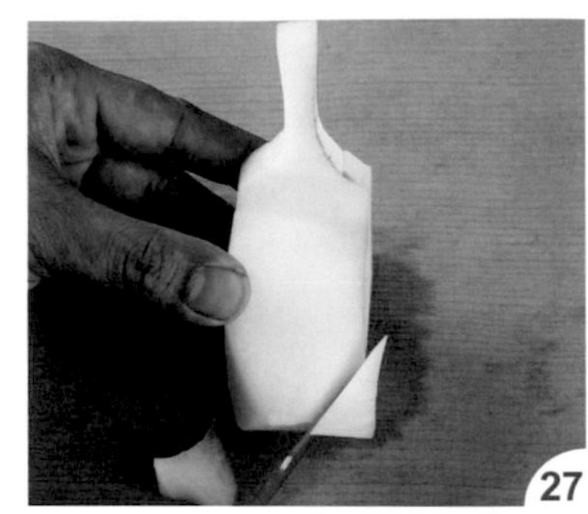

把尾部左右兩側切除，定出尾巴形狀。

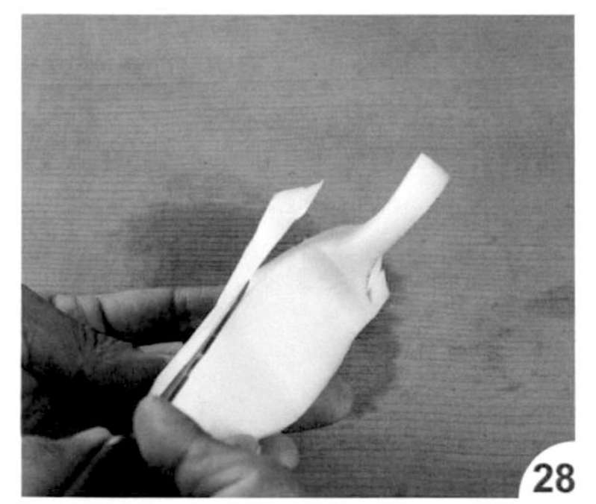

由脖子處下刀。

把身體左側的弧度修出。

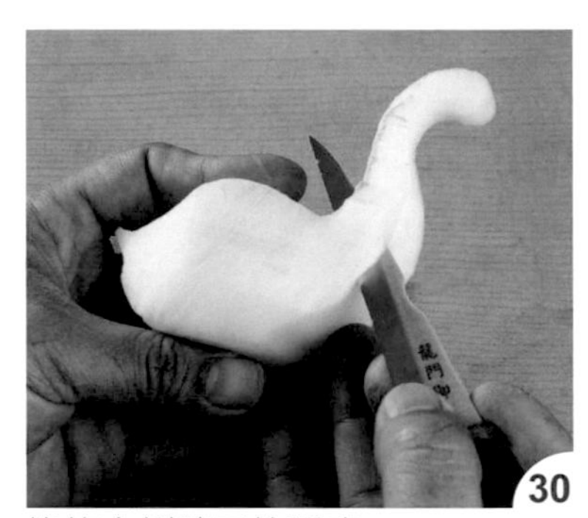

換修右側脖子的弧度。

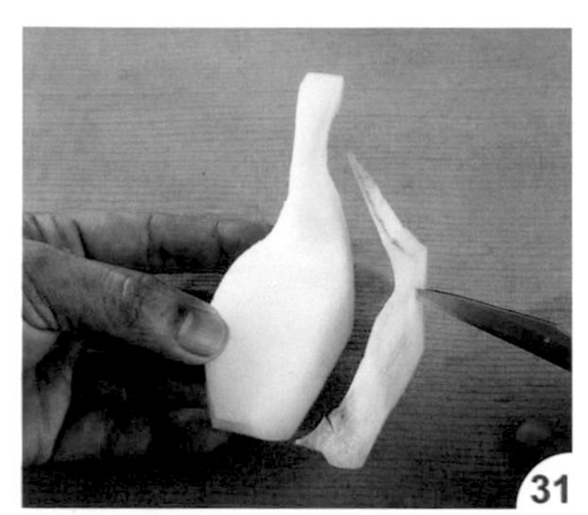

再修出身體右側的弧度。

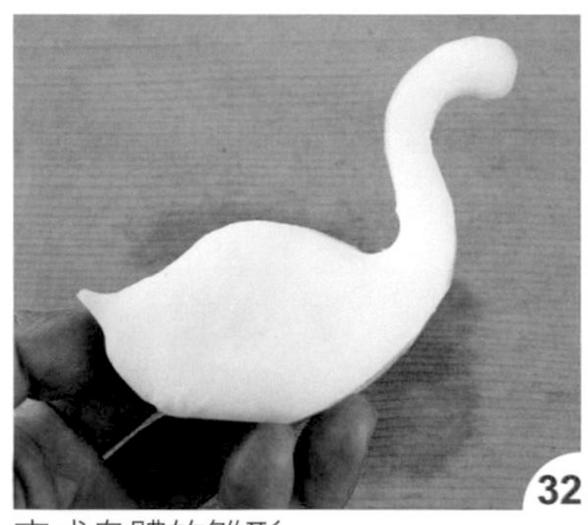

完成身體的雛形。

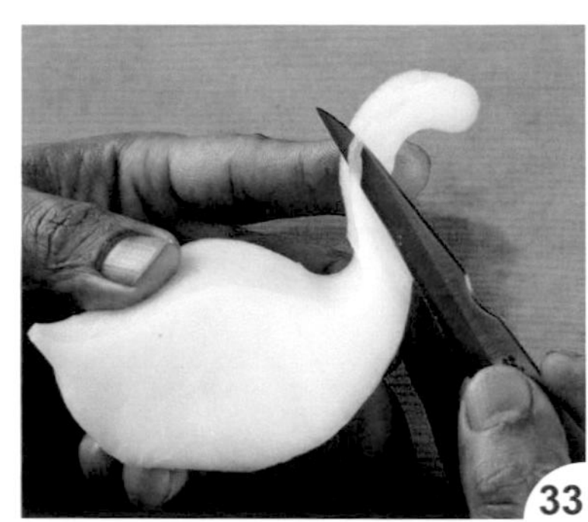

接著進行脖子四刀的切除步驟，由右上額頭後方開始。

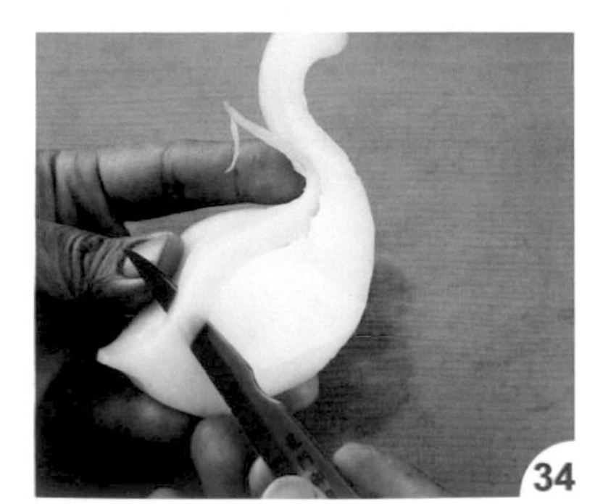

由前面修到尾部中間。

再把右下邊角切除。

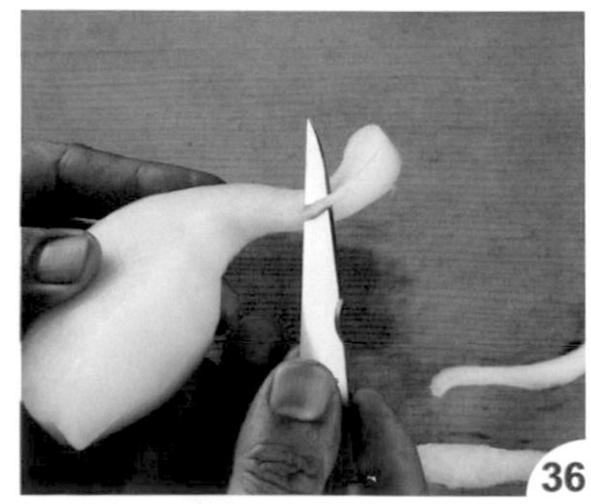

換修左上邊角。

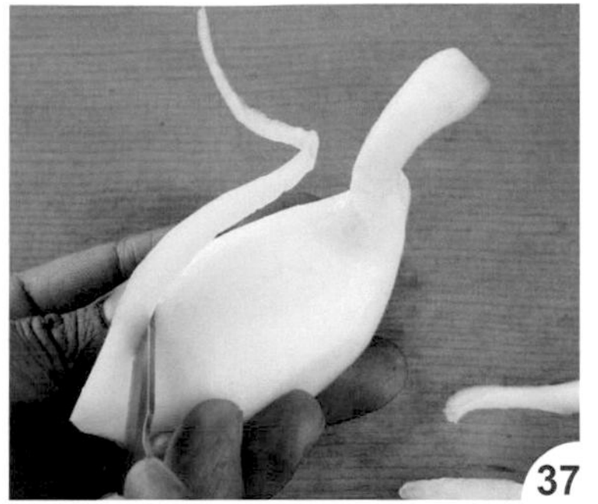

由前面修到尾部中間。

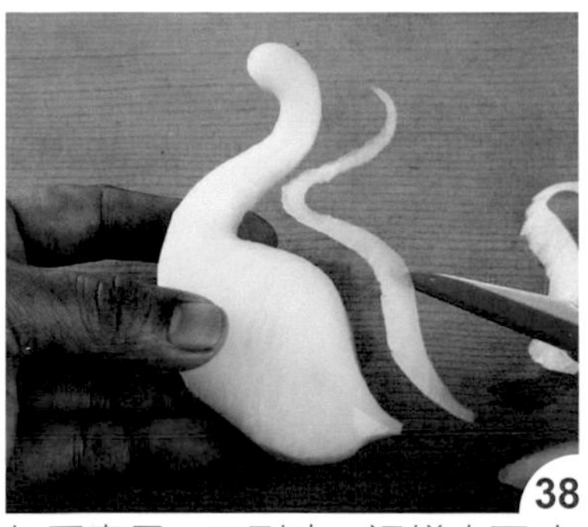

如圖盡量一刀到底，這樣表面才會平順光滑。

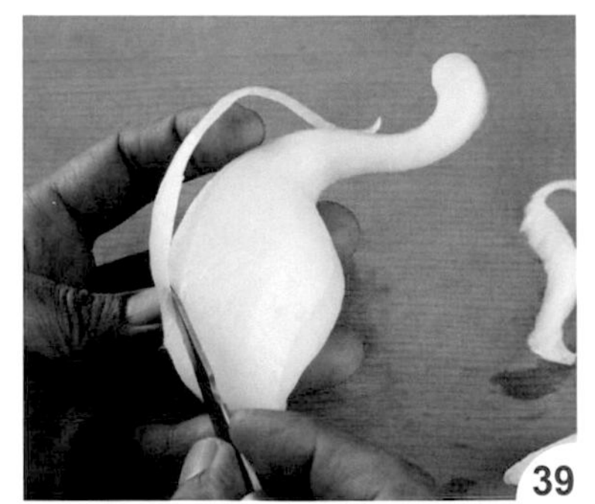

再切除左下邊角。

身體右側還有小角也修平順。

以相同手法換修身體左側。

如圖完成身體的雕刻。

切取一段與頭部同寬的紅蘿蔔來製作嘴巴。

用中圓槽刀挖出弧度。

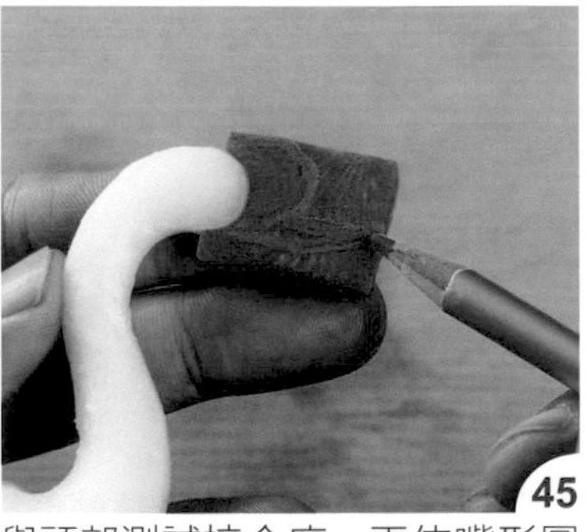

與頭部測試接合度，再依嘴形圖畫出嘴部線條。

依線條刻出嘴巴。

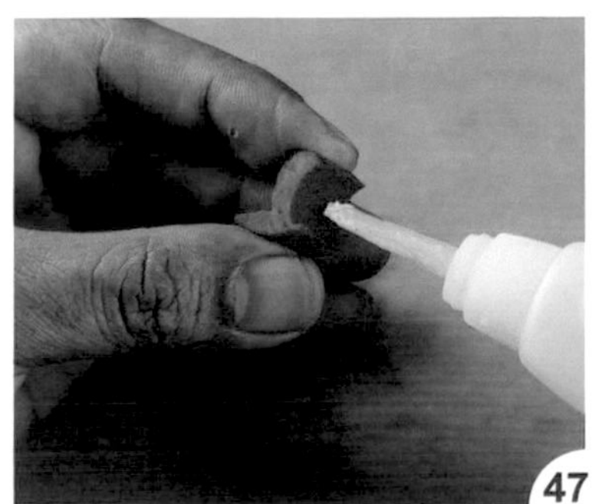

沾少許三秒膠。

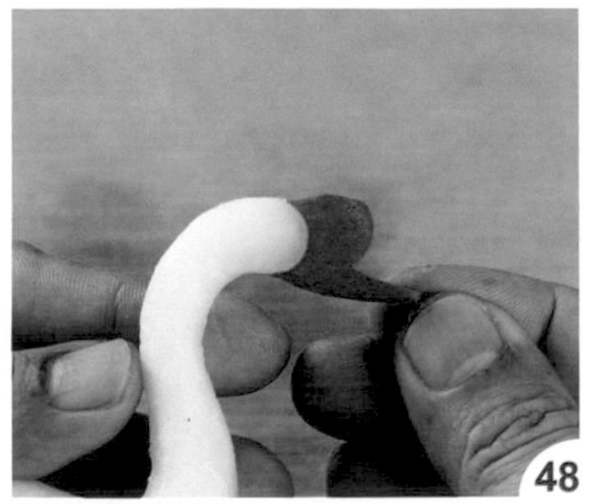

再把嘴巴黏上。

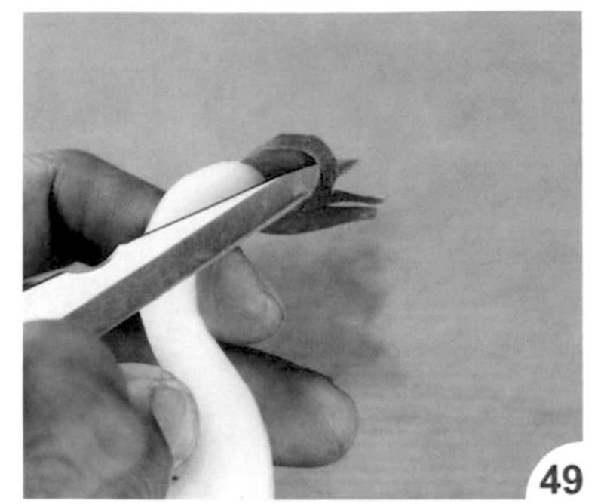

把嘴巴右側邊角切除。

再切除左側。

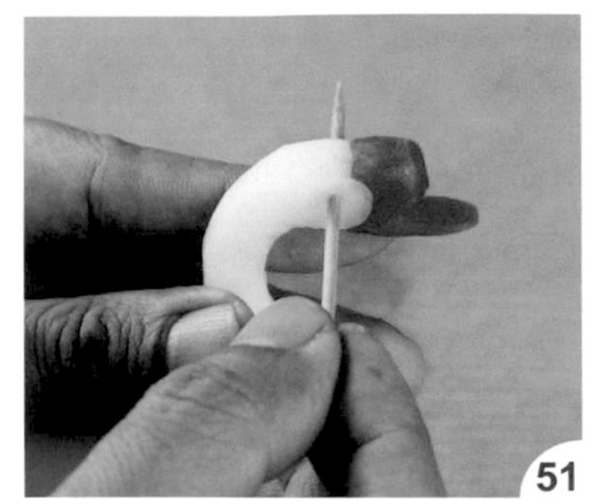

用牙籤在眼部插孔。

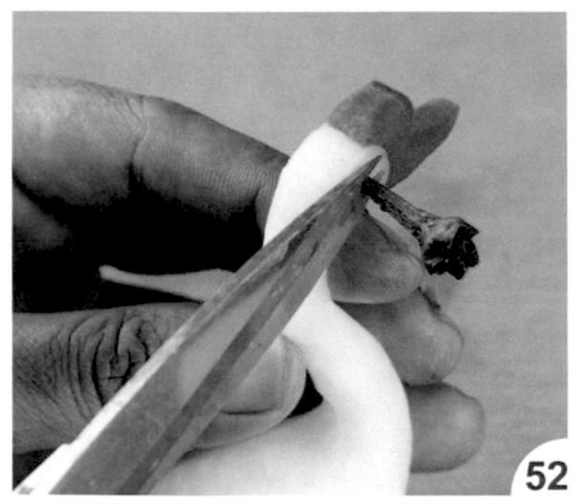

把乾辣椒梗插入，再用剪刀把多餘的乾辣椒梗剪掉。

如圖完成眼睛部分。

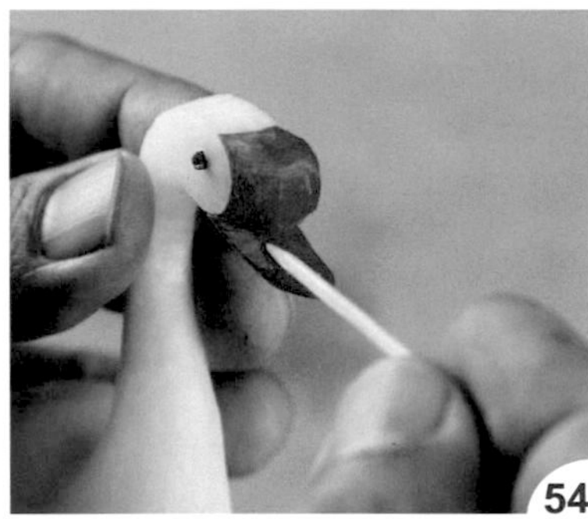

用牙籤於嘴巴上把鼻孔鑽出。

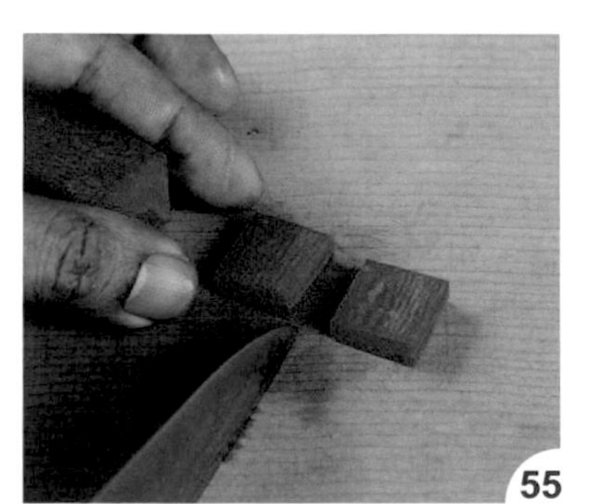

切取兩段紅蘿蔔製作腳。

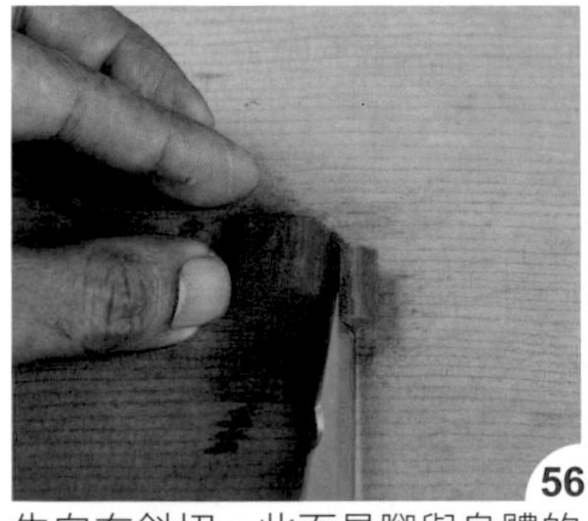

先向右斜切，此面是腳與身體的粘接面。

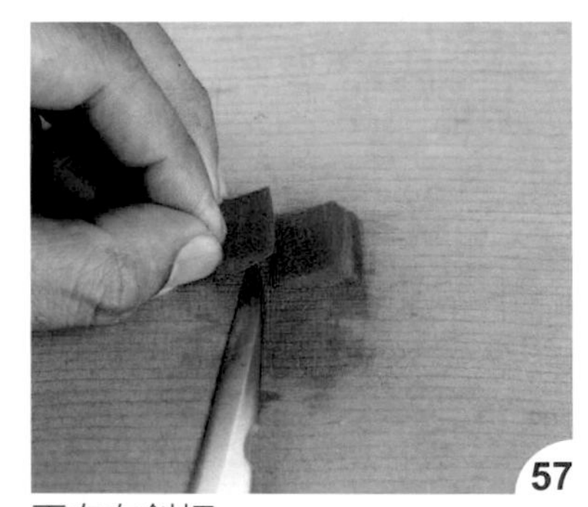

再向左斜切。

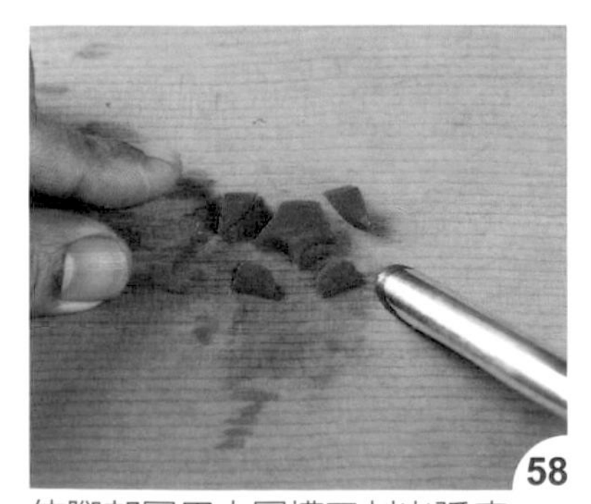

依腳部圖用中圓槽刀刻出弧度。

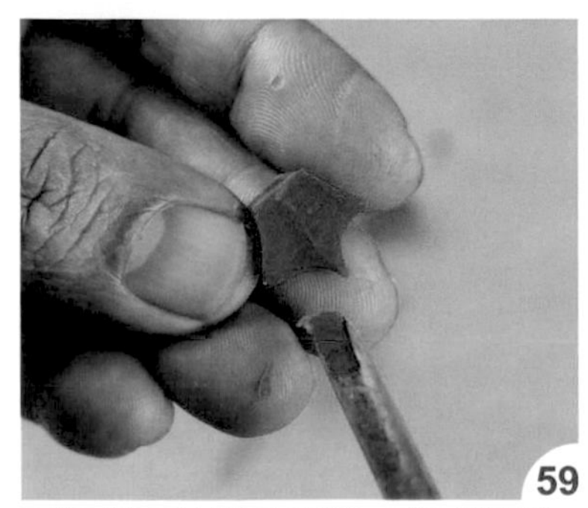

再把斜面的凹度刻出，完成腳部。

把刻好的腳黏上。

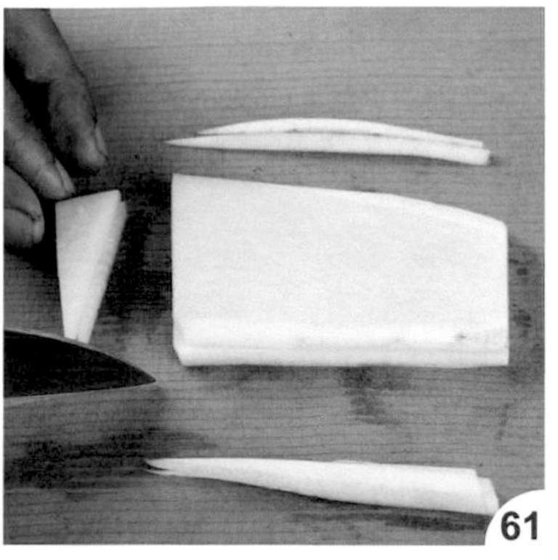

取白蘿蔔，切下兩片約 0.3 ~ 0.4 公分的厚片作為翅膀，疊好並切除四邊。

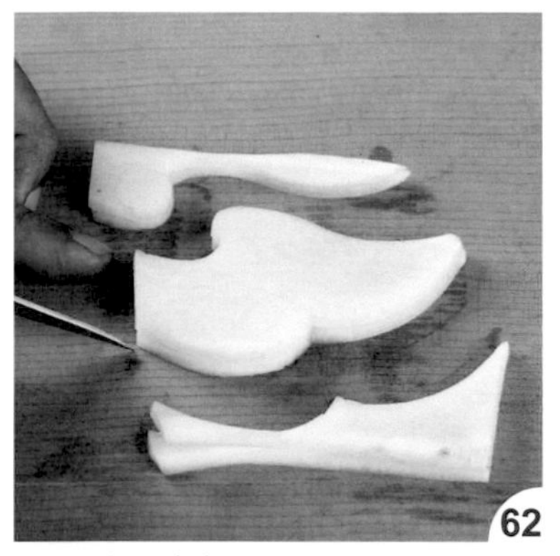

依翅膀圖先刻出上下外形弧度。

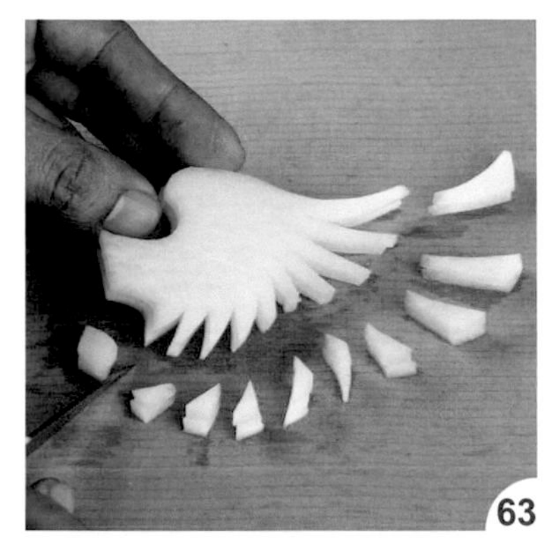

再依線條刻出翅膀形狀。

如圖完成翅膀的雕刻。

在身體兩側畫出翅膀的插槽（參 p.21 的作法 30、31）。

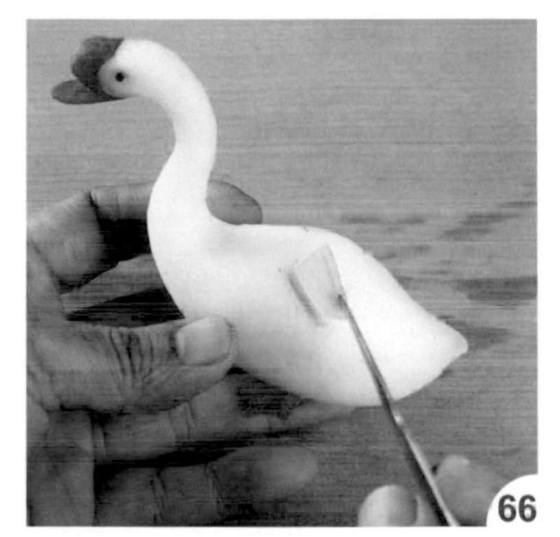

用雕刻刀刻出凹槽。

再把翅膀插入背部凹槽內固定。

完成翅膀的接著。

如圖完成小白鵝的雕刻。

白鶴覓食

▶材　料
白蘿蔔 1 條、大黃瓜 1 段、辣椒 1 段、乾辣椒梗 1 個

▶工　具
西式切刀、雕刻刀、小圓槽刀、中圓槽刀、大圓槽刀、牙籤、剪刀、水性畫筆

▶取材比例
寬 = 半徑的 3/4，如半徑長是 6 公分，那寬就是 4.5 公分

※水性畫筆的線條要擦除時，可用白色「神奇海綿」沾水或溼布，即能擦拭乾淨。

・ 示意圖

A. 俯視圖

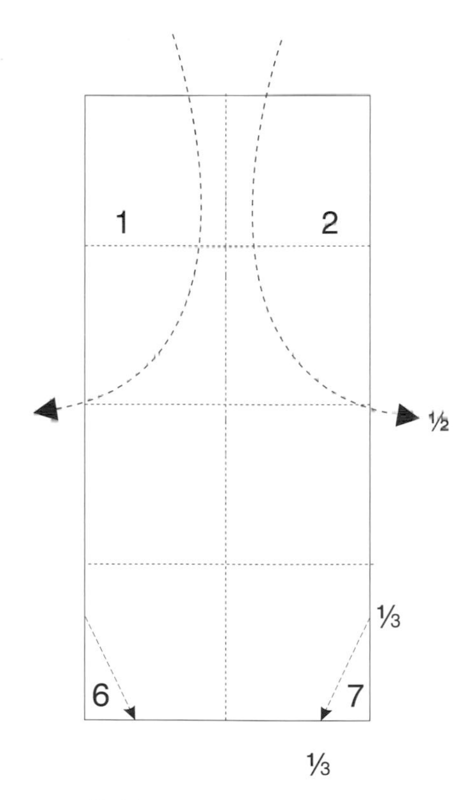

B. 側視圖

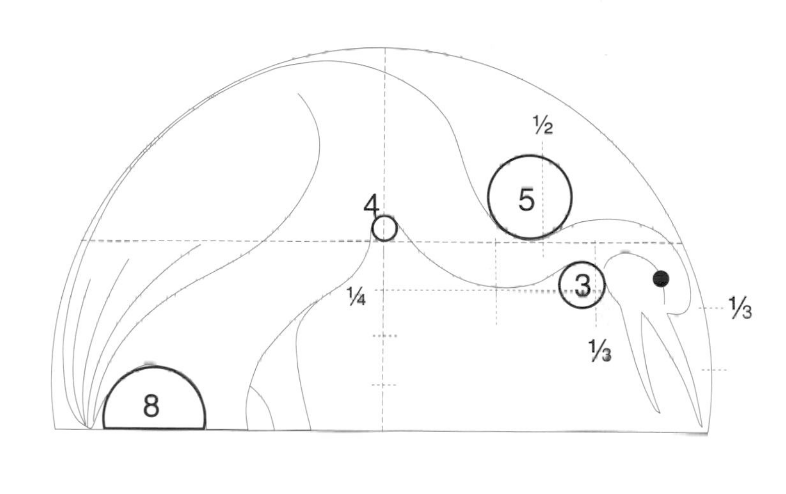

・ 作法

白蘿蔔依取材比例用西式切刀切取適當寬度。

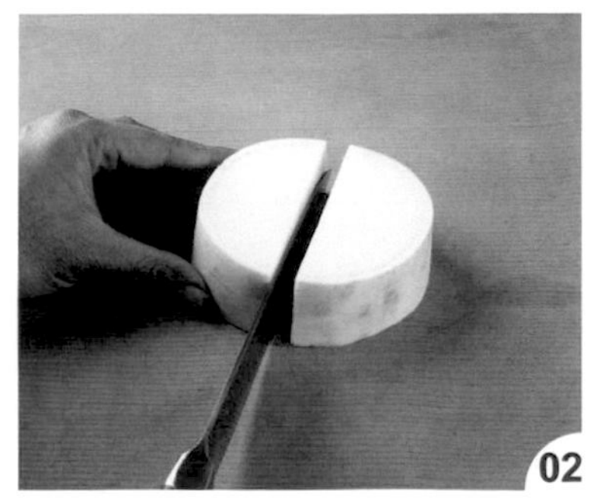

再對半切開，取半圓來雕刻白鶴的身體。

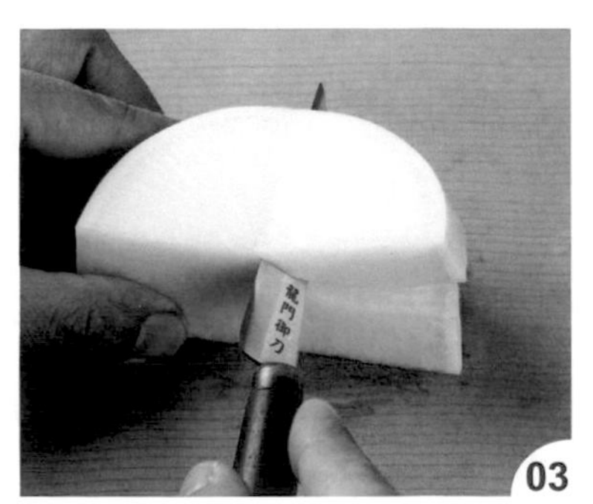

用雕刻刀把脖子左側切除（俯視圖 A1）。

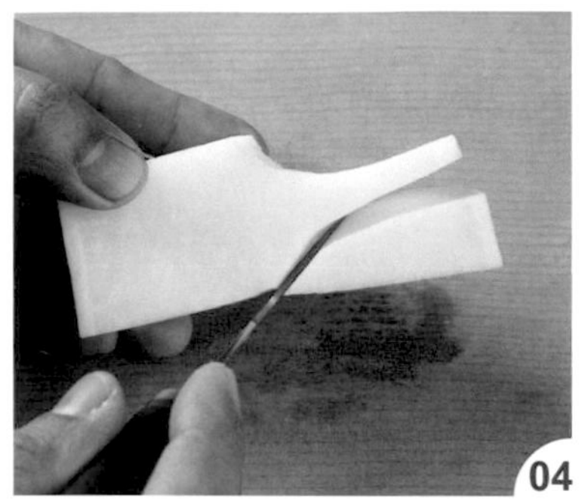

再將脖子右側也切除（俯視圖 A2）。

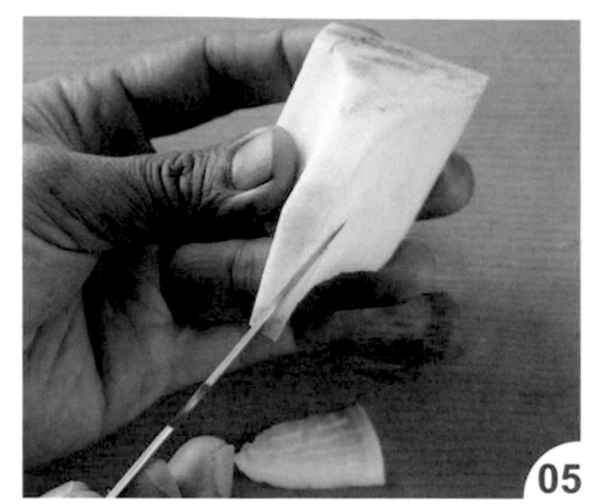

把嘴部切薄。

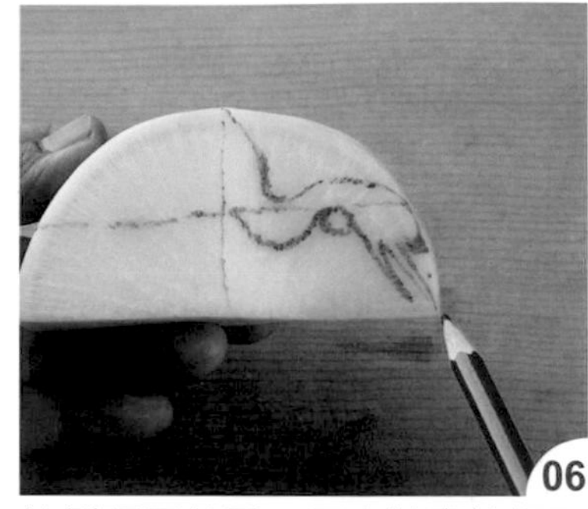

依側視圖位置，用水性畫筆把頭頸部線條畫出。

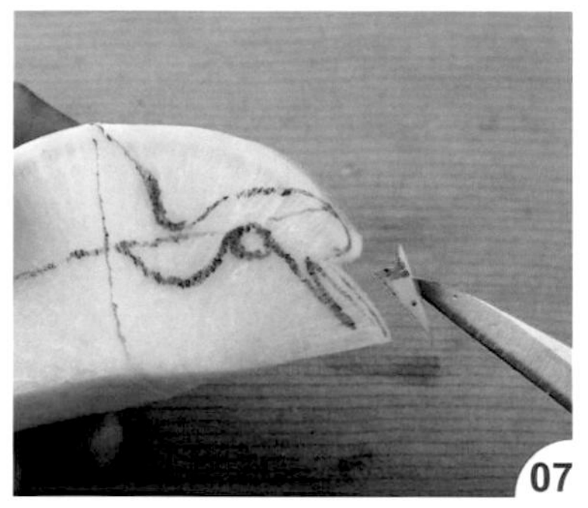

把額頭與上嘴處切出。

再刻出嘴巴。

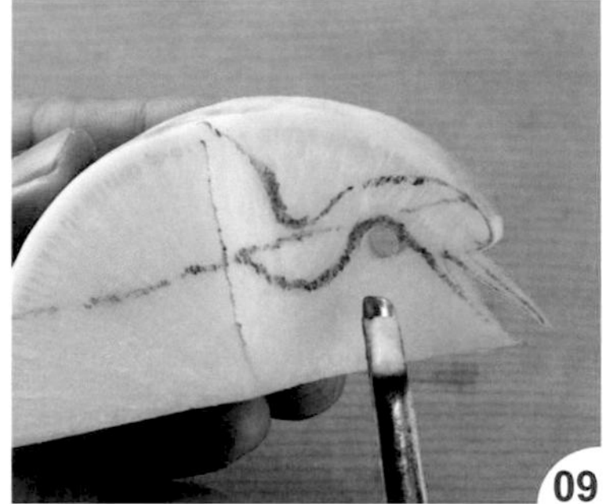

用小圓槽刀刻出下巴的圓（側視圖 B3）。

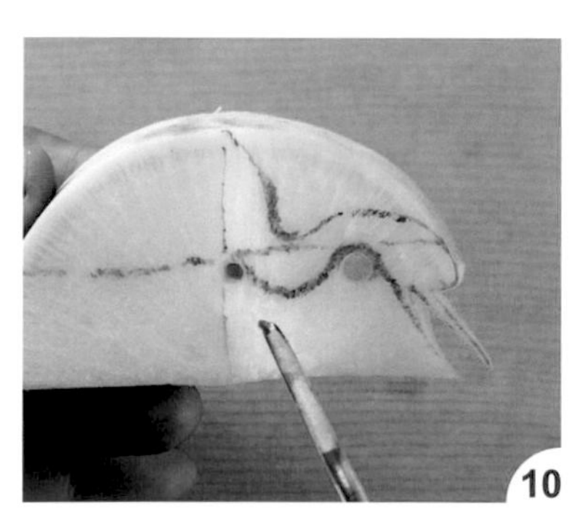

再用小圓槽刀刻出頸腹部的小小圓（側視圖 B4）。

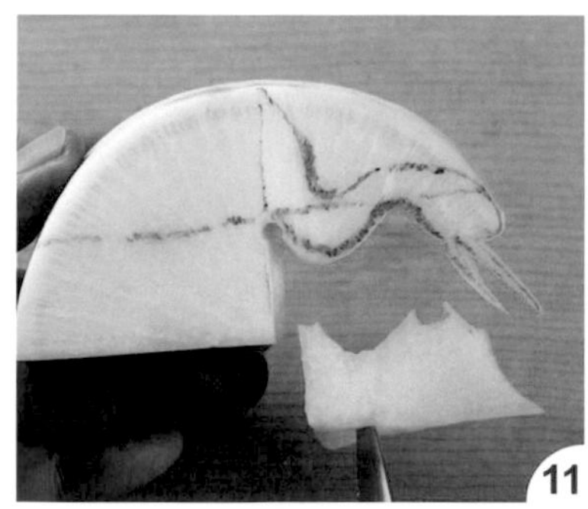

把前頸刻出，取出廢料。

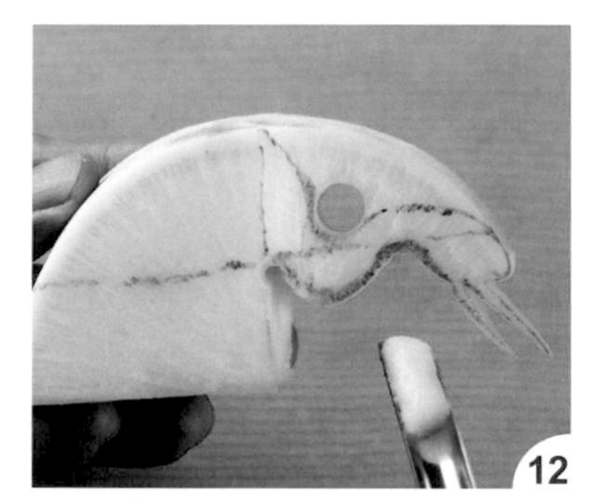

再用中圓槽刀把後頸的圓刻出（側視圖 B5）。

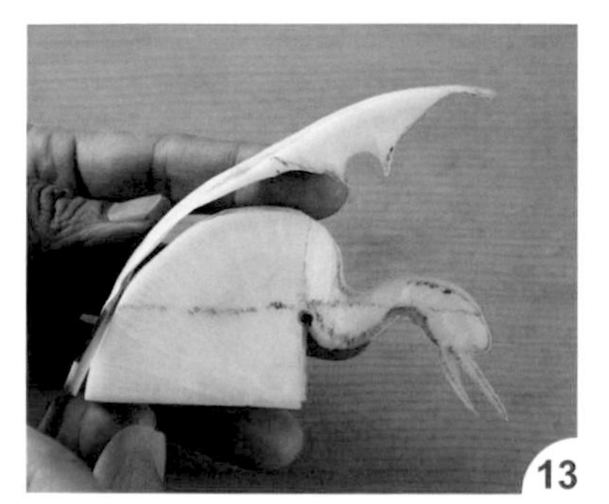

接著依線條刻出後頸及背部。

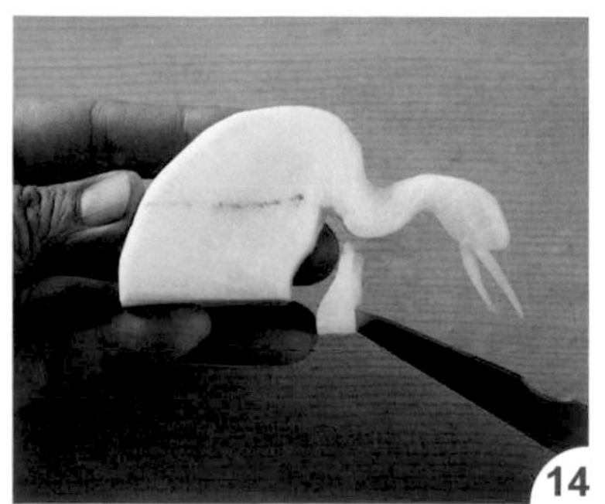

把前腳的線條刻出。

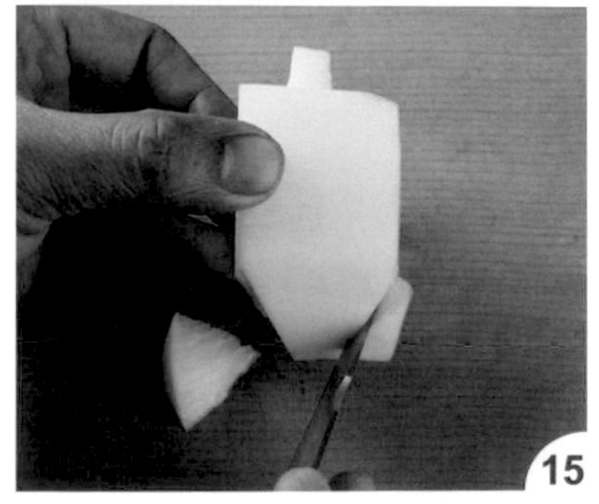

把尾部左右兩側切除，定出尾巴形狀（俯視圖 A6、A7）。

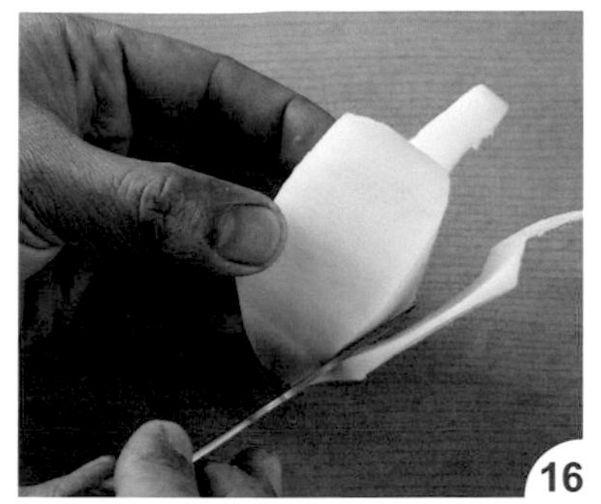

把身體右側的弧度修出。

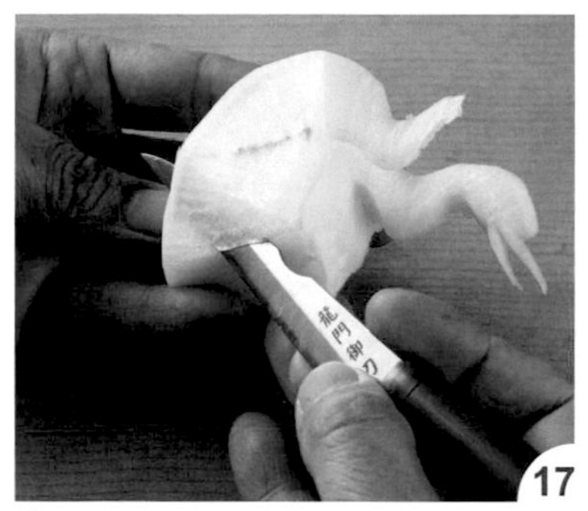

盡量一刀修到尾部。

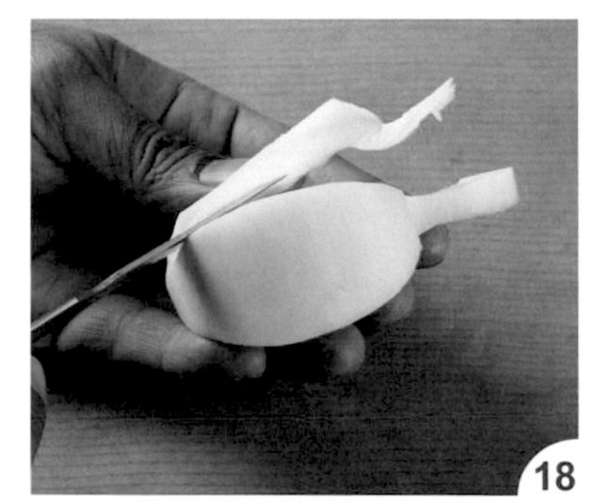

再修出身體左側的弧度。

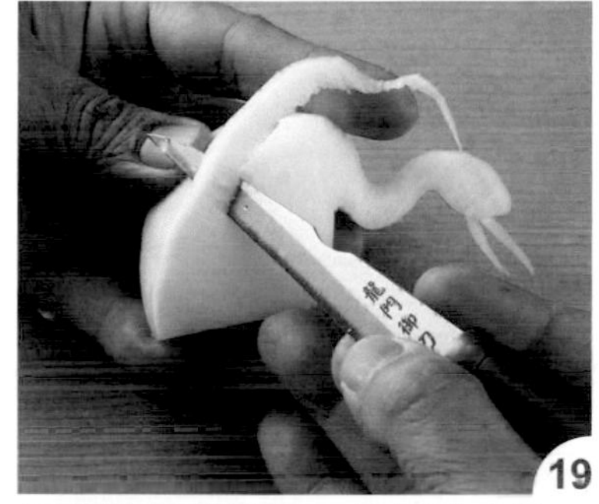

接著進行脖子四刀的切除步驟，先把右上邊角修除。

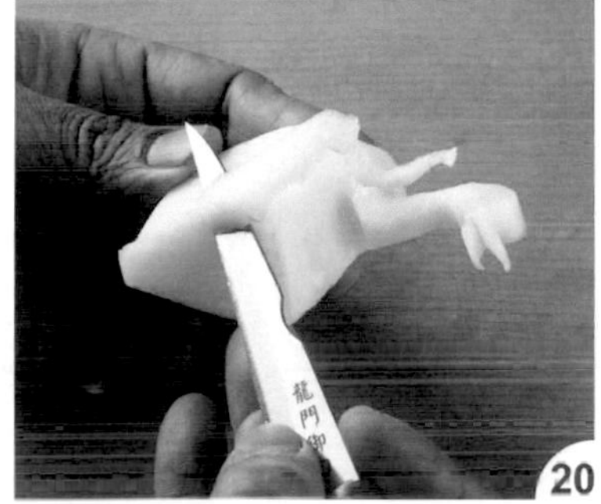

再把右下邊角切除。

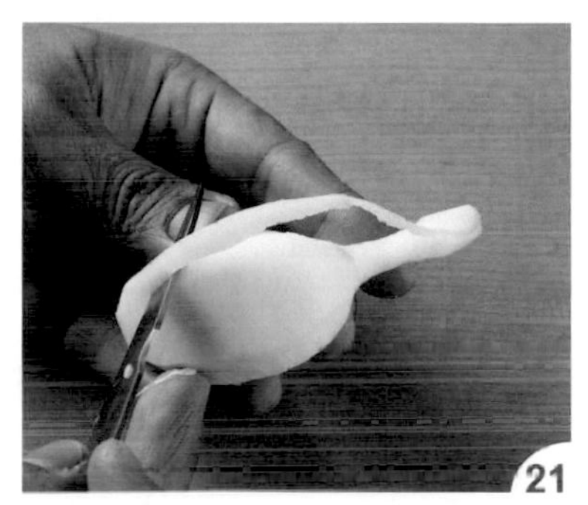

換修左上邊角，由前面修到尾部中間。

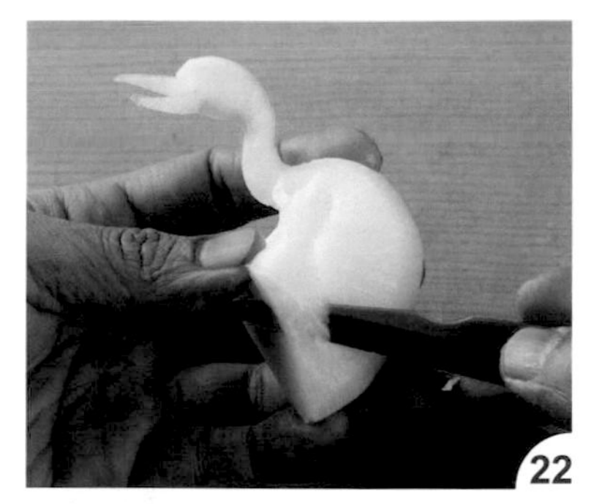

再切除左下邊角。

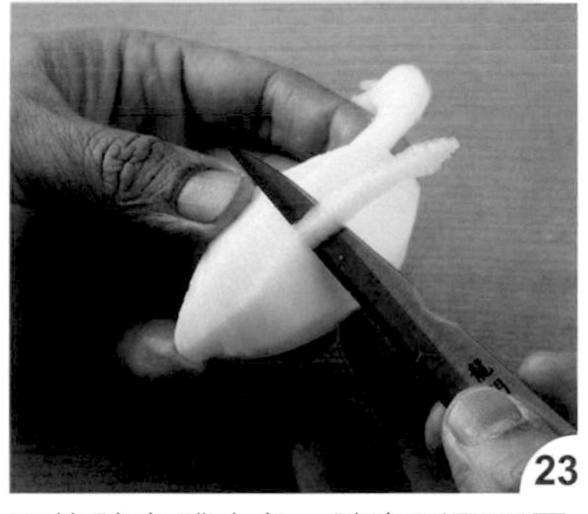

再修除身體小角，讓身形更顯圓弧一些。

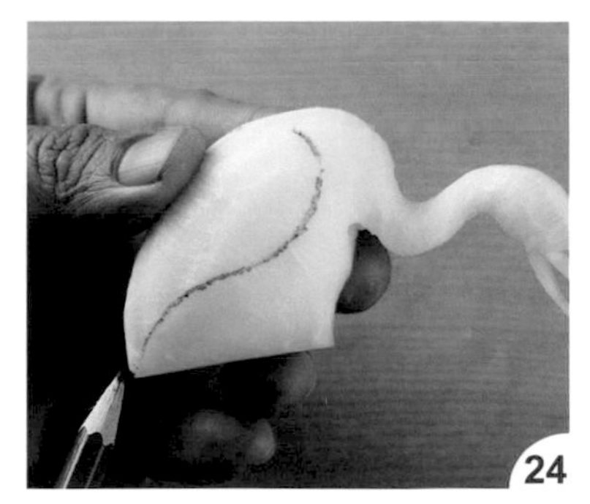

用水性畫筆把右側翅膀的線條畫出。

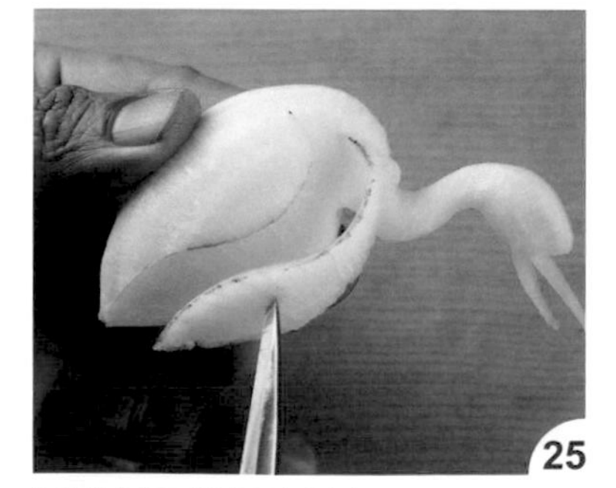

用雕刻刀把翅膀刻出。

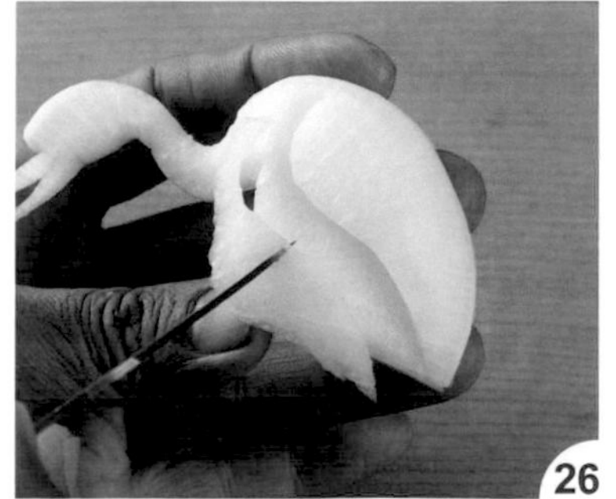

再把左側翅膀刻出。

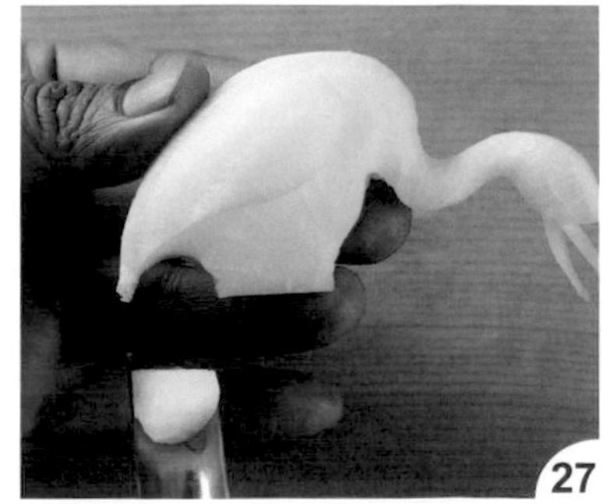

用大圓槽刀把尾部弧度刻出（側視圖 B8）。

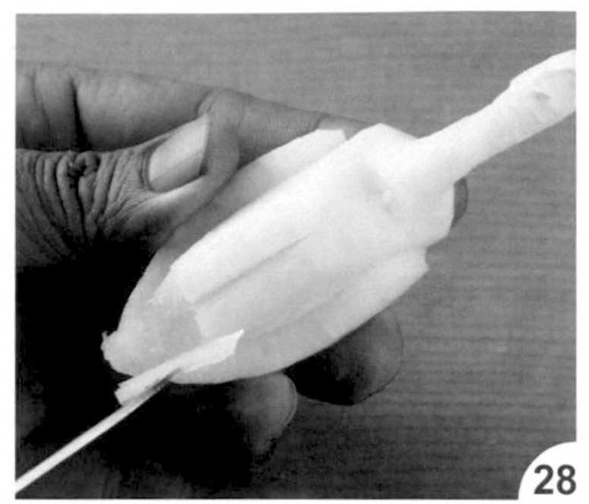

將材料轉至底部，在中間刻一 V 型，分出左右腳。

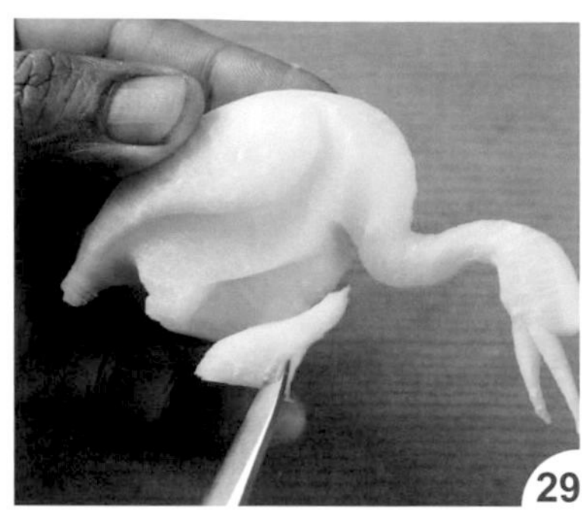

依側視圖把右前腳線條刻出。

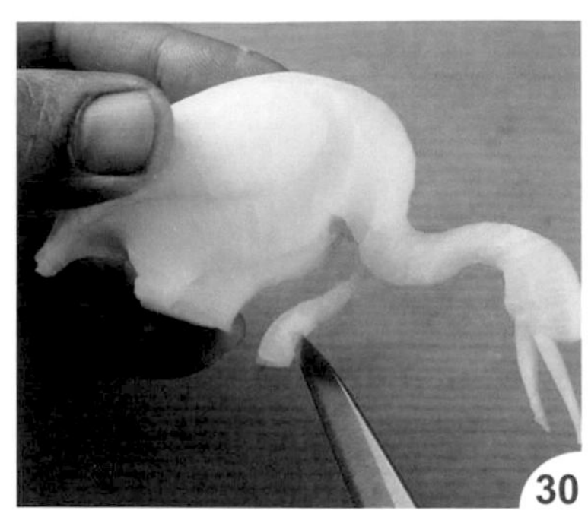

再把左前腳刻出。

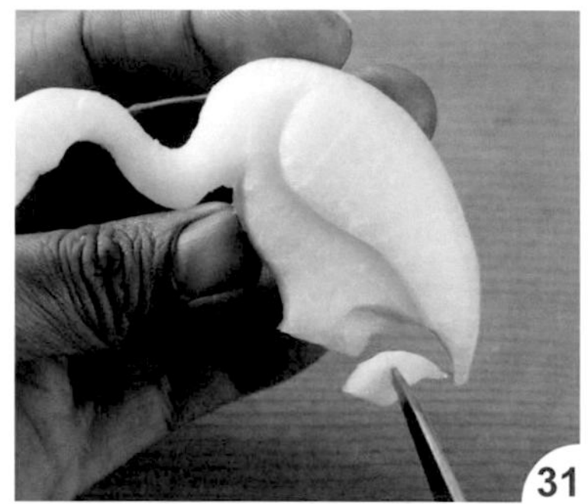

左腳因往前，所以要把後面的廢料切除。

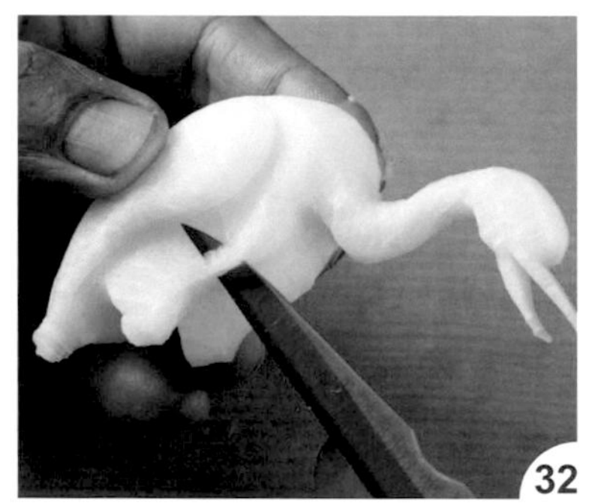

再把腳部側邊的小角切除。

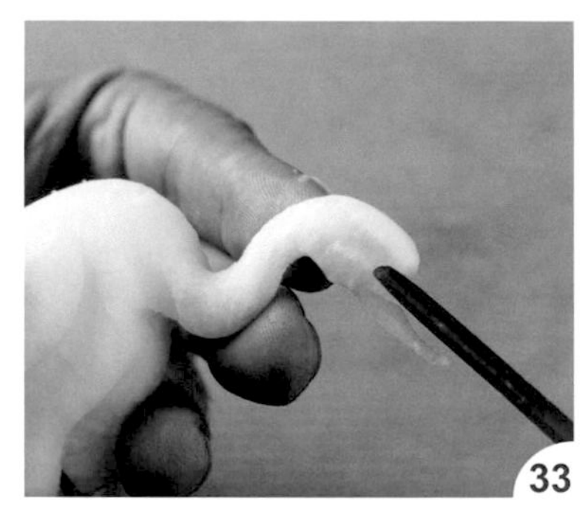

用小圓槽刀把右側臉頰的線條刻出。

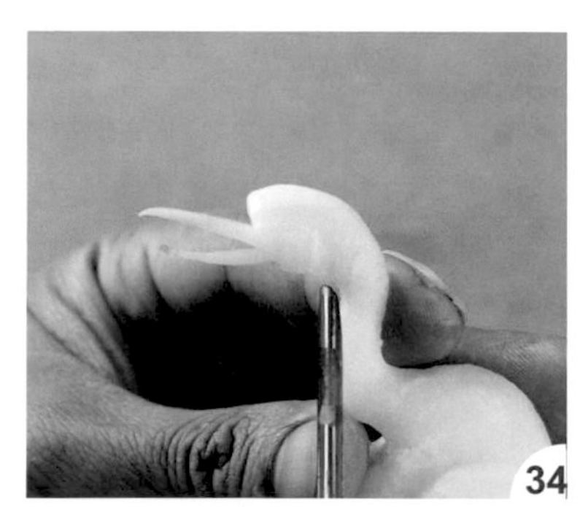

再刻出左側臉頰線條。

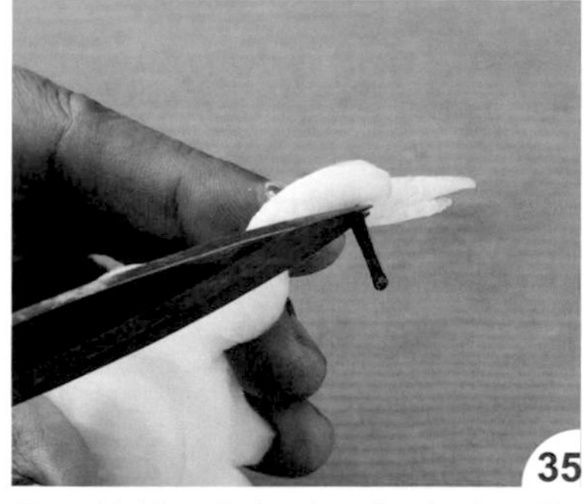

用牙籤於頭部插出一個小孔，將乾辣椒梗插入，並用剪刀修除多餘部分。

如圖完成眼睛。

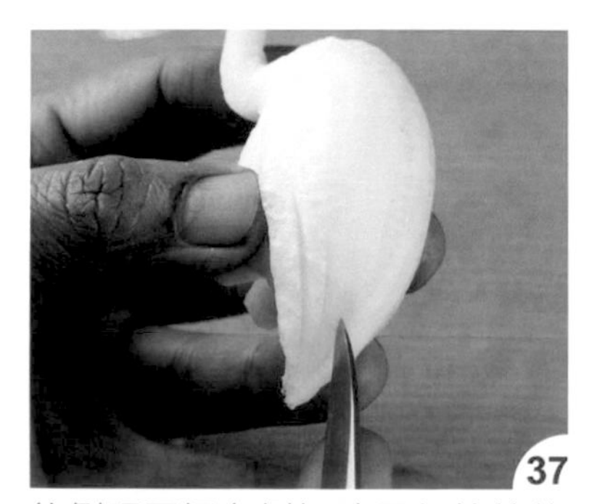

依側視圖把左側翅膀尾部的線條刻出。

再刻出右側翅膀尾部線條。

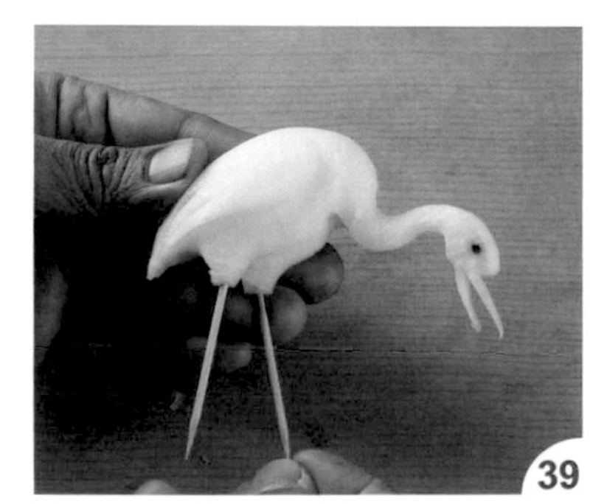

將牙籤從左右腳下方插入，即為腳部。

取一段辣椒，在尾部切一弧刀。

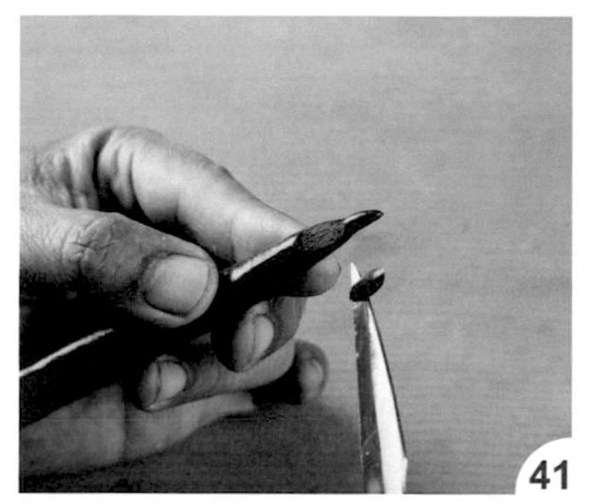

如圖切出長橢圓形。

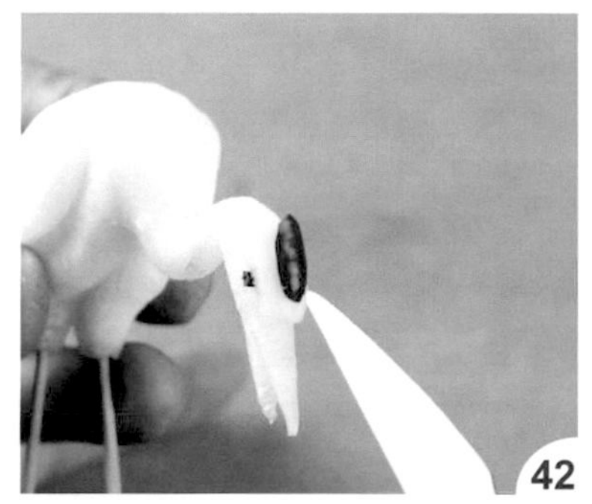

用三秒膠將作法 41 的長橢圓形辣椒黏在頭頂，為丹頂鶴特徵。

切取一段大黃瓜表皮製作尾巴。

切出尾巴外形。

再刻出尾部尖角。

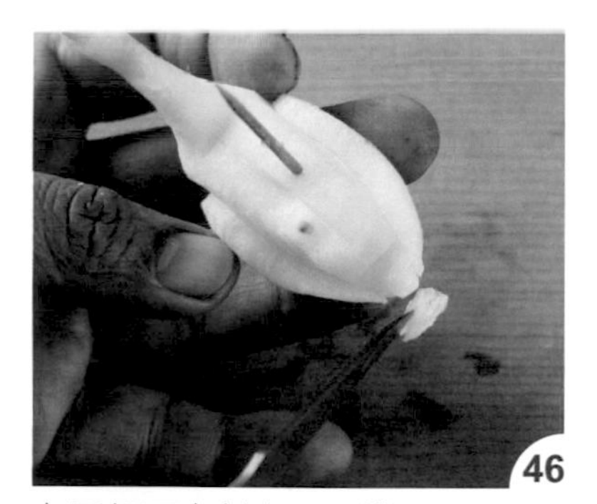

在尾部下方刻出一凹槽。

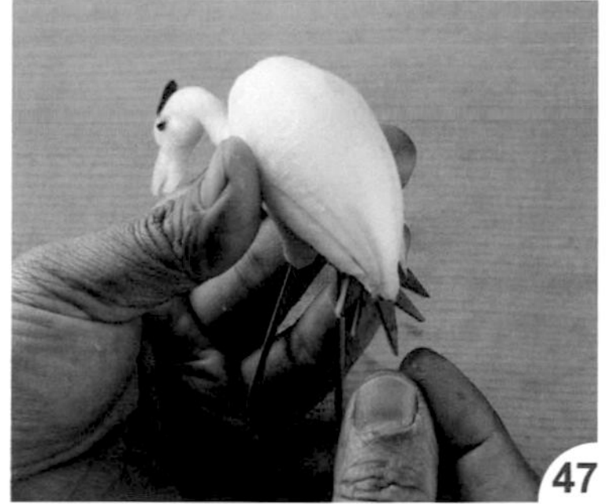

再把大黃瓜裝上即可。

如圖完成盤飾。

白鶴2式

▸材　料

白蘿蔔 1 條、大黃瓜 1 段、辣椒 1 段、乾辣椒梗 1 個

▸工　具

西式切刀、雕刻刀、小圓槽刀、大圓槽刀、牙籤、剪刀、水性畫筆

▸取材比例

寬 = 半徑的 3/4，如半徑長是 6 公分，那寬就是 4.5 公分

· 示意圖

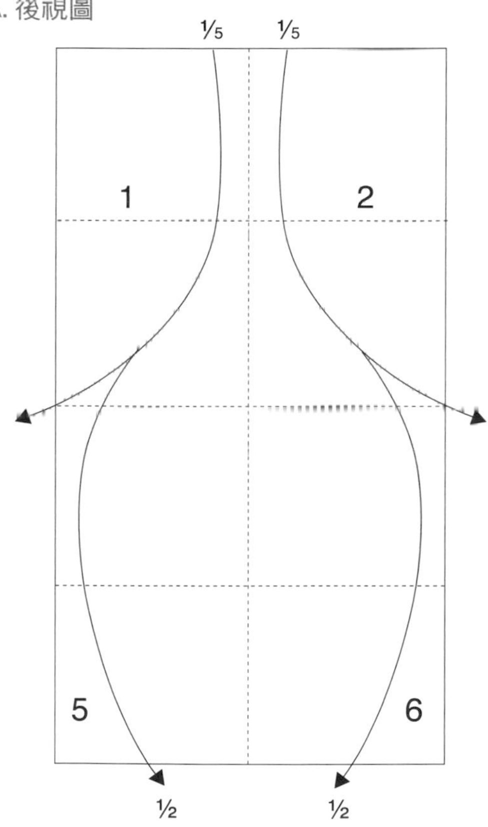

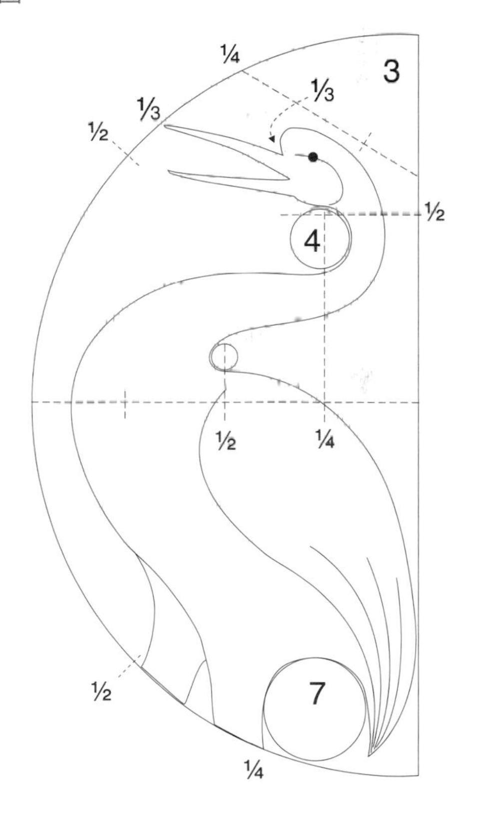

· 作法

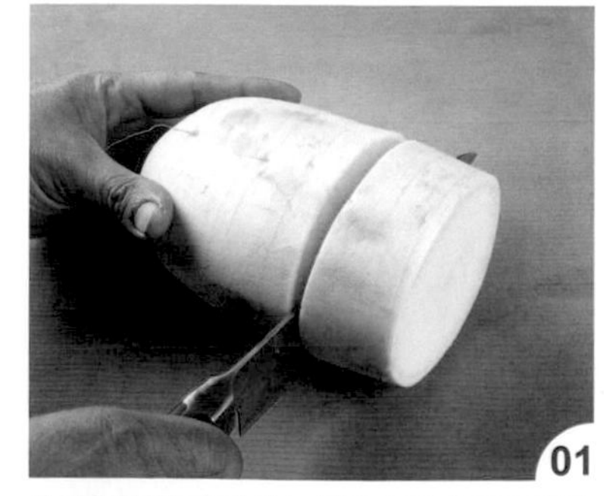

白蘿蔔依取材比例用西式切刀切取適當寬度。

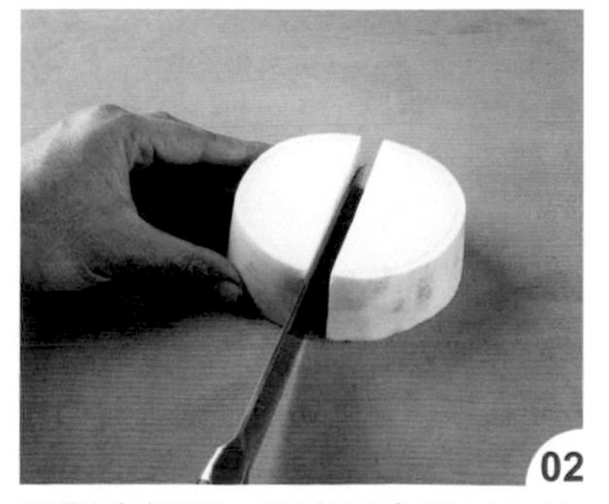

再對半切開，取半圓來雕刻白鶴的身體。

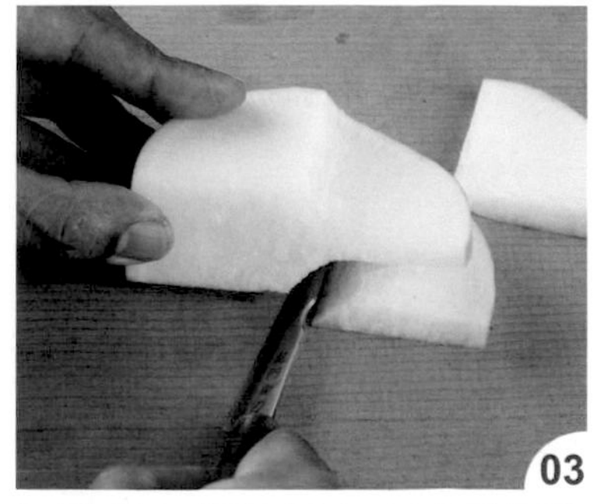

用雕刻刀把脖子左右兩側切除（後視圖 A1、A2）。

切除頭部上方的三角形（側視圖B3）。

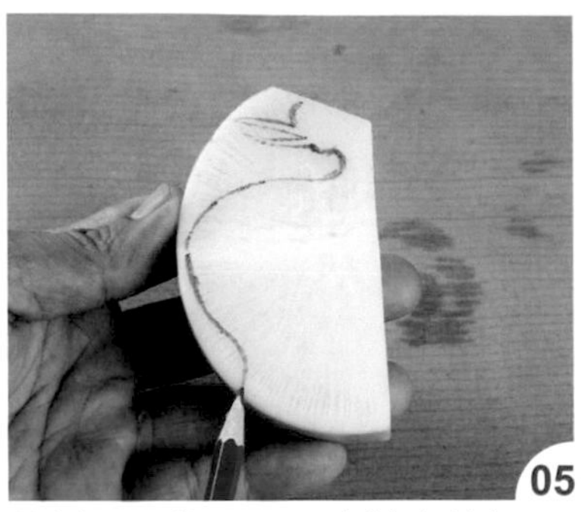

依側視圖位置，用水性畫筆把頭及前頸胸畫出。

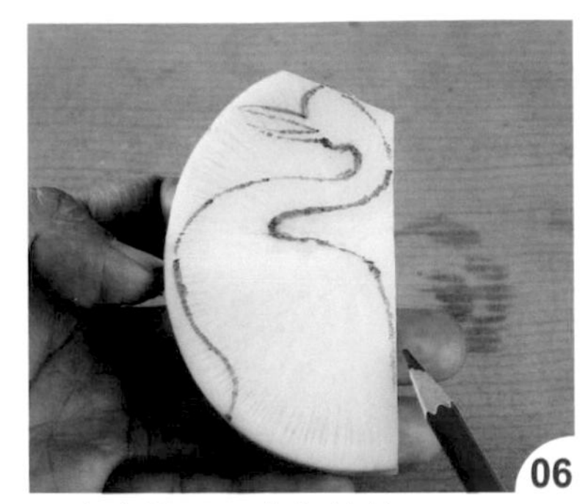

再畫出後頸及背部線條。

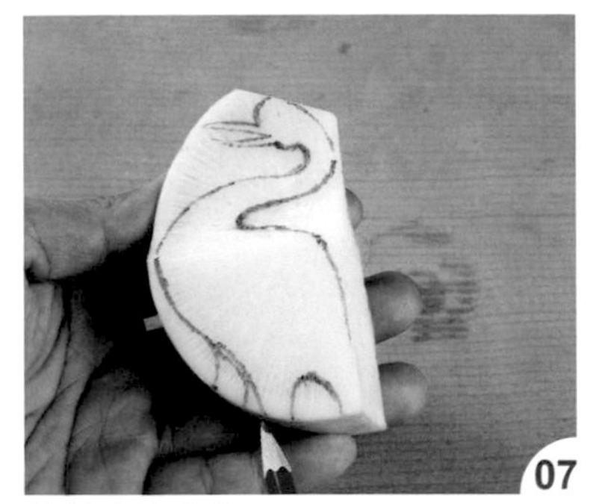

接著畫出腳部。

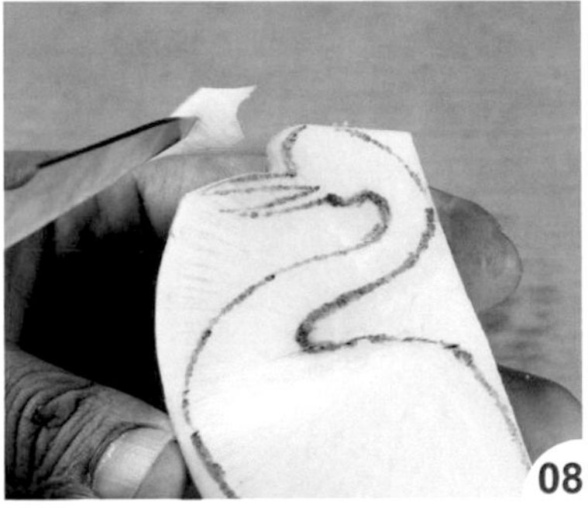

把額頭與上嘴處切出。

再刻出嘴巴。

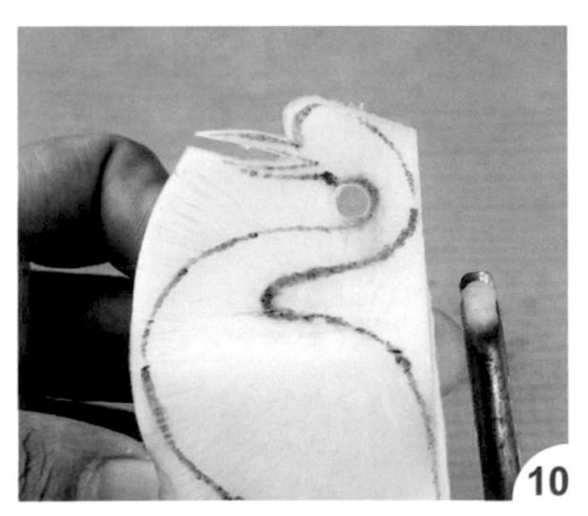

用小圓槽刀刻出下巴的圓。

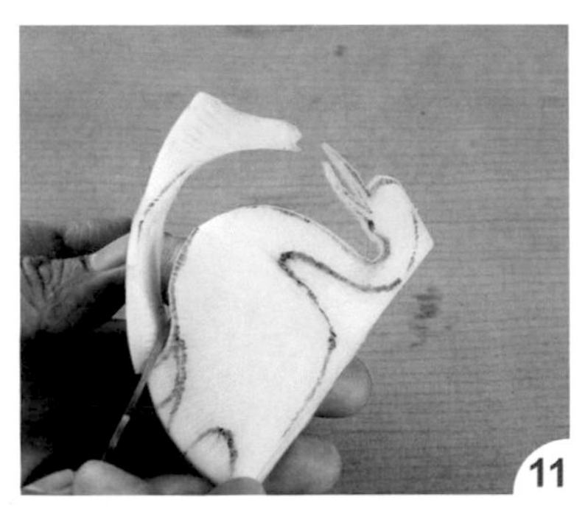

再刻出下嘴及前頸胸腹部。

再把後頸的圓也刻出（側視圖B4）。

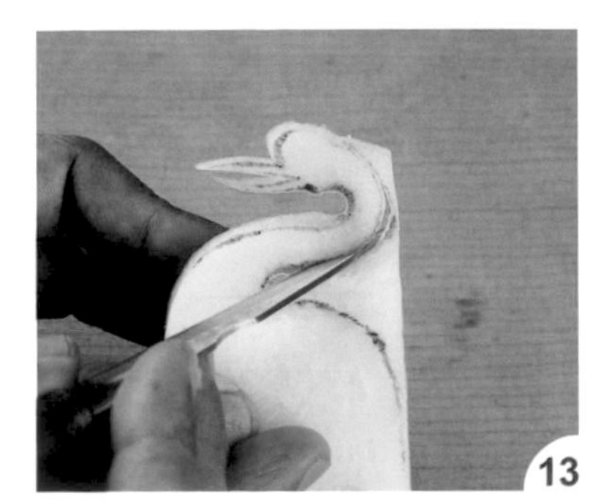

接著依線條刻出後頸及背部。

將廢料切除。

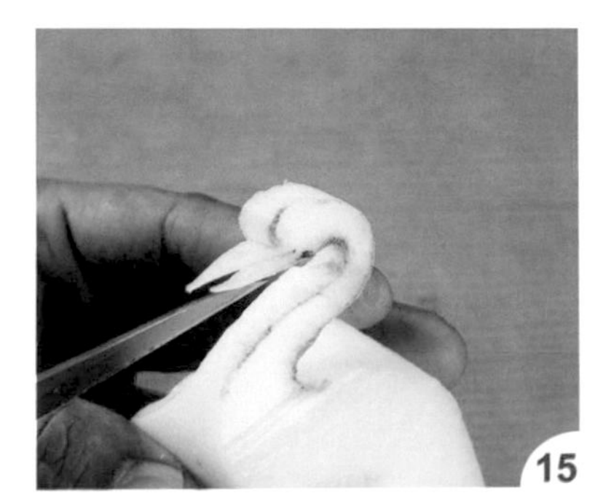

再把嘴部切薄。

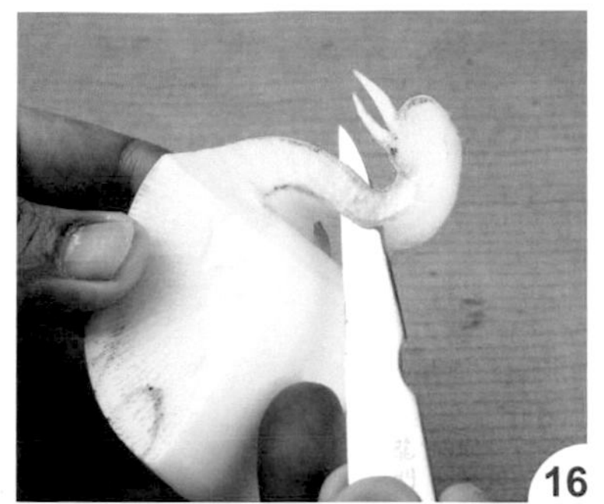

刻出脖子的細度。

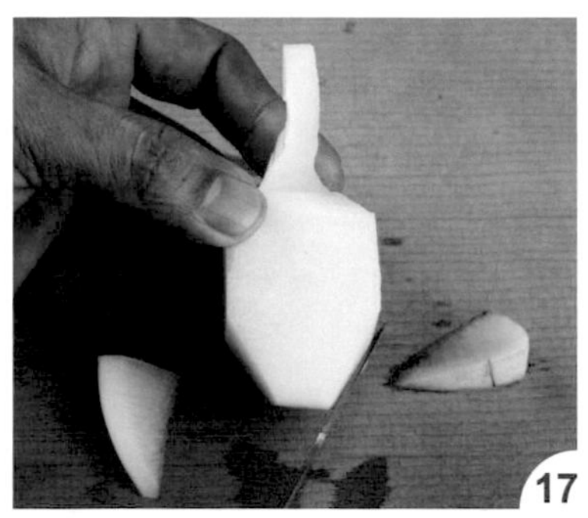

把尾部左右兩側切除，定出尾巴形狀。

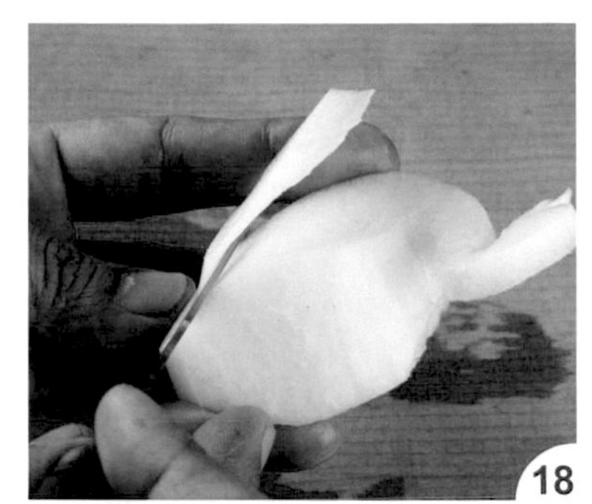

把身體左右兩側的弧度修出。

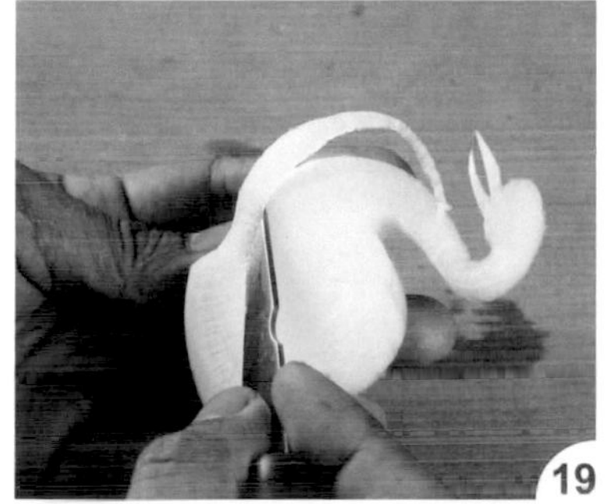

接著進行脖子四刀的切除步驟，先把左下邊角修除。

換修左上邊角，由前面修到尾部中間。

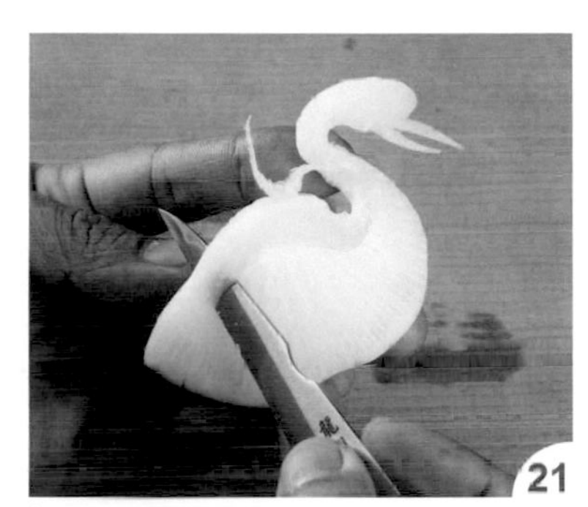

把右上邊角修除。

再把右下邊角也切除。

用水性畫筆把左側翅膀的線條畫出。

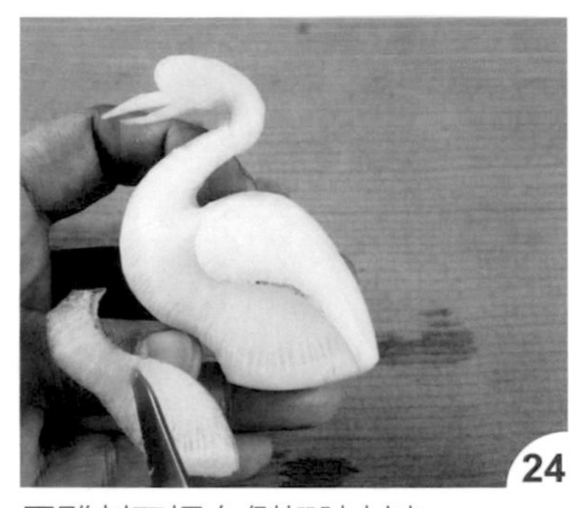

用雕刻刀把左側翅膀刻出。

再把右側翅膀刻出。

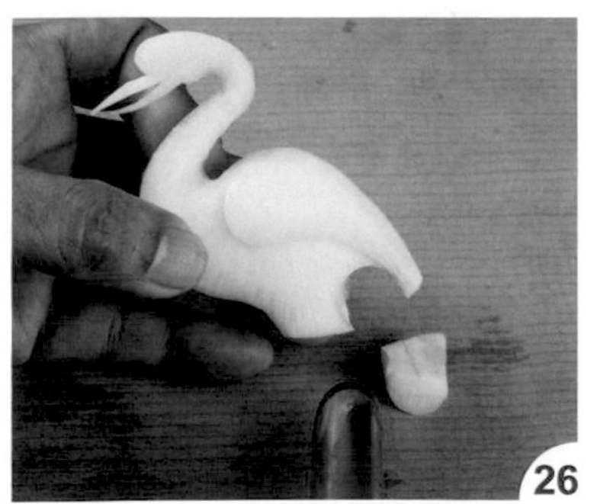

用大圓槽刀把尾部弧度刻出（側視圖 B7）。

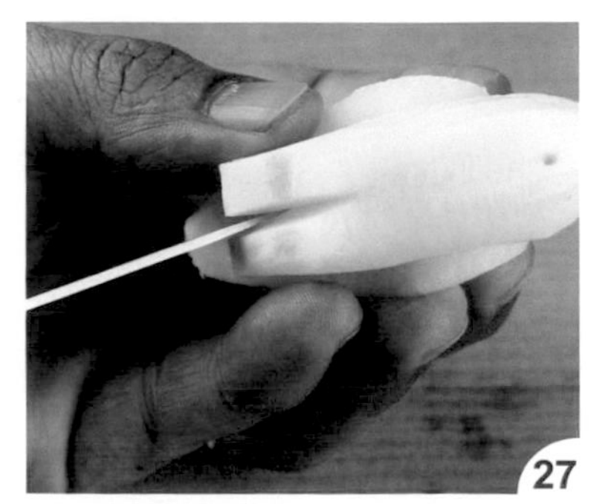

將材料轉至底部，在中間刻一 V 型，分出左右腳。

依側視圖把左前腳線條刻出。

右腳因往前走，所以要把後面的廢料切除。

把翅膀尾部的線條刻出。

再用小圓槽刀把左側臉頰的線條刻出。

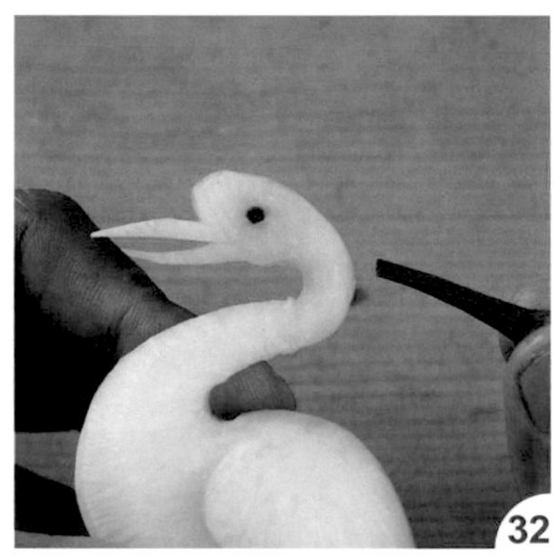

用牙籤於頭部插出一個小孔，將乾辣椒梗插入，並用剪刀修除多餘部分。

取一段辣椒，切出長橢圓形黏在頭頂（參 p.51 的作法 40 ~ 42）。

切取一段大黃瓜表皮，刻出尾巴形狀。

在尾部下方刻出一凹槽，把大黃瓜裝上即可。

再將牙籤從左右腳下方插入，裝上腳部，如圖完成作品。

白鶴仰式

▸材　料

白蘿蔔1條、大黃瓜1段、辣椒1段、乾辣椒梗1個

▸工　具

西式切刀、雕刻刀、小圓槽刀、大圓槽刀、牙籤、剪刀、水性畫筆

▸取材比例

寬=半徑的3/4

※ 可以刻闔著翅膀的，也可以刻有裝翅膀的

・ 示意圖

A. 俯視圖

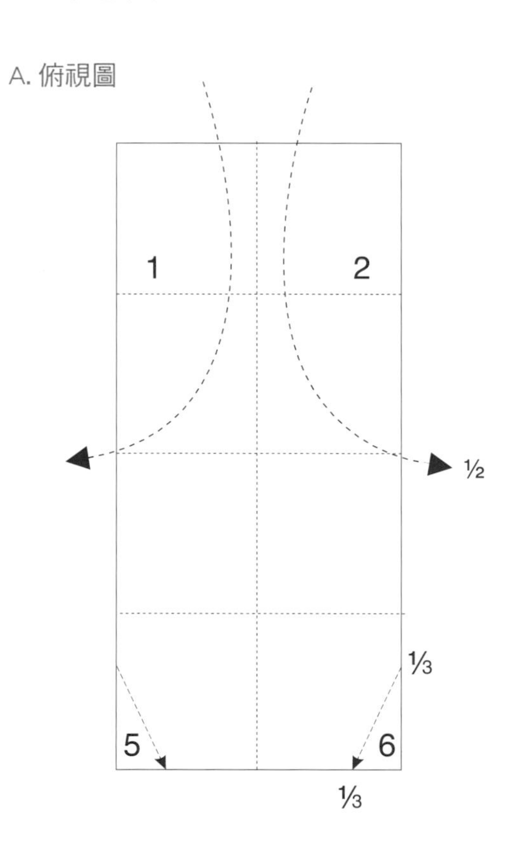

B. 側視圖

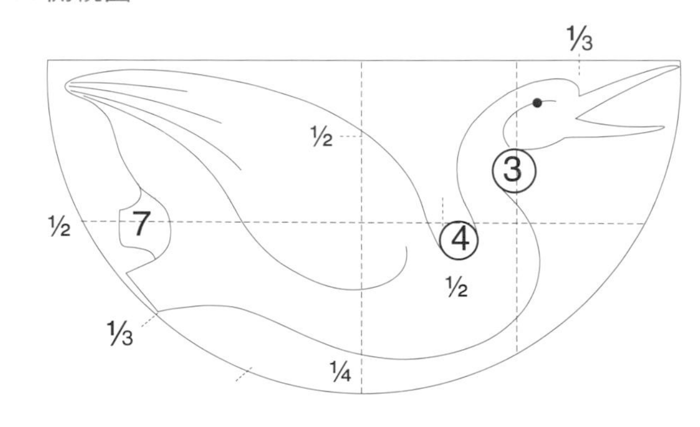

C. 翅膀

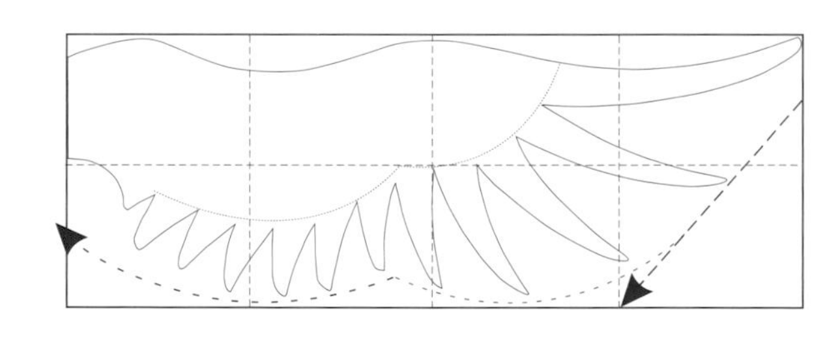

・ 作法

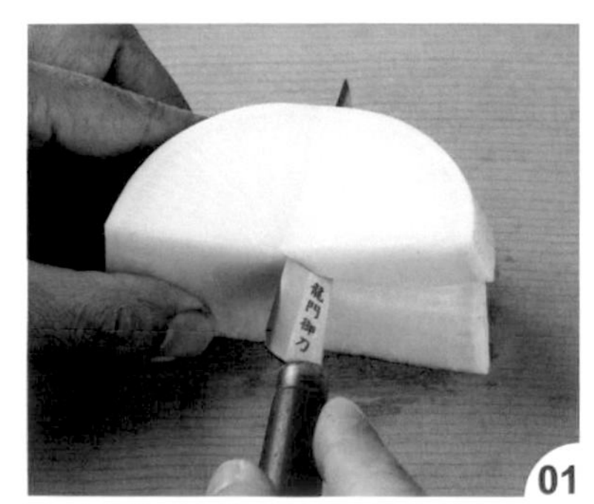

取材後（參p.53的作法01、02），用雕刻刀把脖子左側的廢料切除（俯視圖A1）。

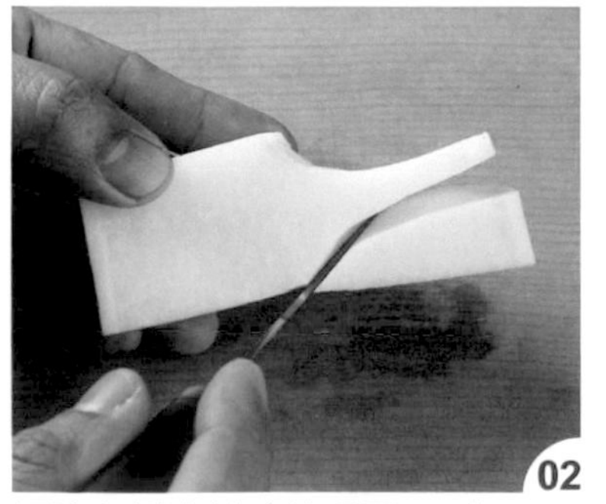

切除右側廢料（俯視圖A2）。

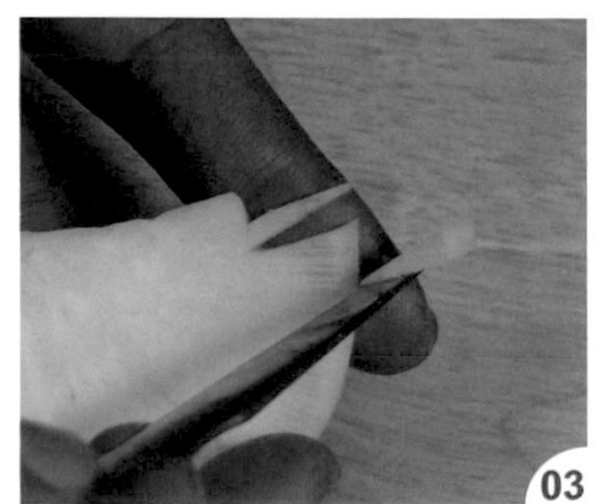

把額頭與嘴巴切出。

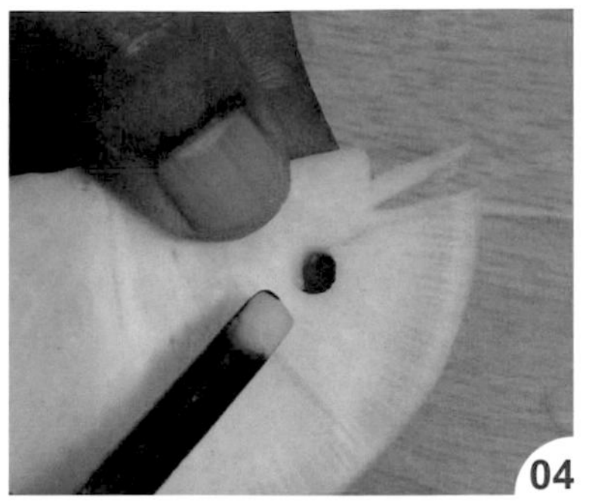

再用小圓槽刀刻出下巴的圓（側視圖 B3）。

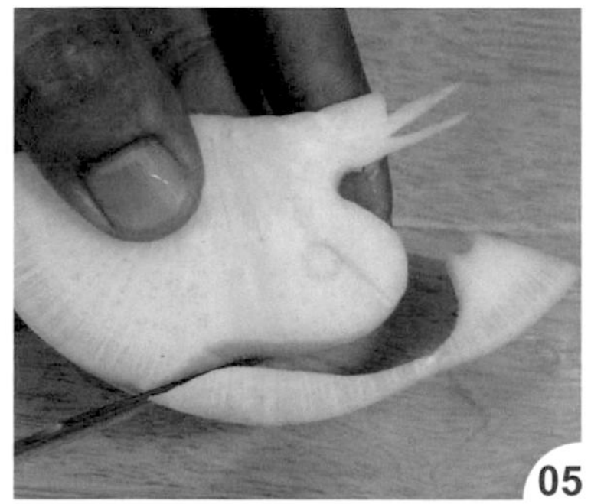

再刻出下嘴及前頸胸腹部。

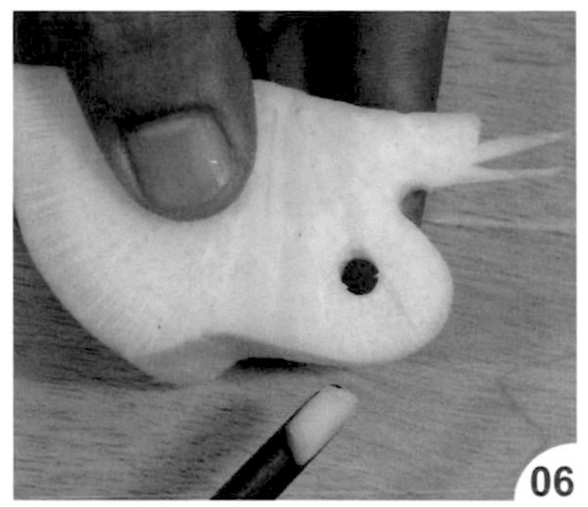

再把後頸的圓也刻出（側視圖 B4）。

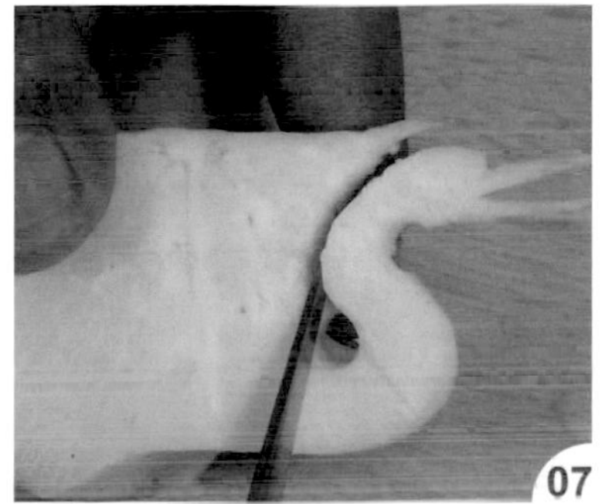

刻出後頸部線條。

再依線條刻出後背部。

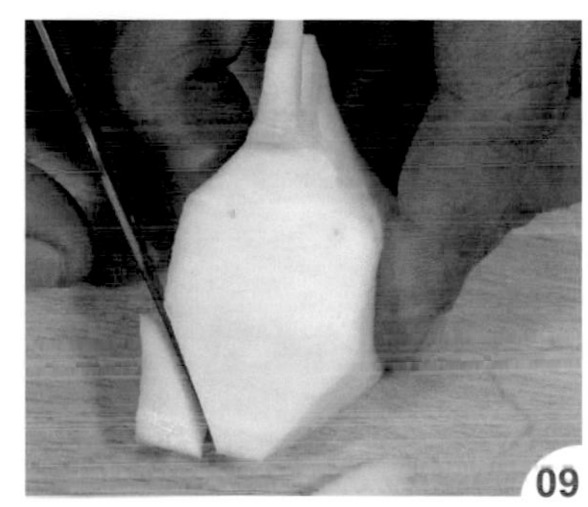

把尾部左右兩側切除，定出尾巴形狀（俯視圖 A5、A6）。

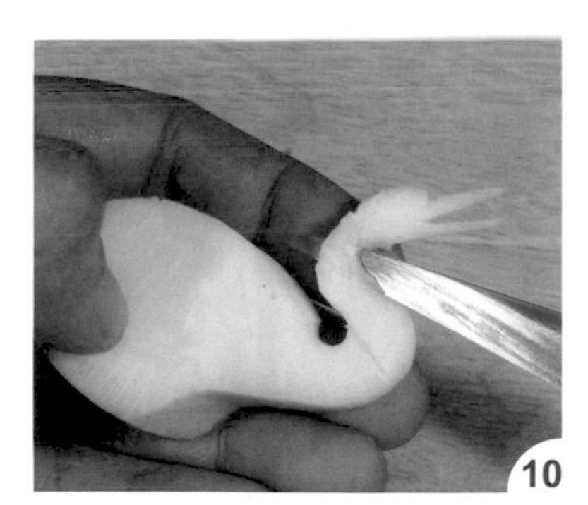

刻出脖子左右兩側的弧度。

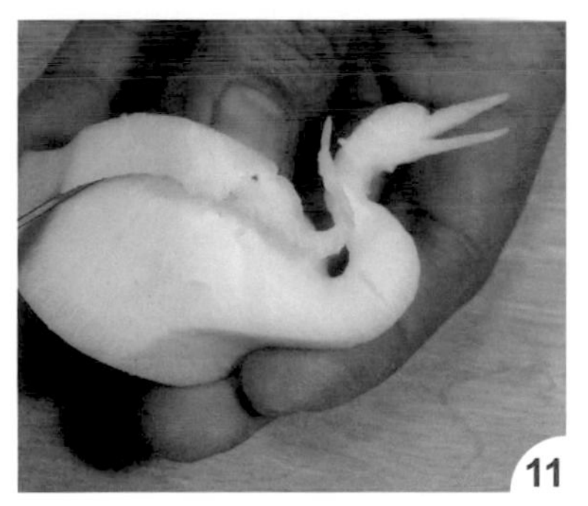

接著進行脖子四刀的切除步驟，先把右上邊角修除。

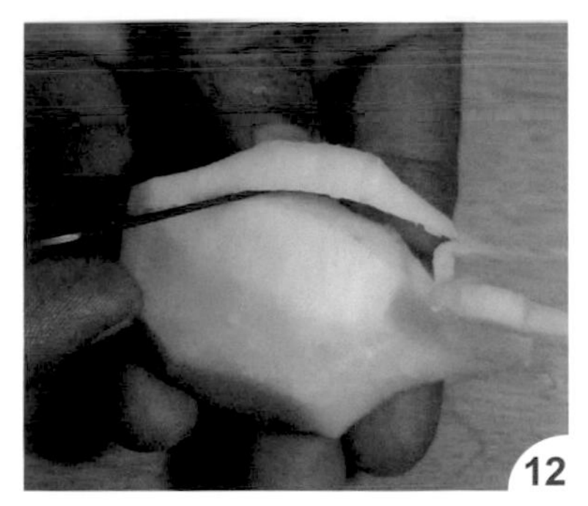

換修左上邊角，由前面修到尾部中間。

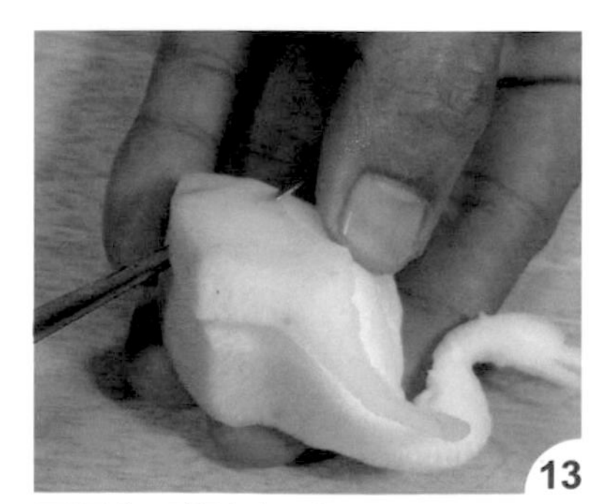

再把右下邊角切除。

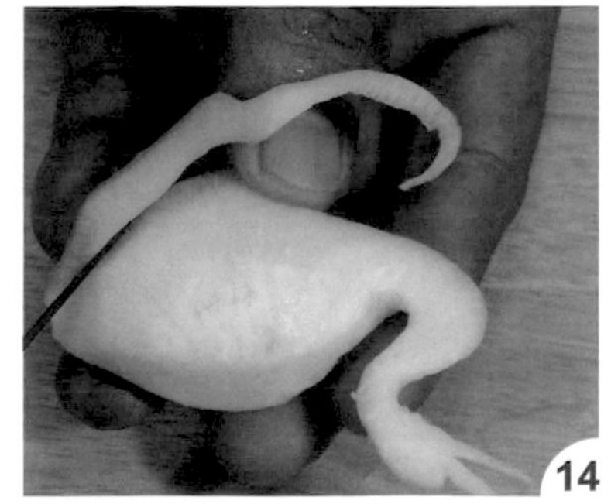

再修左下邊角。

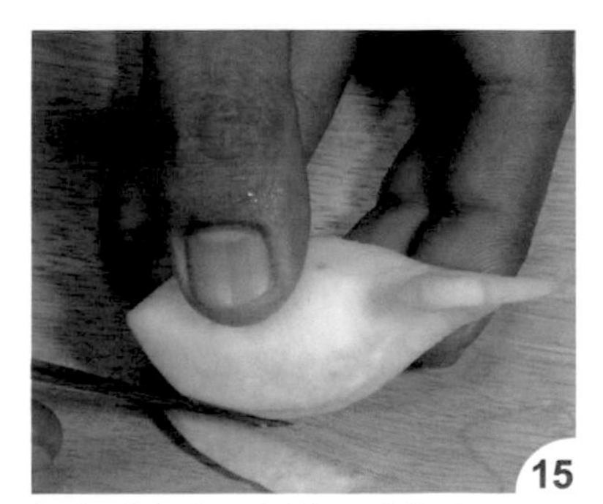

把身體左右兩側的弧度修出。

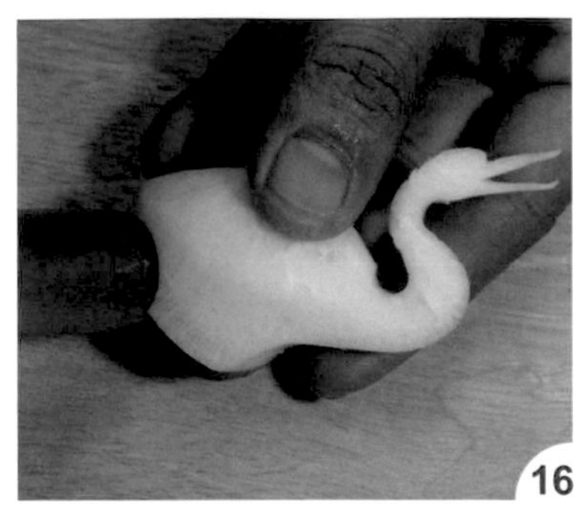

用大圓槽刀把尾部弧度刻出（側視圖 B7）。

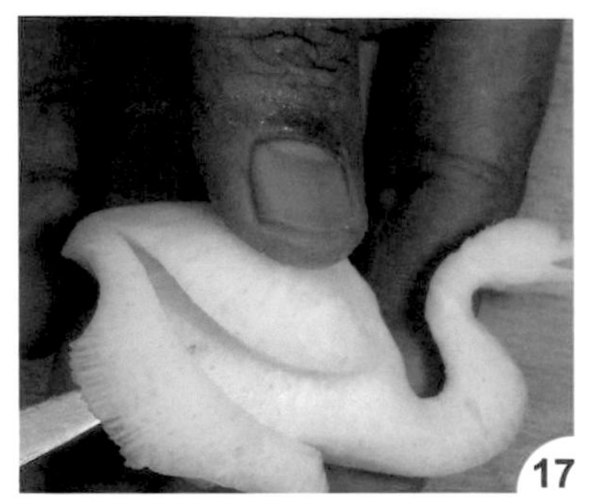

把右側翅膀刻出。

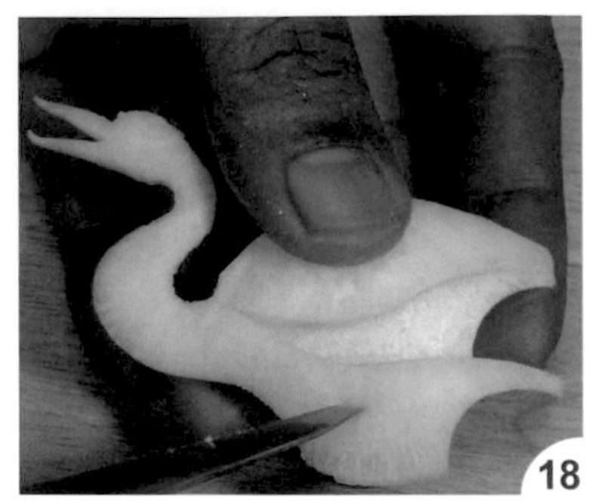

再把左側翅膀刻出。

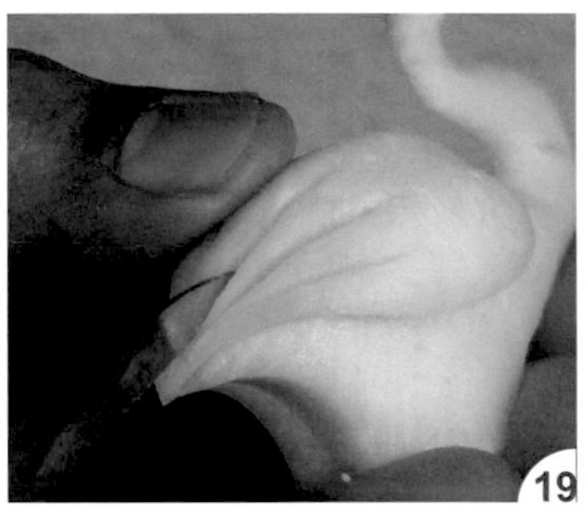

把翅膀尾部的線條刻出。

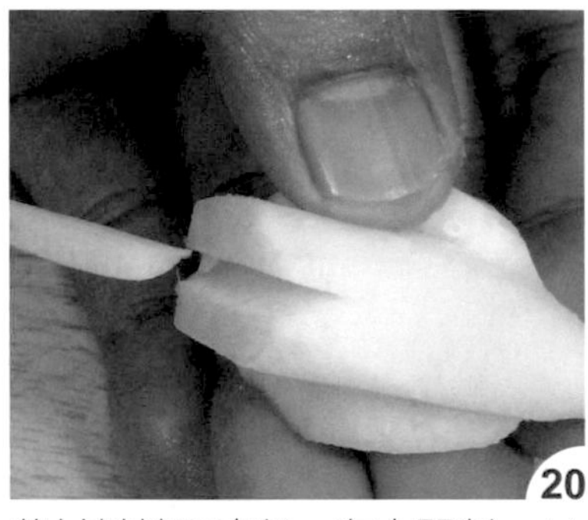

將材料轉至底部，在中間刻一 V 型，分出左右腳。

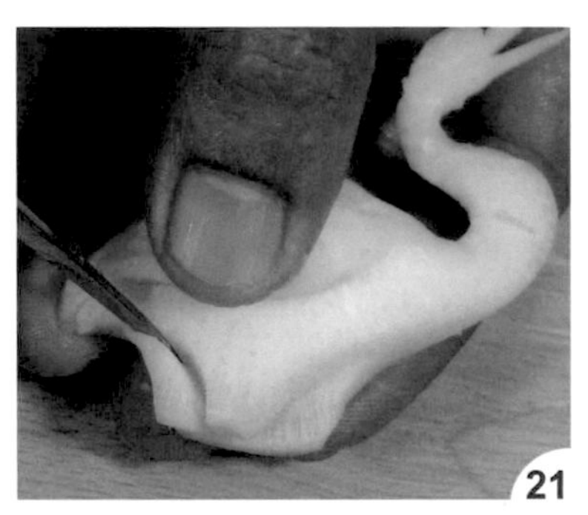

右腳因往前走，所以要把後面的廢料切除。

再把左前腳刻出。

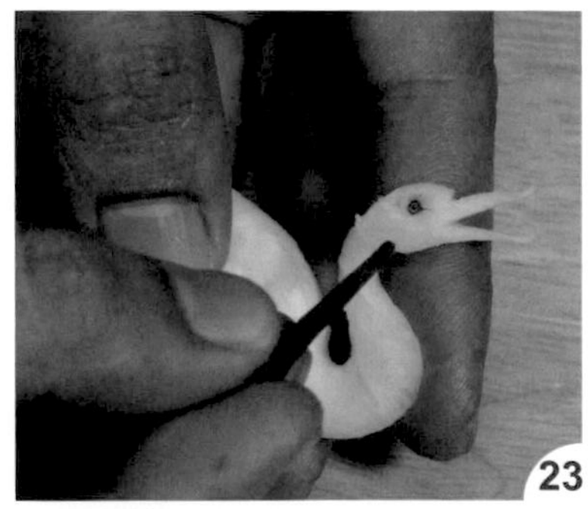

用牙籤於頭部插出一個小孔，將乾辣椒梗插入，並用剪刀修除多餘部分。

將牙籤從左右腳下方插入，裝上腳部，如圖完成闔翅膀的雕刻。

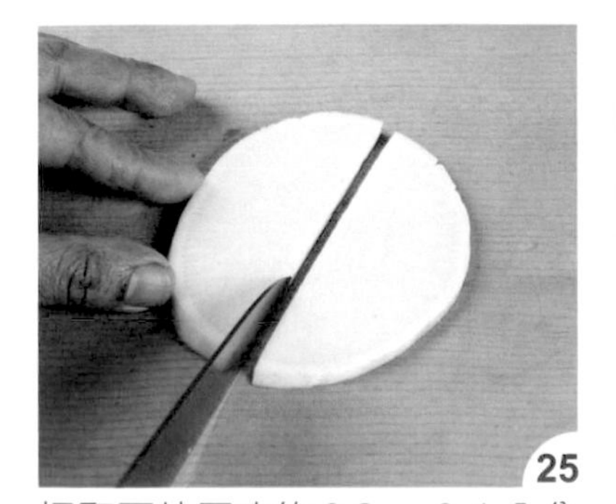

切取兩片厚度約 0.3 ~ 0.4 公分的半圓形片當翅膀材料。

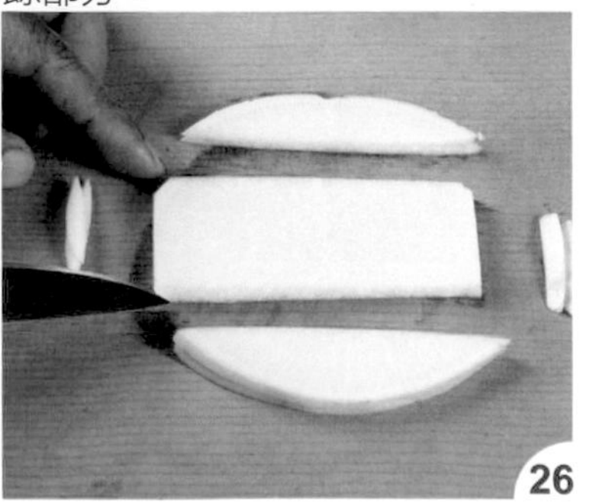

把兩片相疊一起，切除四邊取長方形。

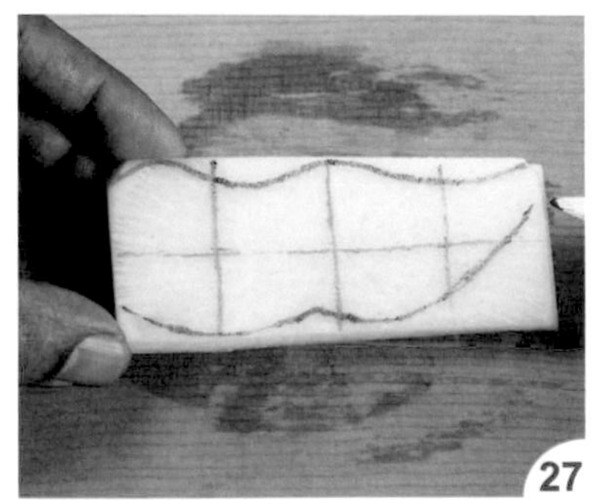

依翅膀圖，用水性畫筆畫出等分線條及翅膀形狀。

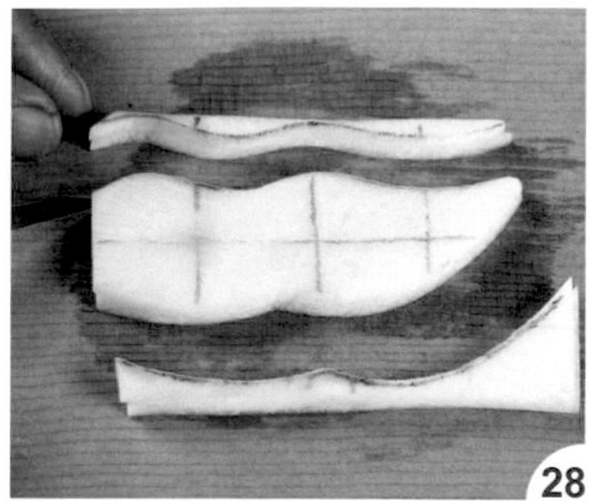

切除翅膀的上下線條。

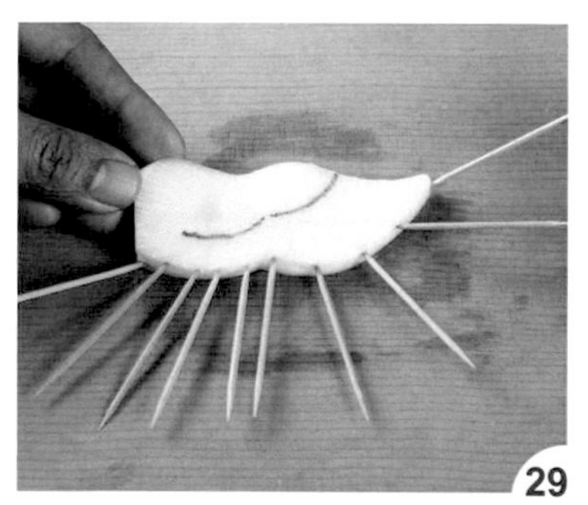

畫出虛線並用牙籤標出每根翅尾位置。

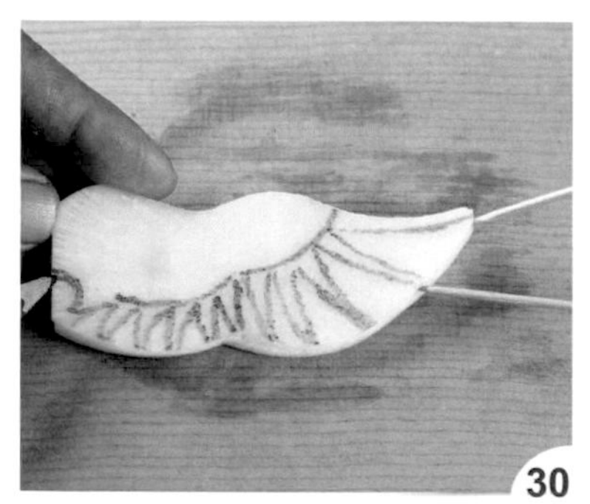

依翅膀圖畫出翅尾線條。

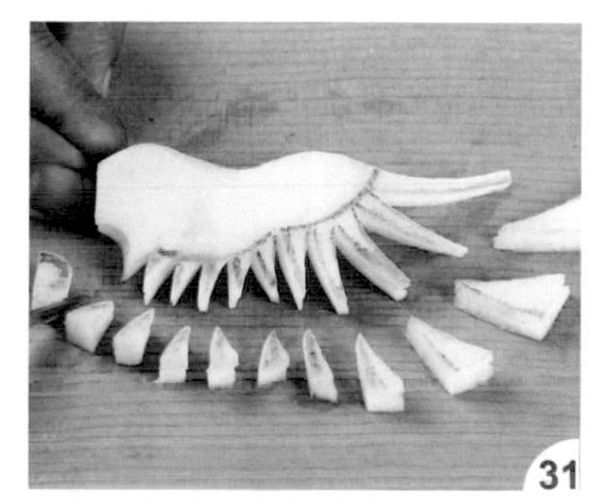

用雕刻刀刻出翅膀形狀。

如圖完成翅膀。

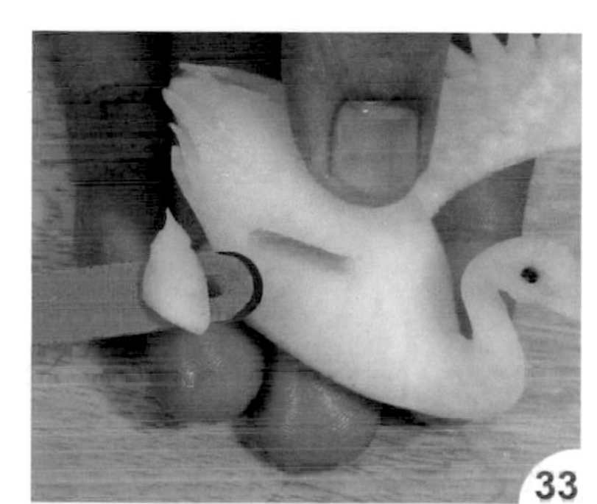

用刀切出裝翅膀的凹槽。

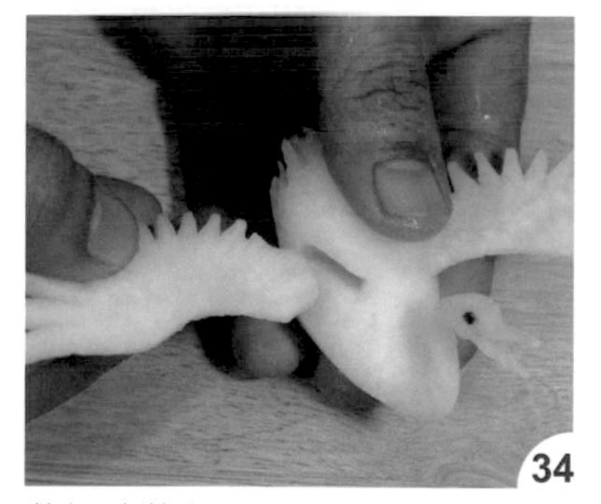

將翅膀裝上。

也可裝上丹頂及尾巴（參 p.51 的作法 40 ~ 47），如圖完成作品。

白鷺鷥 S 式

▸材　料
白蘿蔔 1 條、乾辣椒梗 1 個

▸工　具
西式切刀、雕刻刀、小圓槽刀、大圓槽刀、牙籤、剪刀、水性畫筆

▸取 材 比 例
寬 = 半徑的 3/4，如半徑長是 6 公分，那寬就是 4.5 公分

· 示意圖

A. 後視圖

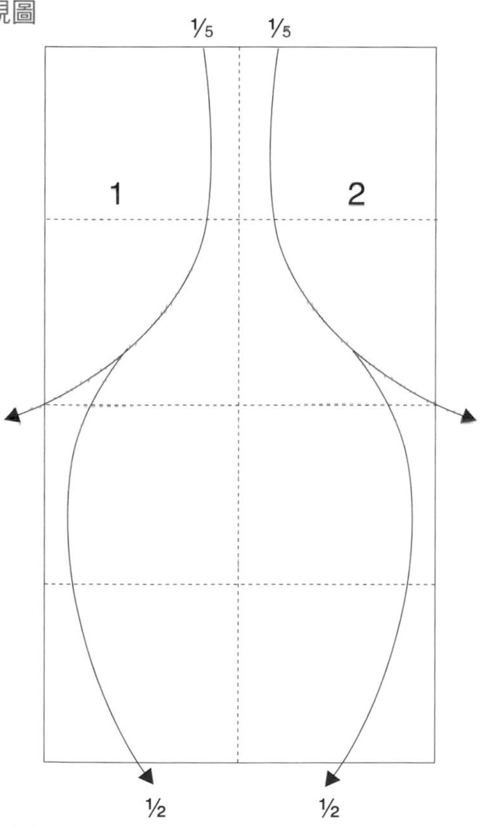

B. 側視圖

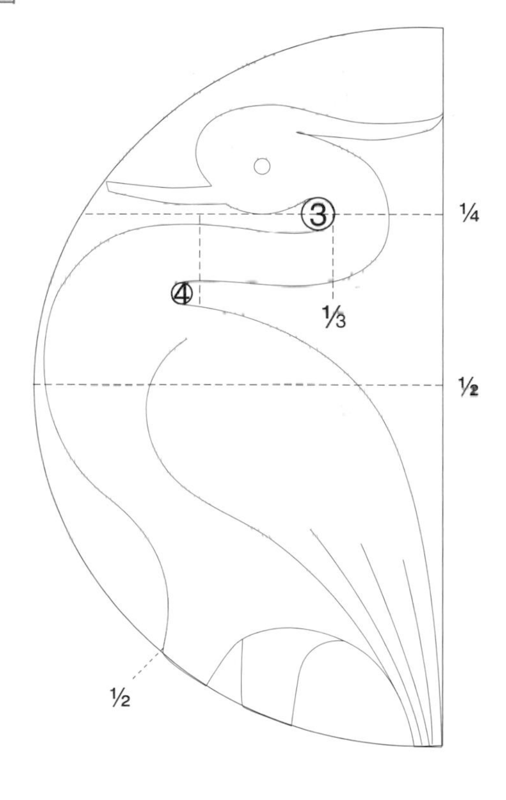

· 作法

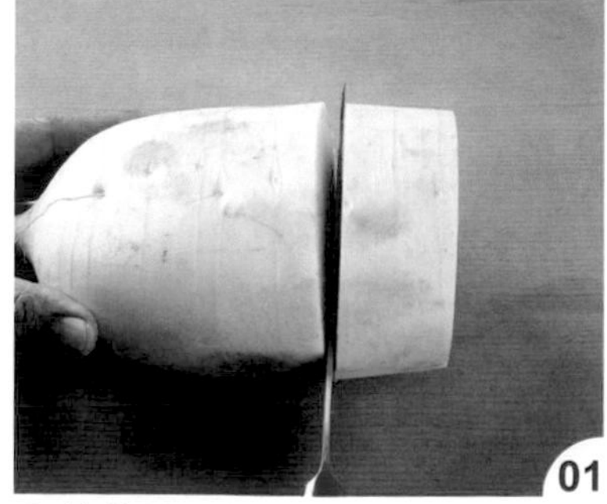

白蘿蔔依取材比例用西式切刀切取適當寬度。

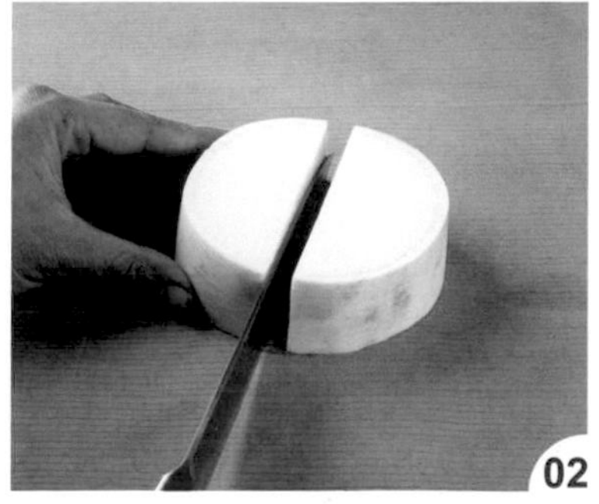

再對半切開，取半圓來雕刻白鶴的身體。

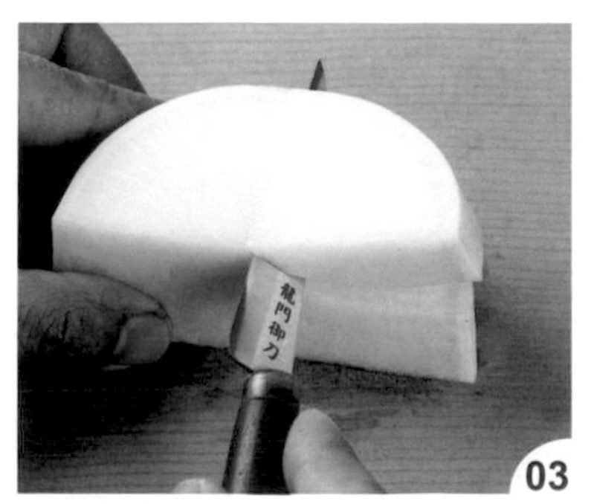

用雕刻刀把脖子左側切除（後視圖 A1）。

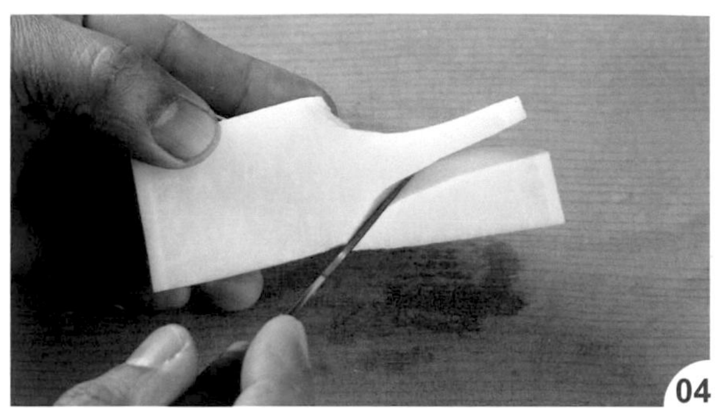

再將脖子右側切除（後視圖 A2）。

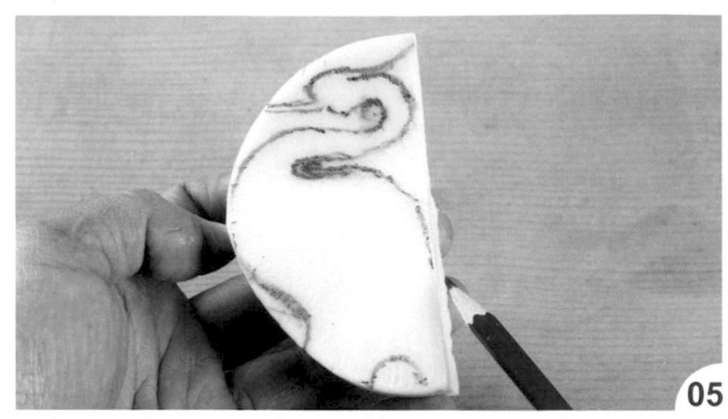

依側視圖位置，用水性畫筆把整個形狀畫出。

把額頭與上嘴處切出。

刻出額頭及鷺冠弧度。

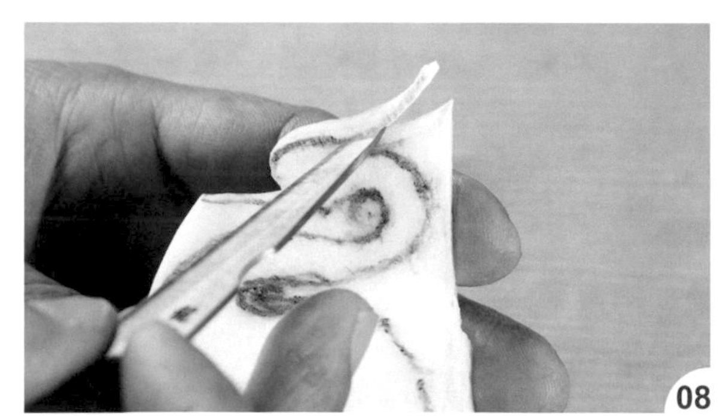

把頭冠切出。

用小圓槽刀刻出下巴的圓（側視圖 B3）。

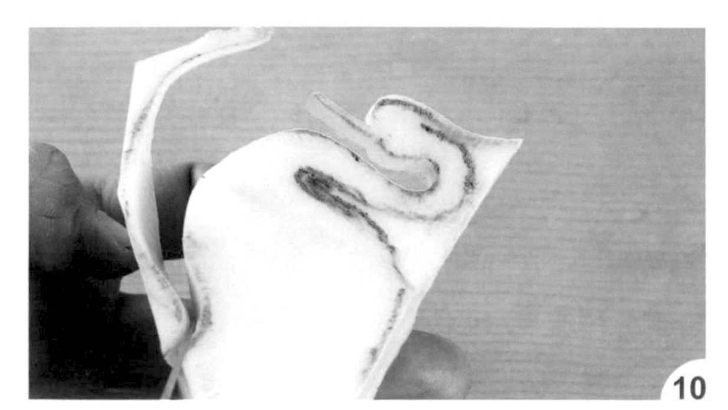

再刻出下嘴及前頸胸腹部。

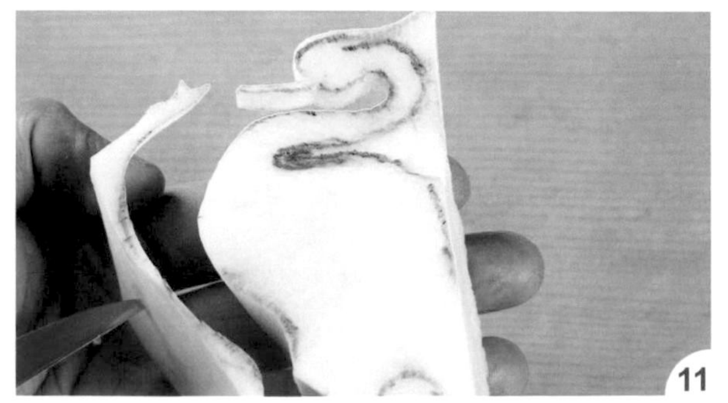

並取下廢料。

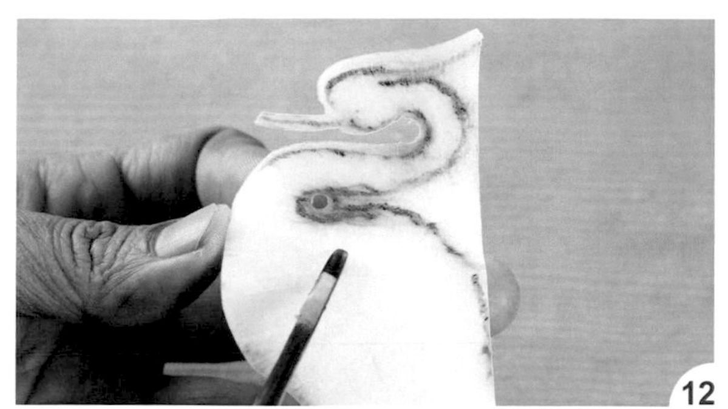

再把後頸部的小圓刻出（側視圖 B4）。

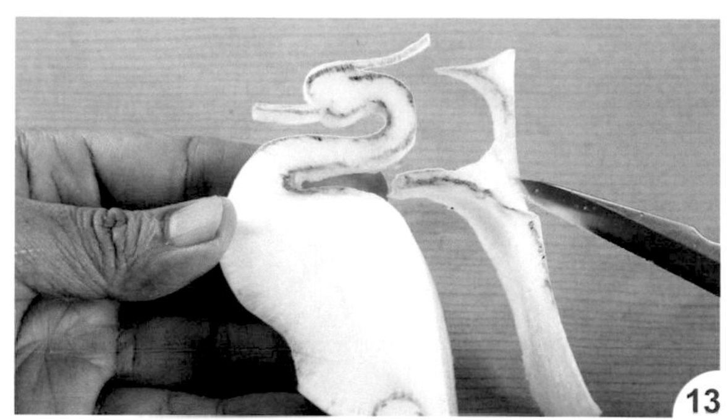

接著依線條刻出後頸及背部。

把尾部左右兩側切除，定出尾巴位置。

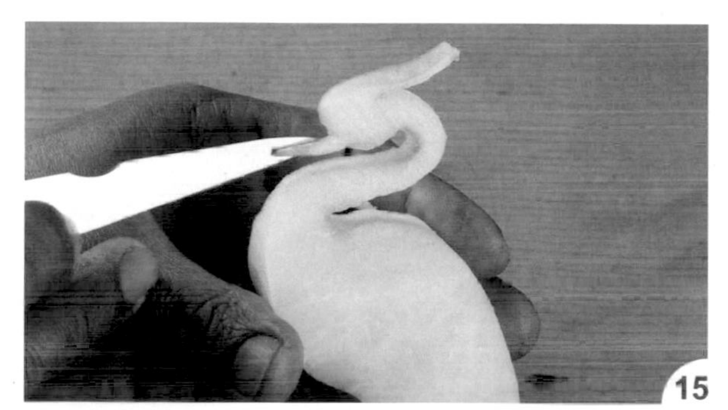

把嘴部切薄。

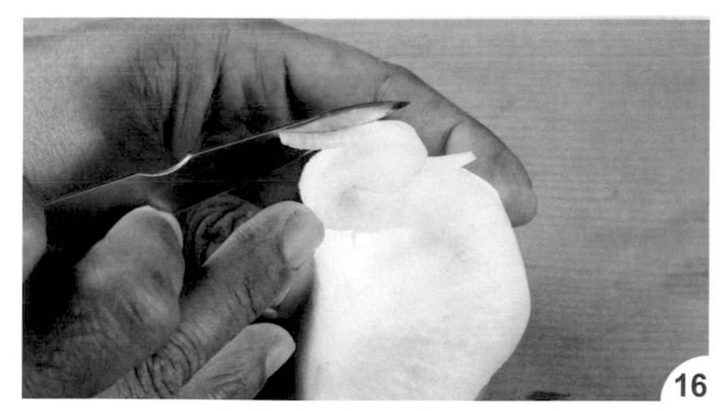

再切出頭冠的寬度。

把身體兩側的弧度修出。

接著進行脖子四刀的切除，先把左上邊角修除。

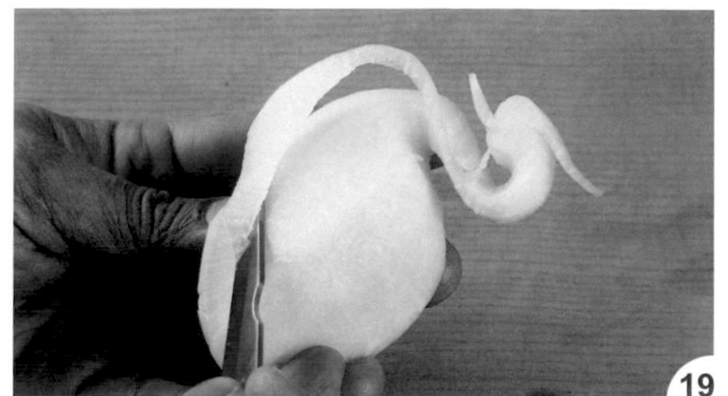

再切左下邊角。

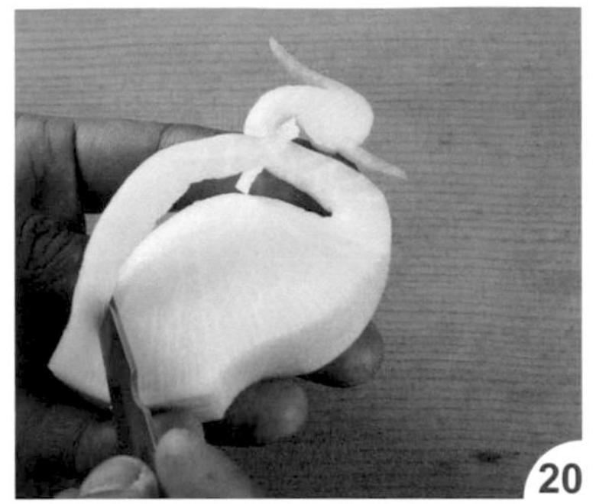

換修右上邊角，由前面修到尾部中間。

用雕刻刀把左側翅膀刻出。

再刻出右側翅膀。

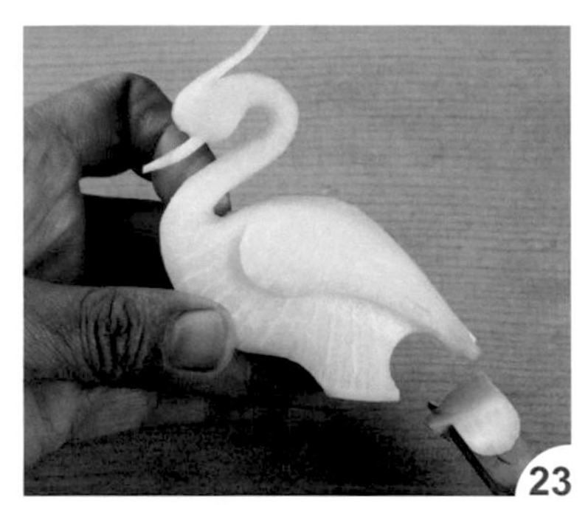

用大圓槽刀把尾部弧度刻出。

將材料轉至底部，在中間刻一 V 型，分出左右腳。

左腳因往前，所以要把後面的廢料切除。

依側視圖把右前腳線條刻出。

用牙籤於頭部插出一個小孔，將乾辣椒梗插入，並用剪刀修除多餘部分。

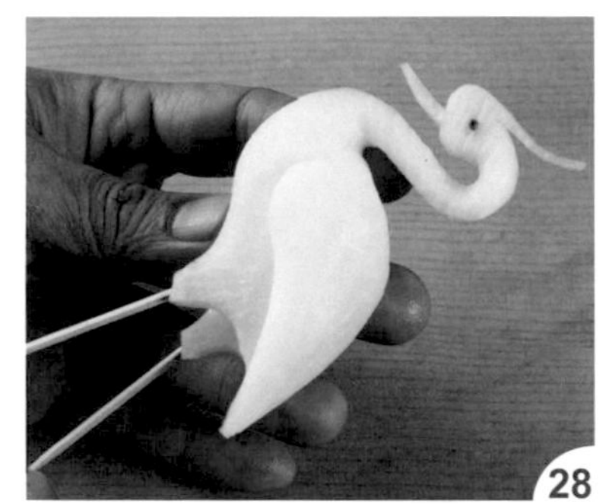

再將牙籤從左右腳下方插入，裝上腳部。

如圖完成作品盤飾。

白鷺鷥仰式

▸材　料

白蘿蔔 1 條、乾辣椒梗 1 個

▸工　具

西式切刀、雕刻刀、小圓槽刀、大圓槽刀、V 型槽刀、牙籤、剪刀、水性畫筆

▸取 材 比 例

寬 = 半徑的 3/4，如半徑長是 6 公分，那寬就是 4.5 公分

※ 可以刻闔著翅膀的，也可以刻有裝翅膀的

· 示意圖

A. 俯視圖

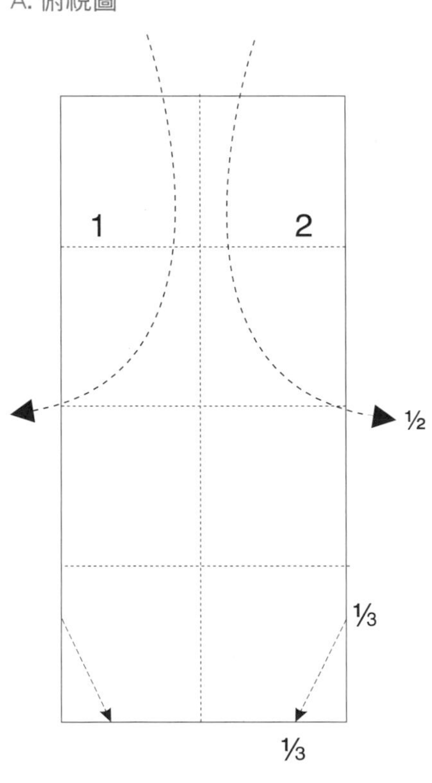

B. 側視圖

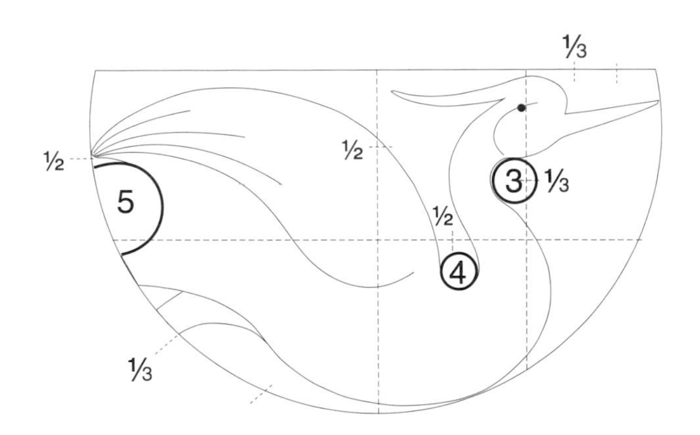

· 作法

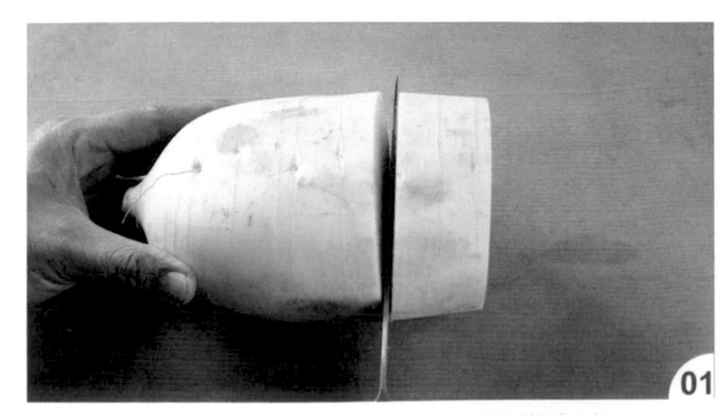

白蘿蔔依取材比例用西式切刀切取適當寬度。

再對半切開，取半圓來雕刻白鶴的身體。

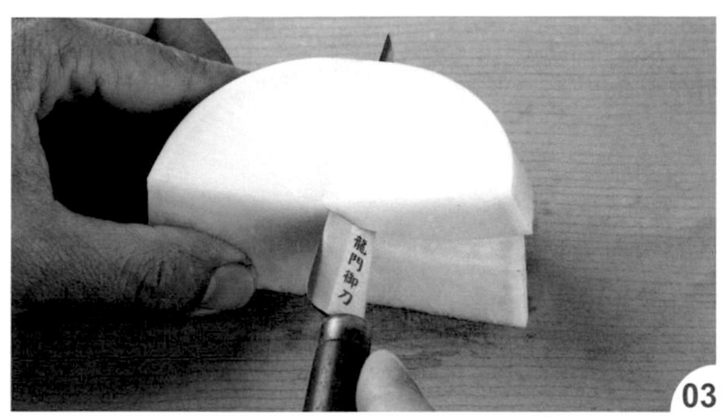

用雕刻刀把脖子左側切除（俯視圖 A1）。

再將脖子右側切除（俯視圖 A2）。

依側視圖位置，用水性畫筆把整個形狀畫出。

把額頭與上嘴處切出。

刻出額頭及鷺冠弧度。

把鷺冠薄度切出。

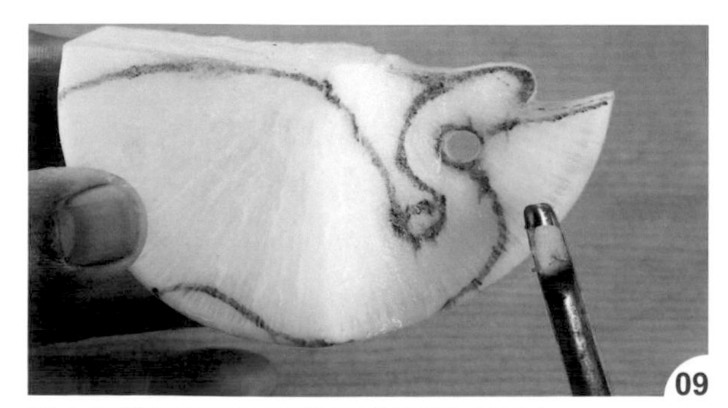

用小圓槽刀刻出下巴的圓（側視圖 B3）。

再刻出下嘴及前頸胸腹部。

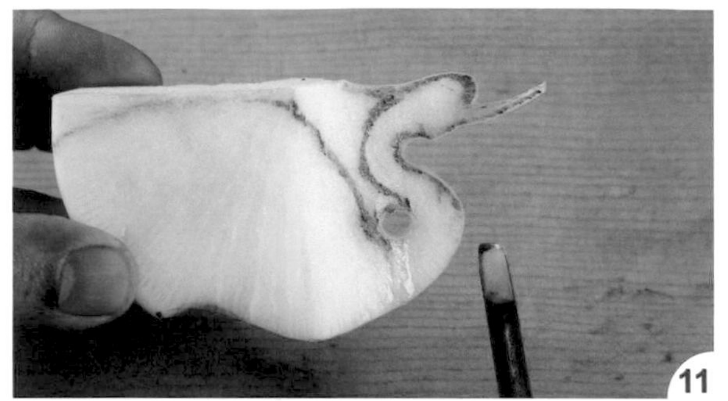

再用小圓槽刀把後頸部的小圓刻出（側視圖 B4）。

接著依線條刻出後頸及背部。

把身體左側的弧度修出。

再把身體右側的弧度修出。

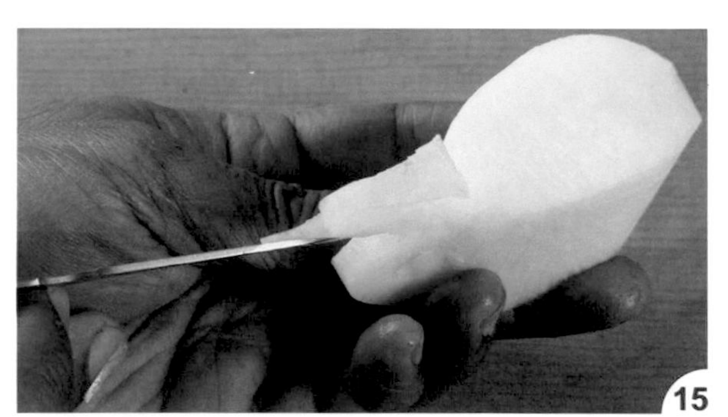

把嘴部切薄。

接著進行脖子四刀的切除，先把右上邊角修除。

再切右下邊角。

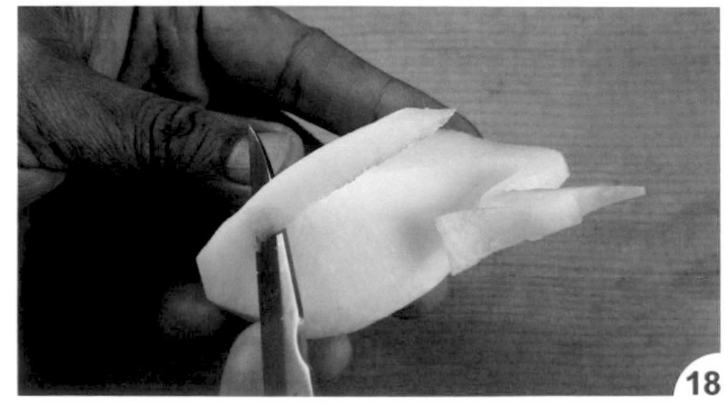

換修左上邊角，由前面修到尾部中間。

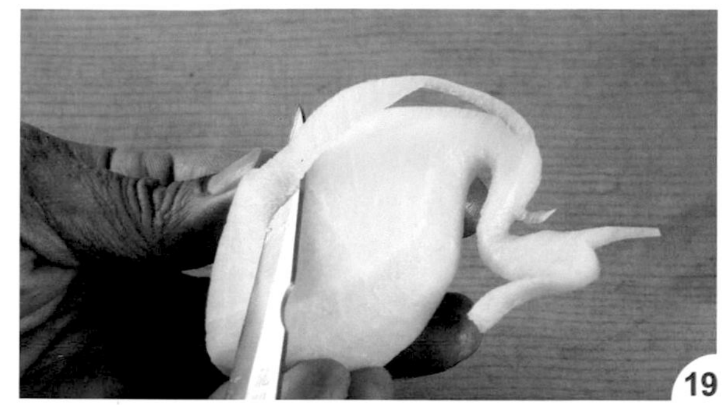
再切除左下邊角。

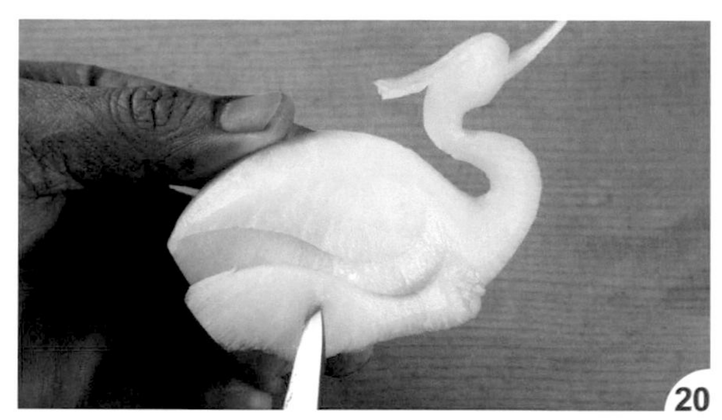
把右側翅膀刻出。

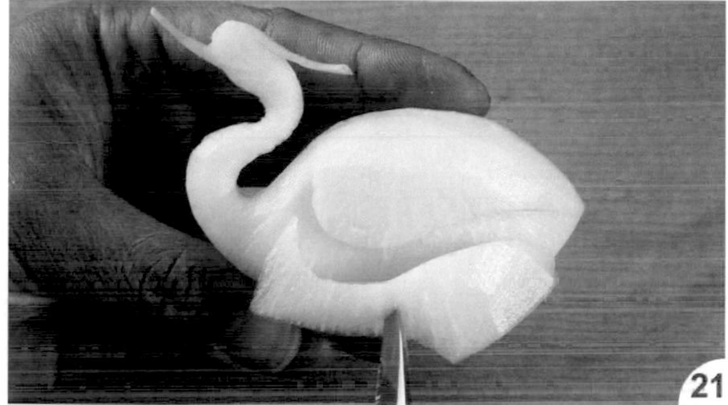
再刻出左側翅膀。

用大圓槽刀把尾部弧度刻出（側視圖 B5）。

依側視圖把翅膀尾部的線條刻出。

將材料轉至底部，在中間刻一 V 型，分出左右腳。

依側視圖把右前腳線條刻出。

左腳因往前，所以要把後面的廢料切除。

27

把鷺冠切出 V 型。

28

用小圓槽刀把左右側臉頰的線條刻出。

29

用牙籤於頭部插出一個小孔，將乾辣椒梗插入，並用剪刀修除多餘部分。

30

可用 V 型槽刀在大腿的上方刻出尖毛。

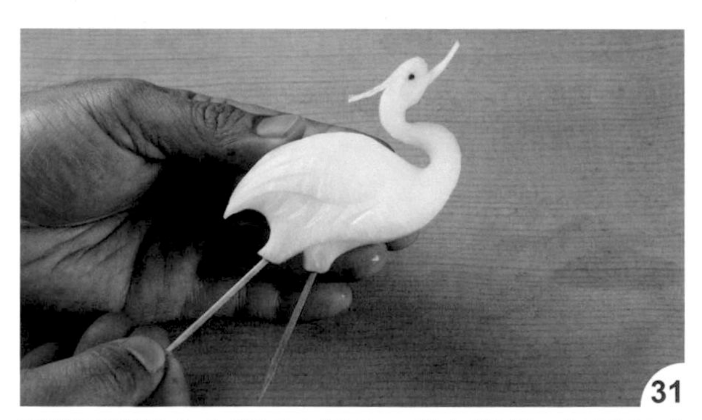

31

再將牙籤從左右腳下方插入，裝上腳部，如圖完成作品。

32

完成盤飾。

小白兔

▶材　料
白蘿蔔１條、紅蘿蔔１小塊

▶工　具
西式切刀、雕刻刀、小圓槽刀、牙籤

▶取 材 比 例
寬＝半徑

※ 白蘿蔔要挑選圓胖形

・示意圖

側視圖

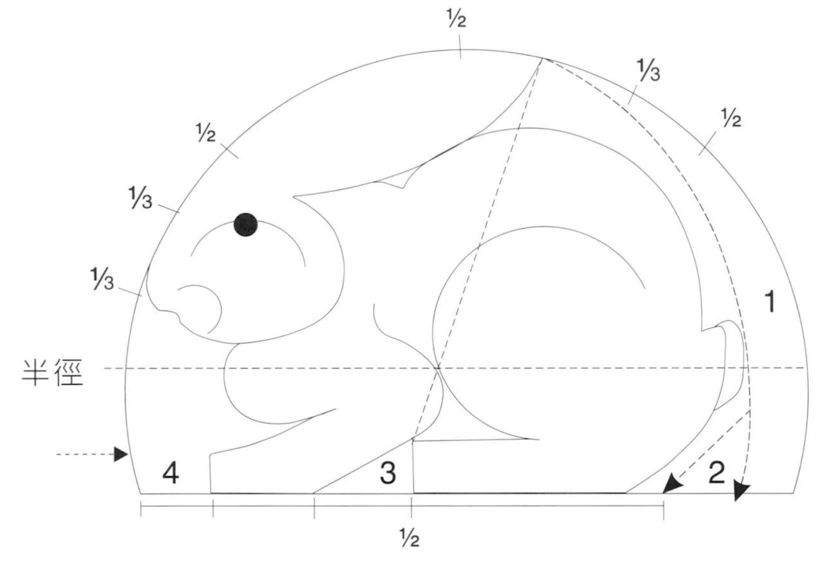

・作法

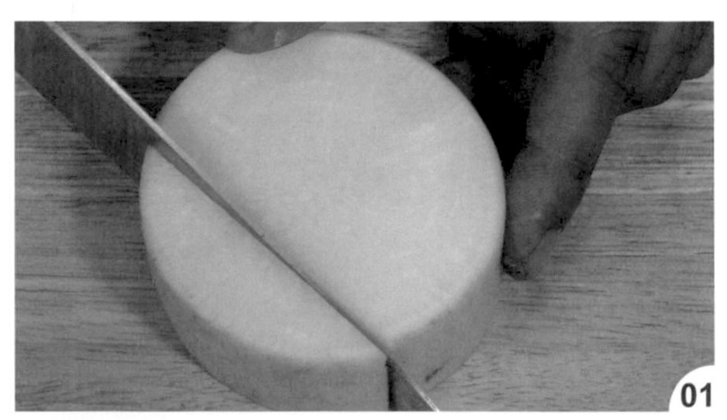

將白蘿蔔依取材比例用西式切刀切取適當寬度後，切除 1/4 圓。

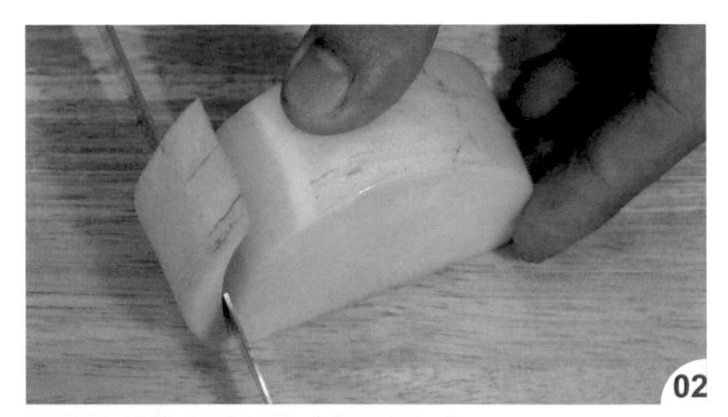

把後背部的廢料切除（側視圖 1）。

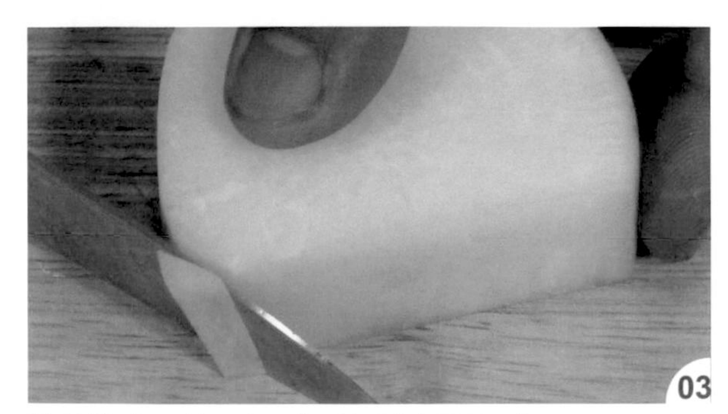

將後腳底部的三角形切除（側視圖 2）。

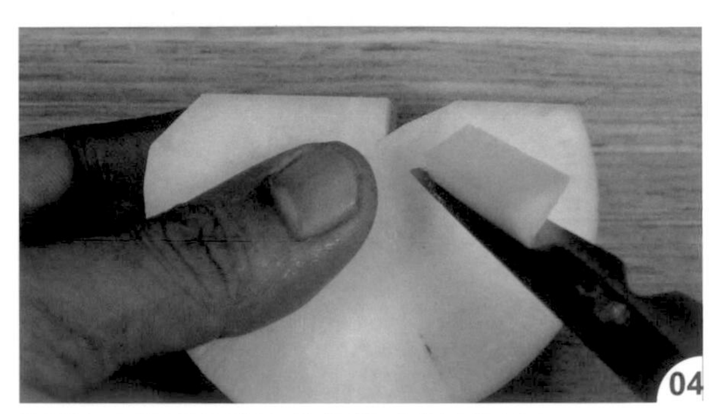

用雕刻刀把後腳與前腳切開（側視圖 3）。

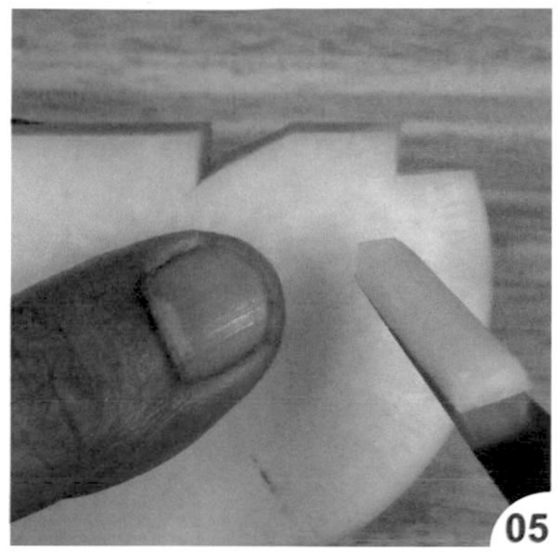

把前腳切出（側視圖４）。

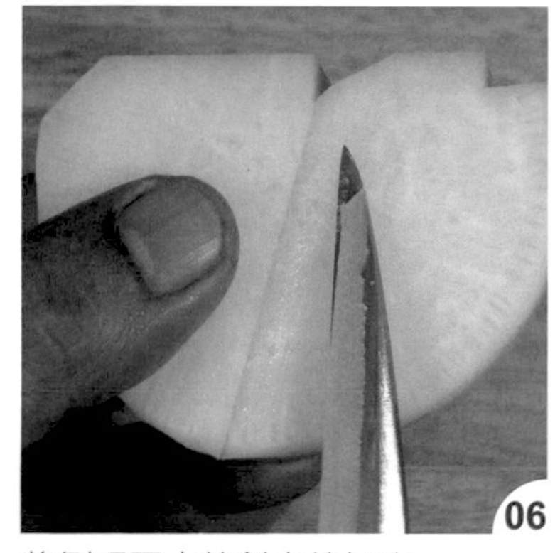

將側視圖中的斜虛線切出。

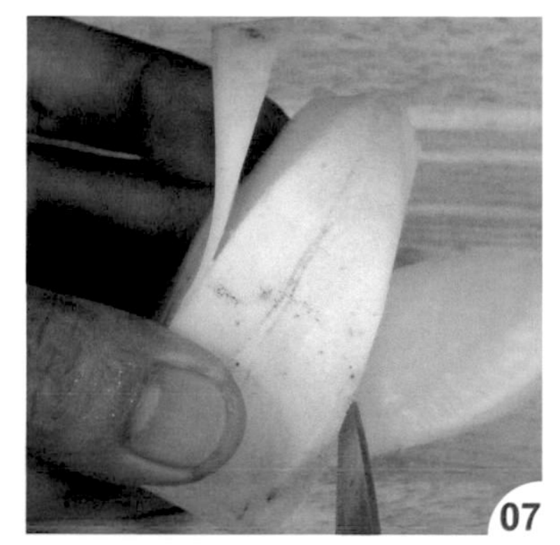

把頭部左右兩側的弧度切出。

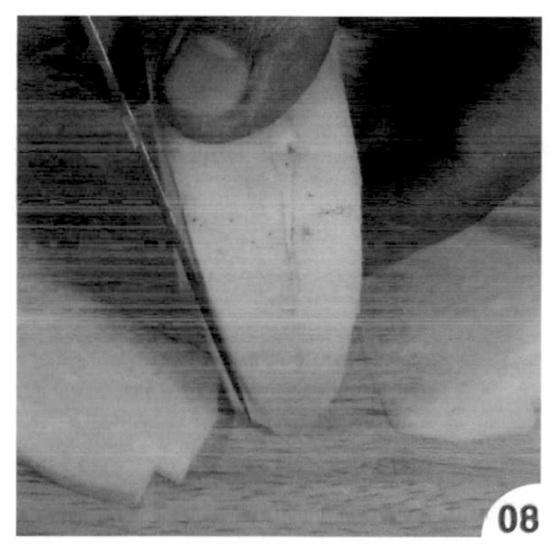

如圖將頭部修成類似Ｕ形。

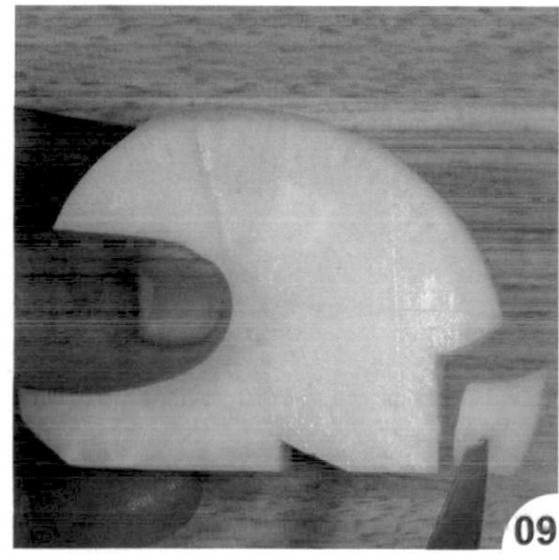

將下巴切出。

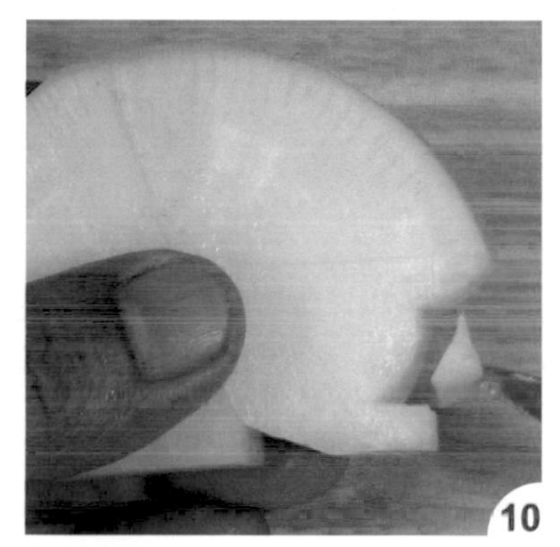

把前胸切出。

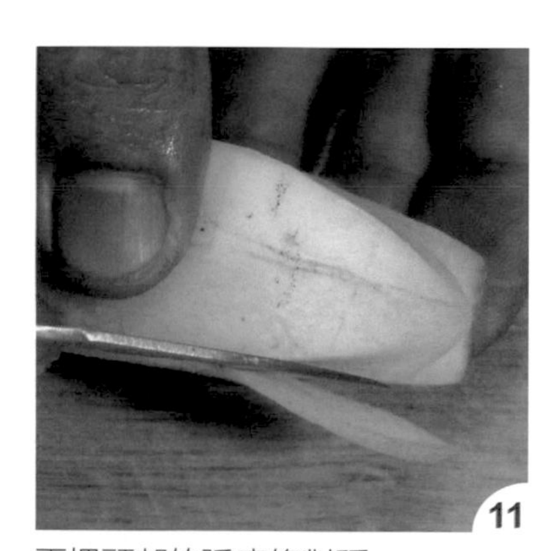

再把頭部的弧度修對稱。

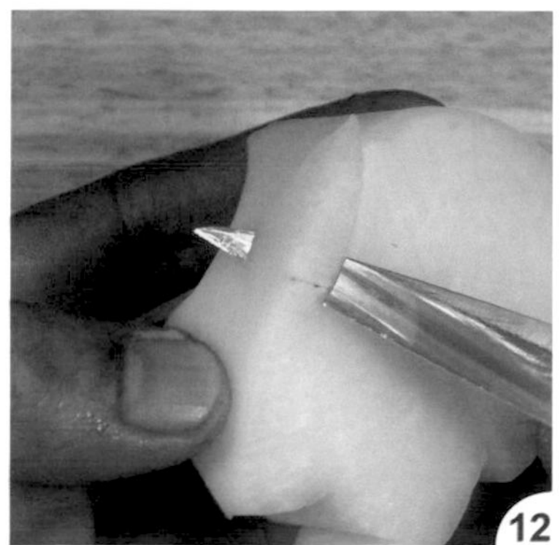

把耳朵的弧度切出。

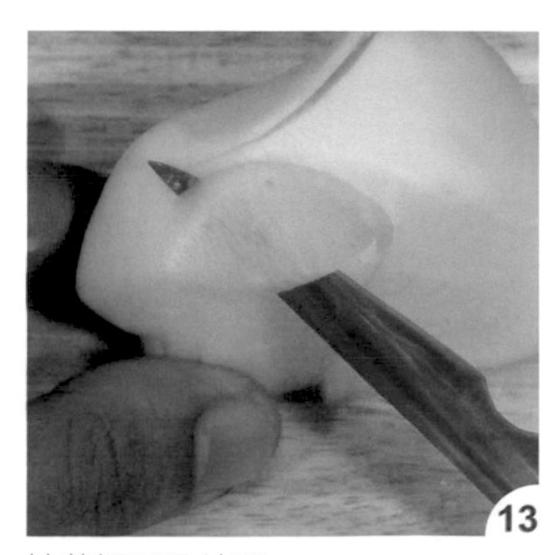

接著把耳朵片開。

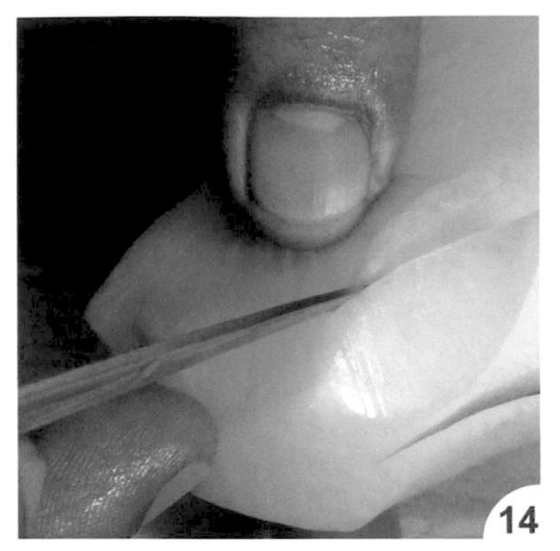
把耳朵的下線條刻出。

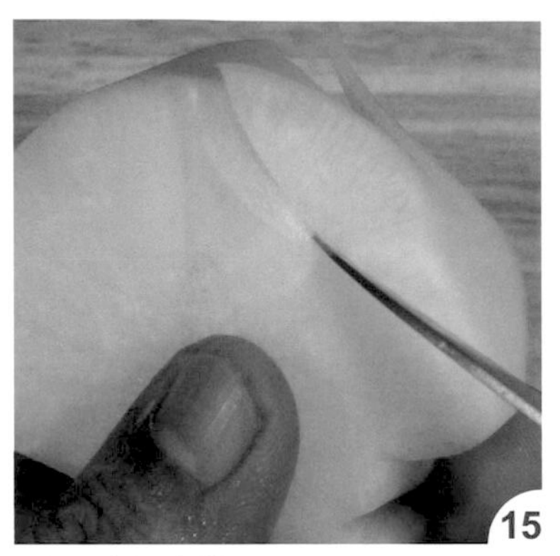
刻至臉頰處停刀。

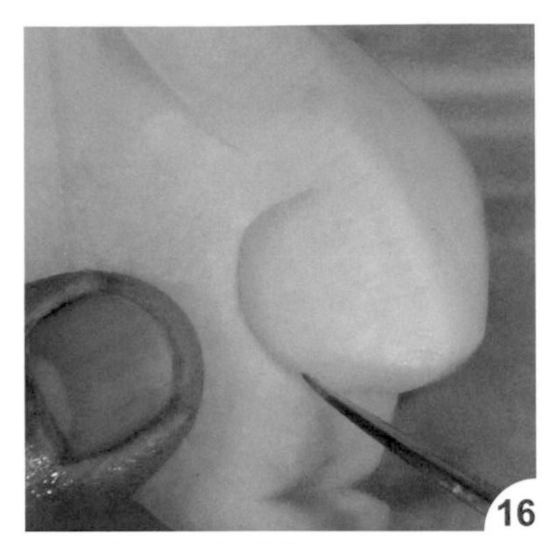
再把臉頰弧線刻出。

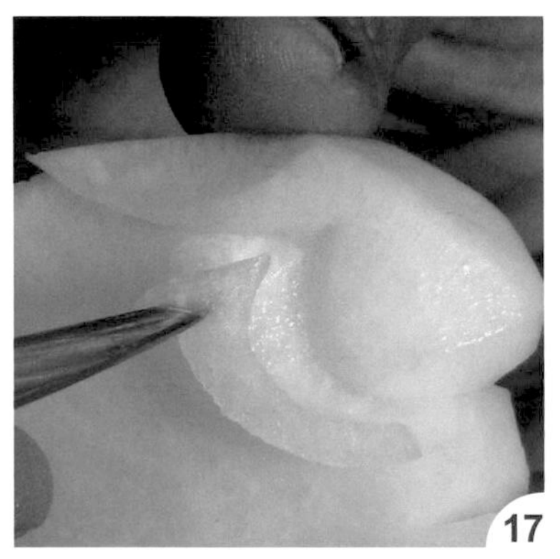
並把臉頰後方的廢料切除。

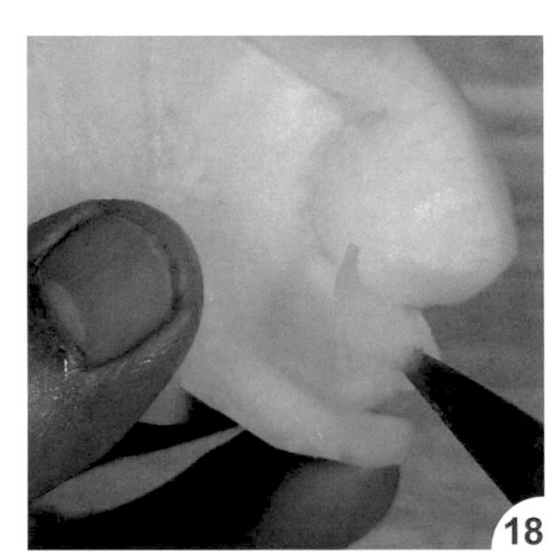
把前胸、腳的邊角切除。

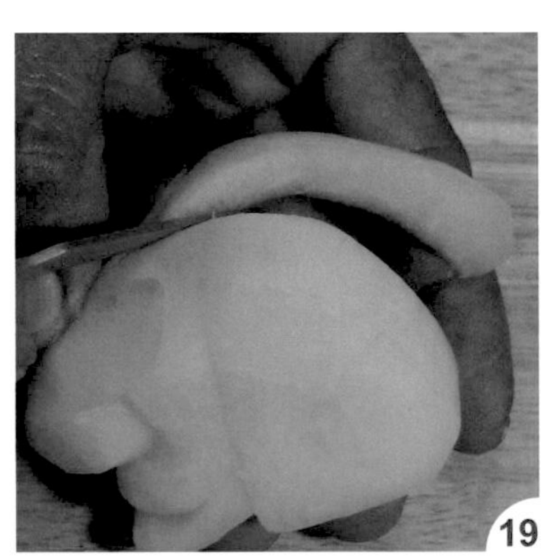
切除右背部的邊角，由腳底部至耳下。

切除左背部的邊角，由腳底部至耳下。

把尾巴的高度切出。

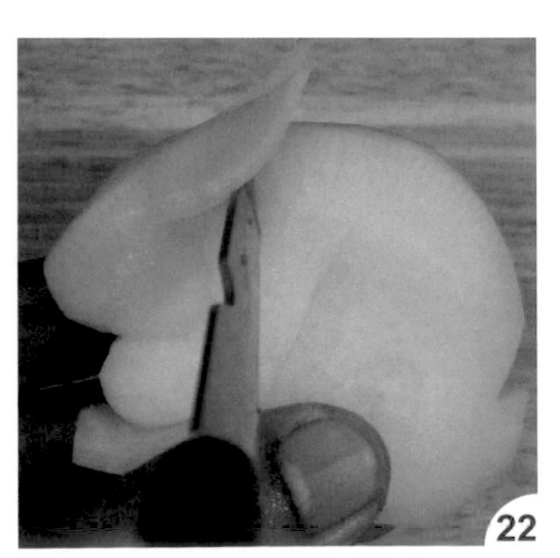
在耳朵下方直切一刀。

把背部弧線刻出。

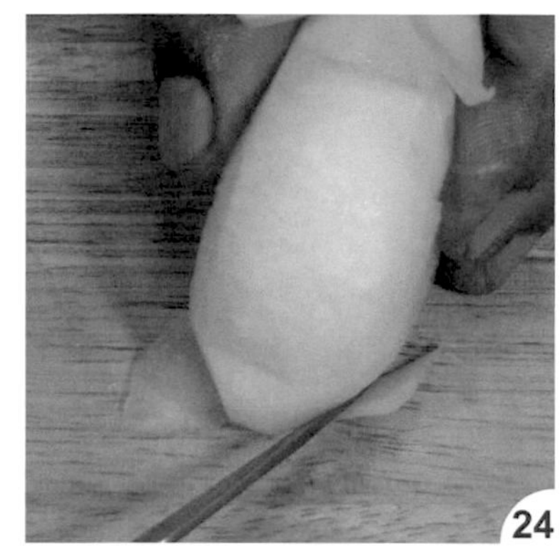
把後腳跟往內切除。

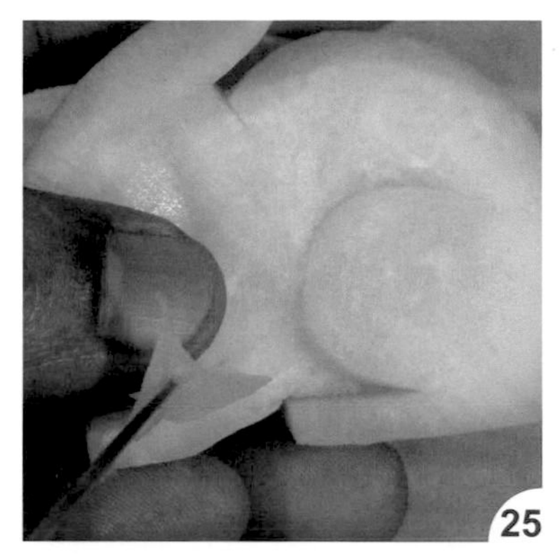
把後大腿的線條刻出

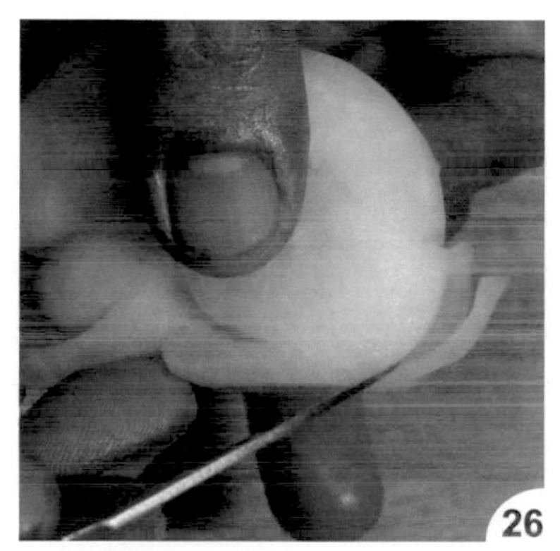
再把後腳跟切出。

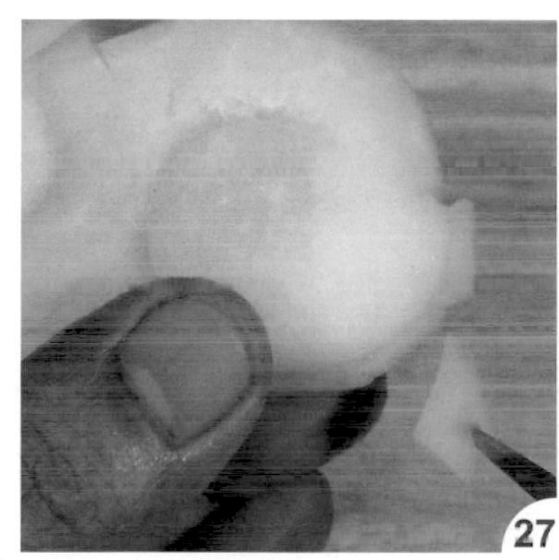
將尾巴切出並取下廢料。

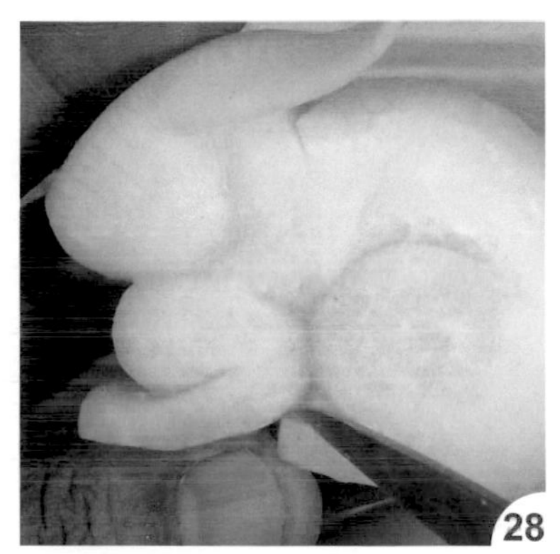
把前腳的後線條刻出。

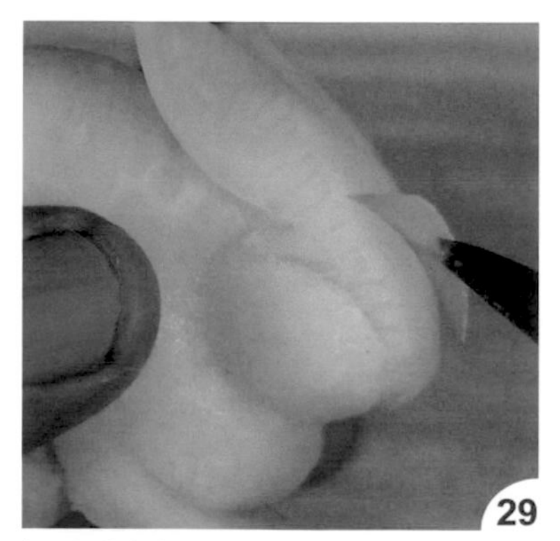
切出右側眼線。

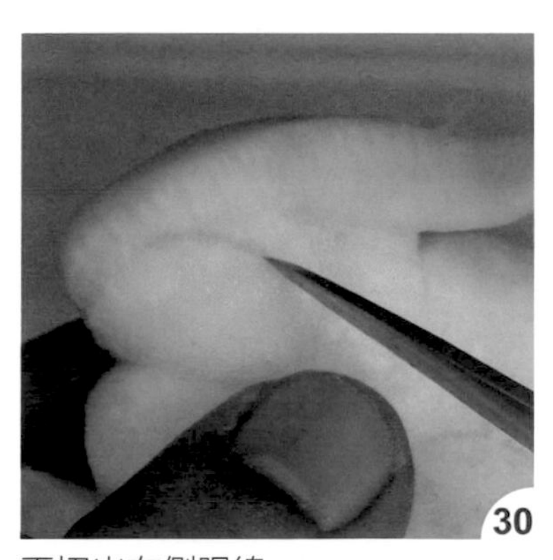
再切出左側眼線。

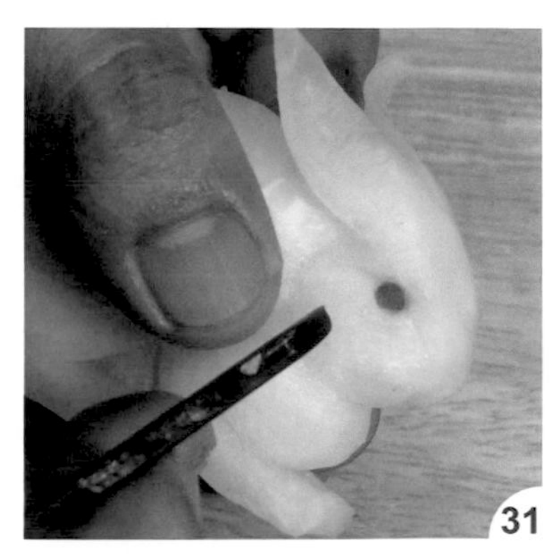
用小圓槽刀挖洞後，再取一小塊紅蘿蔔裝上，作為眼睛即可。

小白兔立式

▶材　料
白蘿蔔 1 條、紅蘿蔔 1 小塊

▶工　具
西式切刀、雕刻刀、中圓槽刀、小圓槽刀、牙籤

▶取 材 比 例
寬 = 半徑

※ 白蘿蔔要挑選大條圓胖形，會比較好操作

· 示意圖

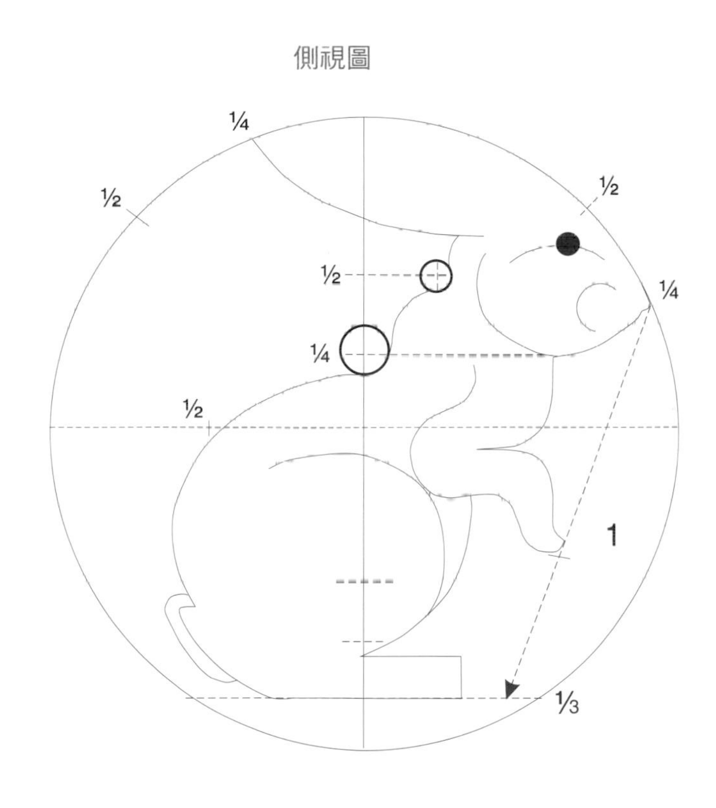

· 作法

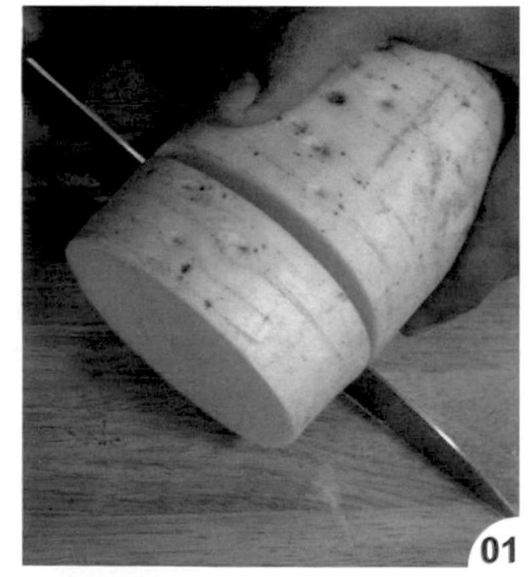
01
將白蘿蔔依取材比例用西式切刀切取適當寬度。

02
在半徑高度 1/6 處切除。

03
把右側廢料切除（側視圖 1）。

用雕刻刀把頭部左右兩側的弧度切出。

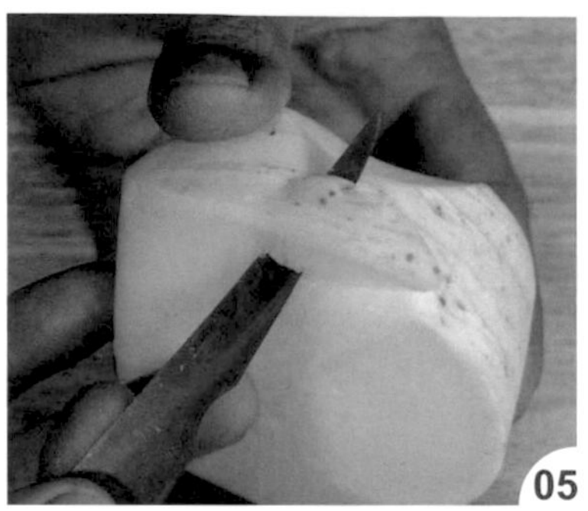

把耳朵的弧度切出。

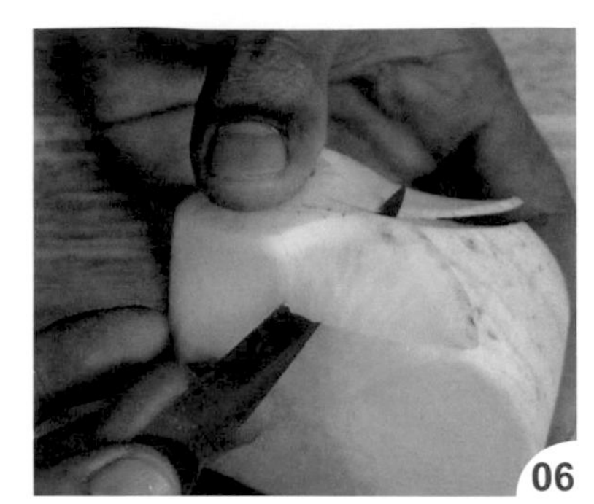

接著把耳朵片開。

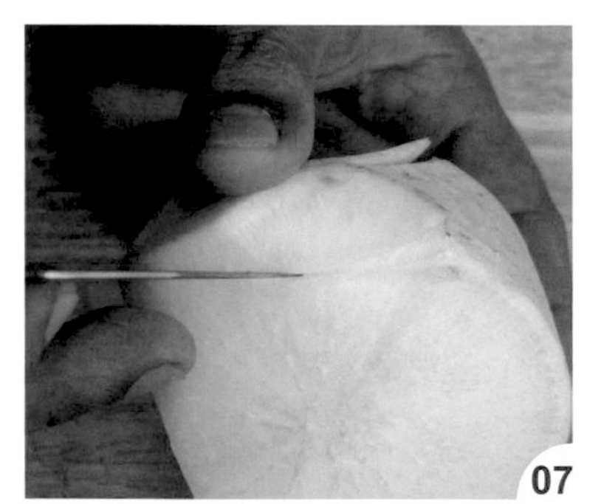

把耳朵的下線條刻出。

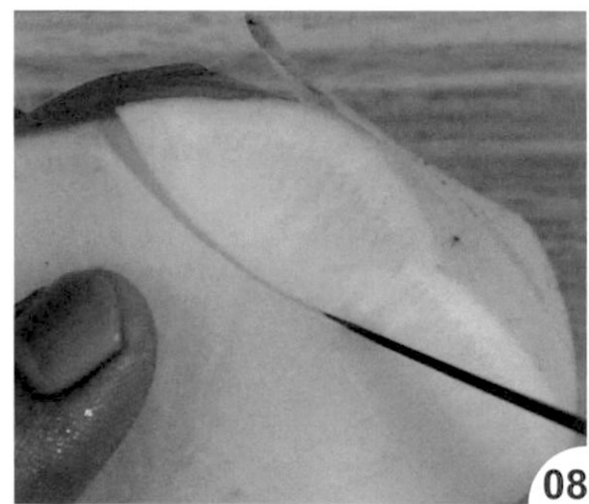

刻至臉頰處停刀。

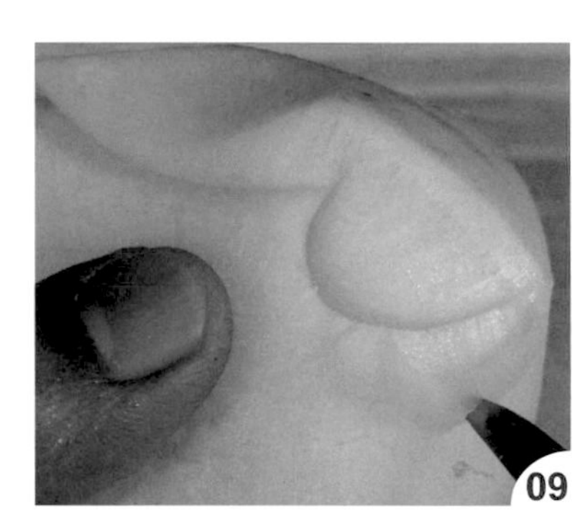

把右側臉頰弧線刻出。

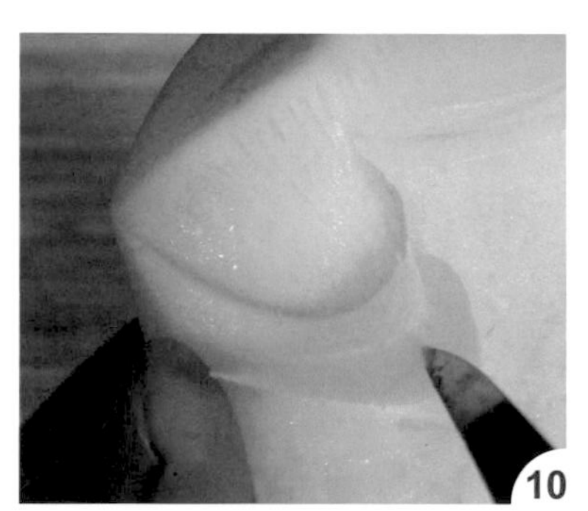

再把左側臉頰弧線刻出。

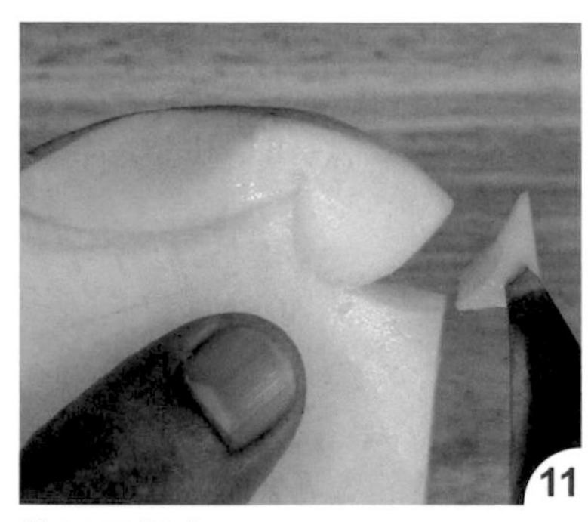

將下巴切出。

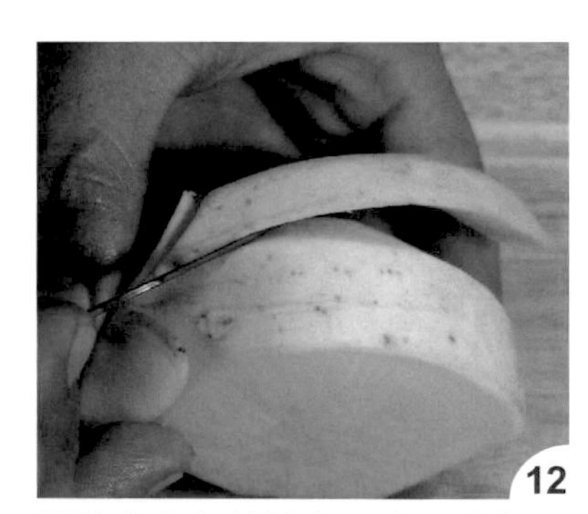

切除右背部的邊角，由腳底部至耳下。

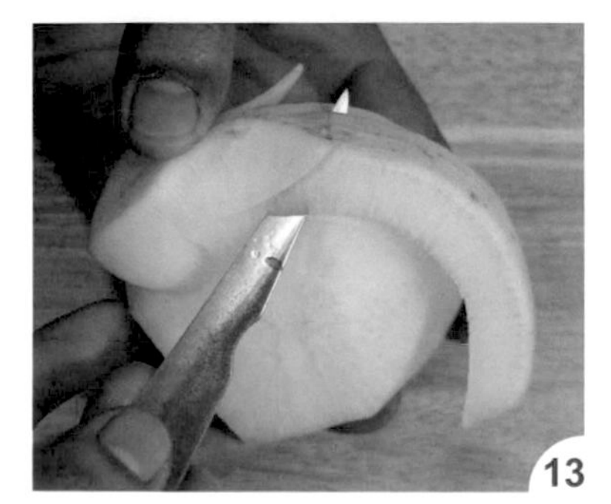

切除左背部的邊角，由腳底部至耳下。

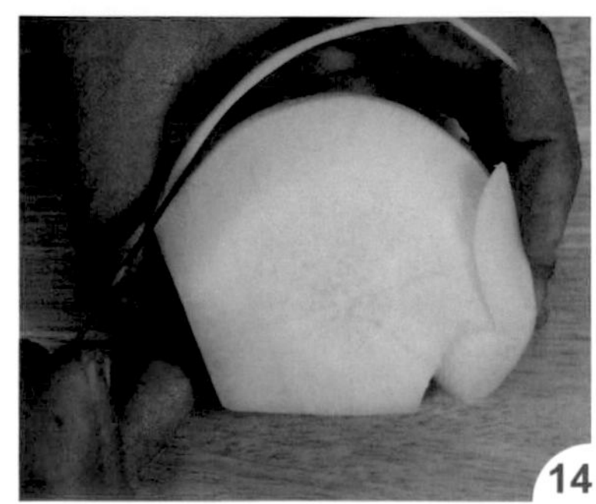

再把中間的表皮切除。

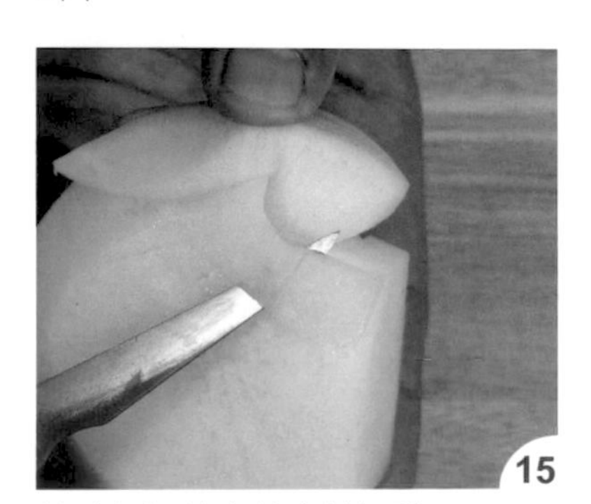

並臉頰把後方的廢料切除。

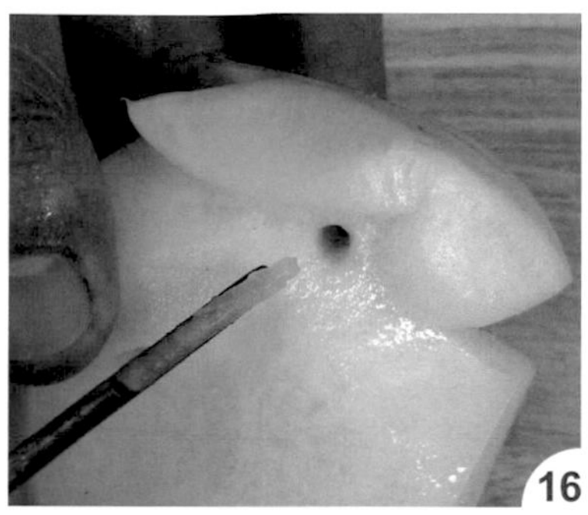

用小圓槽刀把耳下的小圓挖出。

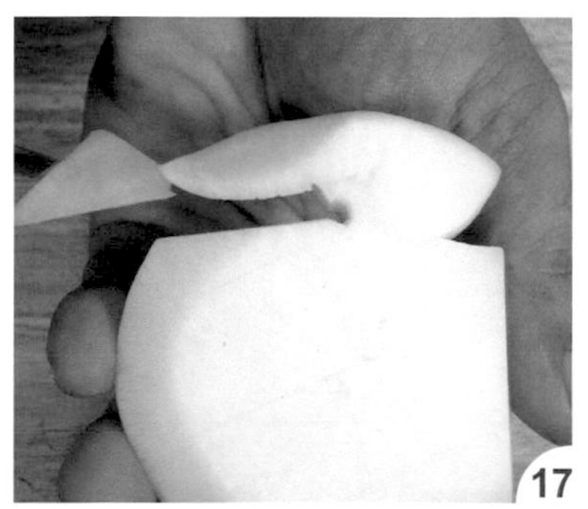

把耳下的廢料切除。

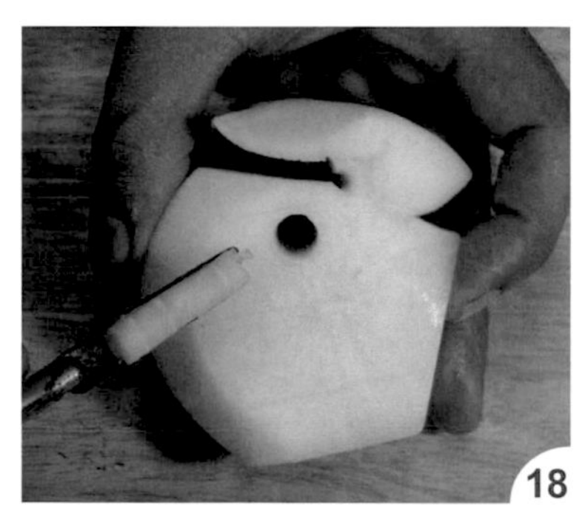

再用中圓槽刀把背部的圓挖出。

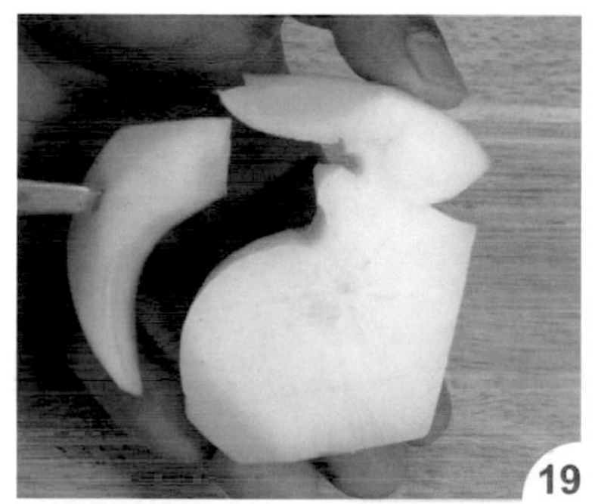

將背部線條切出並取下廢料。

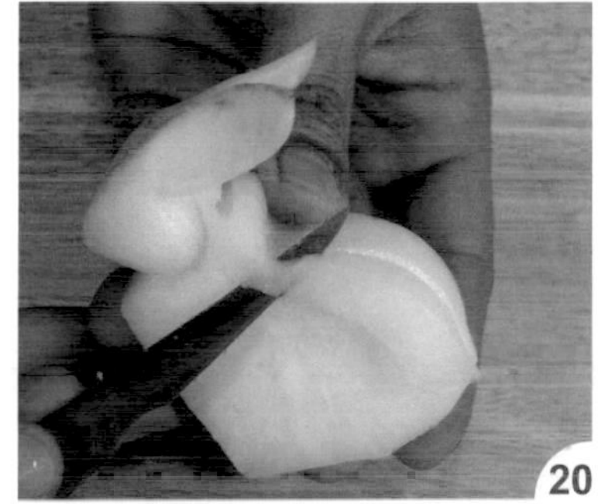

把背部左右邊角切除。

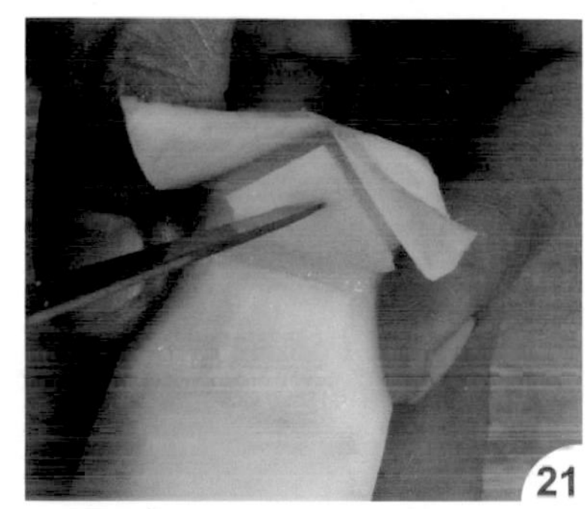

將耳下後腦的三角形切除。

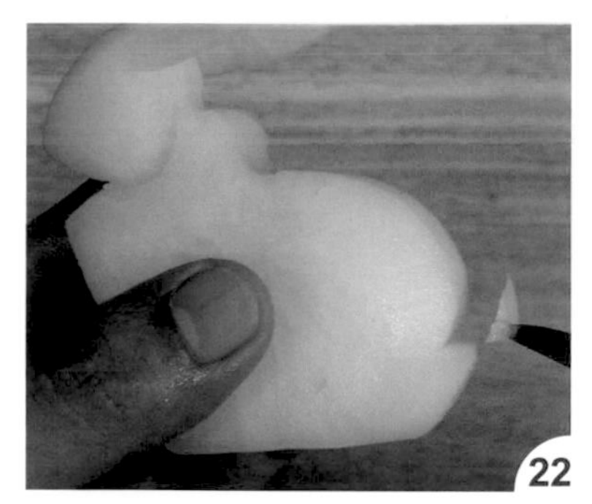

把尾巴的高度切出。

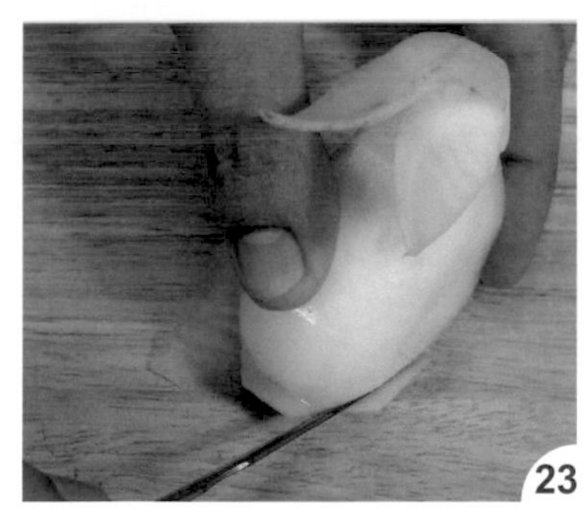

把後腳跟往內切除。

把後腳前端切除。

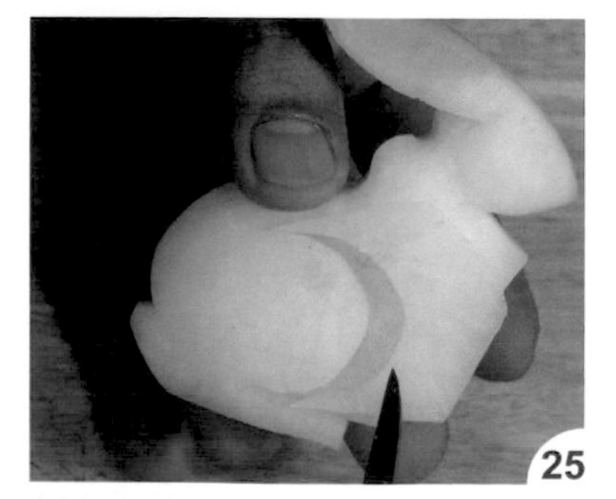

刻出右後大腿的線條。

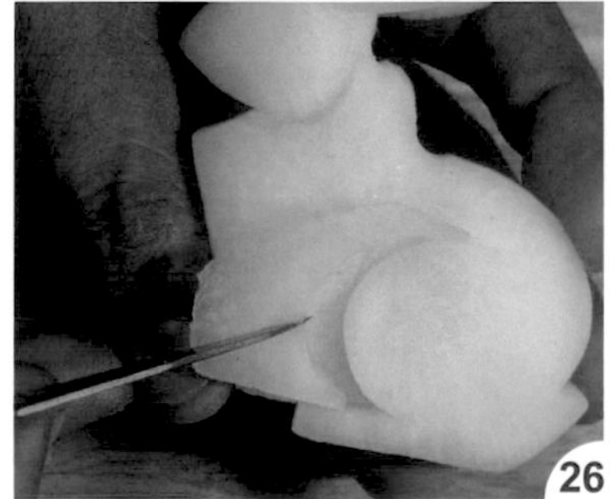

刻出左後大腿的線條。

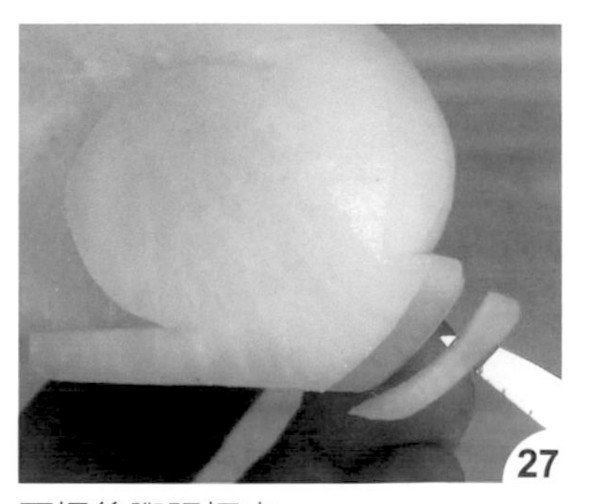

再把後腳跟切出。

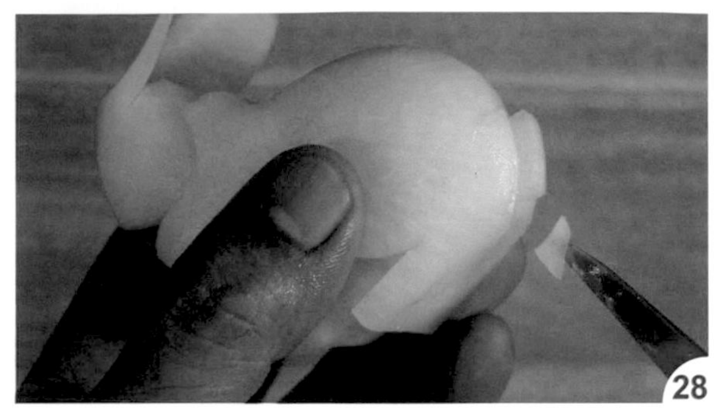

將尾巴切出並取下廢料。

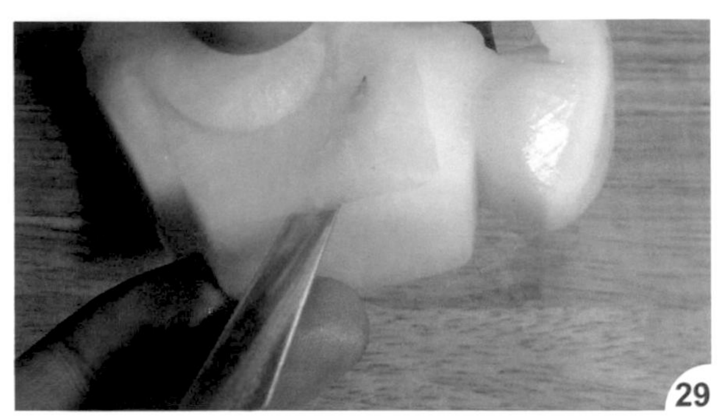

將身體及手部修平。

切出前胸部。

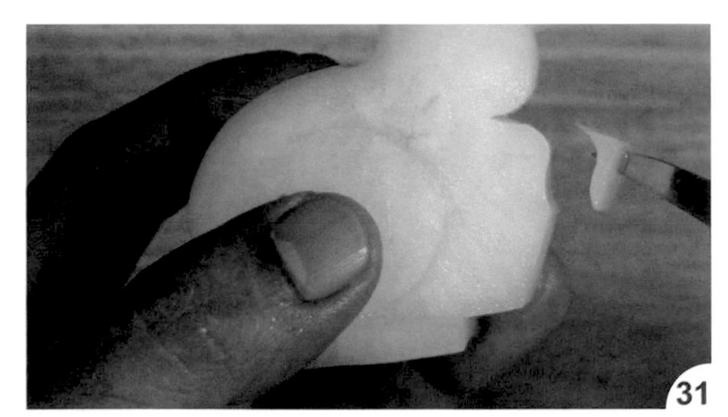

再刻出手部線條。

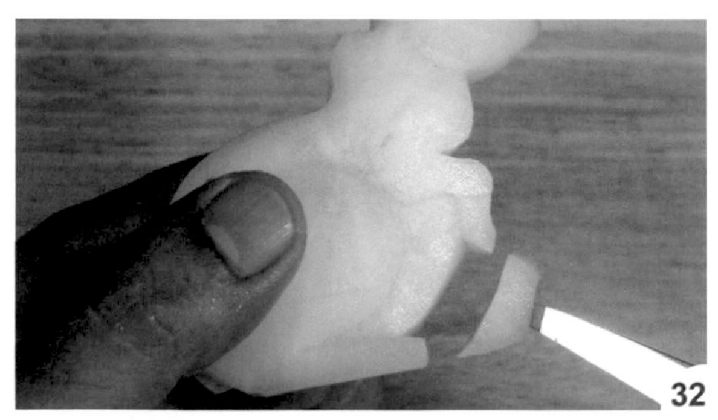

把腹部位置刻出。

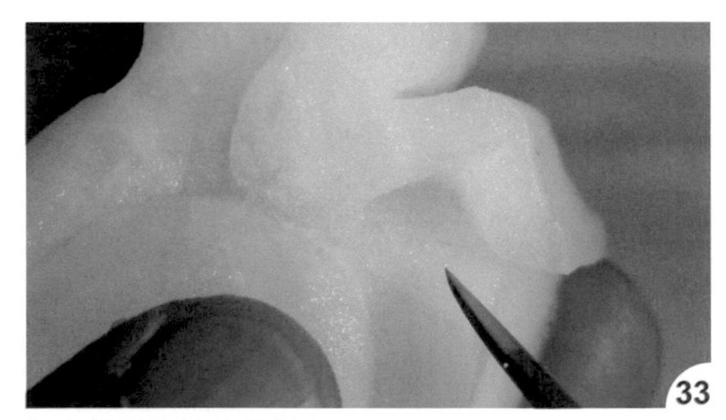

把右前腳的後線條刻出。

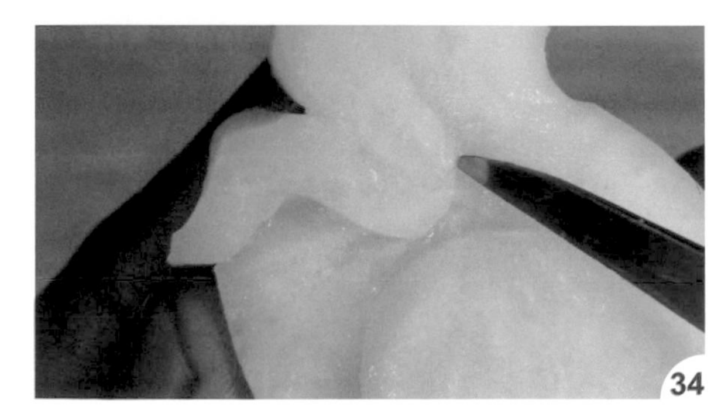

把左前腳的後線條刻出。

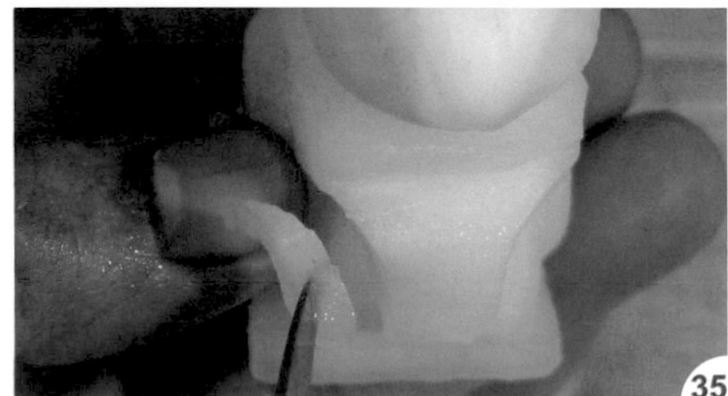

由外向內刻出兩邊手部的弧度，讓手部往中間靠。

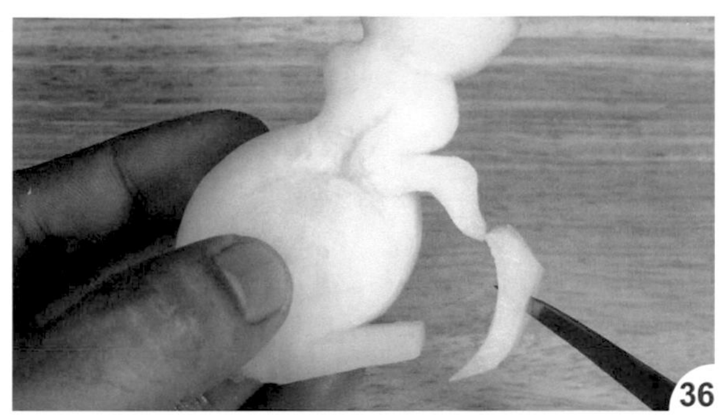

把肚子修到定位。

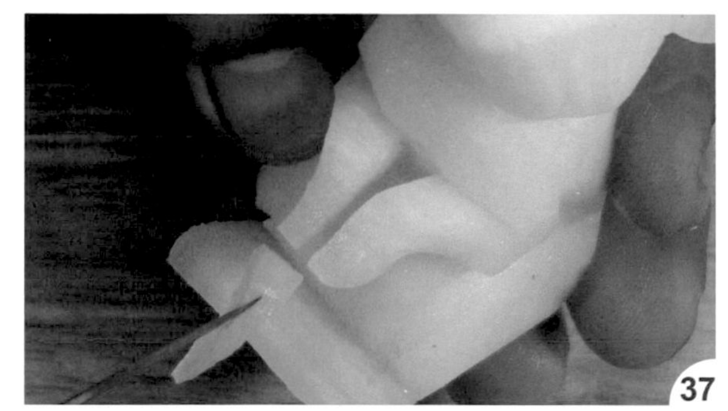

把手部分開，切出左右手。

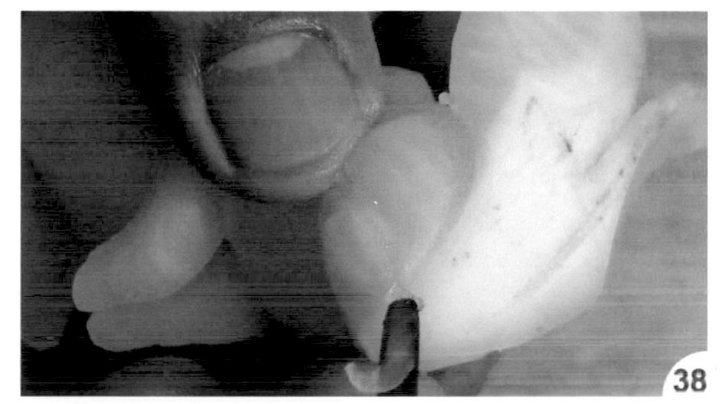

用小圓槽刀把臉頰線條刻出。

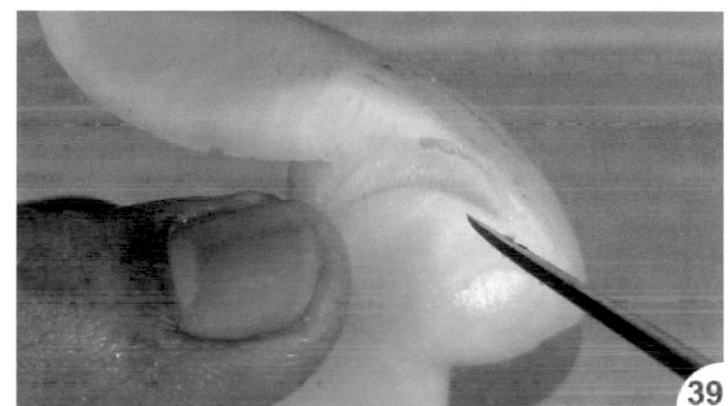

刻出眼線弧度。

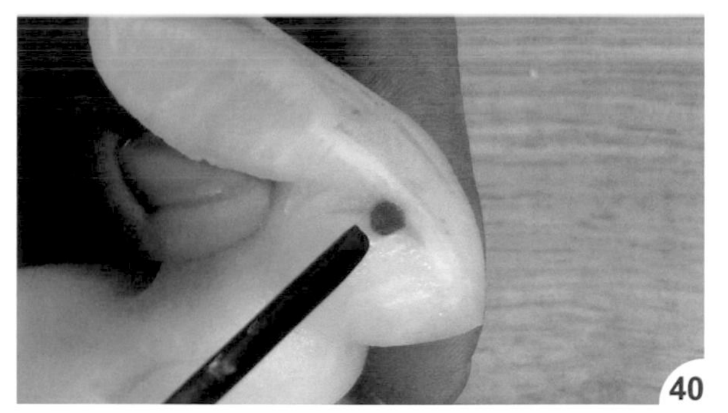

用小圓槽刀挖洞後，再取一小塊紅蘿蔔裝上，作為眼睛。

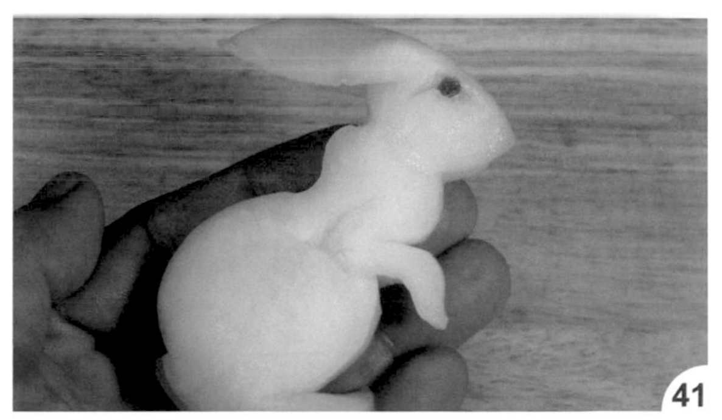

如圖完成立兔。

完成盤飾。

完成盤飾。

南瓜

將南瓜用來雕刻可愛的小青蛙，
生動的模樣彷彿隨時要躍起，天真可愛，
童趣盎然，是十分討喜的造型。

小青蛙

▸材　料

南瓜頭部實心1段

▸工　具

西式切刀、雕刻刀、槽刀組、水性畫筆

▸取 材 比 例

高：長：寬＝1：1又3/5：1又1/3

※南瓜要挑選綠皮，頭段實心比較大的會比較適合雕刻

・示意圖

A. 俯視圖

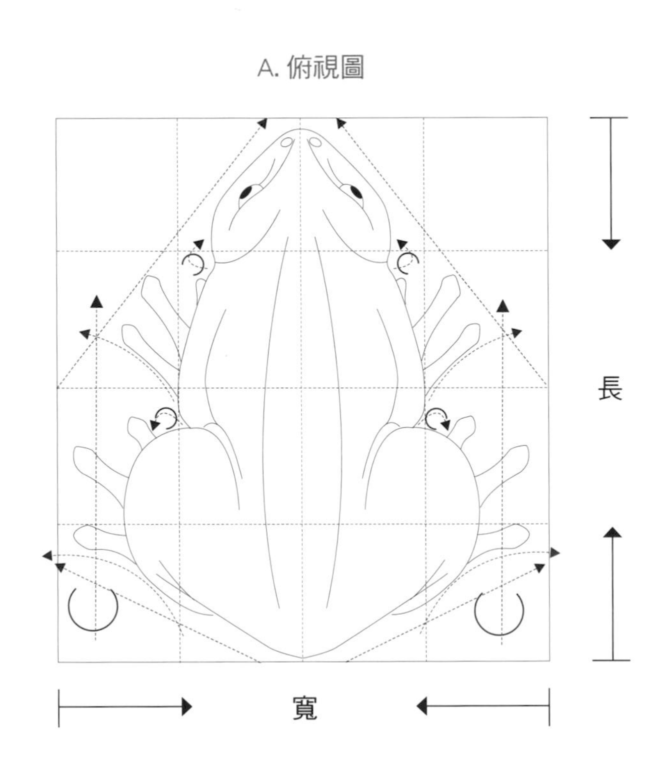

B. 側視圖

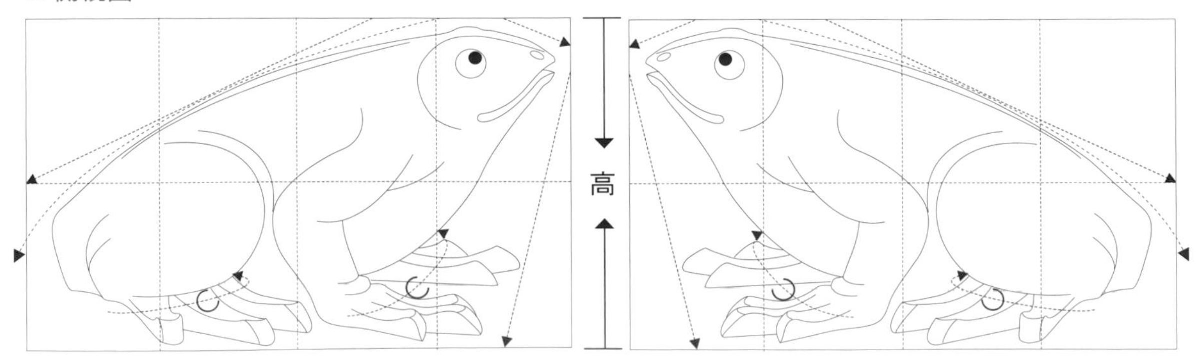

· 作法

以切刀切取南瓜頭段實心部位。

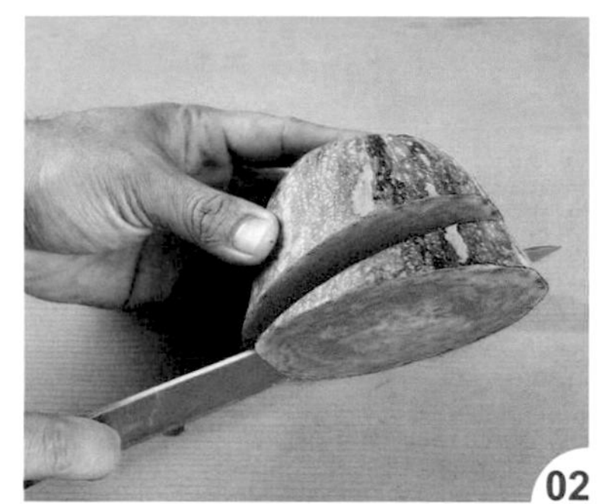

在底部斜切一刀。

使南瓜平放時可斜一邊。

切除長斜面表皮當背部。

再把前端切除。

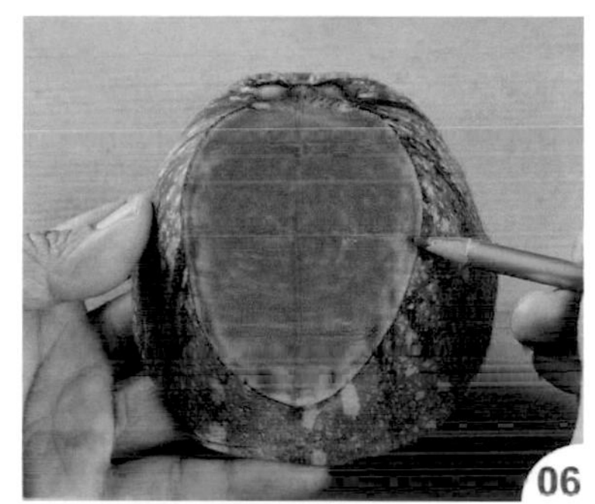

用水性畫筆畫上等分線。

依俯視圖用雕刻刀把後腳兩側的廢料切除。

把前端的廢料也切除。

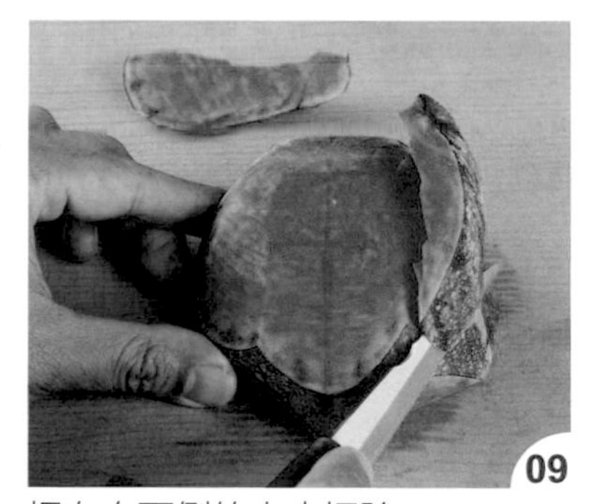

把左右兩側的表皮切除。

再把剩下的表皮也切除。

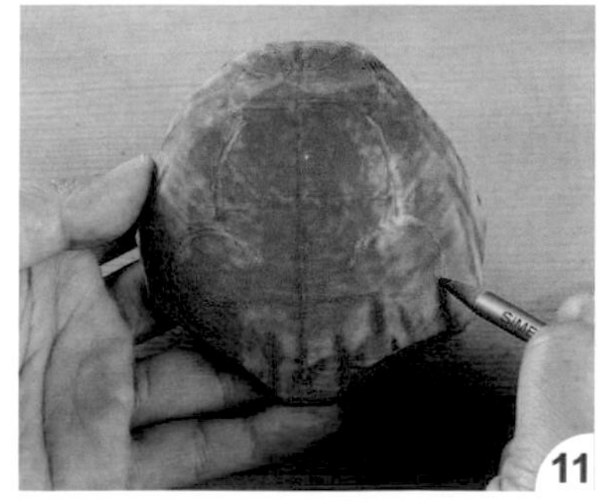

依俯視圖位置把形狀畫出。

用大圓槽刀把腳部廢料刻除。

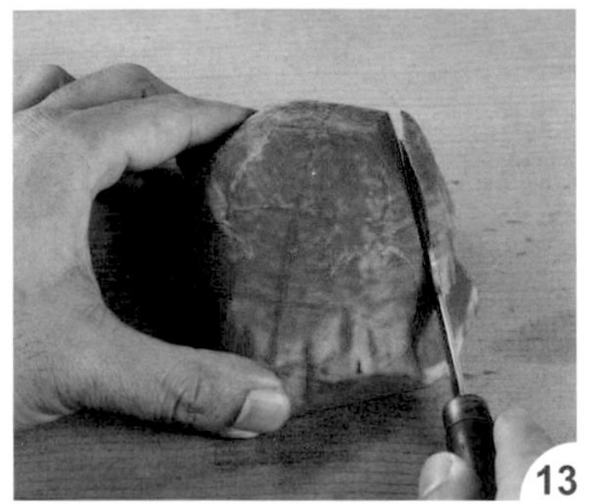

13 再用雕刻刀把右側廢料切除。

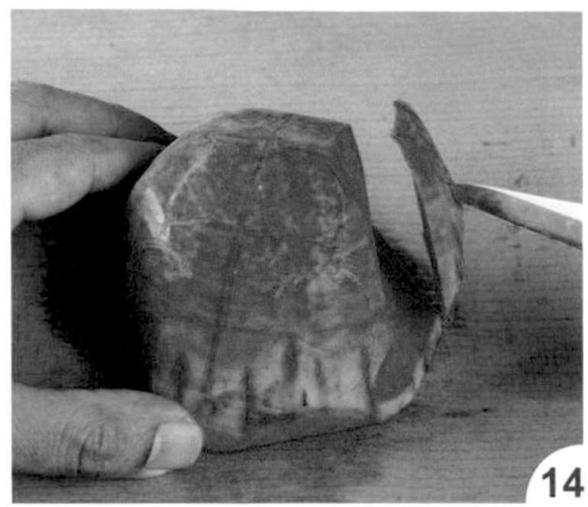

14 取下廢料。

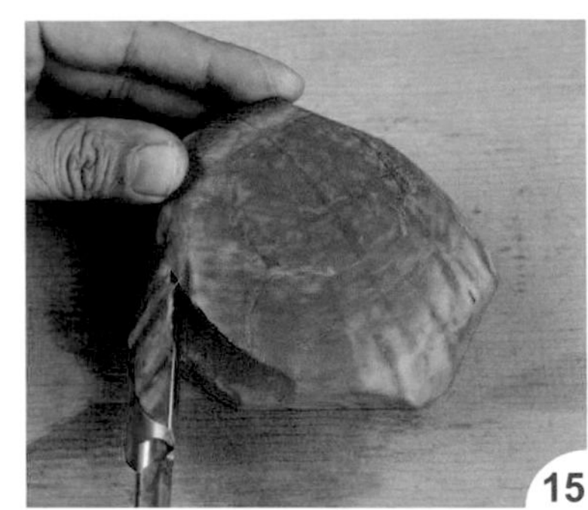

15 用大圓槽刀把腳部左側廢料也刻除。

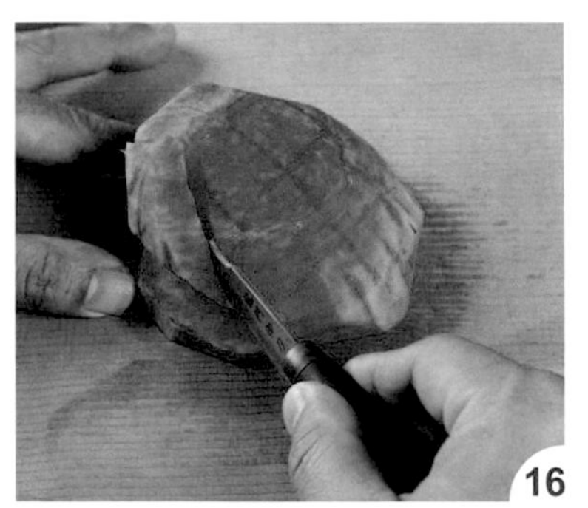

16 再把左側廢料切除。

17 將頭部修成圓弧狀。

18 用中圓槽刀把右側大腿刻出。

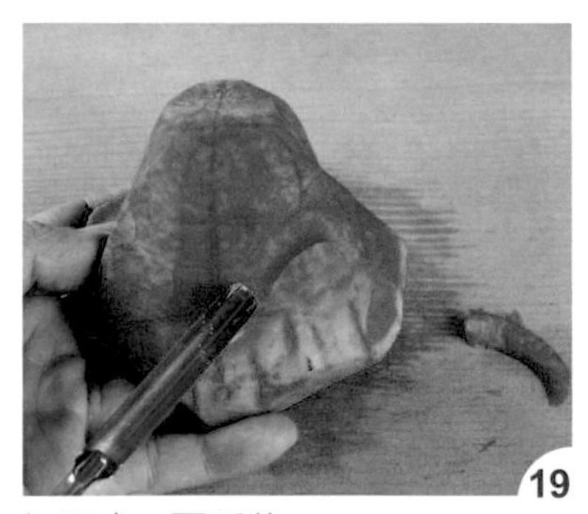

19 如圖成一圓弧狀。

20 把左側大腿也刻出。

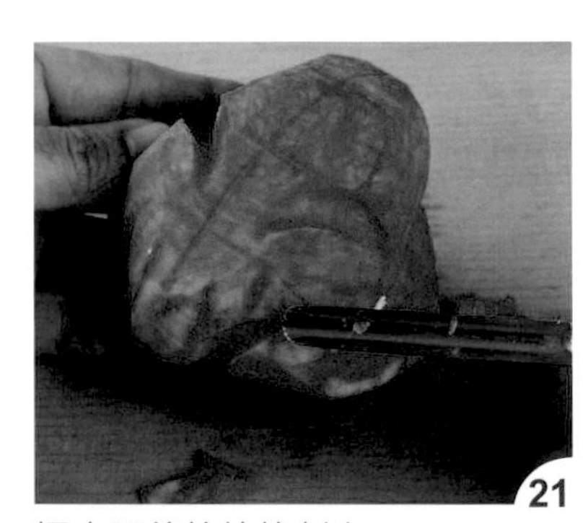

21 把大腿後的線條刻出。

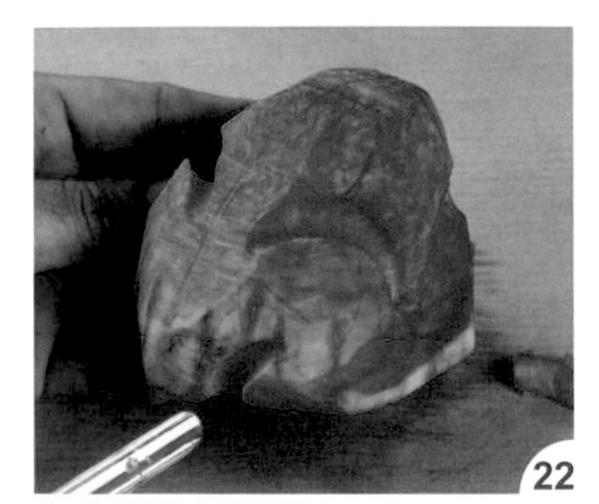

22 完成後腿大致雛形。

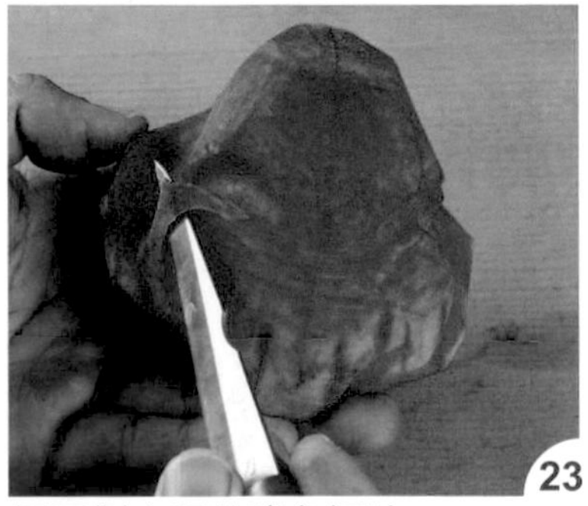

23 把兩側大腿的邊角切除。

24 刻出後腳蹼的弧度。

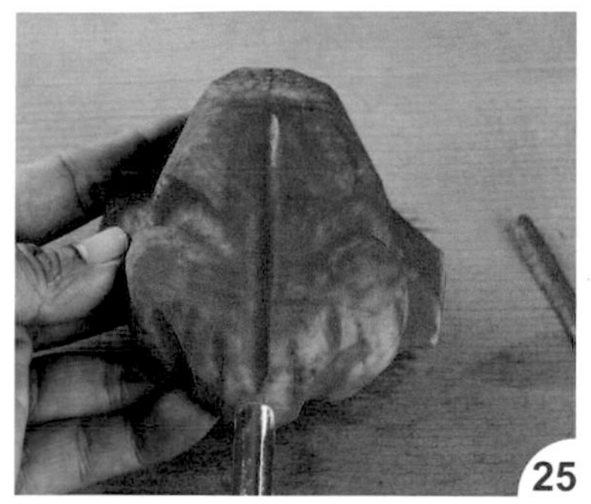

刻出背部中間凹槽。

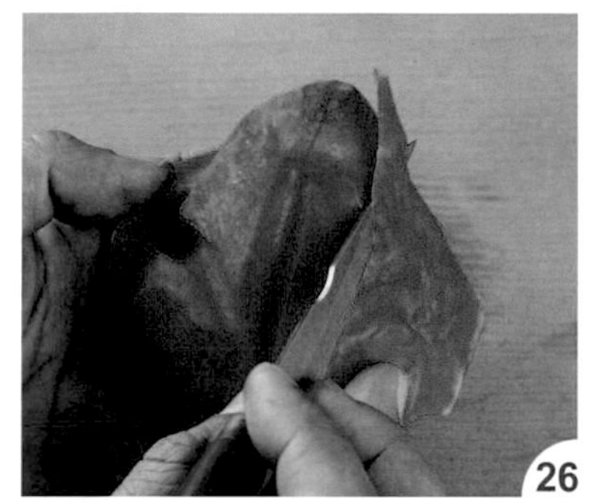

修除右側手部。

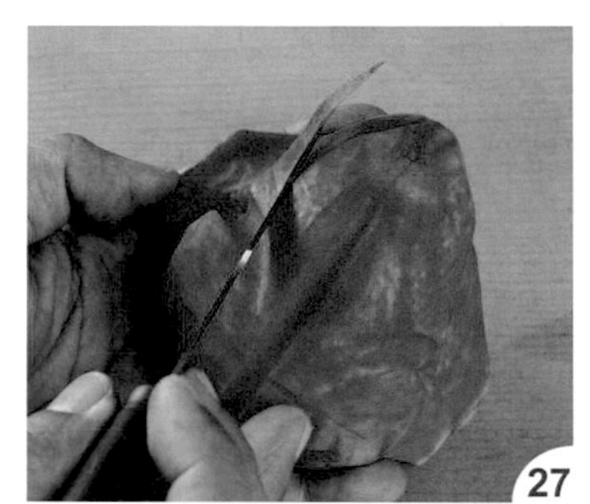

再修除左側手部。

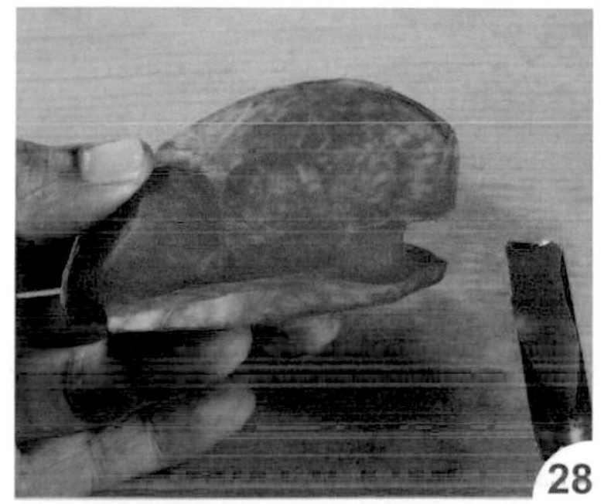

刻出前腳蹼。

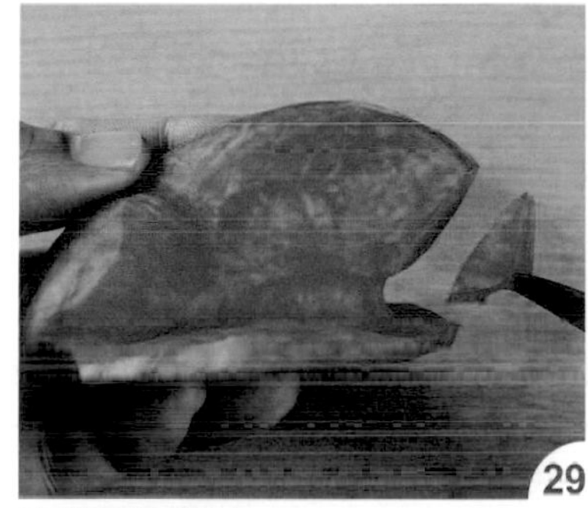

再把下巴切出。

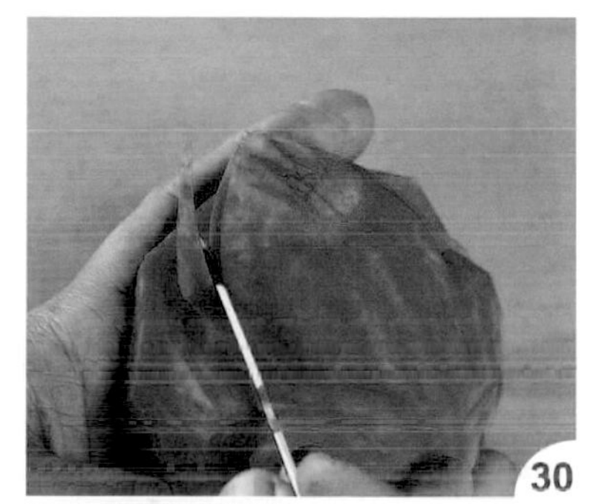

把左側嘴部修順。

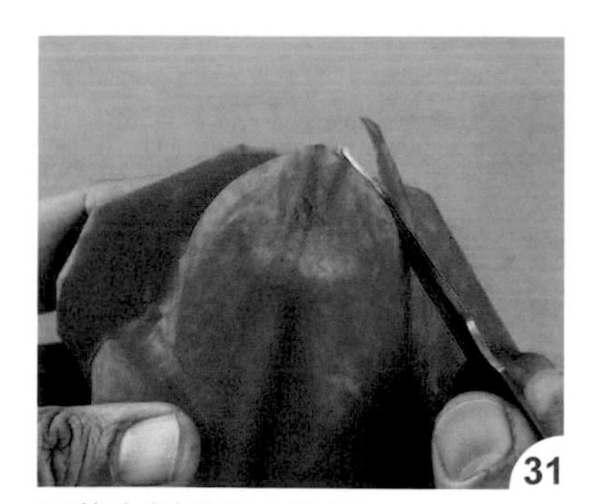

再將右側嘴部也修順。

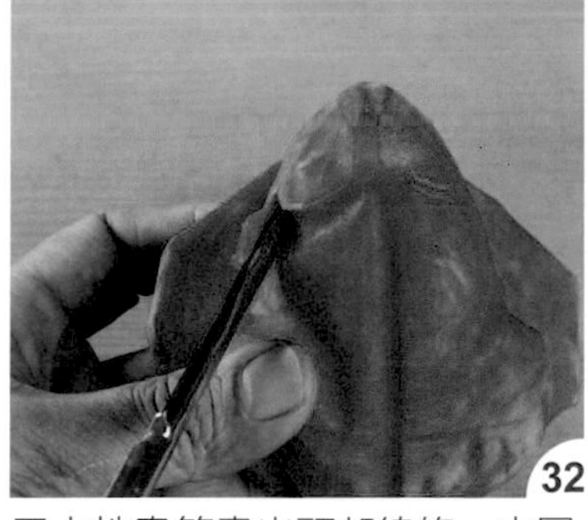

用水性畫筆畫出頭部線條，中圓槽刀把左側頭部定出。

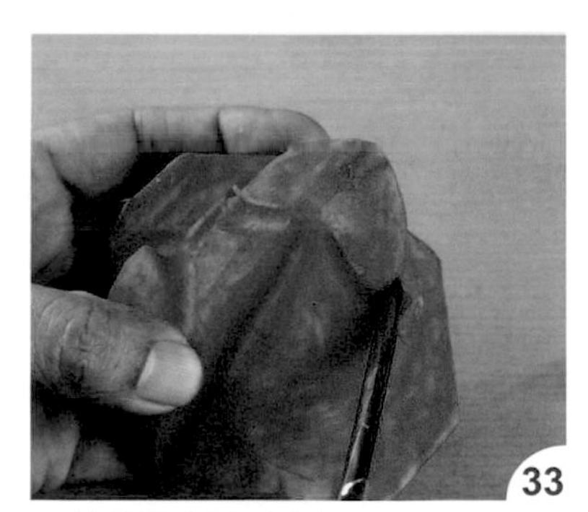

再依線條刻出右側頭部。

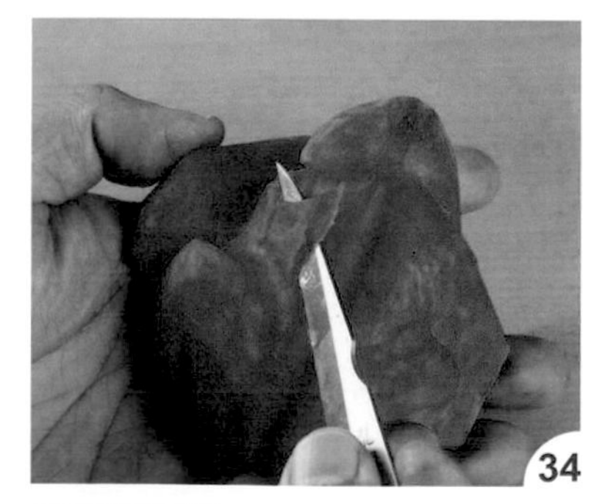

將背部修順。

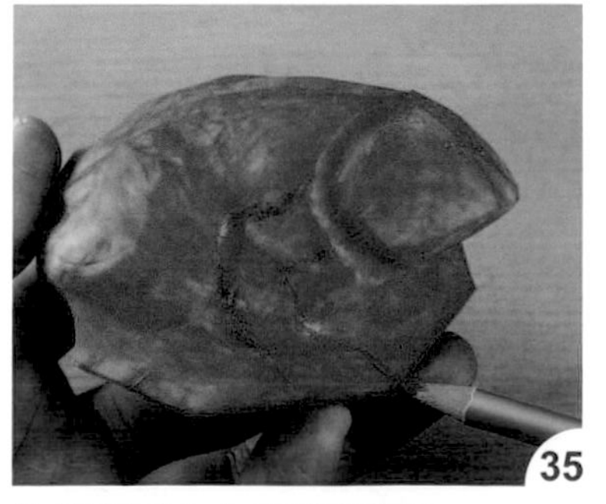

依側視圖出右側前腳線條。

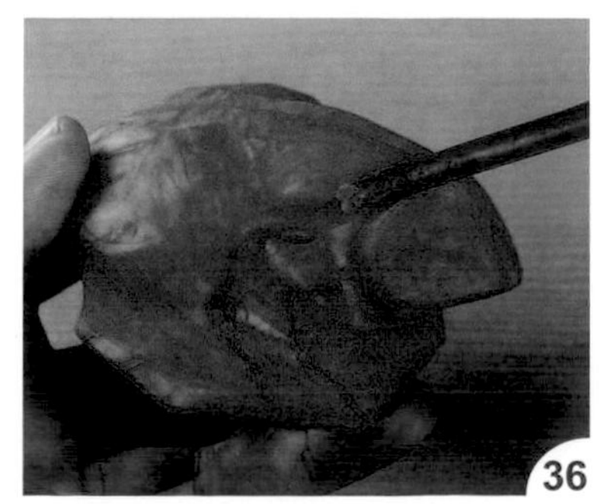

刻出前腳後方弧度。

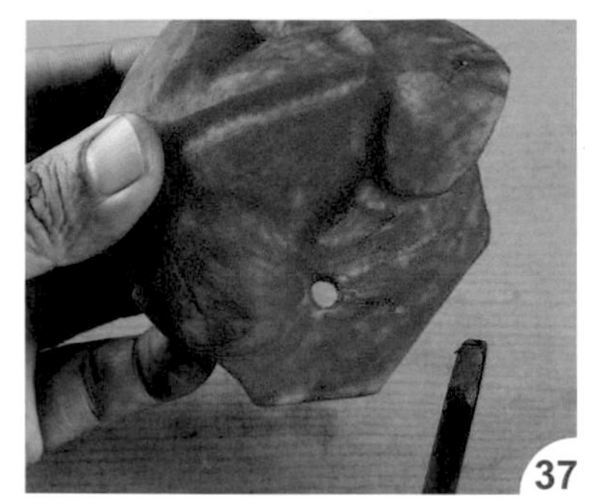

在前腳蹼底部後方鑽一小圓孔

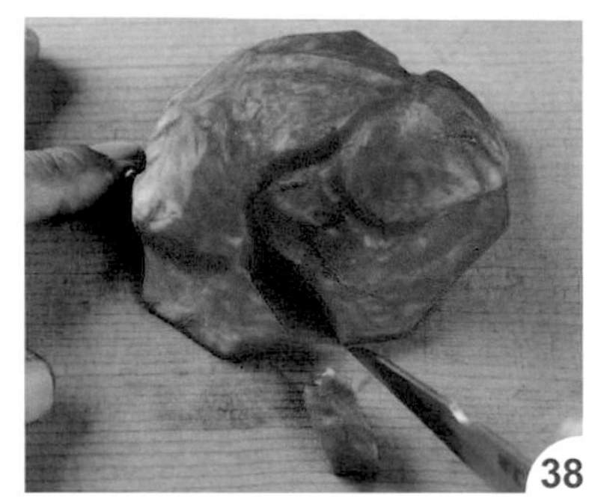

再把廢料切除。

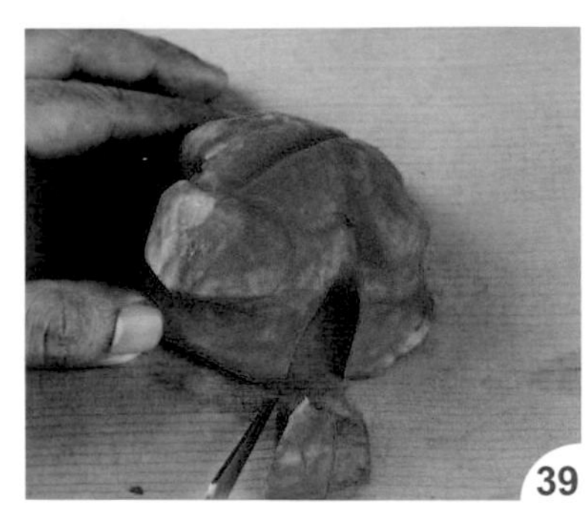

同作法 35 ~ 38，完成左側後腳。

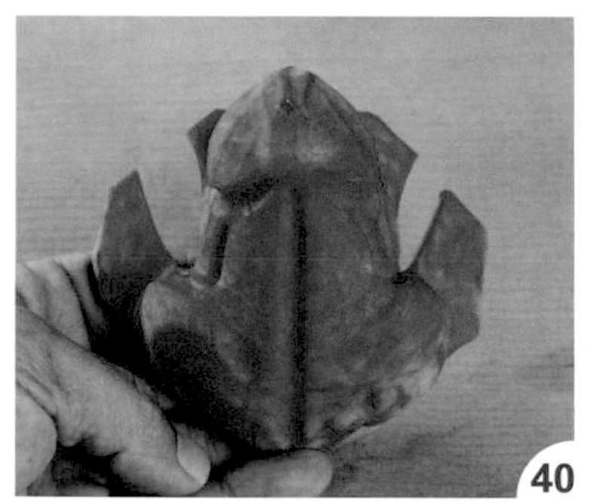

由上方看大約的雛形。

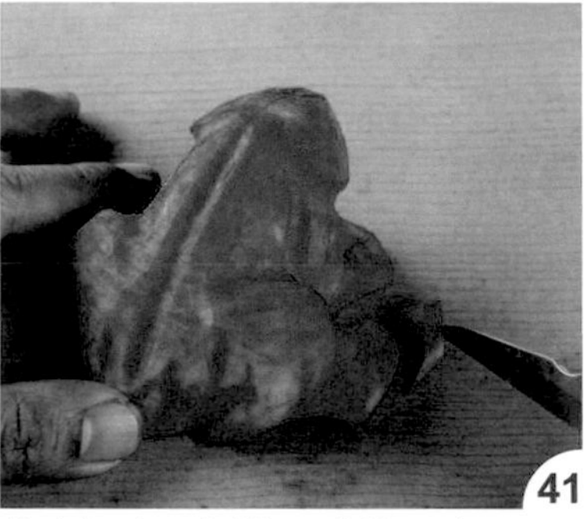

依序切出兩側後腳蹼的弧度。

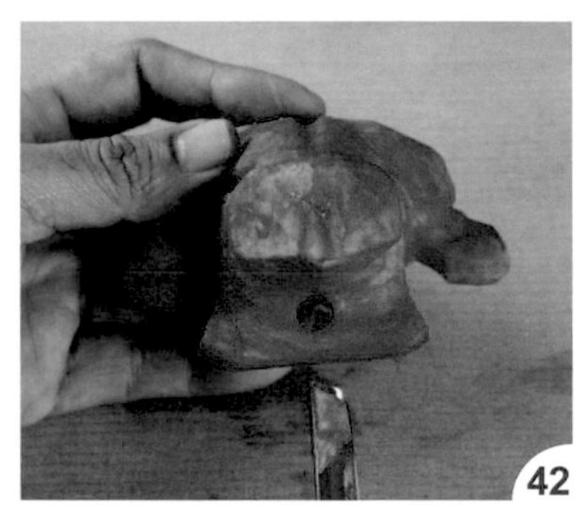

在前腳中間挖一小圓。

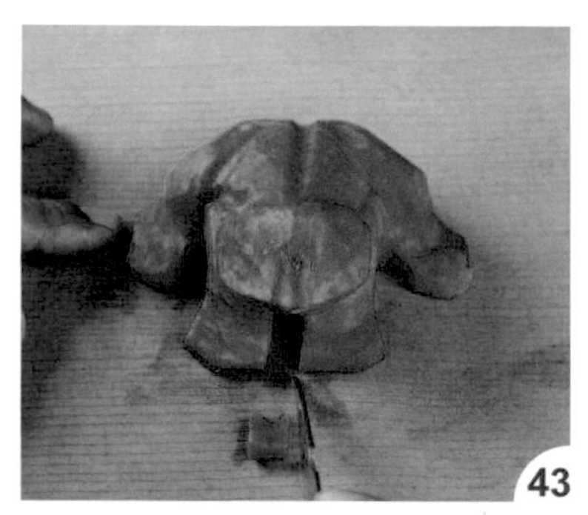

切去多餘的廢料，分開左右腳。

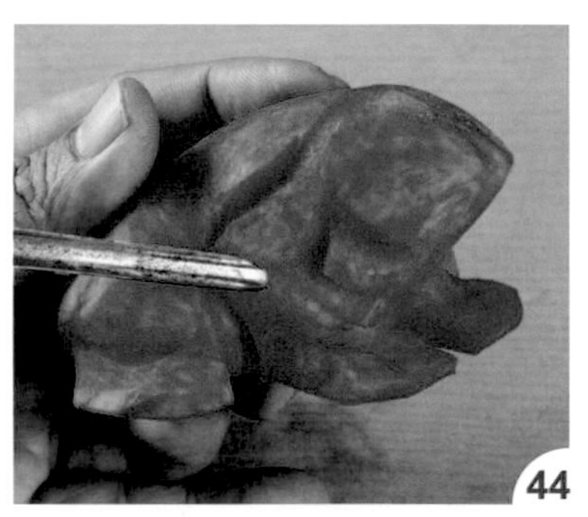

把前腳內側的弧度刻出。

刻至前腹部。

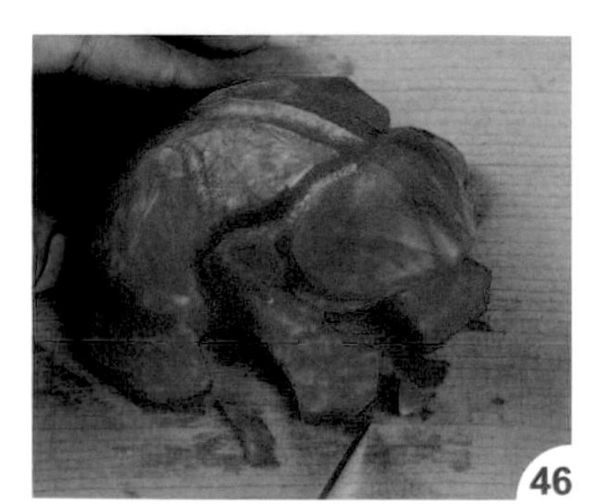

把前腳蹼的弧度切出。

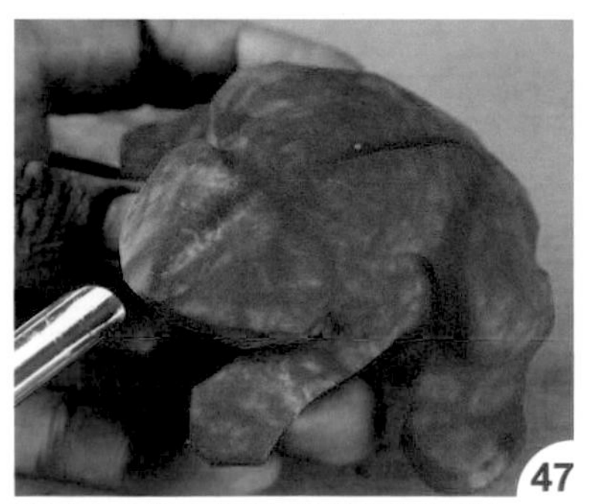

用中圓槽刀把頭部的凹槽刻出。

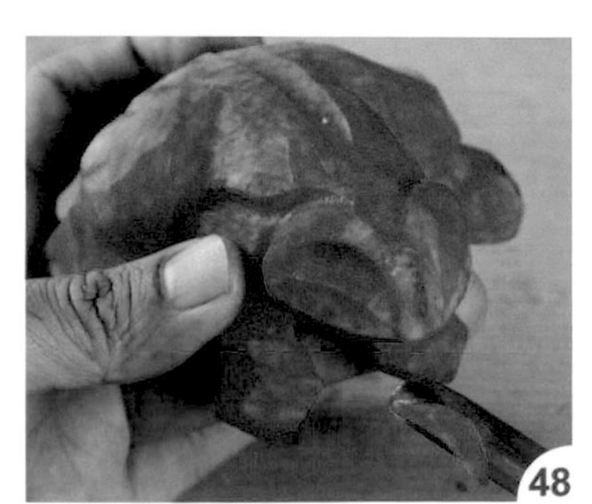

刻出右側眼窩線。

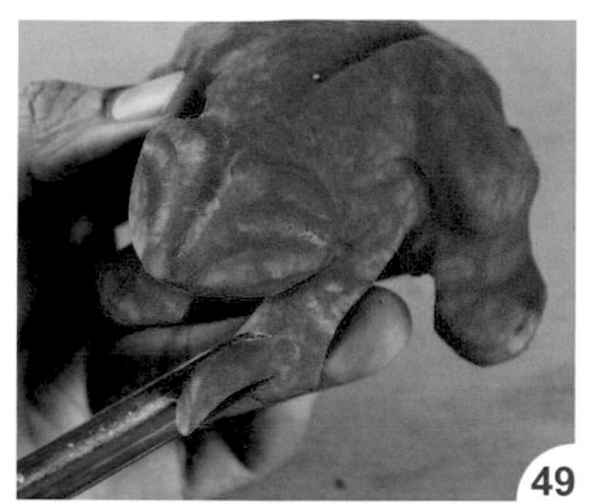

再刻出左側眼窩線。

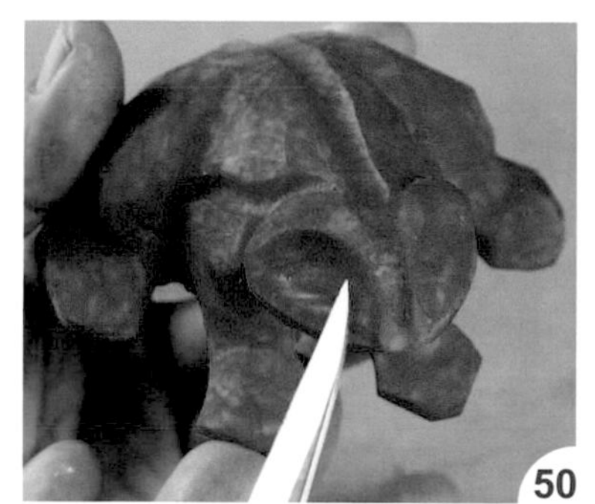

把眼窩的斜面修平滑。

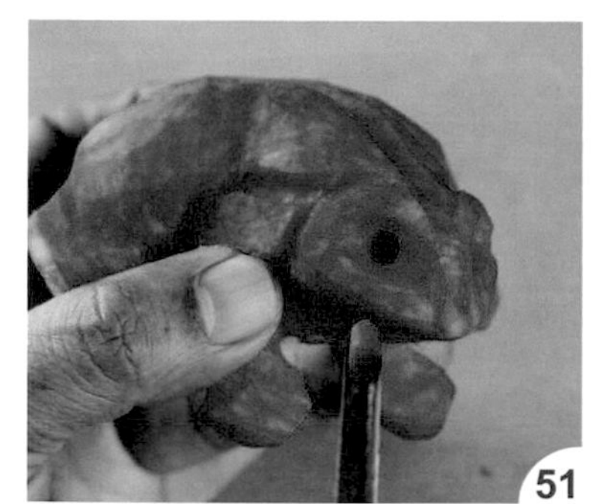

挖出眼睛位置。

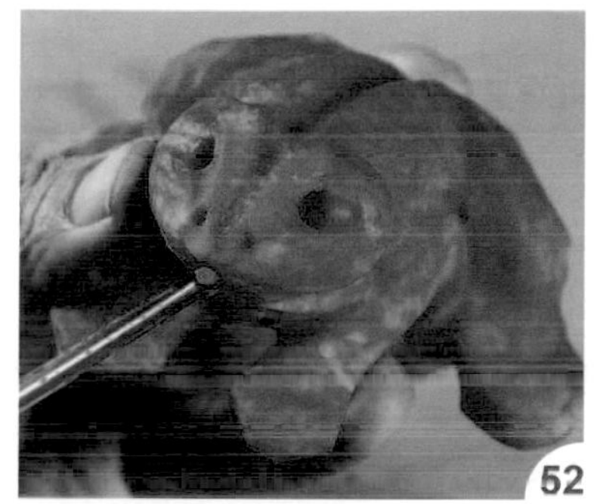

再用小圓槽刀挖出鼻孔。

用 V 型槽刀刻出嘴巴線條。

如圖完成臉部的線條。

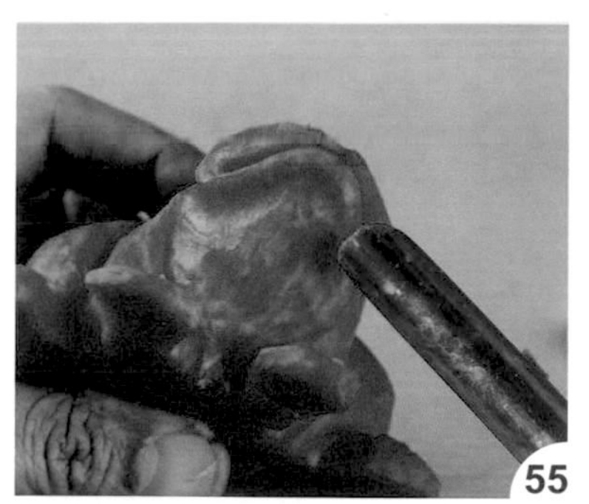

用中圓槽刀刻出下巴的凹槽。

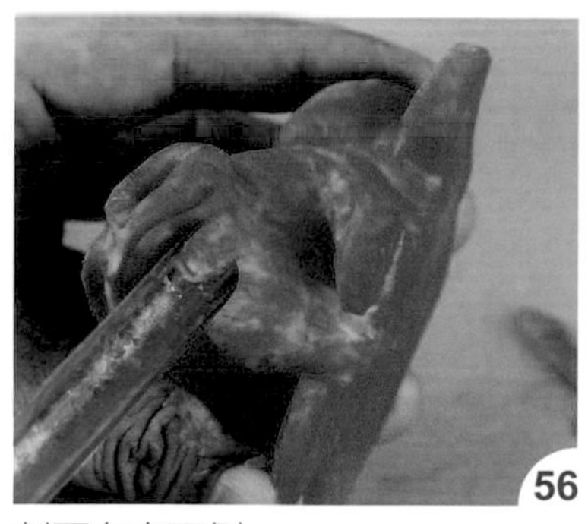

刻至左右兩側。

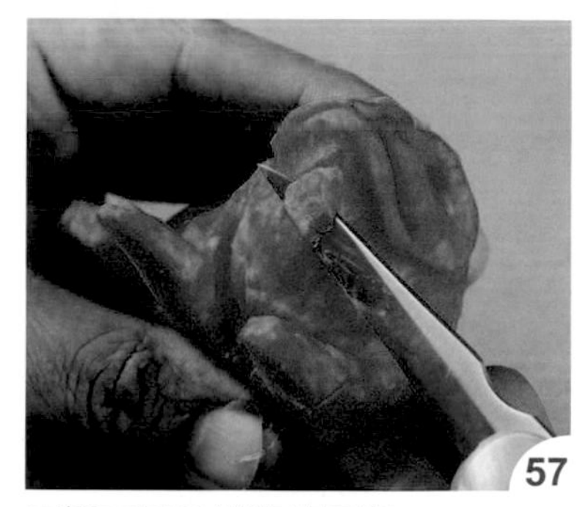

再把下巴及前胸修平順。

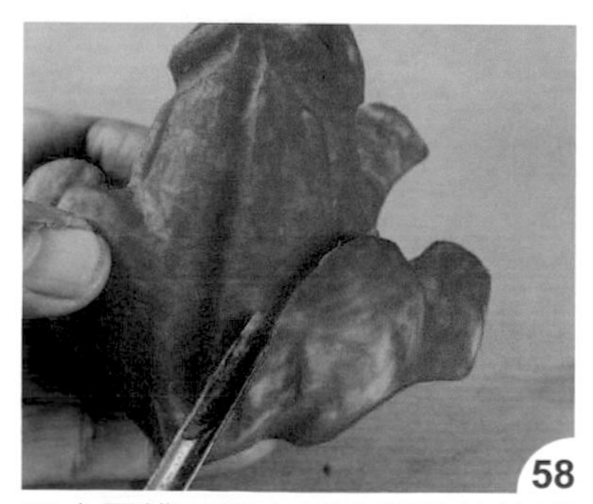

用小圓槽刀把右側後腿的線條再刻明顯一點。

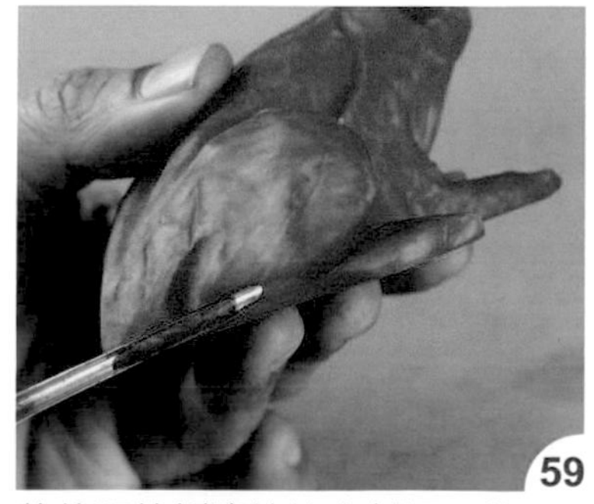

將後腿的側邊線條也刻深一些。

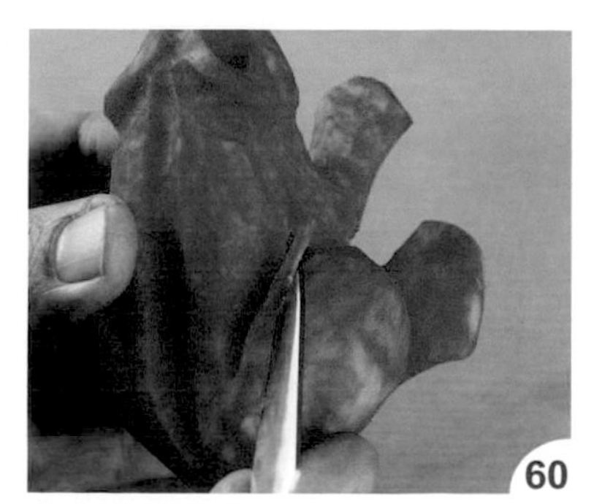

將表面修平滑。

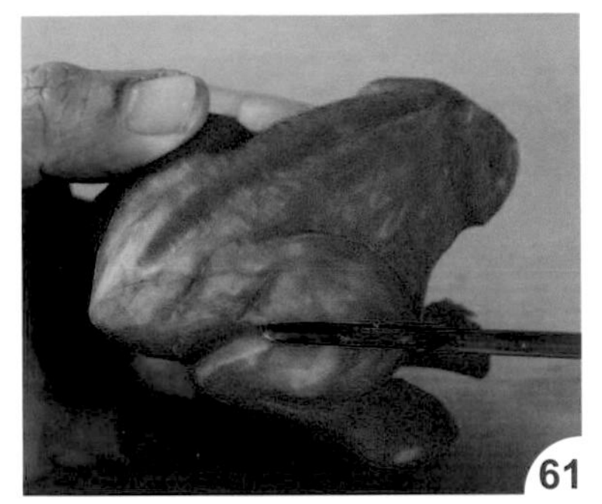

再加強後腿後方的線條。

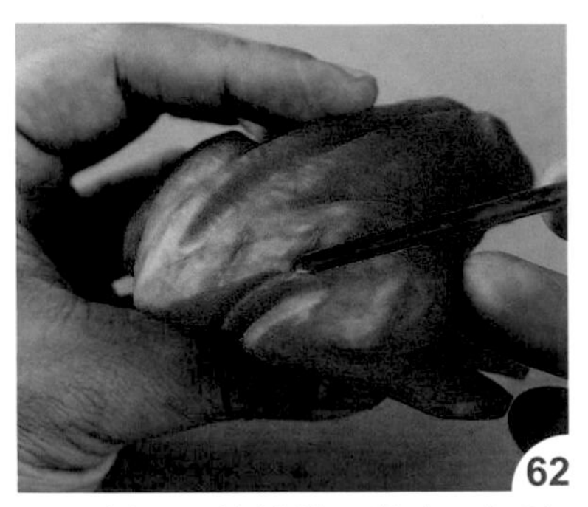

可再刻一弧線於後腿後方，加強彎處。

把後腳的指蹼刻出。

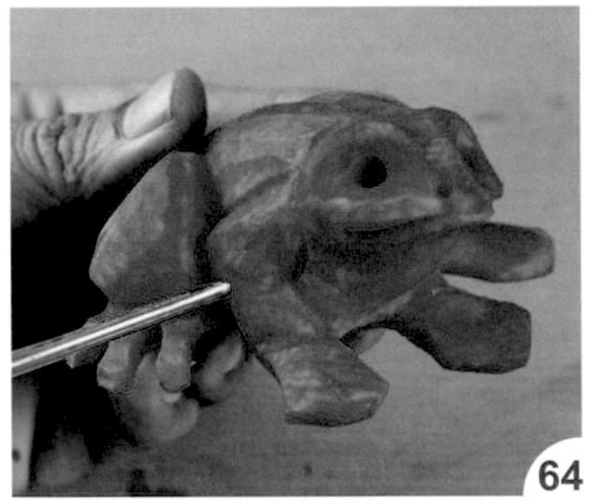

加強右側前腳肘的線條。

把前腳指蹼刻出。

同作法 58 ~ 65，加深左側前後腿的線條，並把腳指蹼也刻出。

加強前腳內側線條。

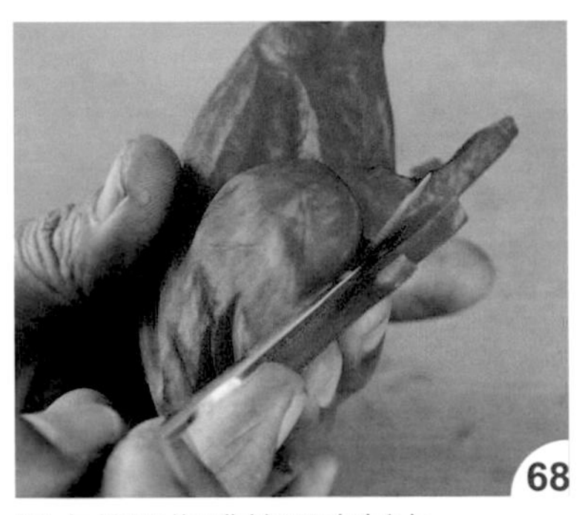

把右後腳指蹼的弧度刻出。

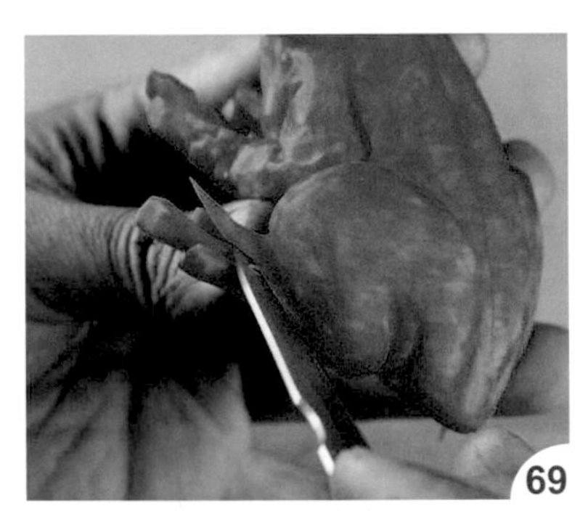

把左後腳指蹼弧度也刻出。

取一塊深色表皮南瓜，用小圓槽刀挖取圓柱當眼睛。

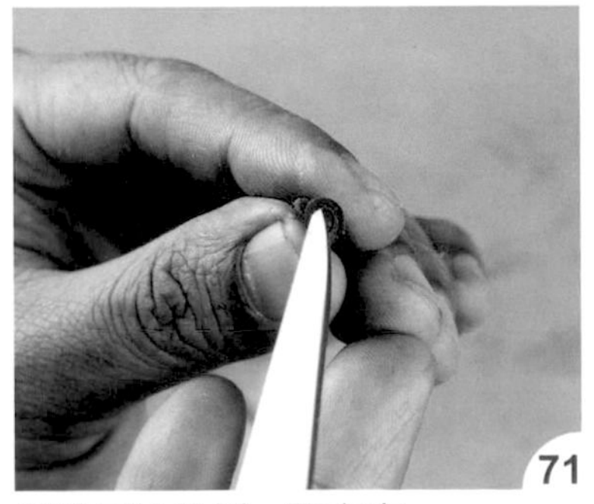

刻除圓柱外側一圈表皮。

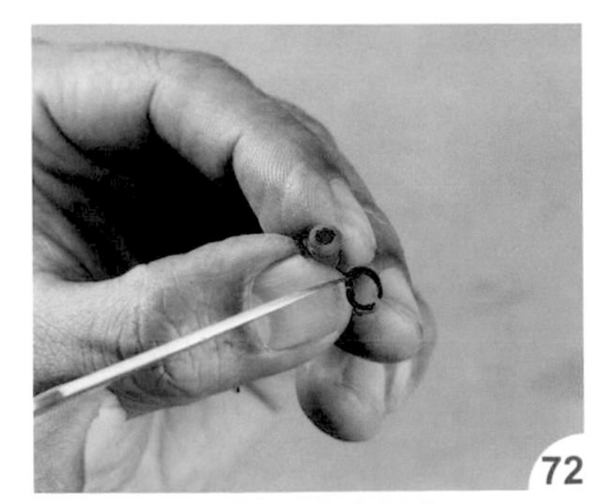

如圖只留下中間眼球部分。

將兩側眼睛裝上。

如圖完成。

成品特寫。

成品特寫。

成品特寫。

成品特寫。

紅蘿蔔

把紅蘿蔔變化成小鴨子、小蝦，
還有雄糾糾的公鴛鴦及嫵媚的母鴛鴦，
栩栩如生，創意讓人讚嘆。

小鴨子

▸材　料
紅蘿蔔 1 條、南瓜 1 塊

▸工　具
西式切刀、雕刻刀、中圓槽刀、小圓槽刀、V 型槽刀、三秒膠

▸取 材 比 例
寬 = 半徑

※紅蘿蔔要挑選大條圓胖、質地扎實的會比較好雕刻

・示意圖

A. 側視圖

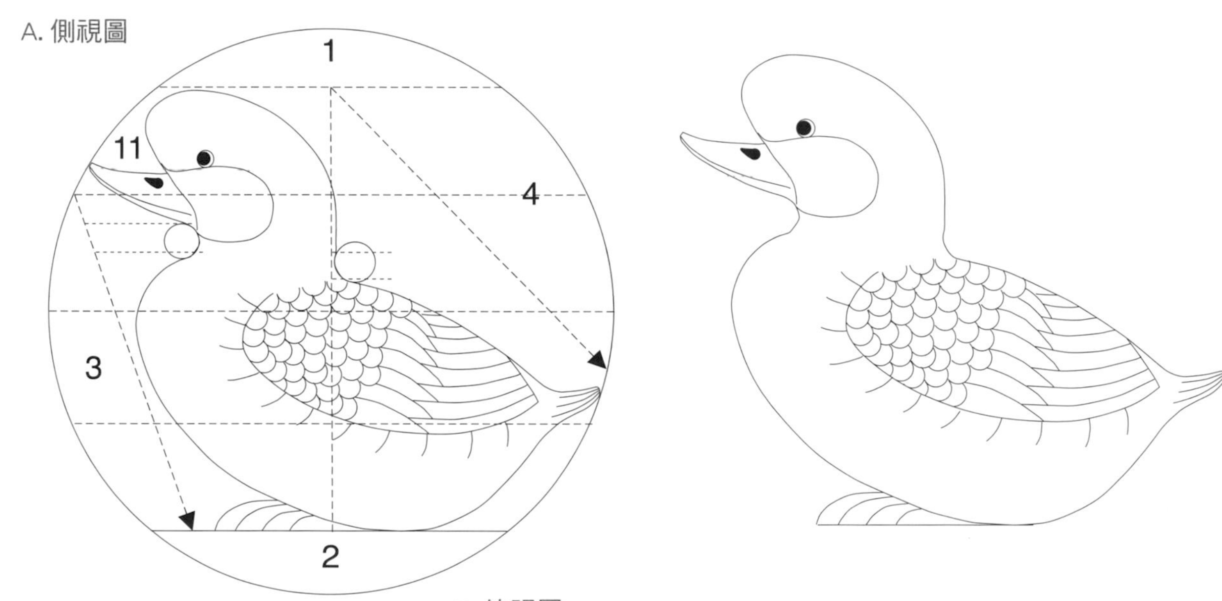

B. 俯視圖

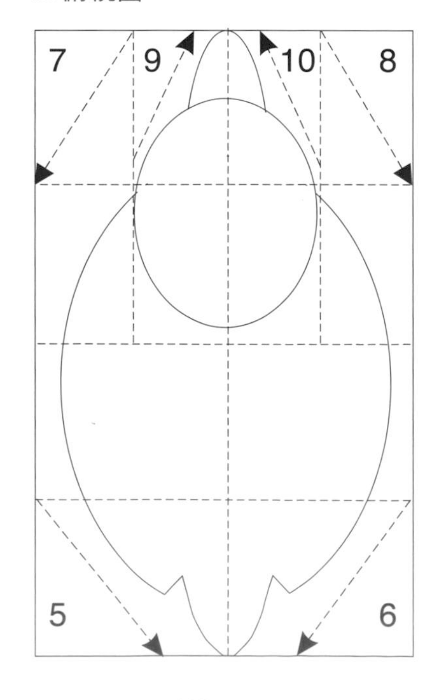

・作法

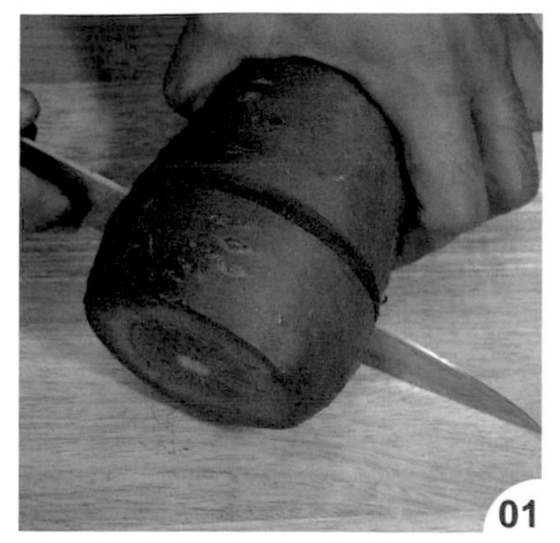

紅蘿蔔依取材比例用西式切刀切取適當寬度。

把上下 1/6 高度切除（側視圖 A1、A2）。

切除側視圖 A3、A4。

把底部往內切除小三角形。

把尾部左右兩側切除，定出尾部（俯視圖 B5、B6）。

把頭部左右兩側切除，定出頭部（俯視圖 B7、B8）。

用中圓槽刀把頭部與身部的凹槽刻出。

切出頭部的寬度。

切出嘴部（俯視圖 B9、B10）。

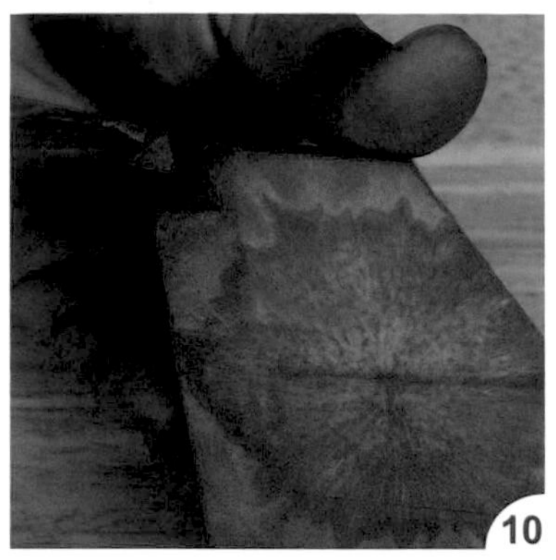

再把額頭與上嘴切開（側視圖B11）。

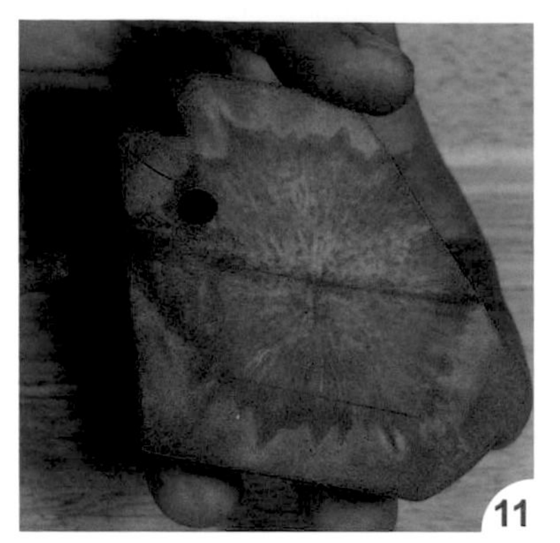

用小圓槽刀刻出下巴的圓。

把腳的位置切出來。

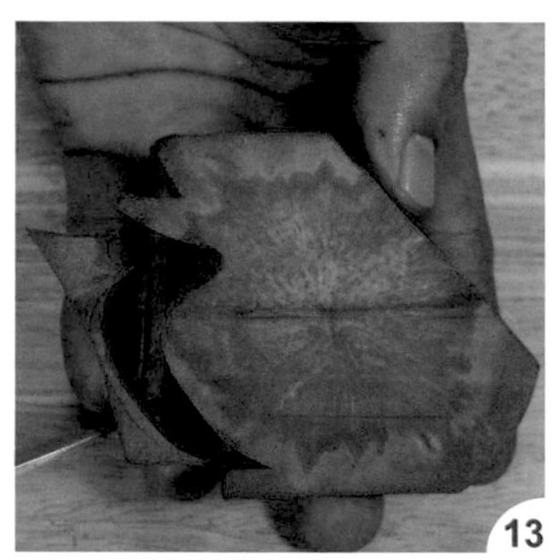

把下嘴及胸線刻出，並取下廢料。

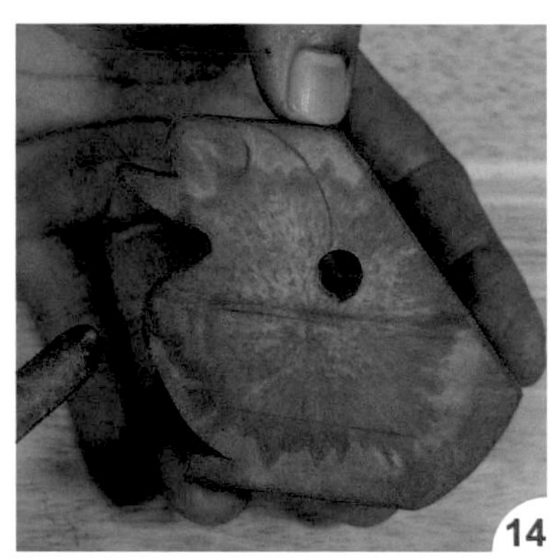

再把後頸的圓刻出。

依線條刻出後頸及背部。

把尾巴的下線條刻出。

刻出翅膀三刀，第一刀垂直刀，定出翅膀長度。

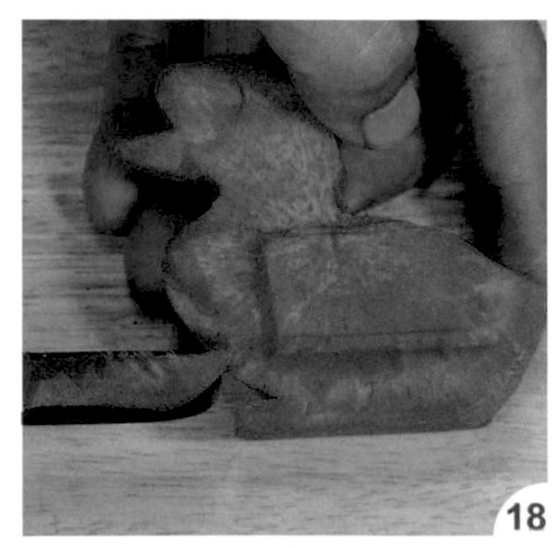

第二刀水平刀，定出翅膀高度。

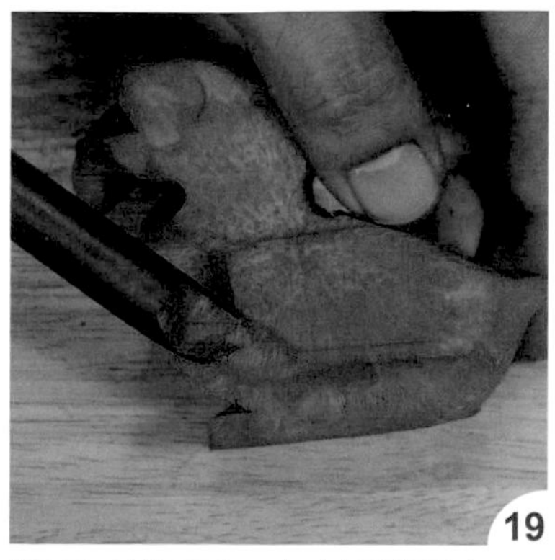

第三刀斜刀下，定出翅膀弧度。

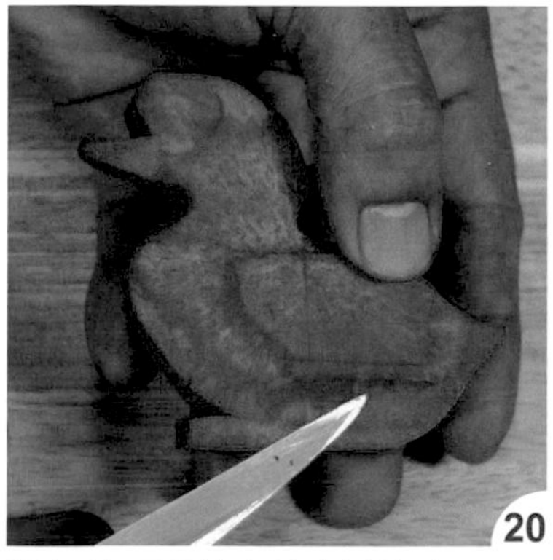

把翅膀下層的多餘廢料修除。

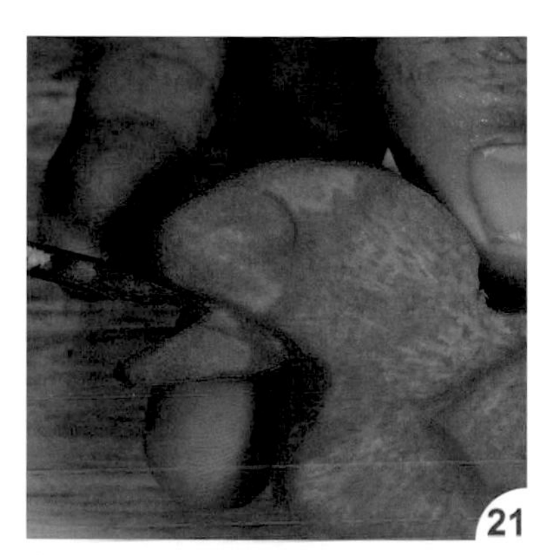

刻出左側嘴巴的斜度。

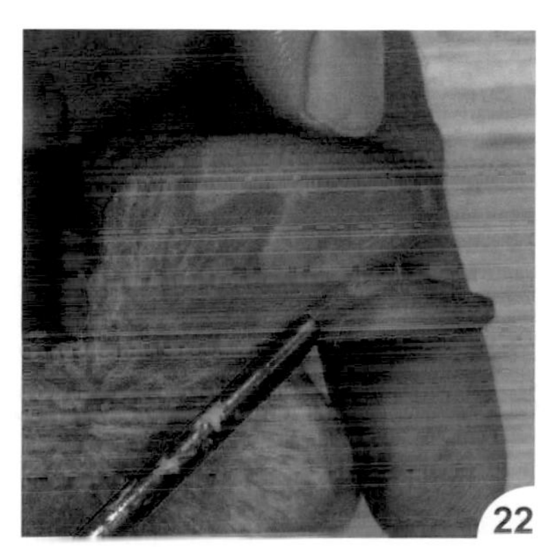

再刻右側嘴巴。

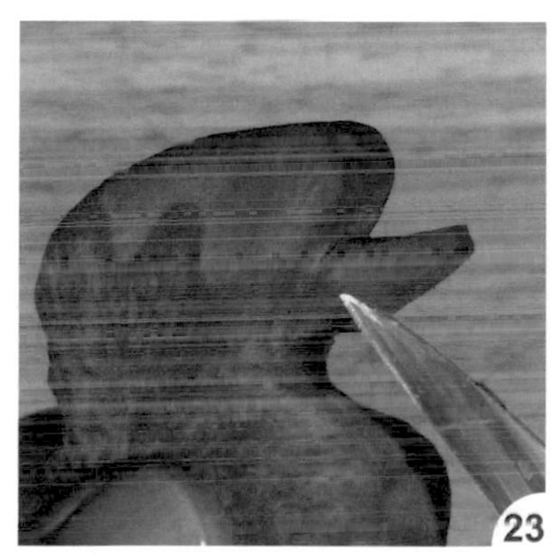

修除嘴巴的邊角。

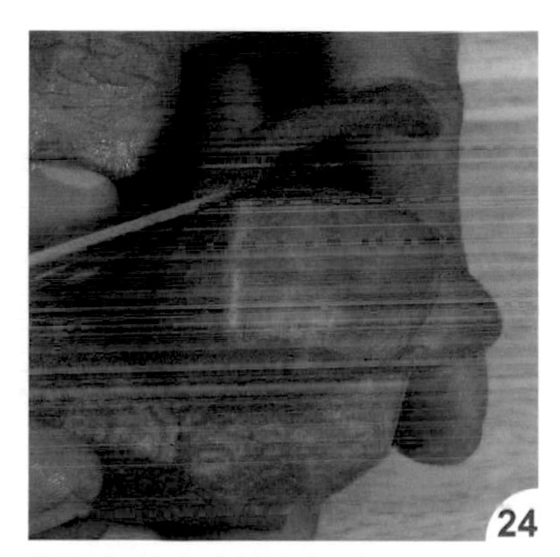

把頭部的左右邊角切除。

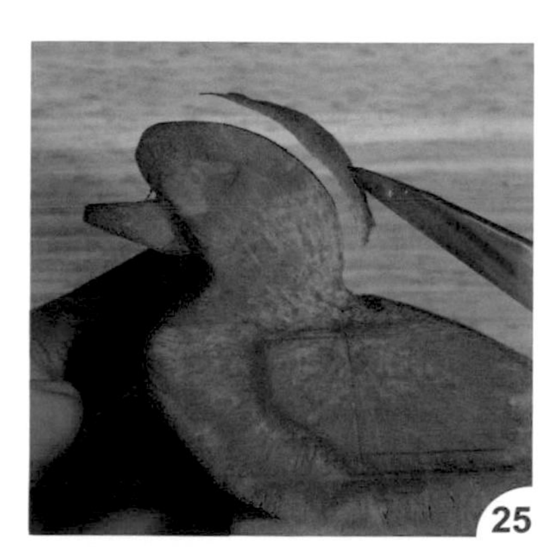

將後腦部的弧度刻出。

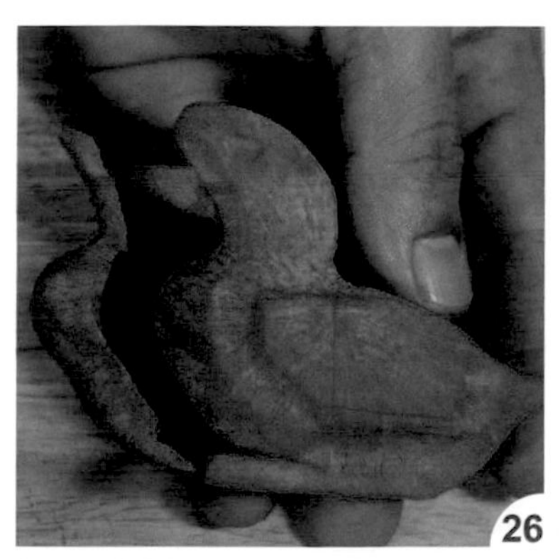

把左側臉頰至前胸的邊角切除。

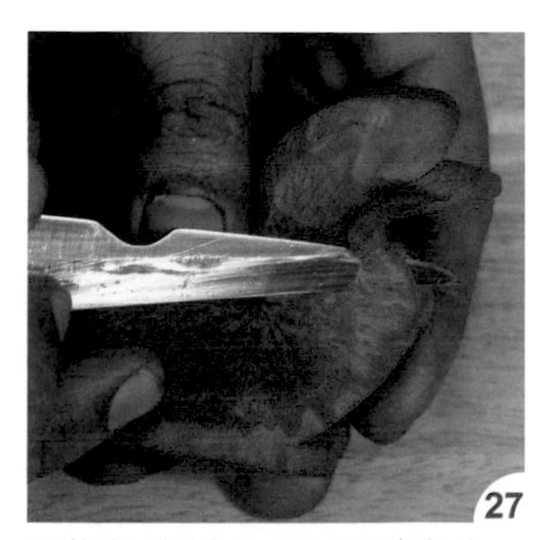

再將右側臉頰至前胸的邊角也一併切除。

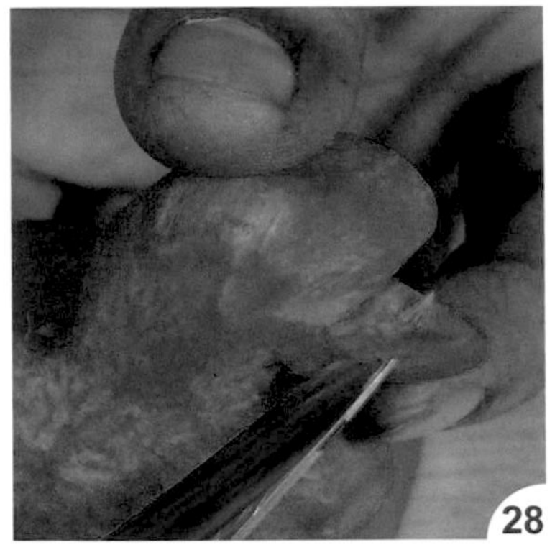
把上嘴的弧度刻出。

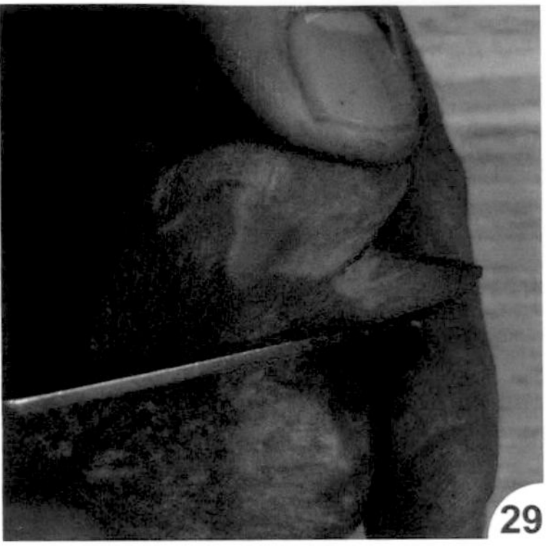
再修下嘴的線條。

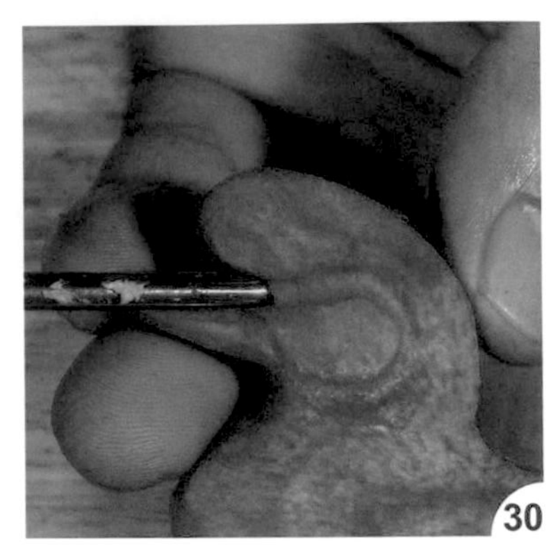
把左側臉頰的線條刻出。

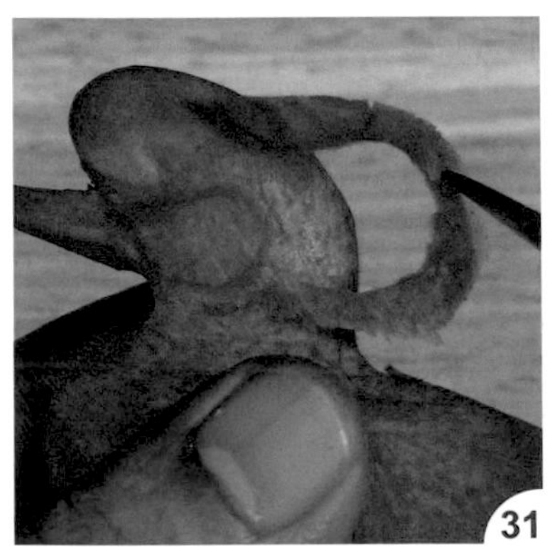
再把臉部多餘的廢料切除，讓臉頰凸出。

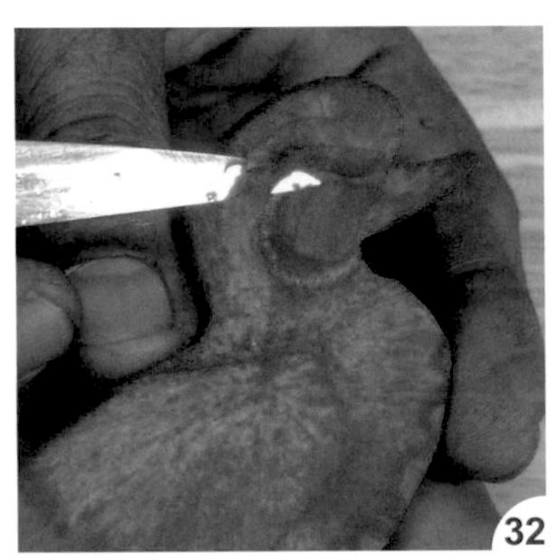
刻出右側臉頰。

用雕刻刀加深臉頰線條。

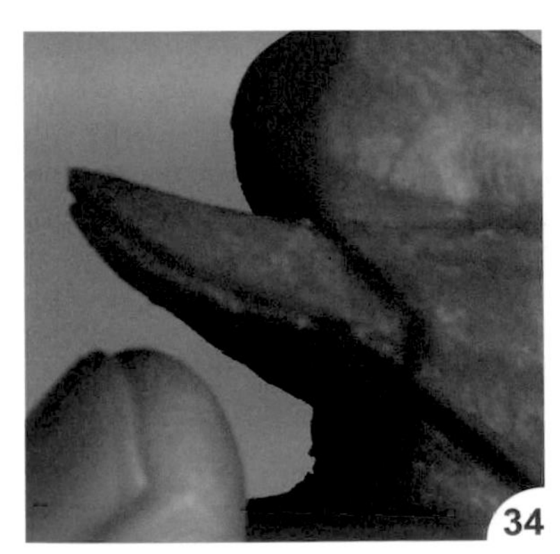
把嘴巴線條刻出。

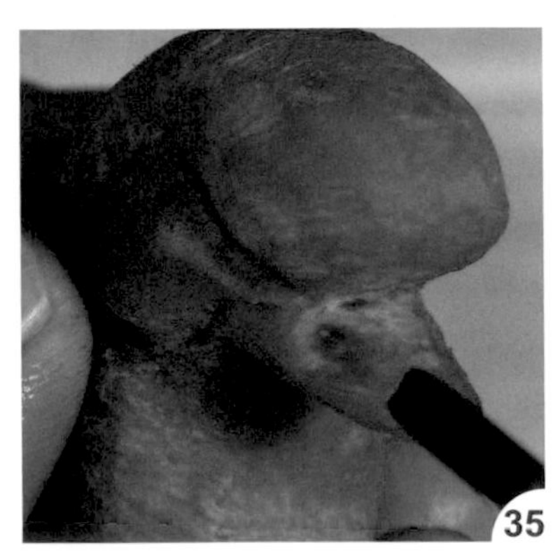
挖出鼻孔。

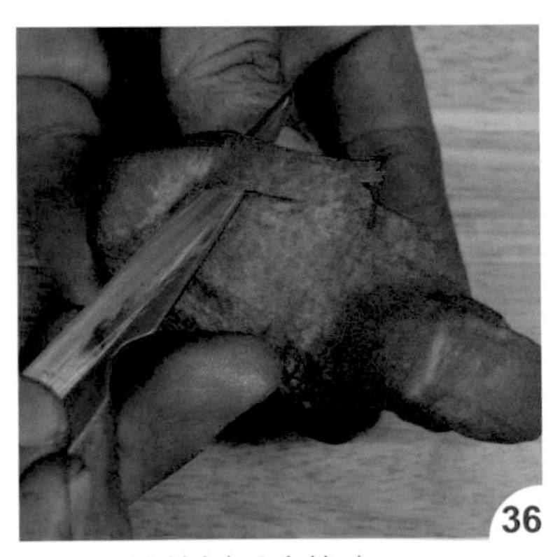
將翅膀的外側弧度修出。

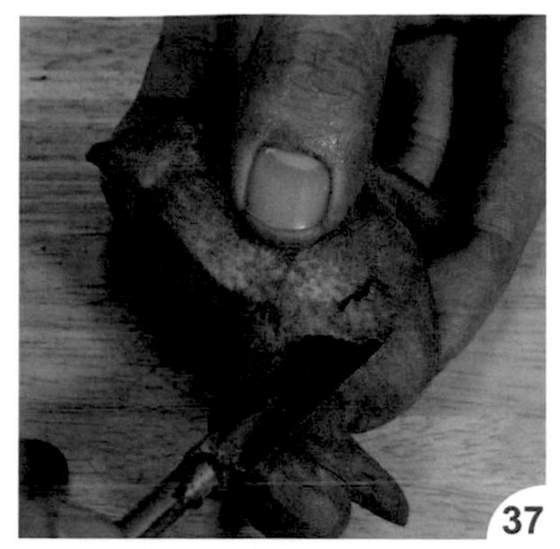
在肩部刻出翅膀的線條。

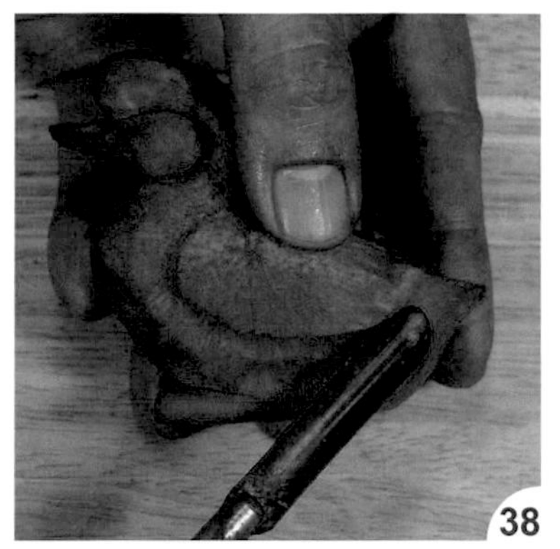
刻出弧度至尾巴上端。

再用雕刻刀把線條刻出，加強線條利度。

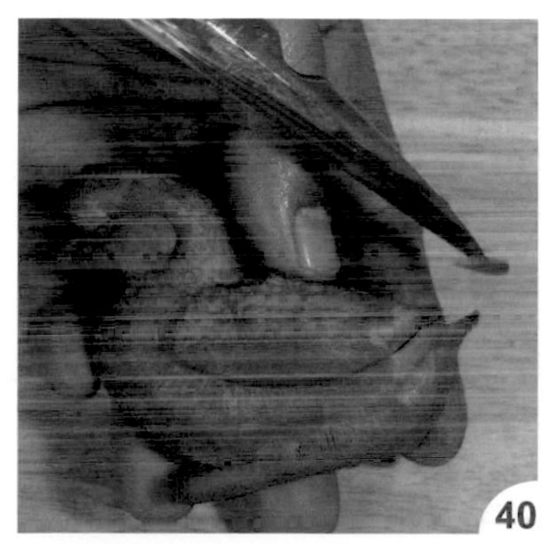
把尾巴弧度刻出。

將下尾部線條刻至定位。

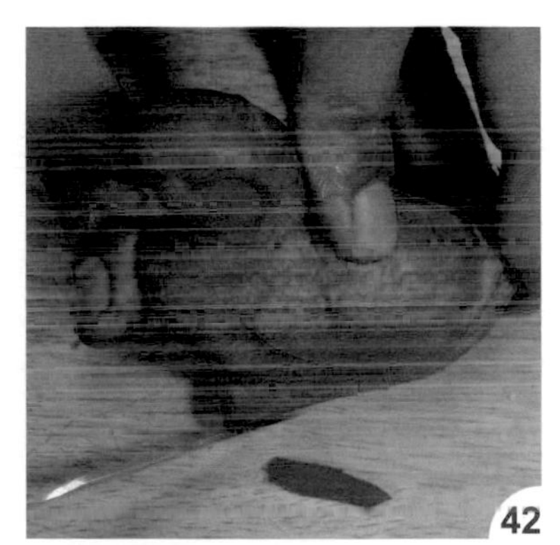
把腳蹼外側的弧度刻出。

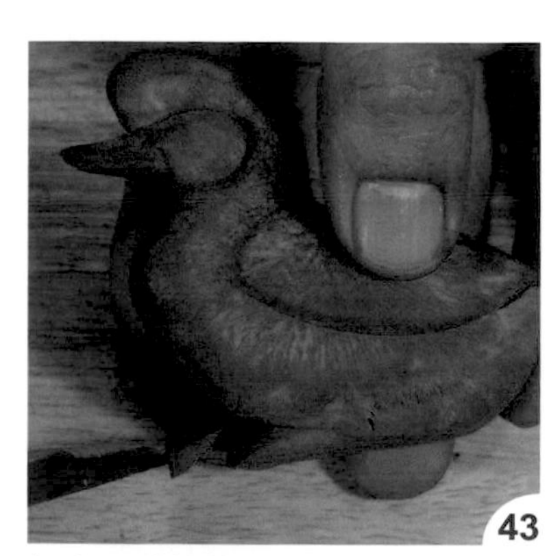
切出腳蹼的薄度。

刻出前腳的弧度。

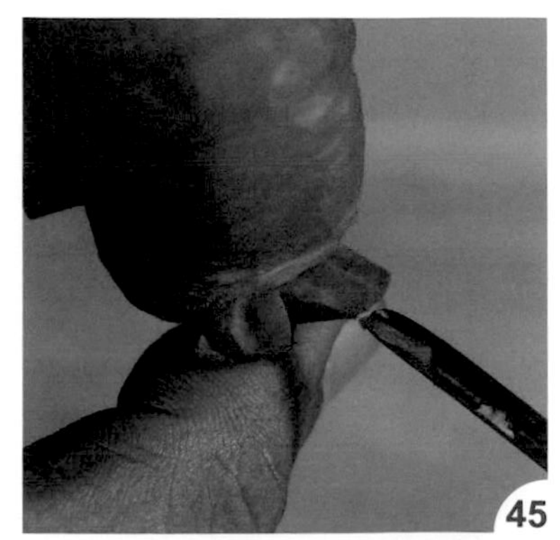
再分出左右腳及刻出蹼的凹槽。

用小圓槽刀刻出翅膀麟片。

再把副羽線條刻出。

用 V 型槽刀把翅膀下方線條刻出。

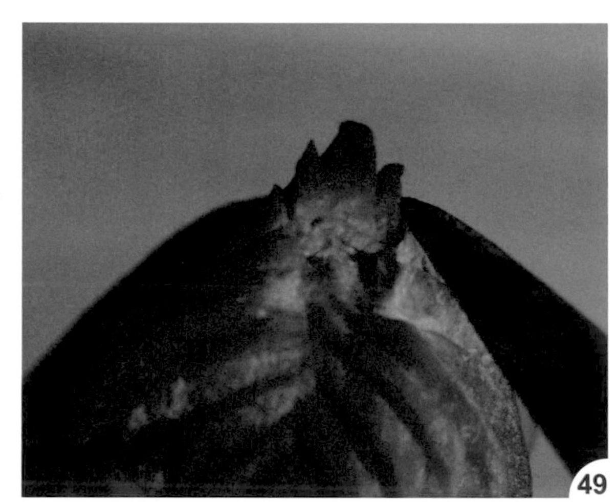

刻出尾巴尖角。

裝上眼睛（參 p.93 作法 70 ~ 72）。

如圖完成鴨子。

小蝦

▶材　料
紅蘿蔔1條、竹筷1支

▶取材比例
高：長：寬＝1：2：1/2

▶工　具
西式切刀、雕刻刀、小圓槽刀、水性畫筆、三秒膠

※紅蘿蔔要挑選質地扎實的會比較好雕刻

・示意圖

A. 側視圖

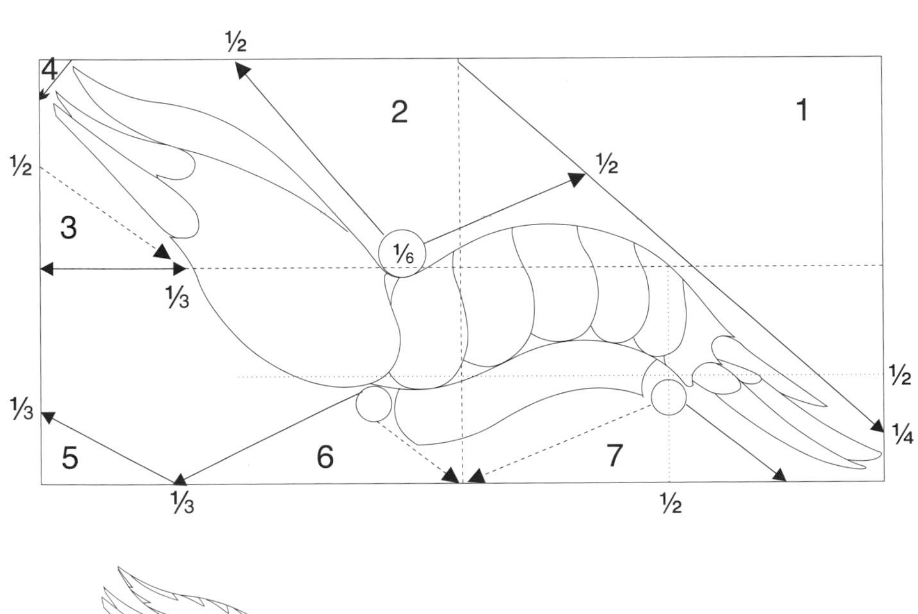

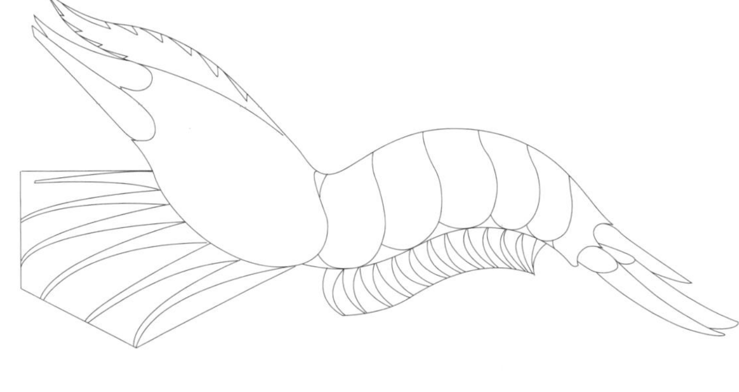

B. 俯視圖

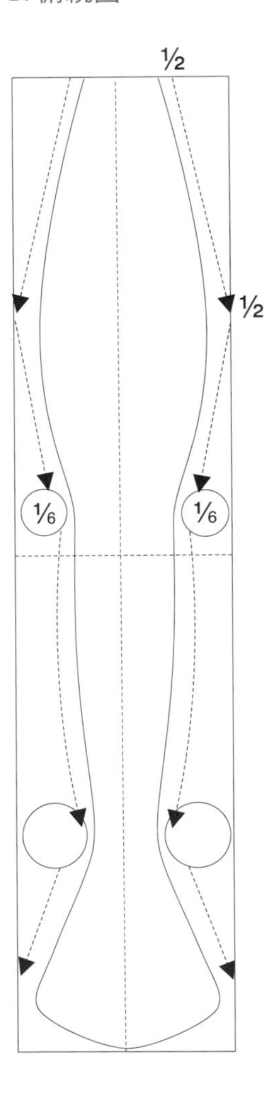

· 作法

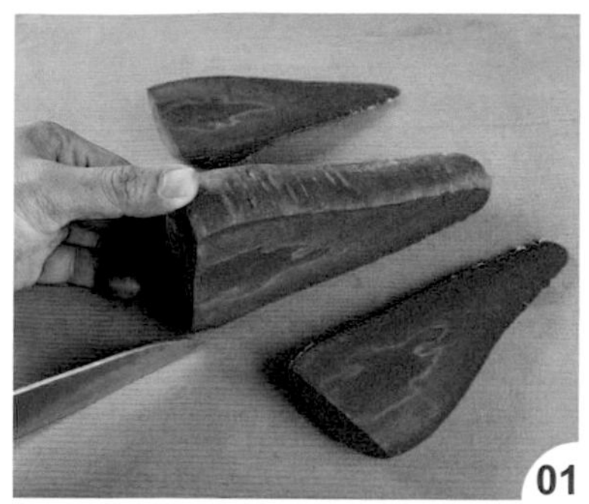

用西式切刀將紅蘿蔔兩側切除。

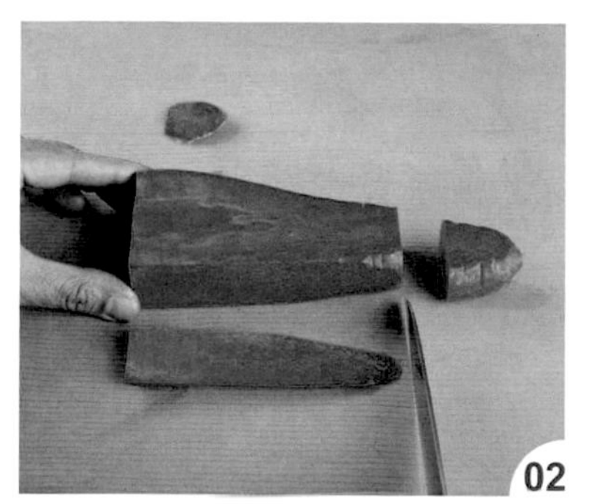

再依取材比例切取適當大小。

依側視圖在紅蘿蔔側面畫上等分線條。

依俯視圖在紅蘿蔔上面也畫出等分線條。

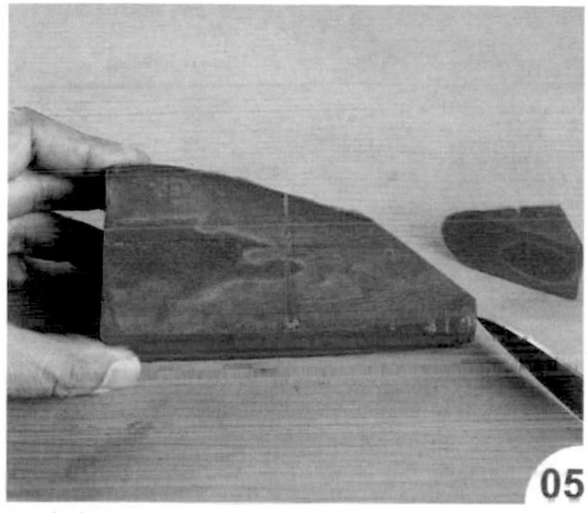

把側視圖的 A1 切除。

用小圓槽刀挖出蝦頭與身體中間的小圓。

將側視圖的 A2 切除。

把側視圖的 A3、A4 切除，分出頭部。

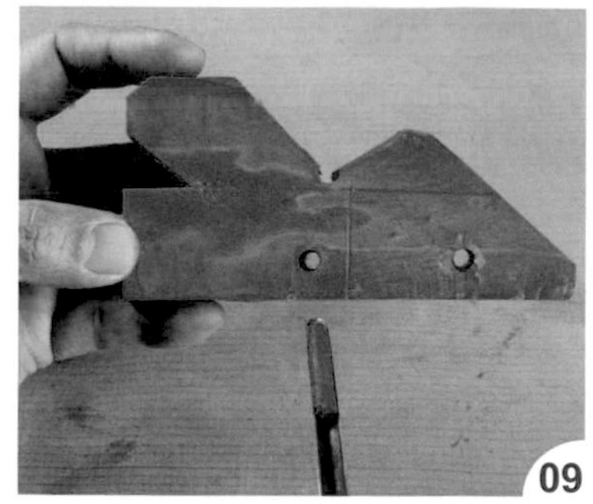

把身體下方的兩個小圓挖出。

把側視圖的 A5、A6、A7 切除，分出腳部。

依俯視圖把身體的四個圓挖出。

依外側虛線切出身體輪廓。

將頭部的弧度修出。

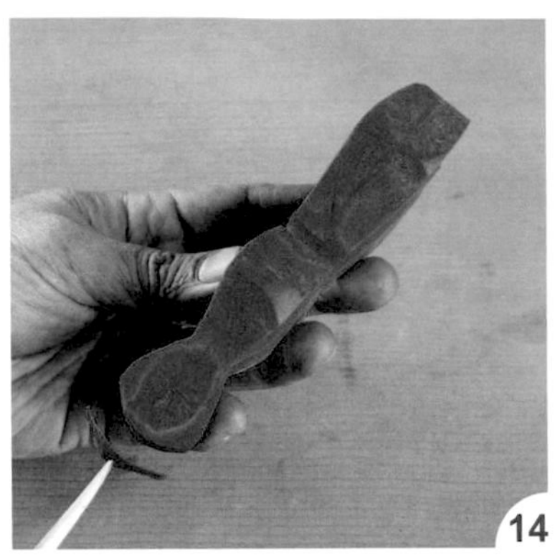

刻出尾部的弧度。

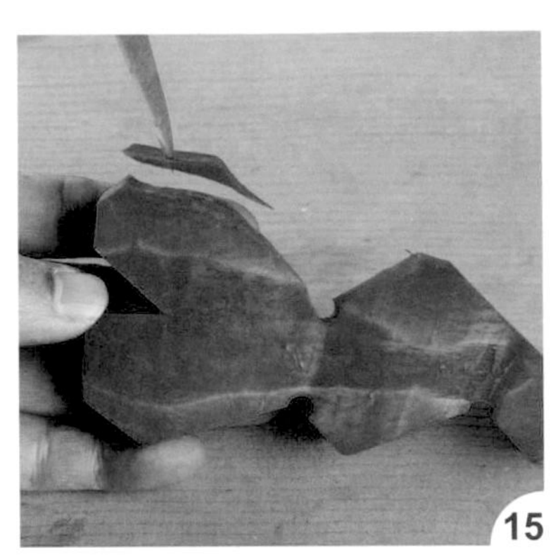

再刻出頭部的線條。

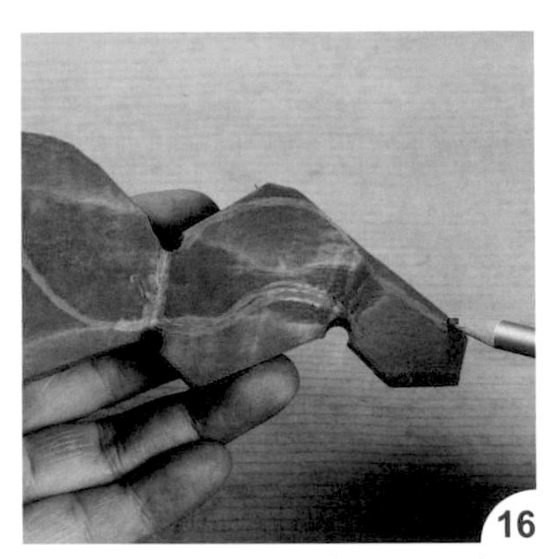

用水性畫筆依線條畫出頭、身部的形狀。

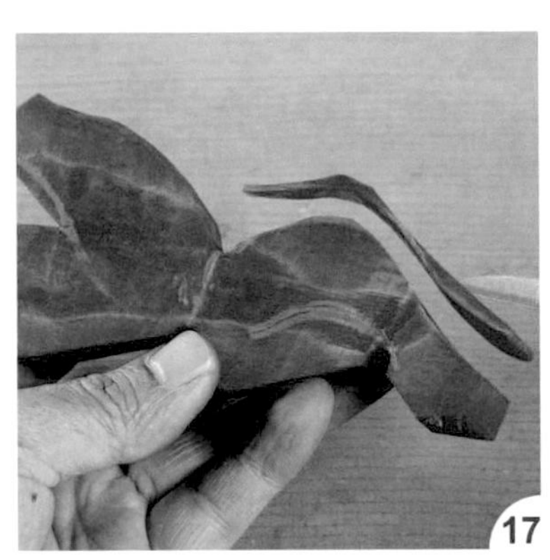

把背部弧度刻出。

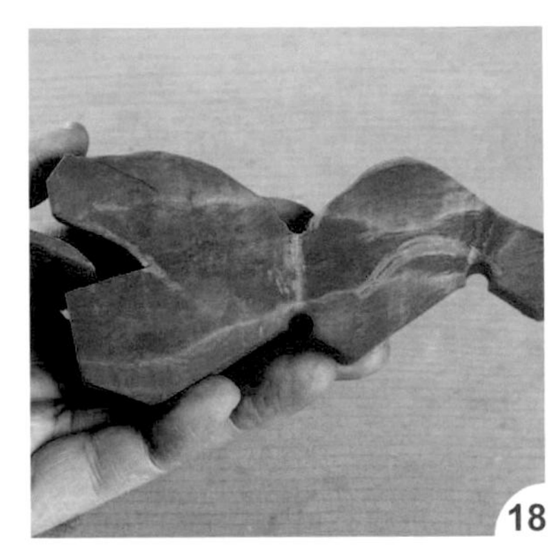

將頭下方的形狀刻出。

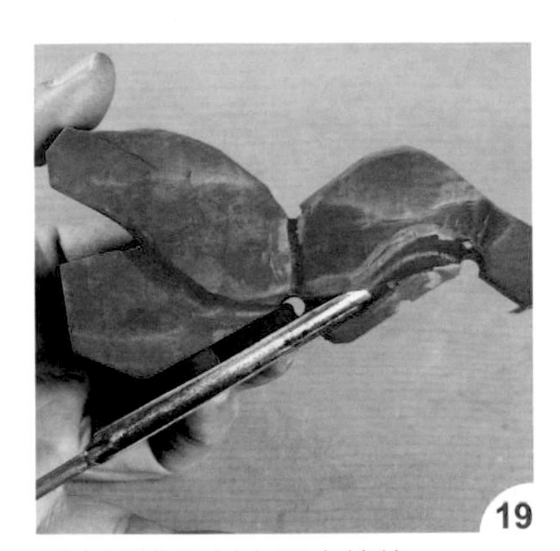

用小圓槽刀刻出下方線條。

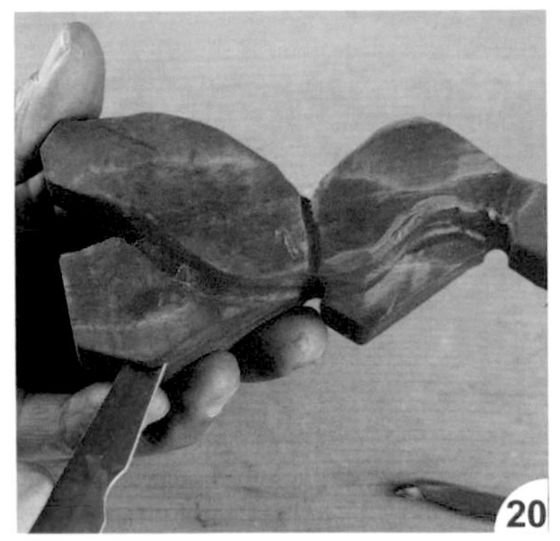

把左側前腳修瘦，切除多餘的廢料。

右側前腳也一併切除。

再將左側後腳修瘦。

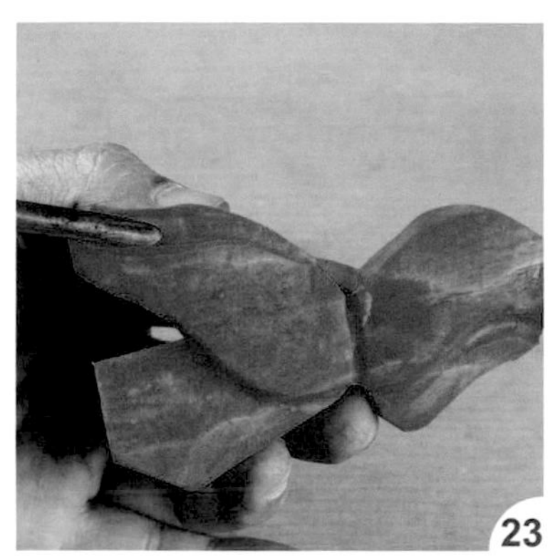

用槽刀把左側頭頂的尖角刻出。

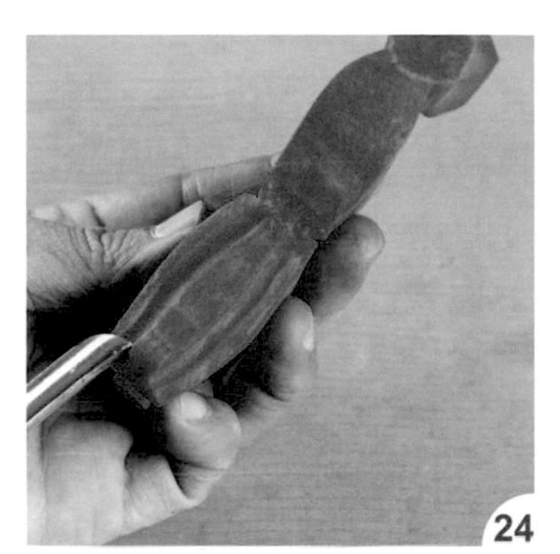

右側頭頂的尖角也要刻出。

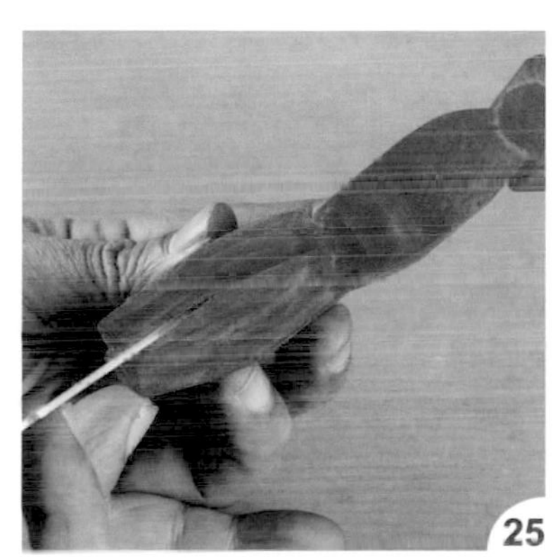

用雕刻刀把尖角處再修薄。

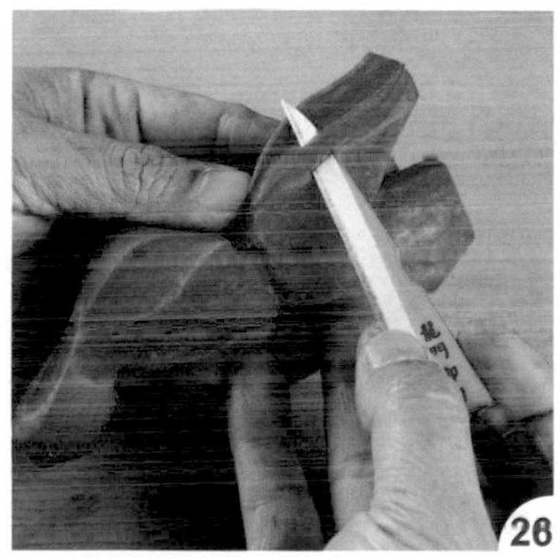

把右側頭部的邊角切除。

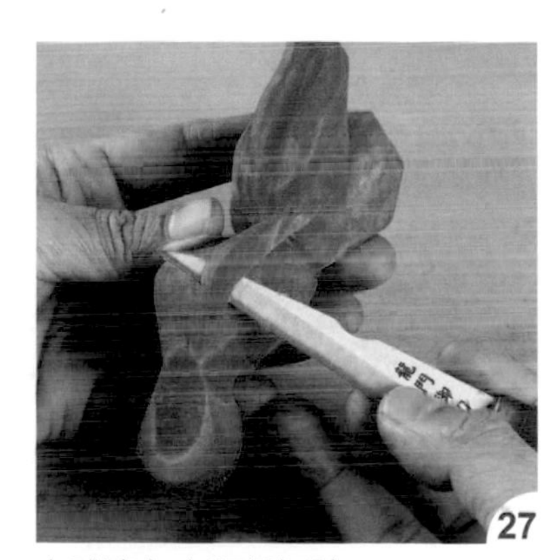

身體邊角也順便切除。

再切除左側頭部的邊角。

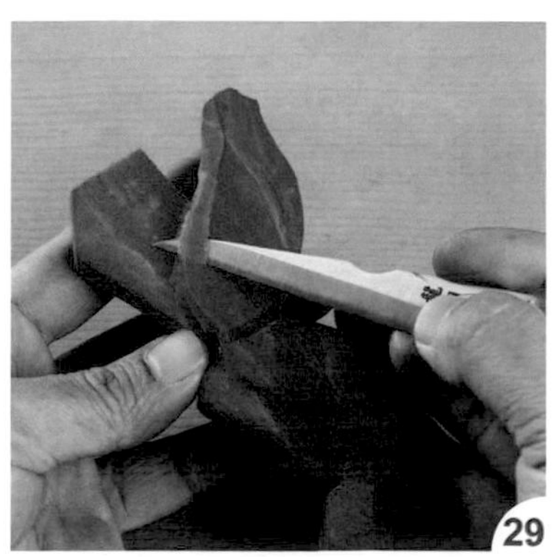

修除頭部下方的邊角。

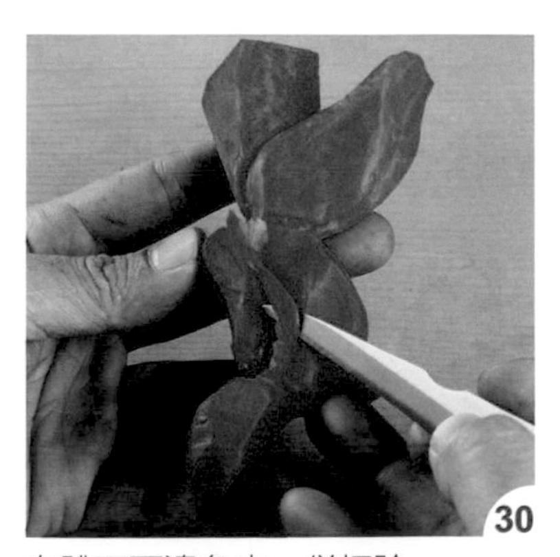

身體下面邊角也一併切除。

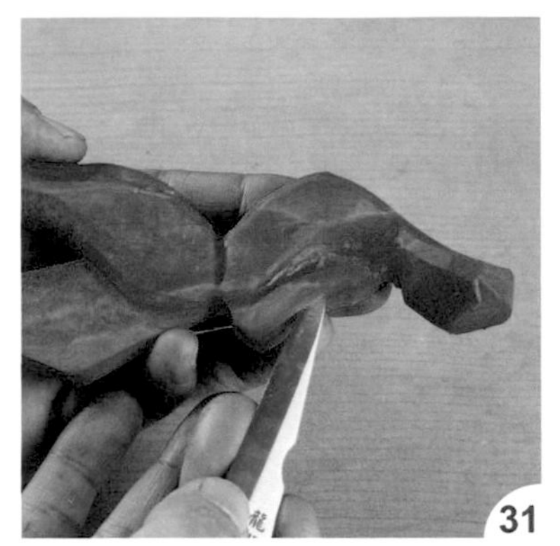
把左側後腳再修平順。

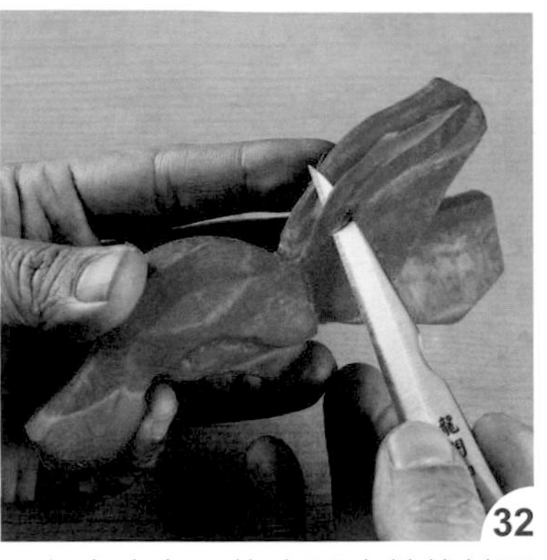
頭部有小角，修出弧度並使其平順。

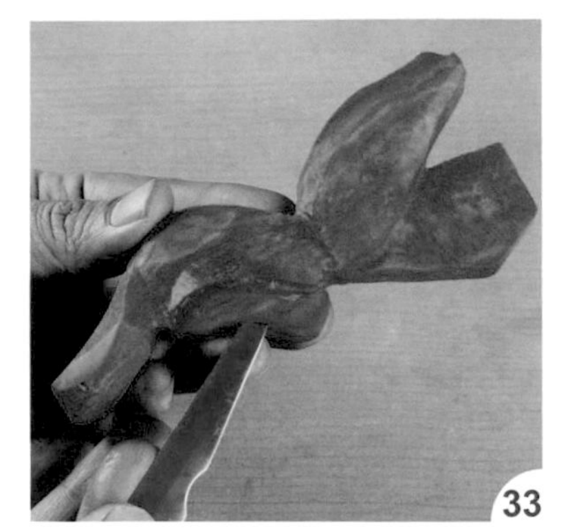
把右側後腳再修平順。

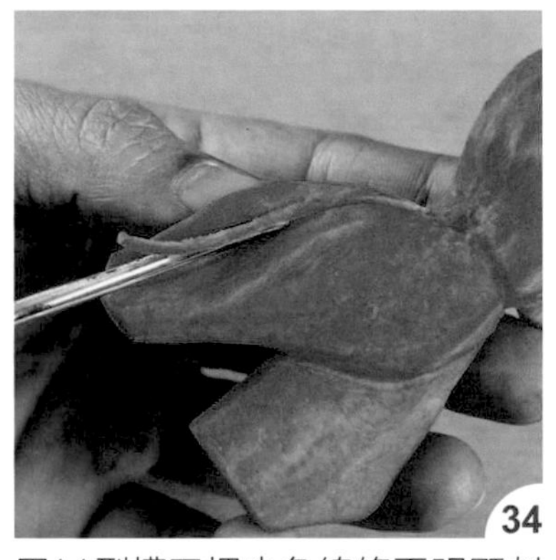
用 V 型槽刀把尖角線條再明顯刻出。

把頭頂尖角處刻出。

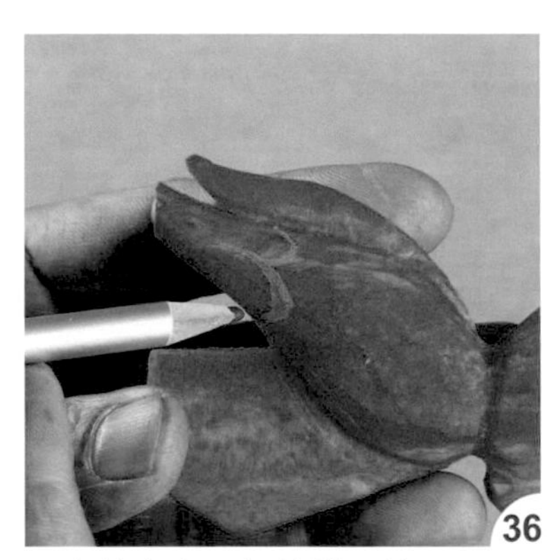
用畫筆畫出眼部的雙弧線。

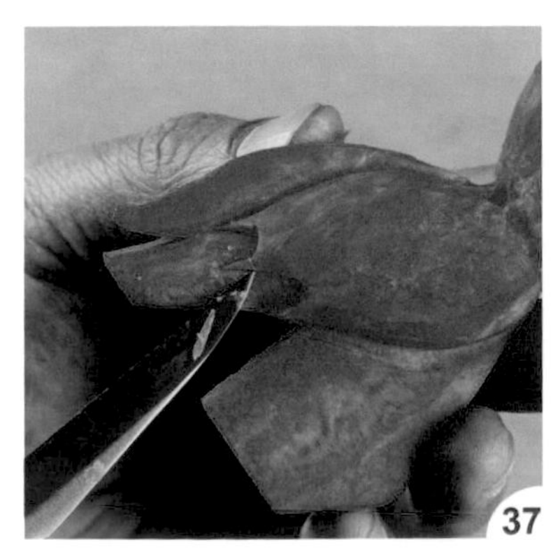
再把多餘的廢料切除，定出眼部。

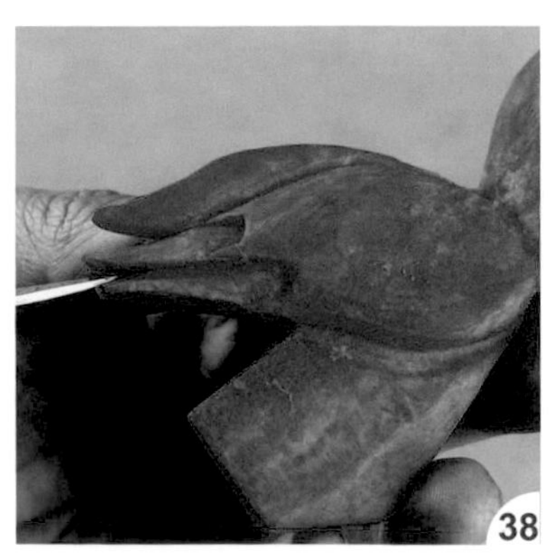
由中間切開嘴部線條。

右側也刻出。

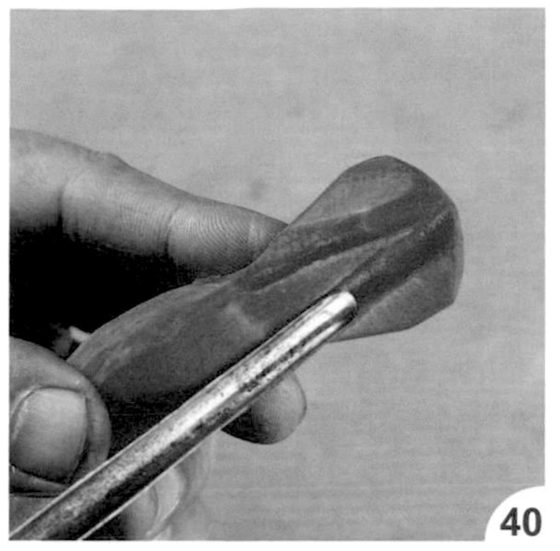

將尾部上方的尖角刻出。

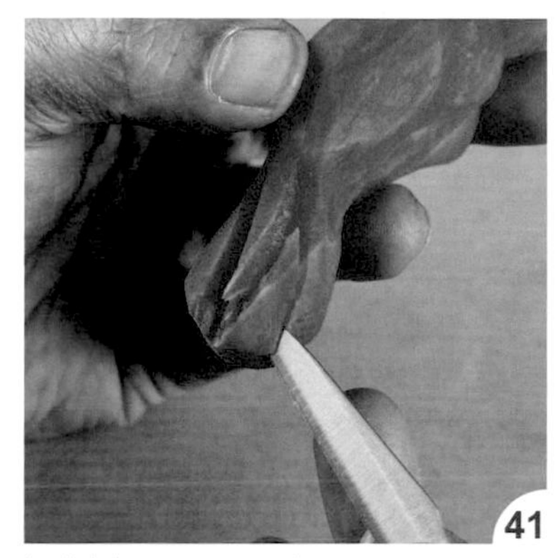

把側邊的廢料切除。

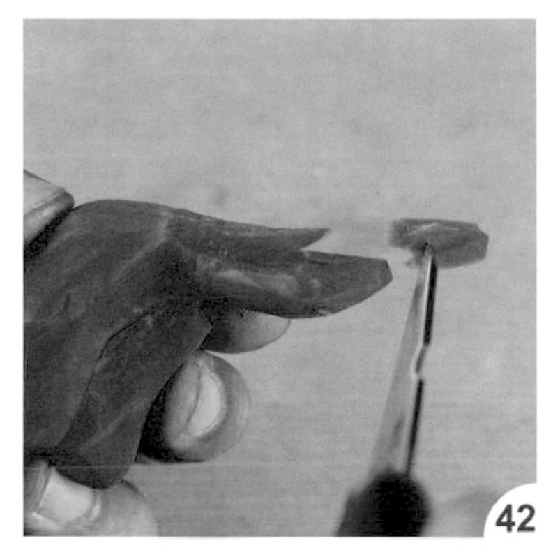

把尾部尖角端刻出。

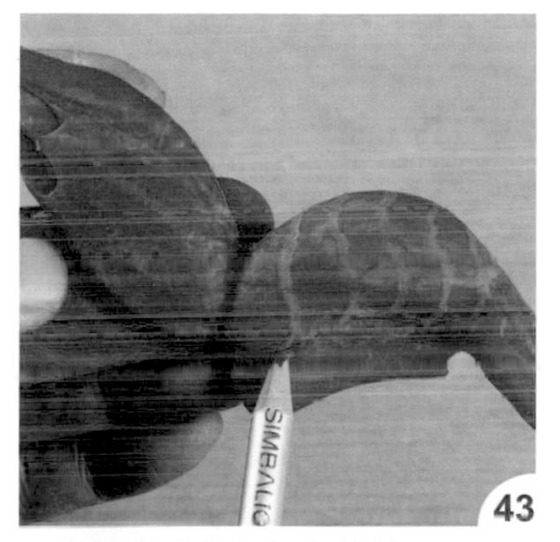

用畫筆畫出背部蝦殼線條。

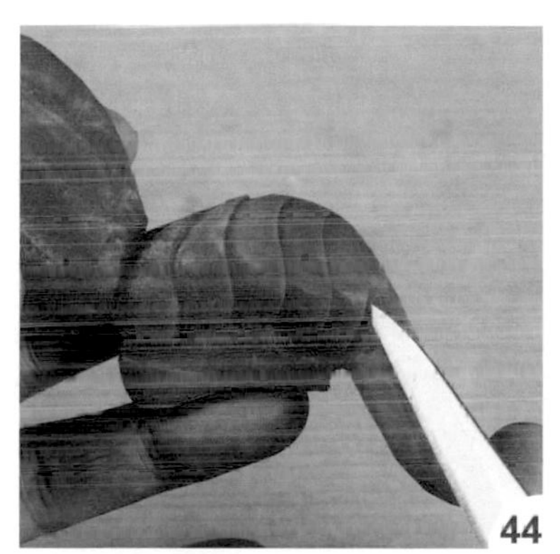

再用雕刻刀刻出層次。

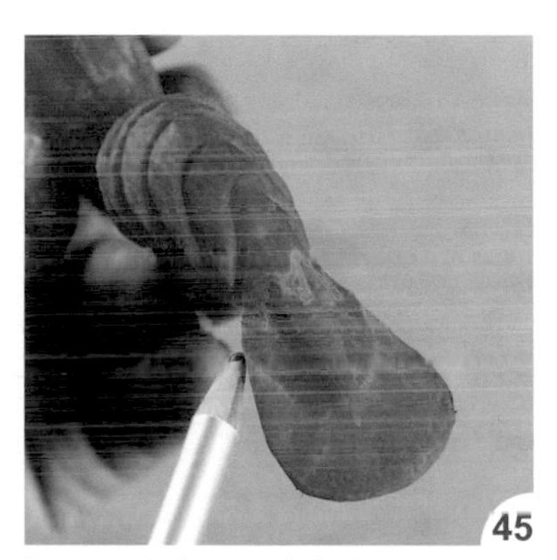

把尾巴上方的弧線畫出。

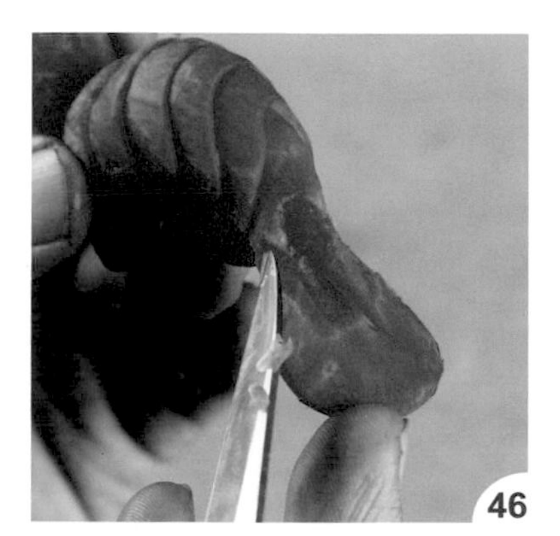

再用雕刻刀刻出形狀。

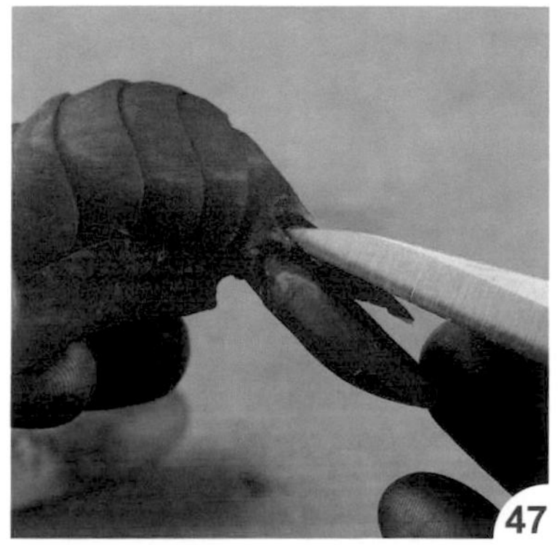

側邊也要刻出。

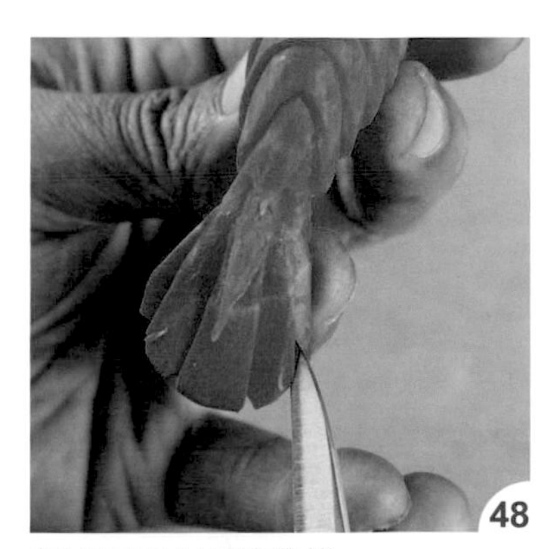

刻出尾部上面的線條。

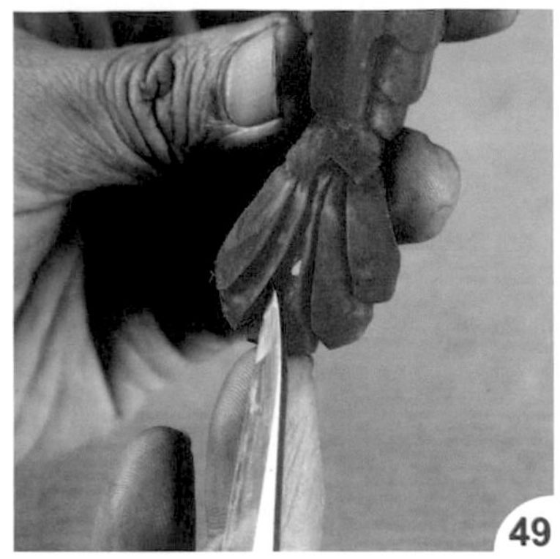

49

反轉至蝦尾底部，也刻出線條。

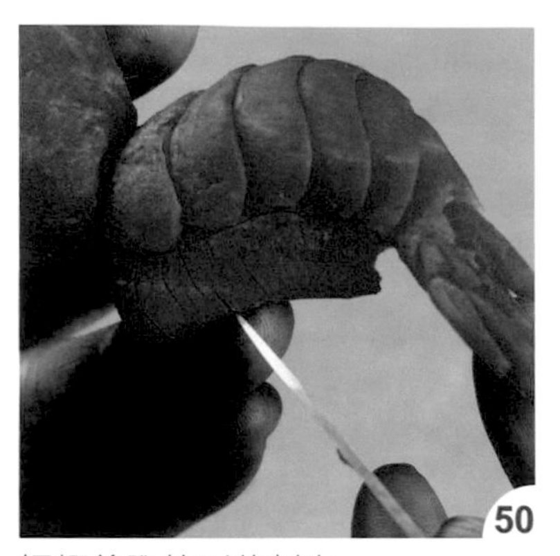

50

把蝦後腳的形狀刻出。

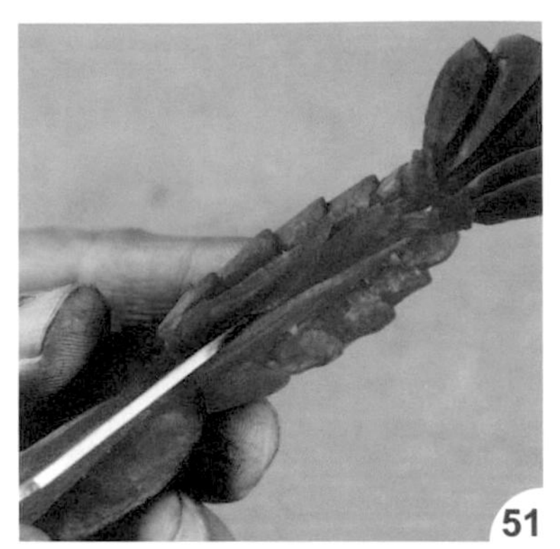

51

將材料反轉至底部，由中間切開，分出左右邊腳。

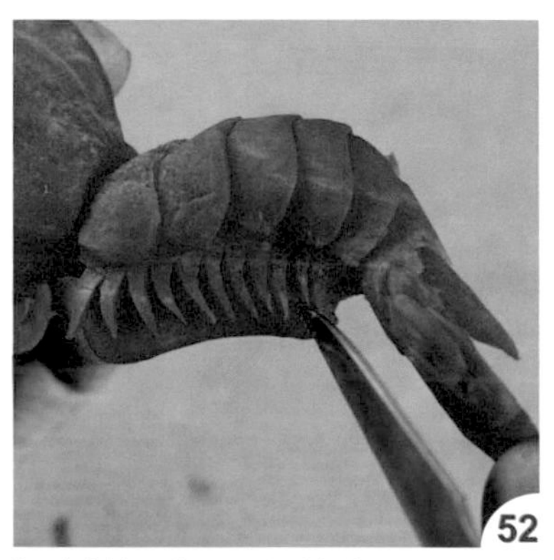

52

把廢料切除，腳部就成形了。

53

以同樣作法將另一側也刻出。

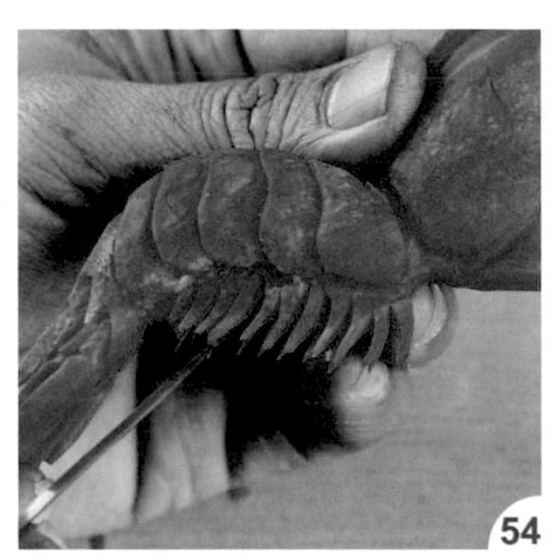

54

如圖完成小蝦後腳。

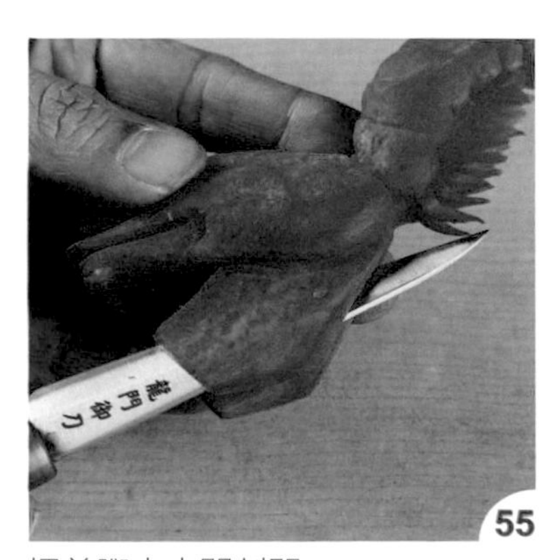

55

把前腳由中間剖開。

56

先刻出右邊前腳。

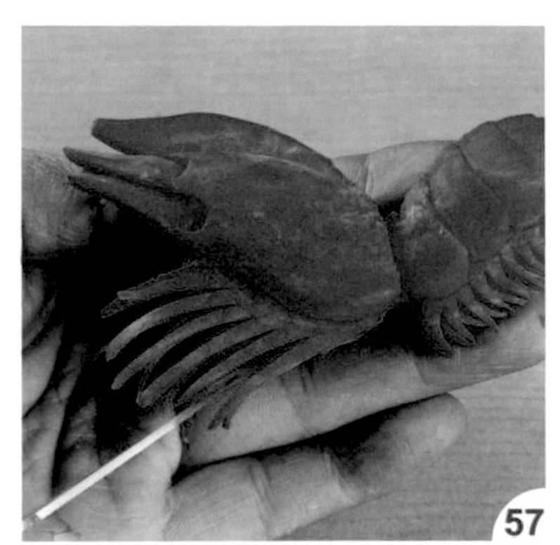

57

再刻出左邊前腳。

把頭頂尖角層次刻出。

取紅蘿蔔蒂頭較黑處，挖出圓柱當眼睛。

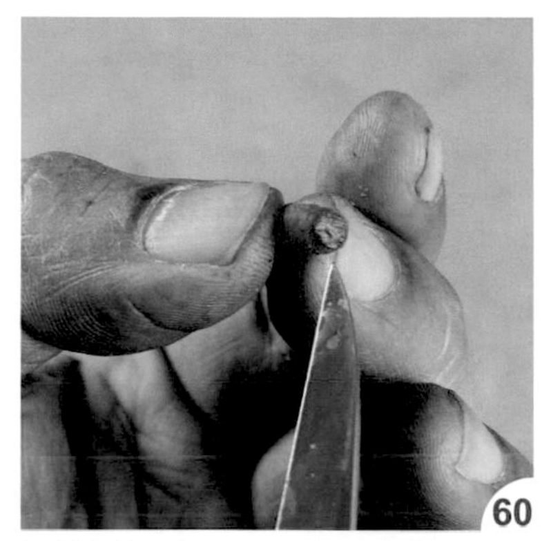

把外側修除，留下中間表皮。

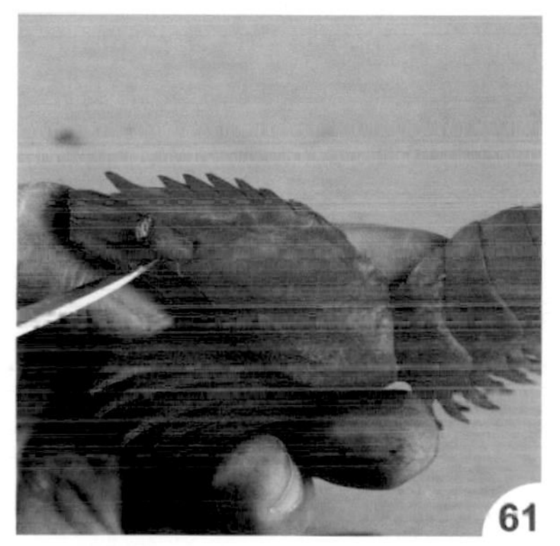

把眼睛裝上。

可用三秒膠黏接。

取衛生筷剖成薄片。

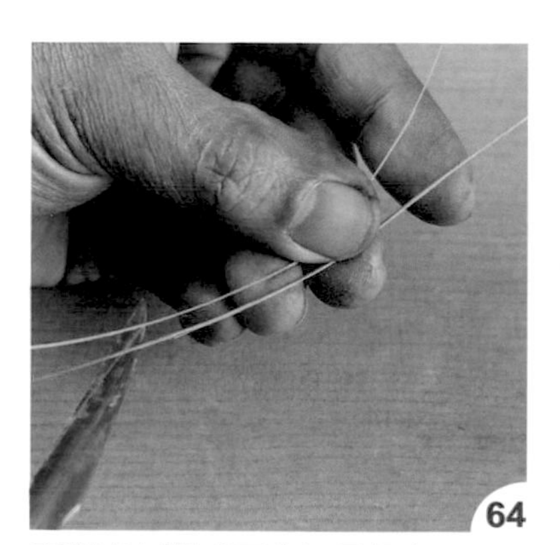

再對半剖開成兩支細長觸角。

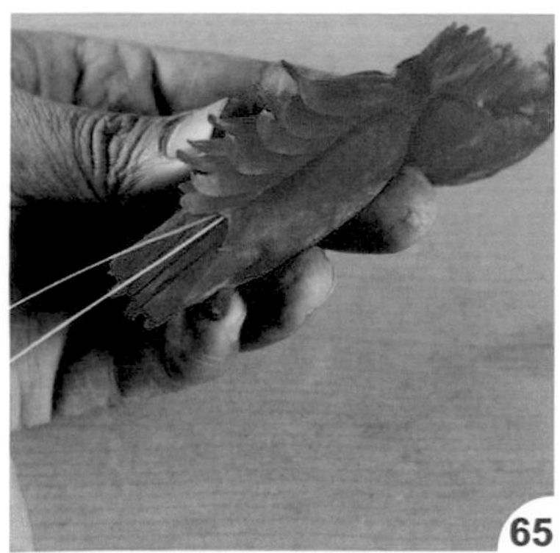

插入下嘴處即可。

完成小蝦。

公鴛鴦

▶材　料
紅蘿蔔 1 條、南瓜 1 塊

▶工　具
西式切刀、雕刻刀、中圓槽刀 、大圓槽刀、V 型槽刀、三秒膠

▶取 材 比 例
高：長：寬 = 1：1 又 1/2：3/4

※紅蘿蔔要挑選大條、質地扎實的會比較好雕刻

・ 示意圖

A. 俯視圖

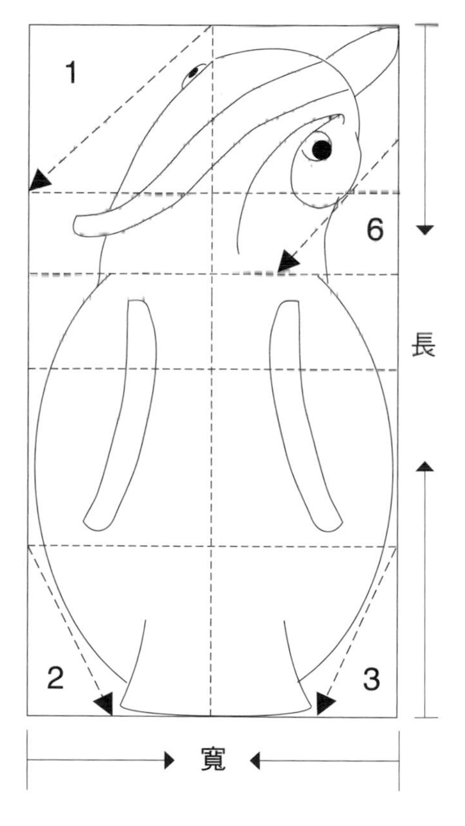

B. 側視圖

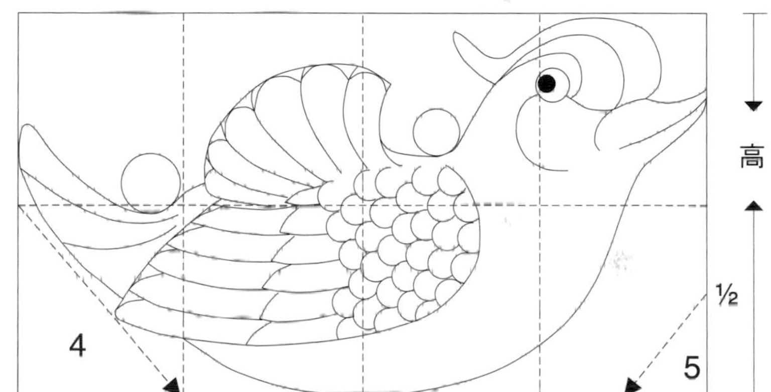

· 作法

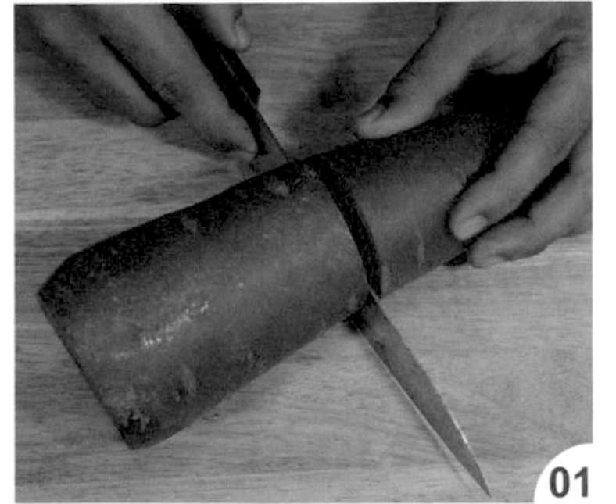

用西式切刀切取紅蘿蔔頭段。

再依取材比例切取適當大小。

把俯視圖的 A1 切除。

把俯視圖的 A2、A3 切除，定出尾部。

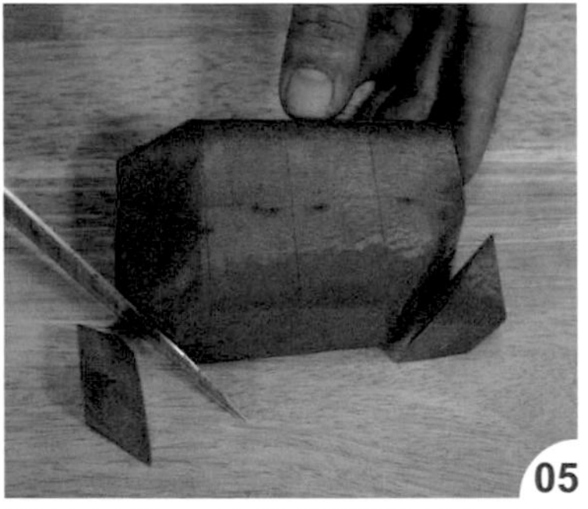

平放材料，並把側視圖 B4、B5 切除。

立起材料，把底部左右兩邊各切一個三角形。

切至目前，俯視可見的形狀。

側視的形狀。

由前面看的形狀。

用中圓槽刀把側視圖頭部的位置刻出。

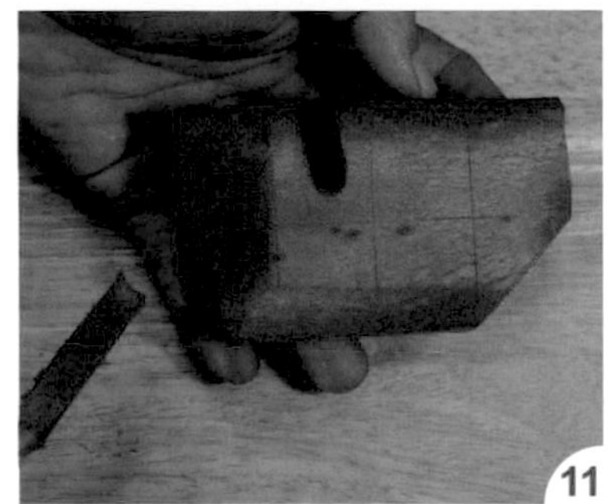

再刻至後頸部圓的高度。

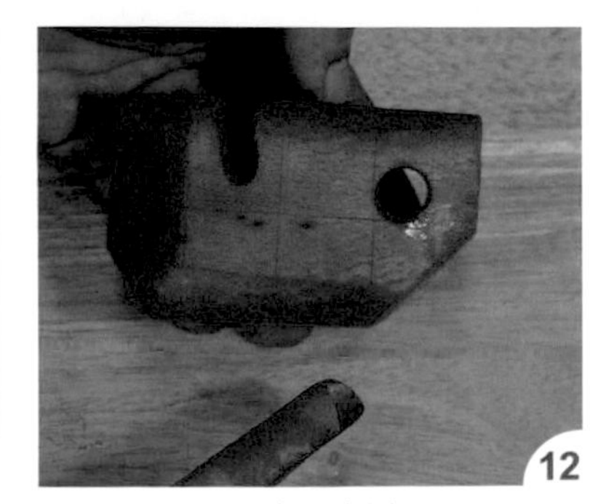

把尾巴上面的中圓刻出。

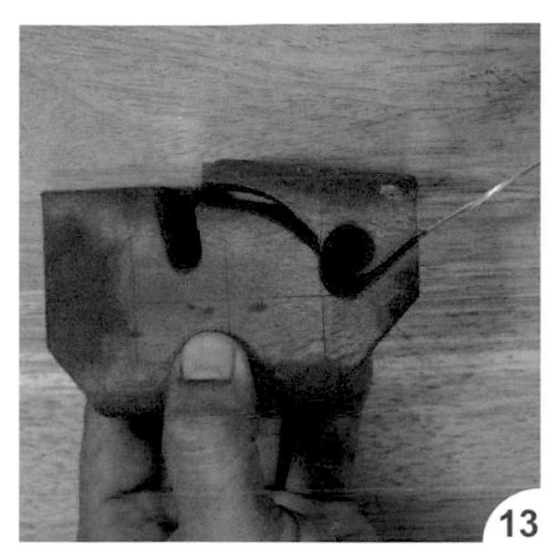

依背部線條刻出形狀。

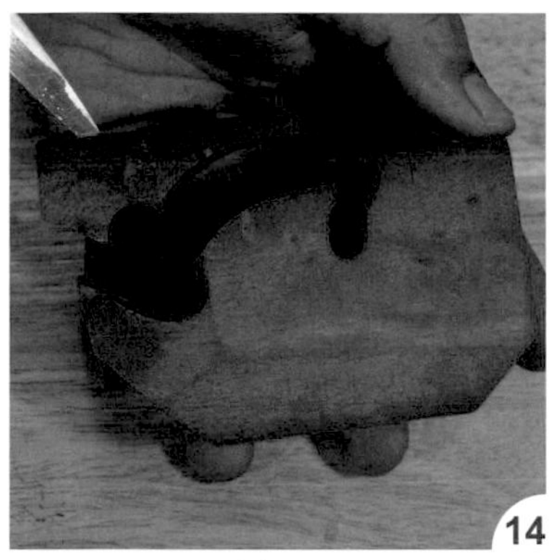

取出背部的廢料。

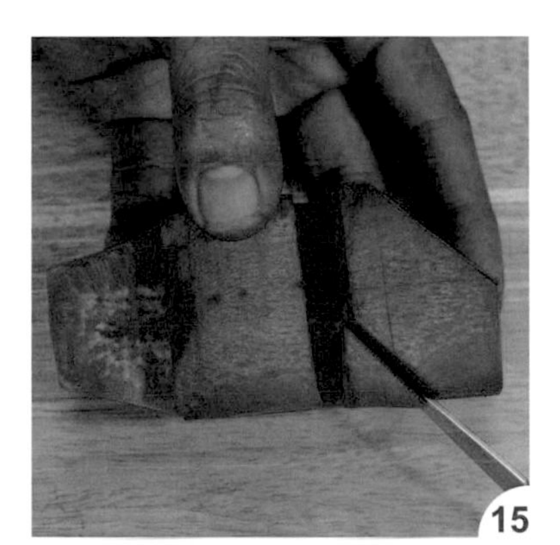

把俯視圖 A6 切除。

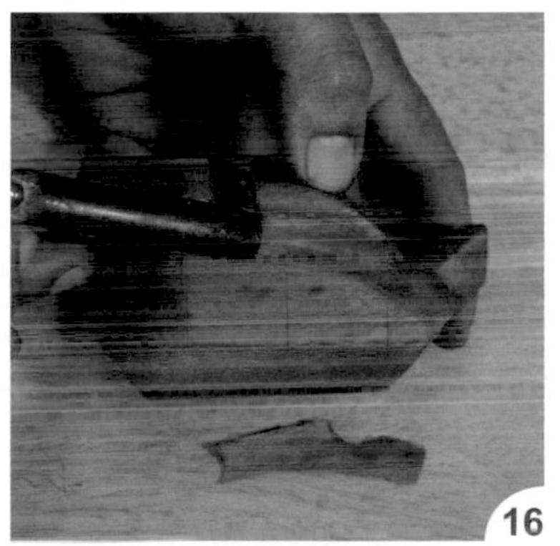

把左側背部翅膀的弧度刻出。

再刻出右側背部翅膀的弧度。

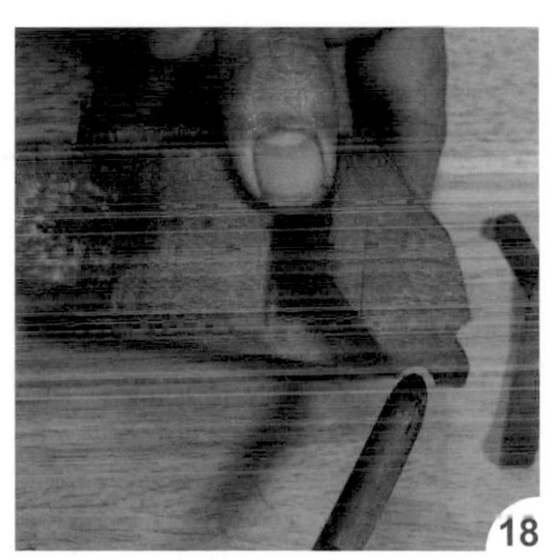

把嘴巴寬度刻出。

刻出上嘴。

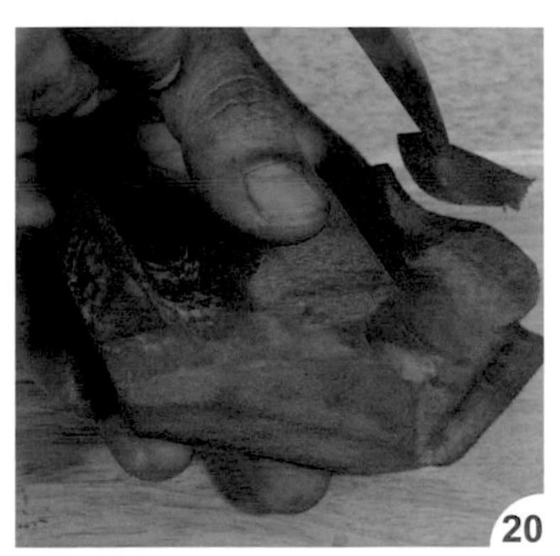

把頭冠弧度刻出。

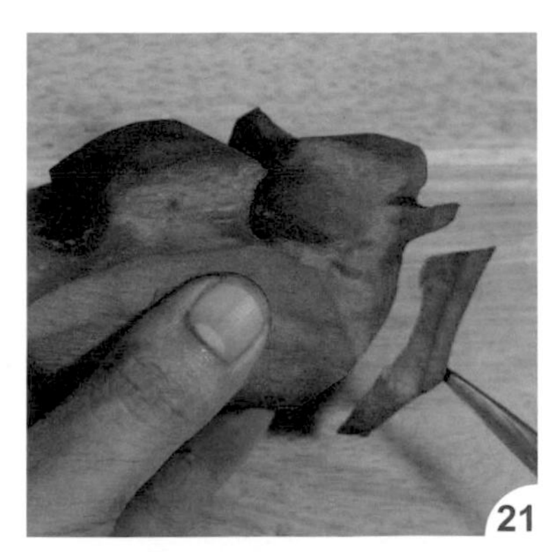

刻出下嘴及胸線。

切除頭冠左側邊角。

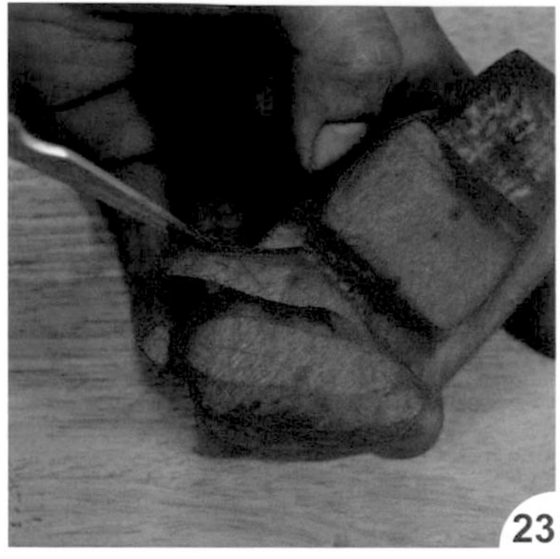

再切右側邊角，定出頭冠位置。

修出嘴巴形狀。

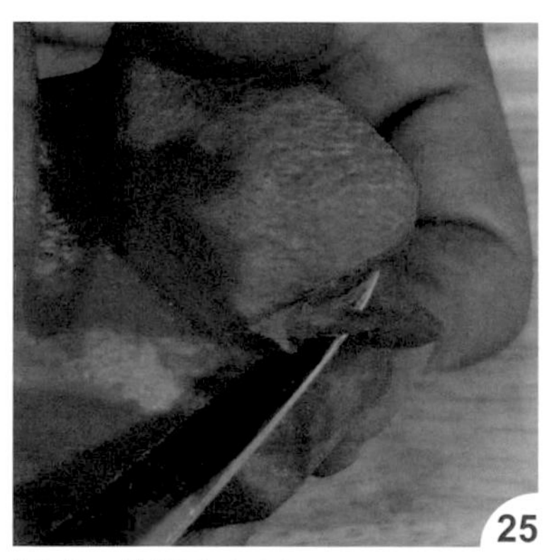

把嘴巴的邊角切除。

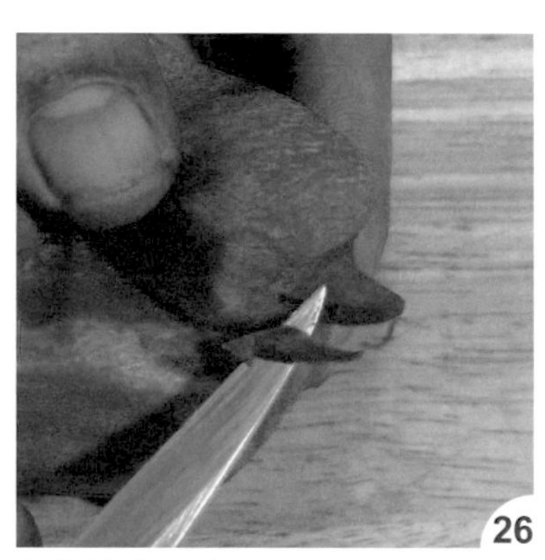

順便修出弧度。

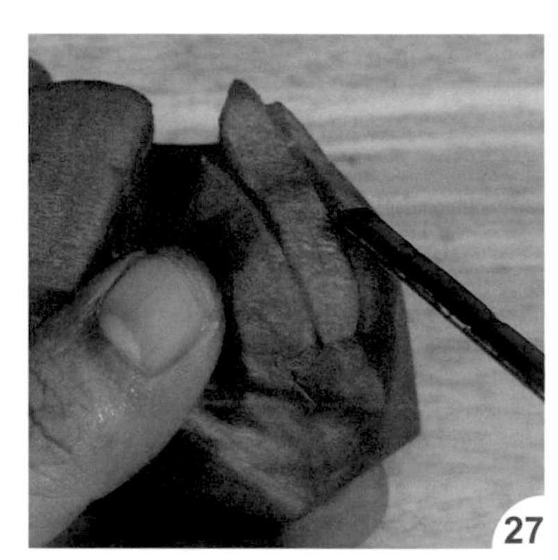

用 V 型槽刀刻出頭冠線條。

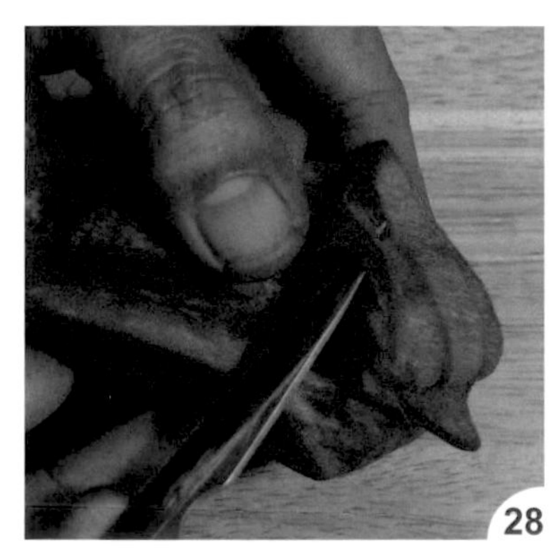

把頭冠旁邊的廢料切除。

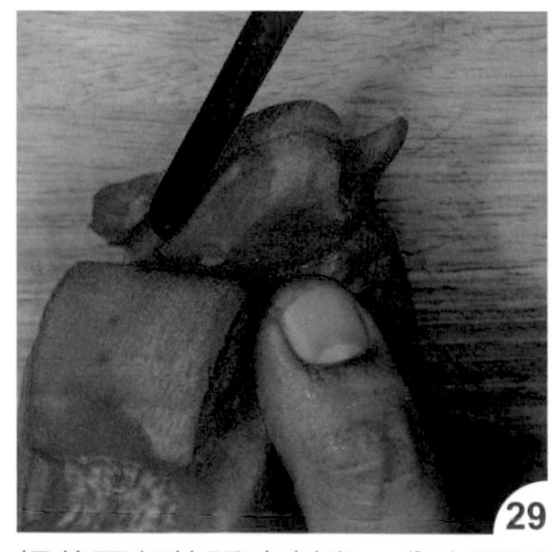

把後頸部的弧度刻出，分出頭冠尾部。

依側視圖翅膀位置，第一刀垂直刀，定出翅膀前端。

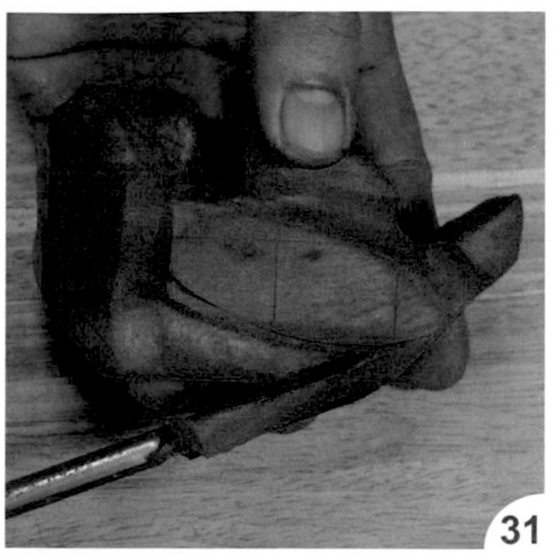

用槽刀刻出翅膀下弧線。

再把底部修平、切除廢料。

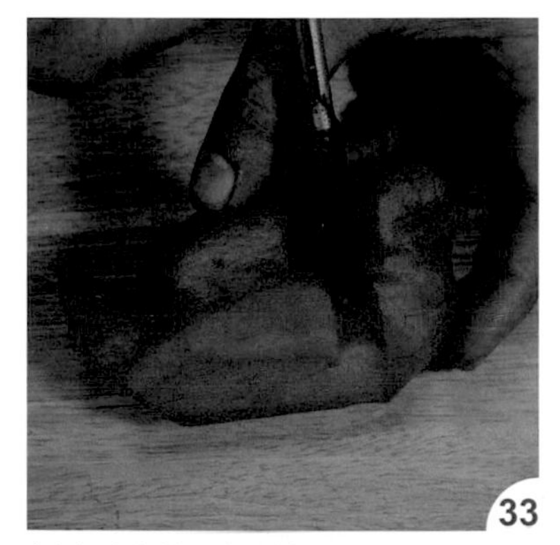

刻出右側翅膀前端凹槽。

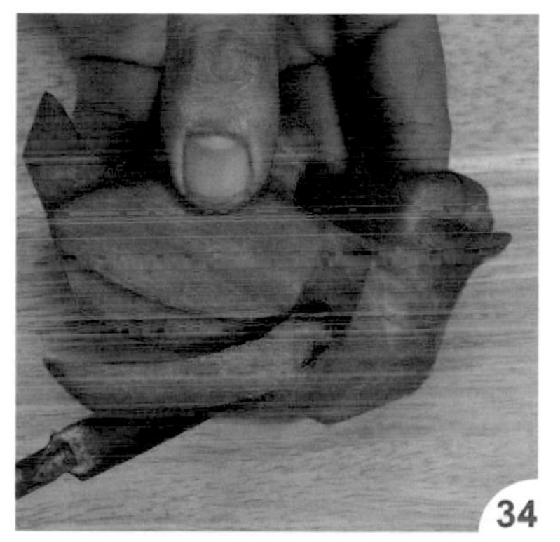

再刻出翅膀下弧線，底部修平。

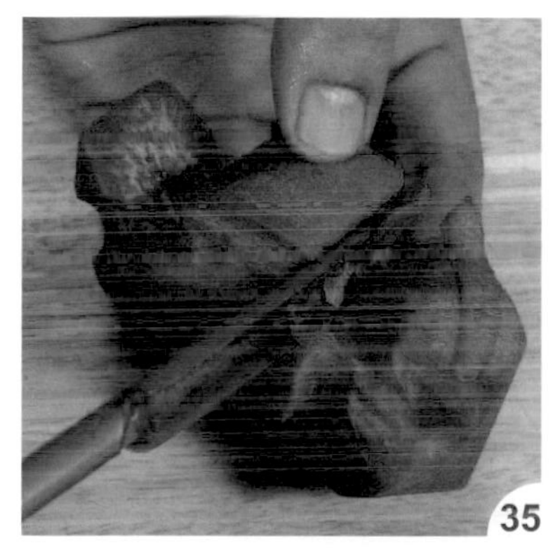

用大圓槽刀把背冠的前弧度刻出。

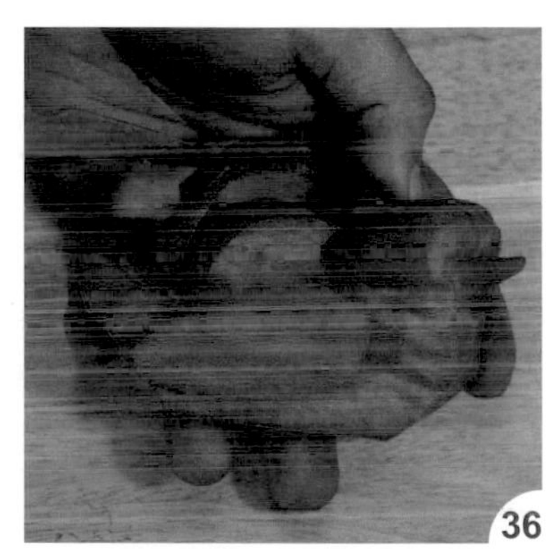

刻出背部弧線。

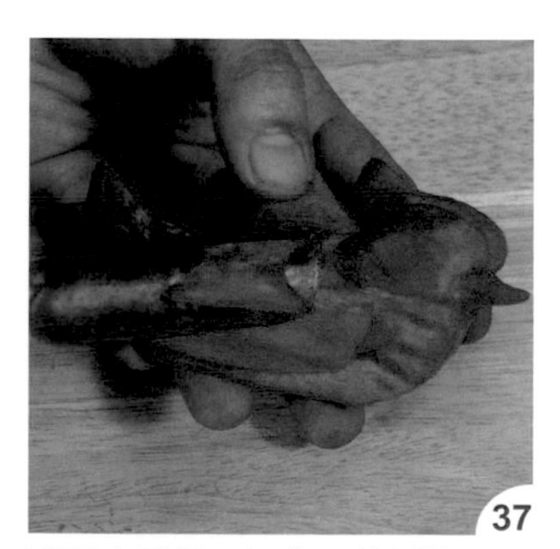

再用大圓槽刀把背冠外側的凹弧刻出。

由中間分開左右背冠。

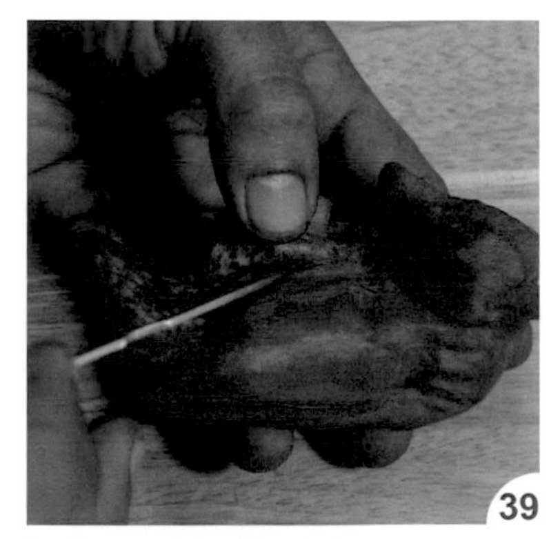

把背冠內側面修平滑。

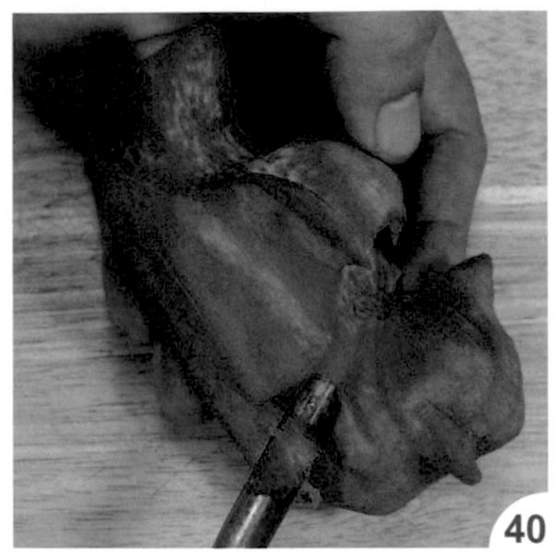

把翅膀前端弧度再刻明顯一點。

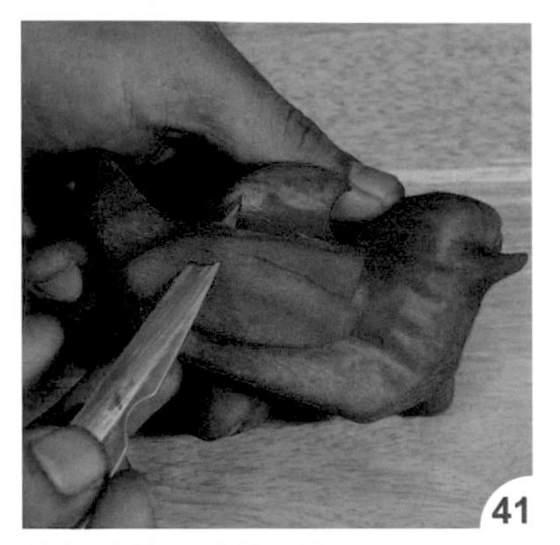

將翅膀的弧度修平順。

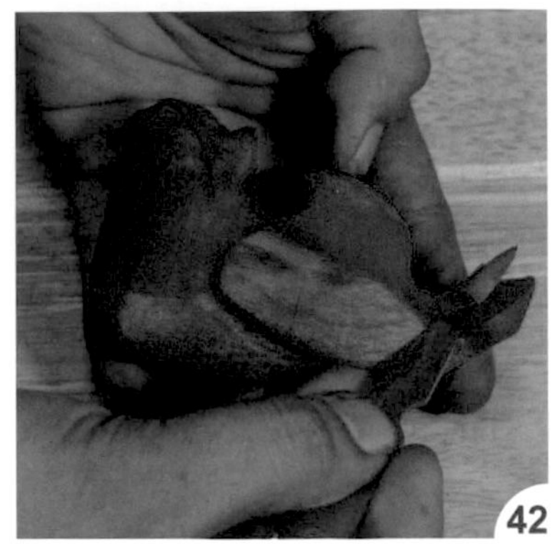

把尾巴的邊角切除。

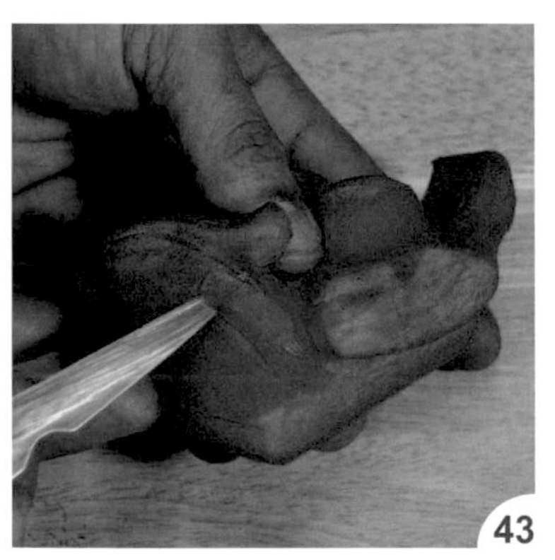

頭部側邊也修平順。

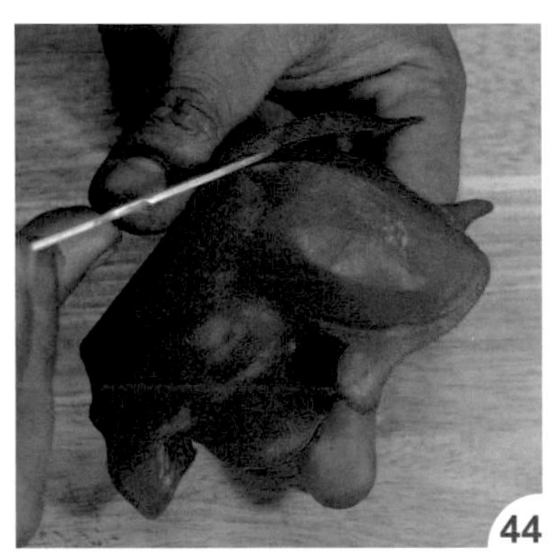

把頸胸部線條刻出。

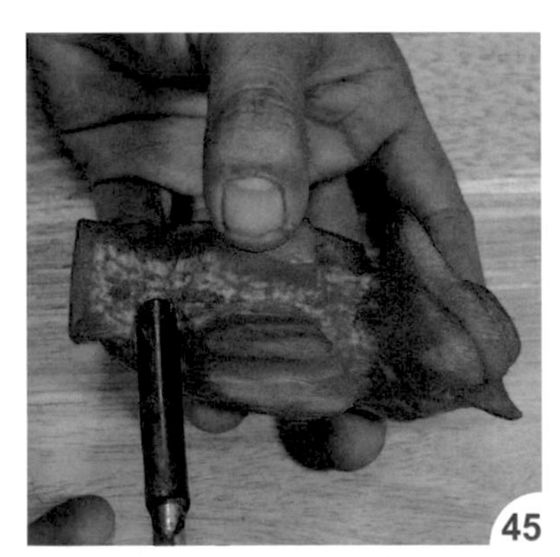

把背部與尾巴的分界凹槽刻出。

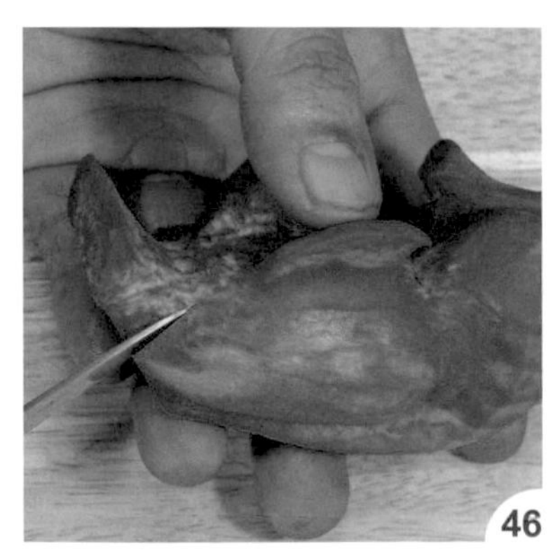

切出翅膀尾端。

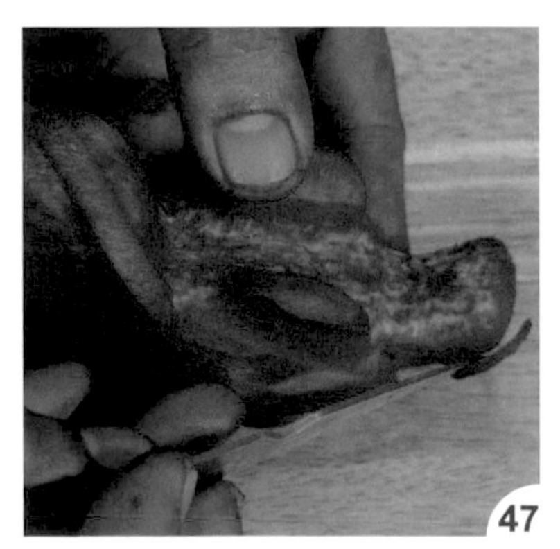

刻出尾巴輪廓。

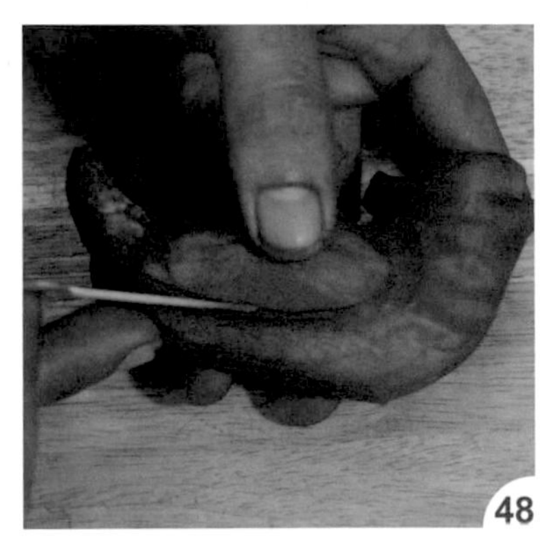

刻出翅膀的下線條。

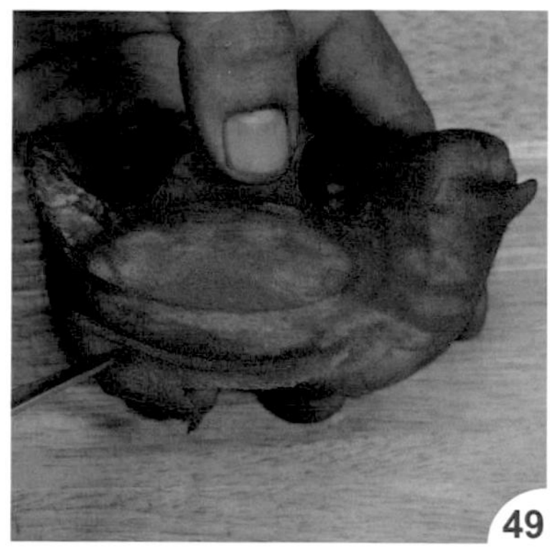

並把底部的廢料再切除。

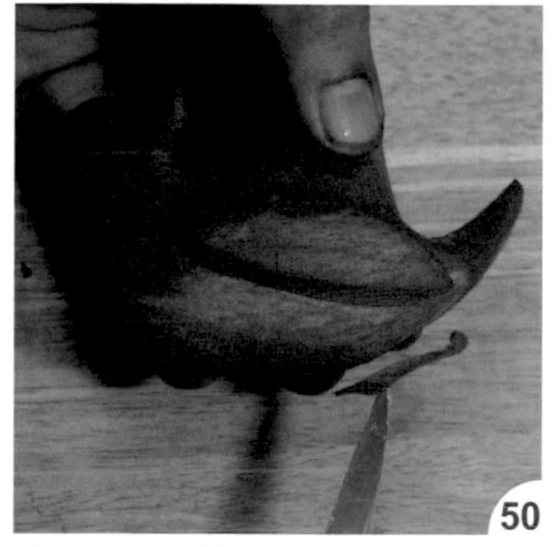

將尾部下面的邊角切除。

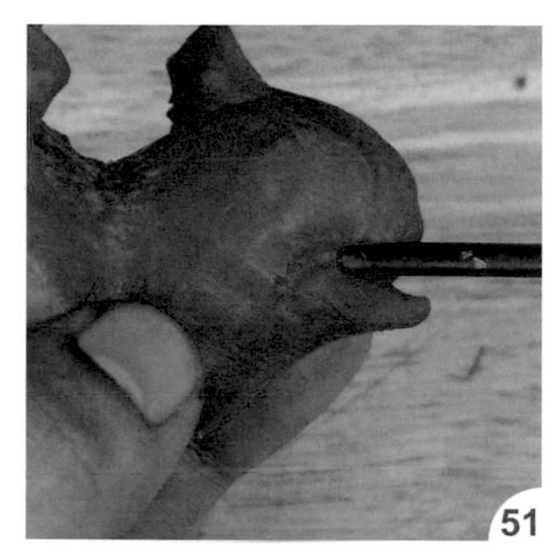

把嘴巴底線刻出。

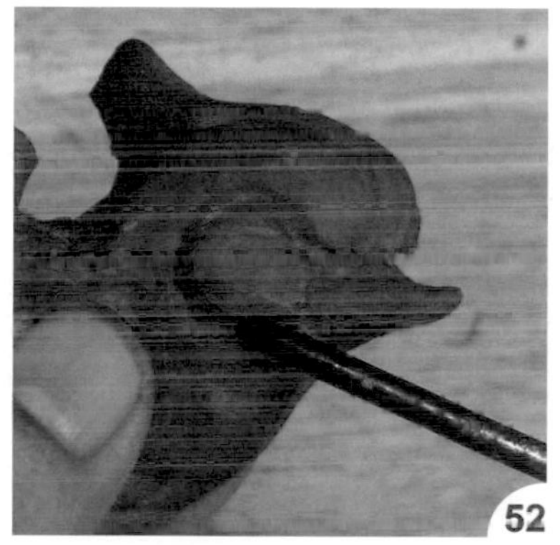

接著用小圓槽刀刻出臉頰形狀。

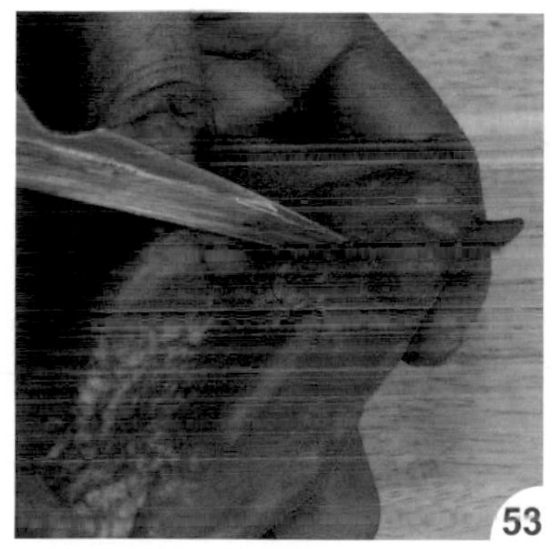

並把旁邊的廢料切除，這樣臉頰才會凸出。

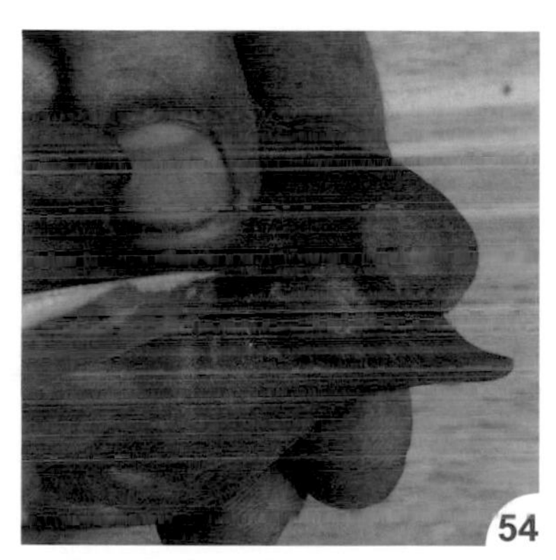

用雕刻刀把臉頰線條再刻一次，讓線條更清楚。

用小圓槽刀刻出翅膀鱗片。

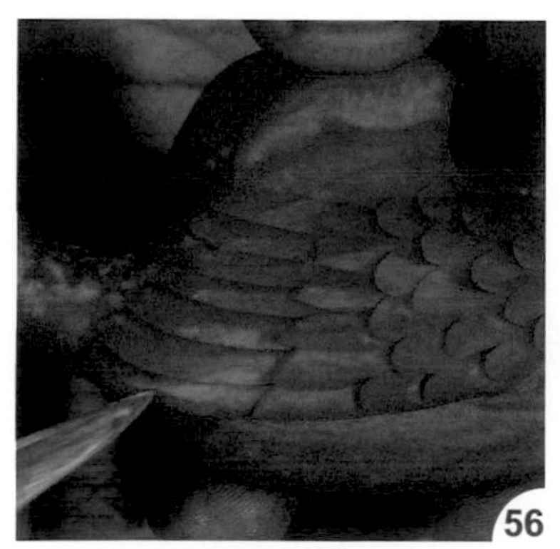

再把副羽及翅尾線條刻出。

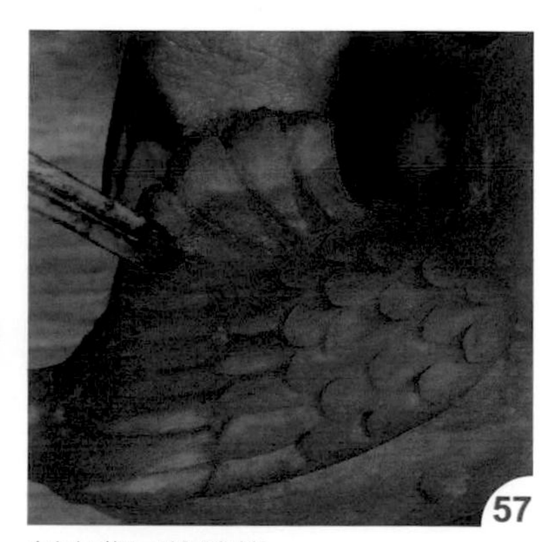

刻出背冠的線條。

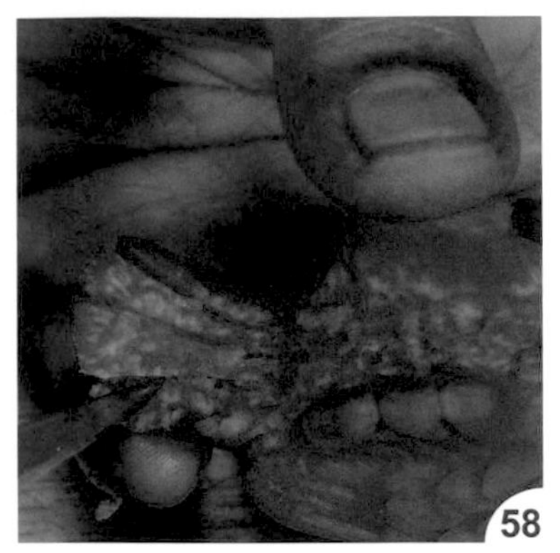

刻出尾巴線條。

挖出眼睛凹槽。

用南瓜刻出眼睛後再裝上（參p.93 作法 70 ~ 72）。

把頭冠尾部刻出。

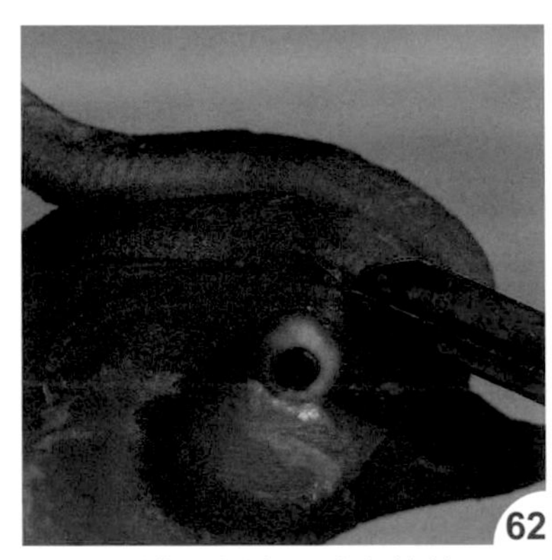

用 V 型槽刀刻出眼睛上線條。

挖出鼻孔。

在頸胸部用 V 型槽刀刻出胸毛。

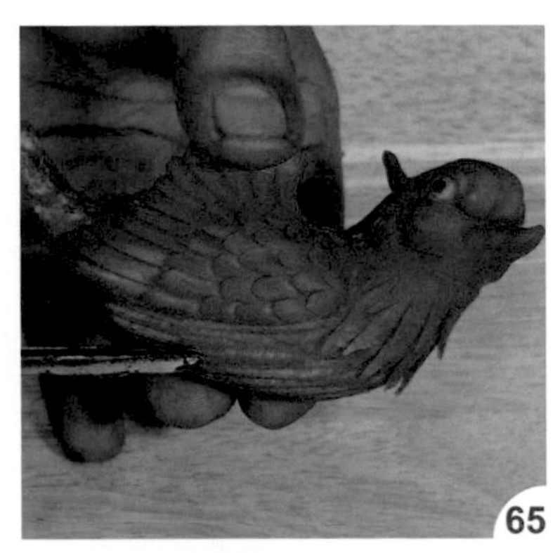

腹部再刻細線條。

如圖完成公鴛鴦。

母鴛鴦

▶材　料
紅蘿蔔 1 條、南瓜 1 塊

▶工　具
西式切刀、雕刻刀、中圓槽刀、小圓槽刀、V 型槽刀、三秒膠。

▶取 材 比 例
高：長：寬 = 1：1 又 1/2：3/4

※紅蘿蔔要挑選大條、質地扎實的會比較好雕刻。
另外，要注意母鴛鴦沒有背冠喔

・示意圖

A. 俯視圖

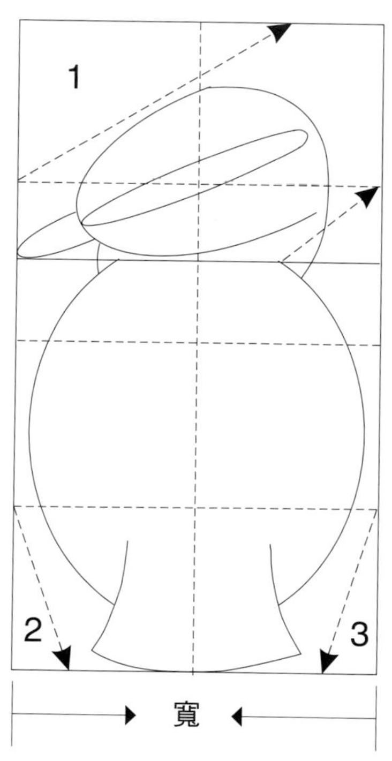

C. 前視圖

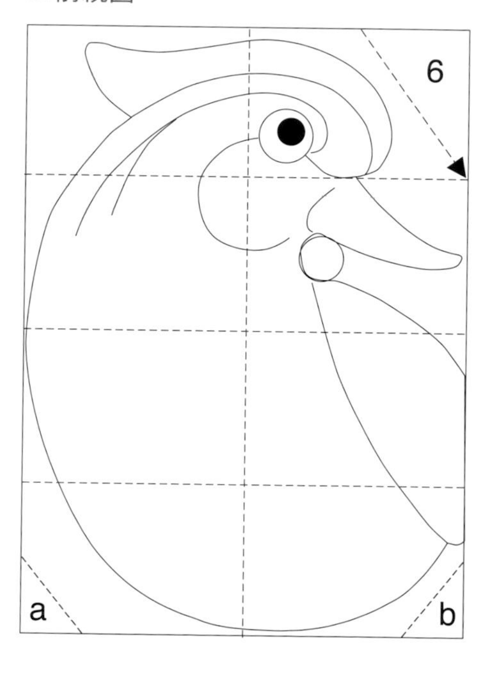

B. 側視圖

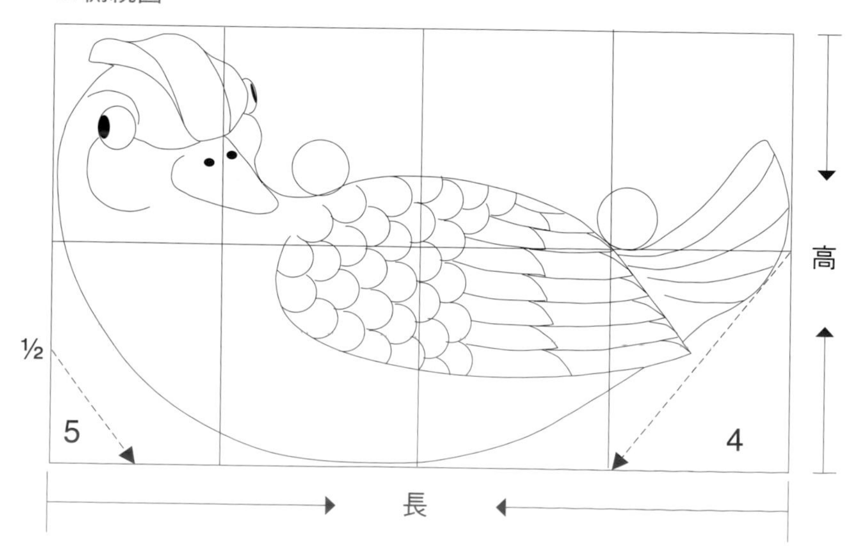

・作法

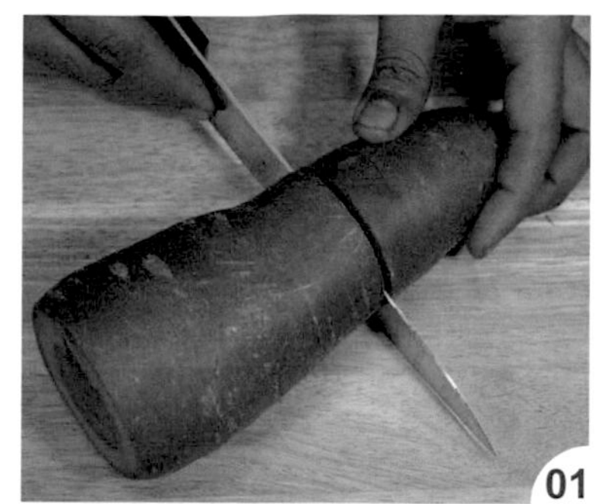

01 用西式切刀切取紅蘿蔔頭段。

02 再依取材比例切取適當大小。

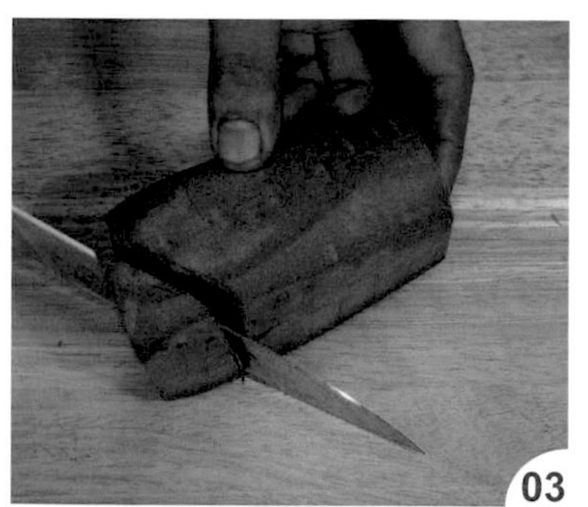

03 把俯視圖的 A1 切除。

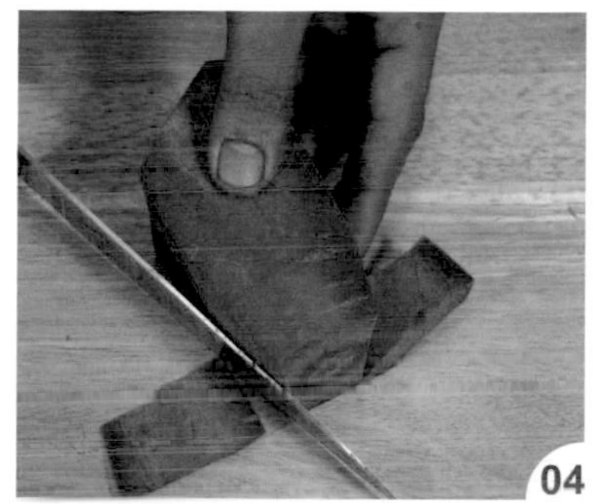

04 把俯視圖的 A2、A3 切除，定出尾部。

05 切至目前，側視可見的形狀。

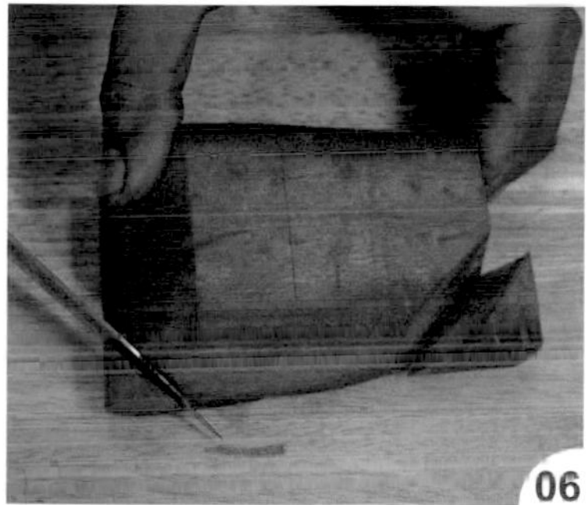

06 平放材料，把側視圖 B4、B5 切除。

07 用中圓槽刀把側視圖頭部的位置刻出。

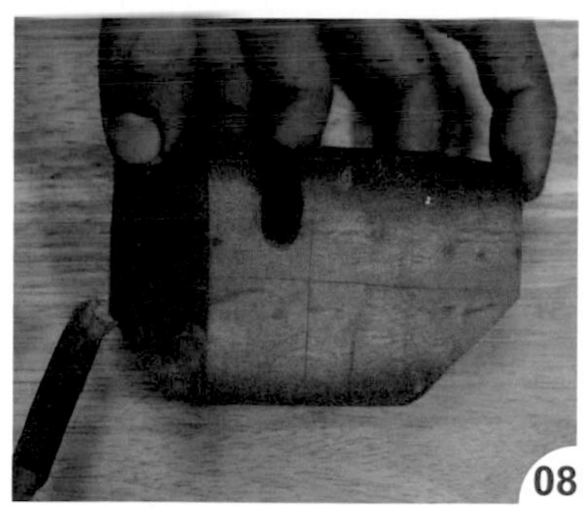

08 再刻至後頸部圓的高度。

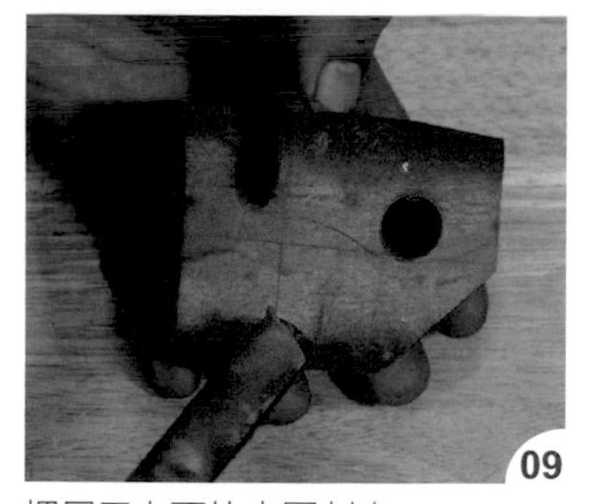

09 把尾巴上面的中圓刻出。

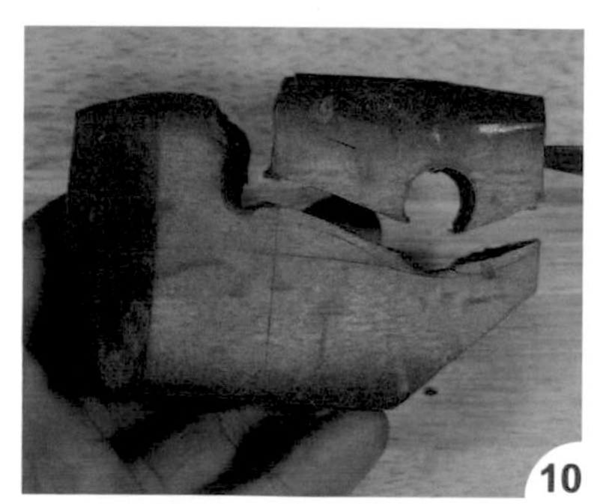

10 依背部線條刻出形狀、取出廢料。

11 立起材料，把底部左右兩邊各切一個三角形（前視圖 a、b）。

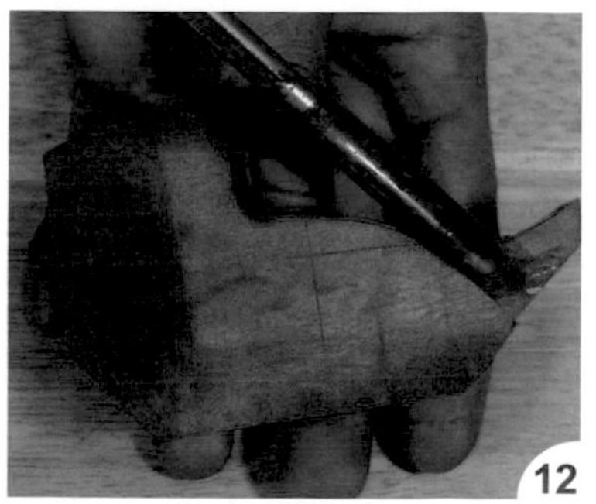

12 把背部翅膀的弧度刻出、並分出尾部。

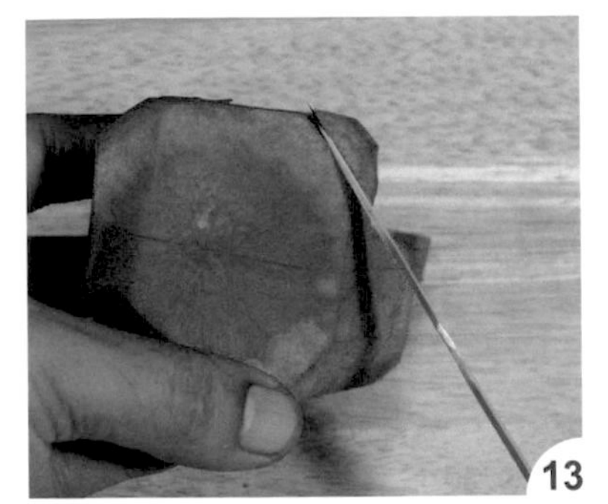

依前視圖 C6 切除。

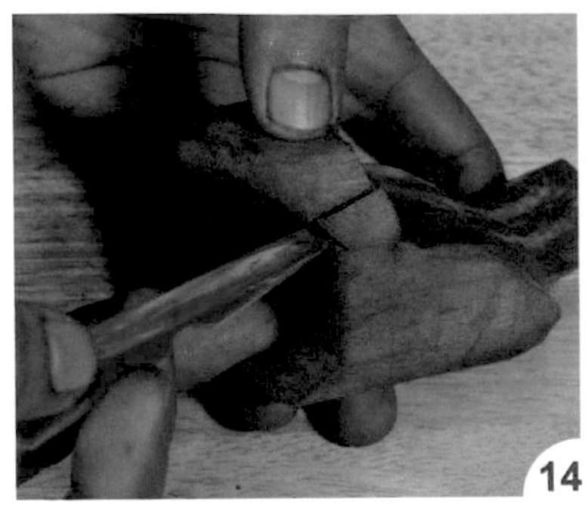

刻出上嘴。

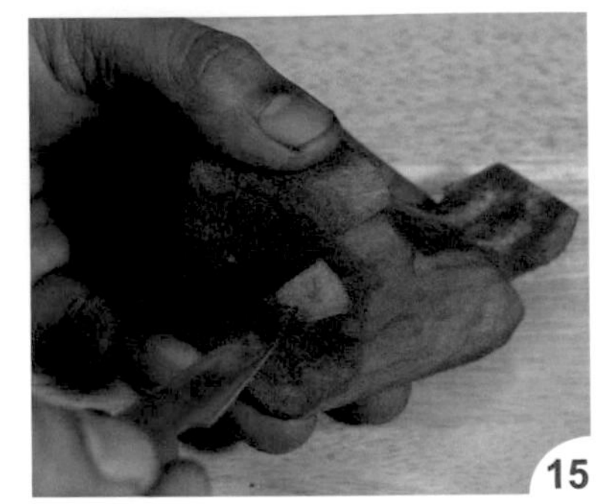

取下廢料。

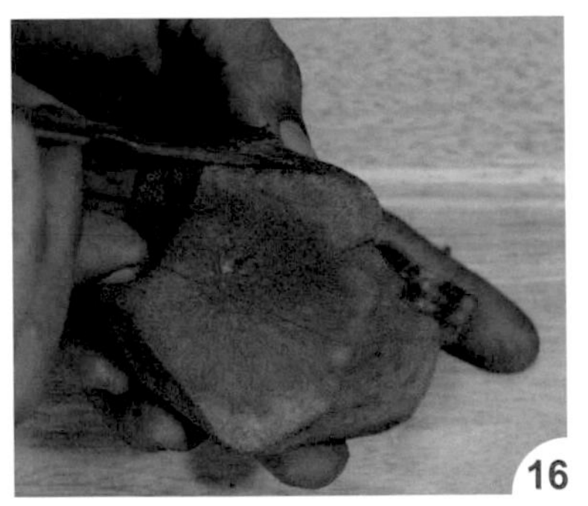

把頭冠弧度刻出。

把嘴巴寬度刻出。

切出嘴巴厚度。

把下面的廢料切除。

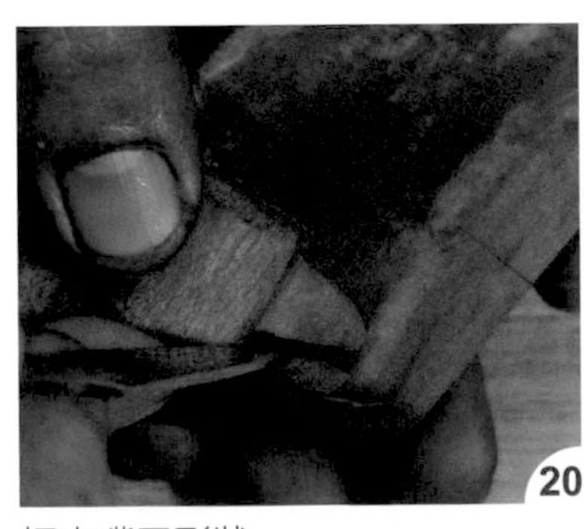

切出嘴巴形狀。

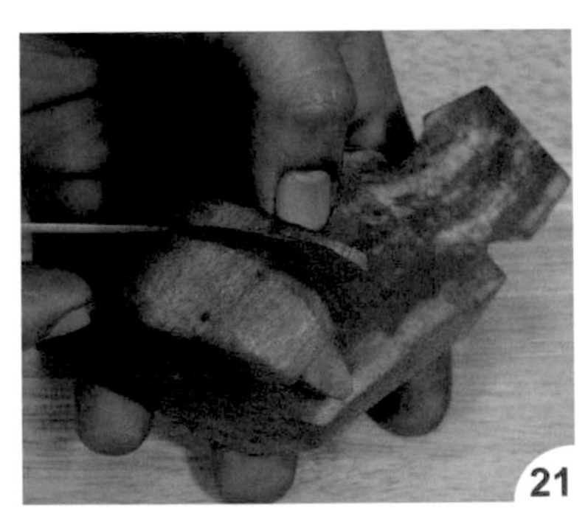

切除頭部左側邊角。

再切右側頭部邊角。

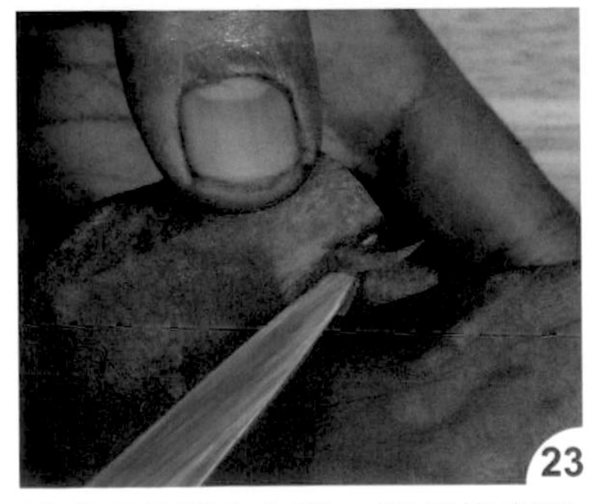

把嘴巴的邊角切除，順便修出弧度。

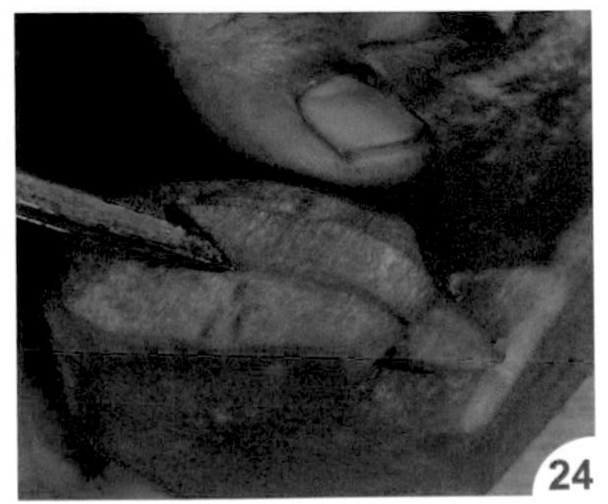

用 V 型槽刀刻出頭冠線條。

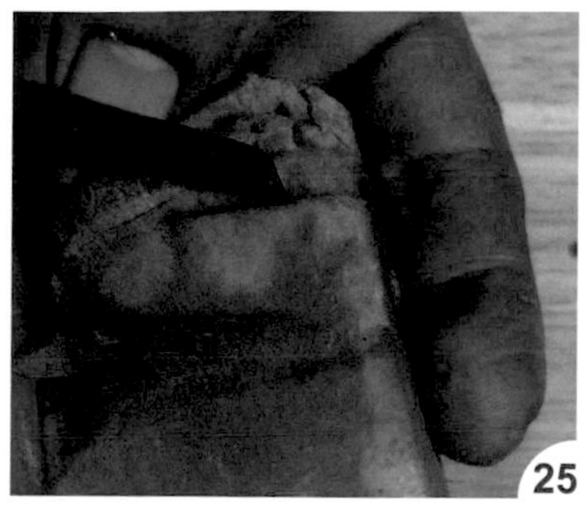

把後頸部的弧度刻出，分出頭冠尾部。

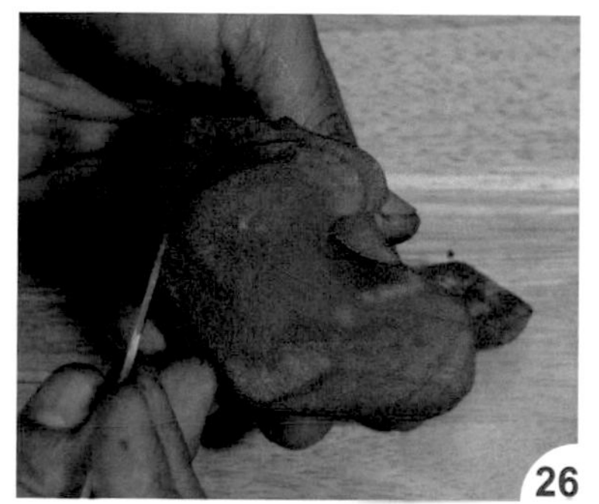

再用雕刻刀刻出後頸部弧度。

切出頭冠後端位置。

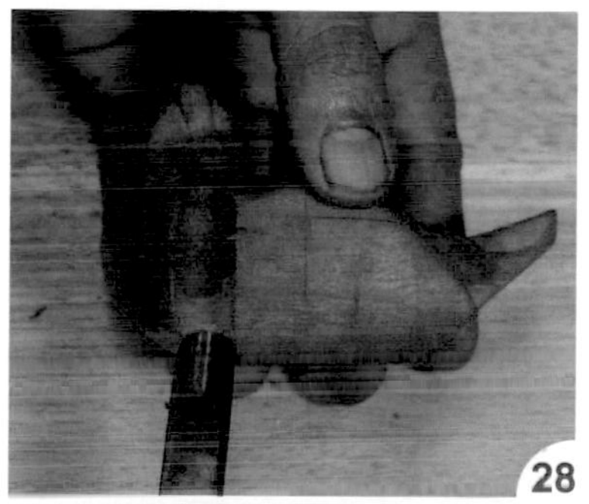

依側視圖翅膀位置，第一刀垂直刀，定出翅膀前端。

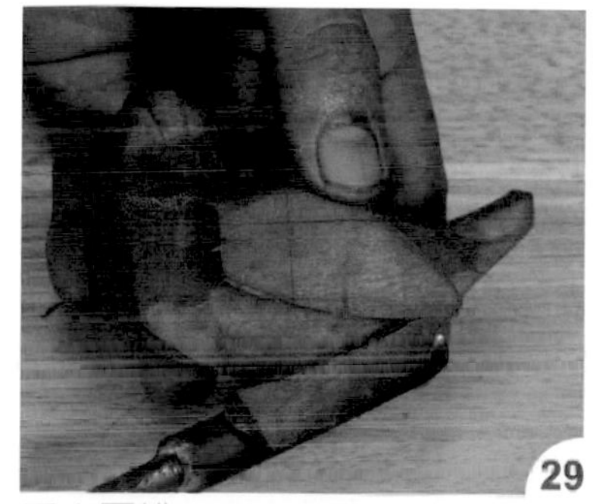

用大圓槽刀刻出翅膀下弧線。

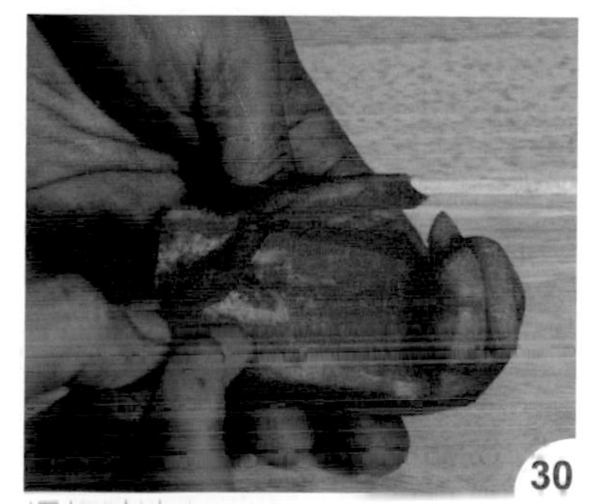

把翅膀邊角切除。

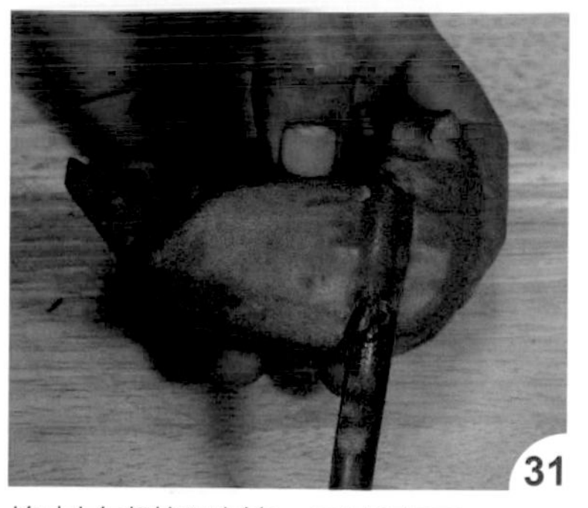

換刻右側翅膀第一刀垂直刀。

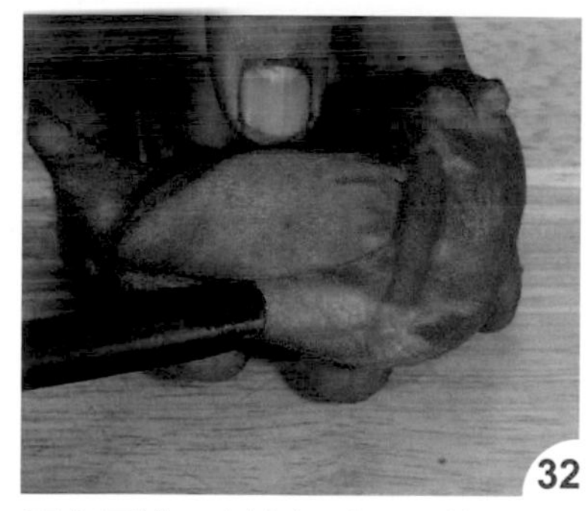

用大圓槽刀刻出翅膀下弧線。

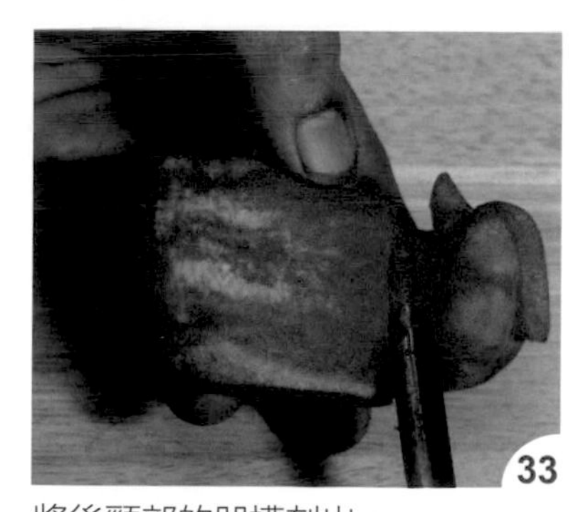

將後頸部的凹槽刻出。

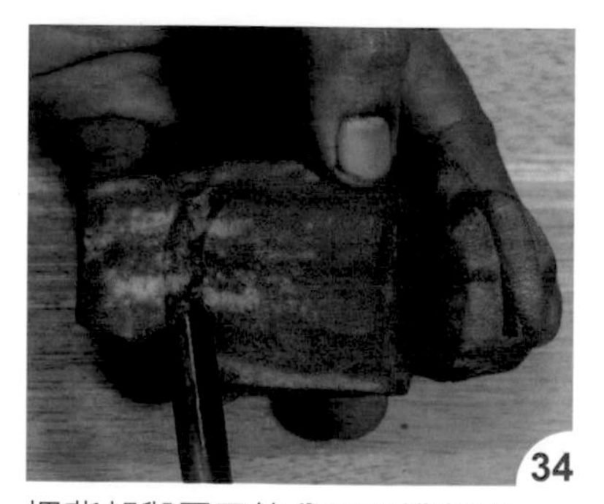

把背部與尾巴的分界凹槽刻出。

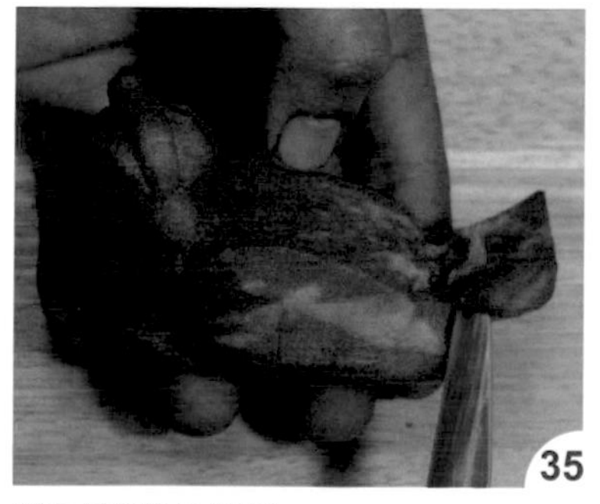

將尾部邊角切除。

刻出尾巴輪廓。

將翅膀的外輪廓弧度修平順。

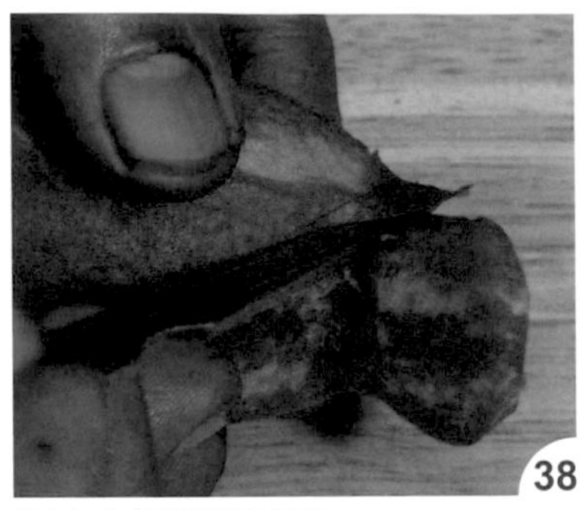

切出右側翅膀尾端。

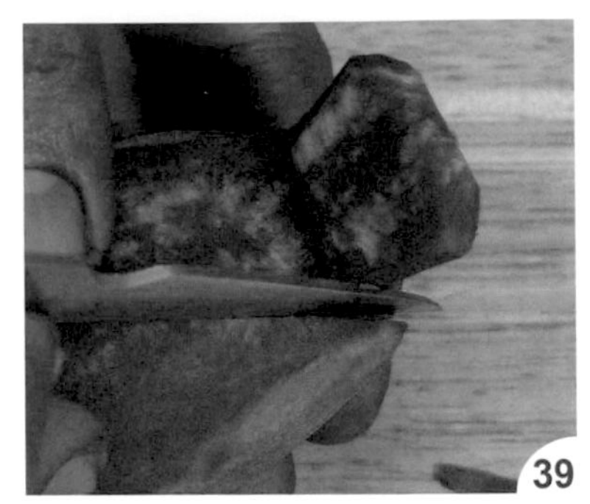

再刻出左側翅尾。

刻出尾巴弧度。

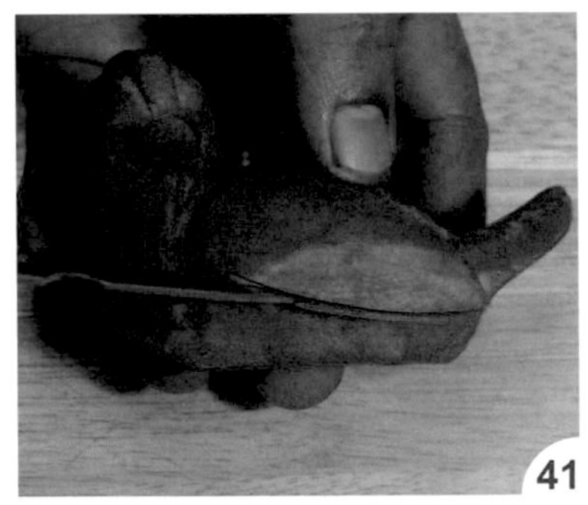

用雕刻刀把翅膀下線條刻出。

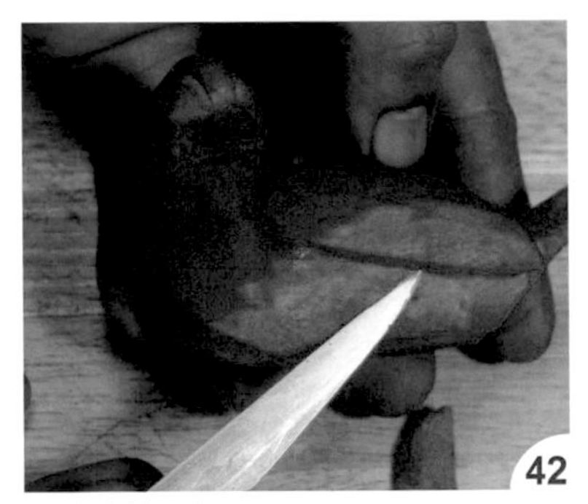

把廢料切除。

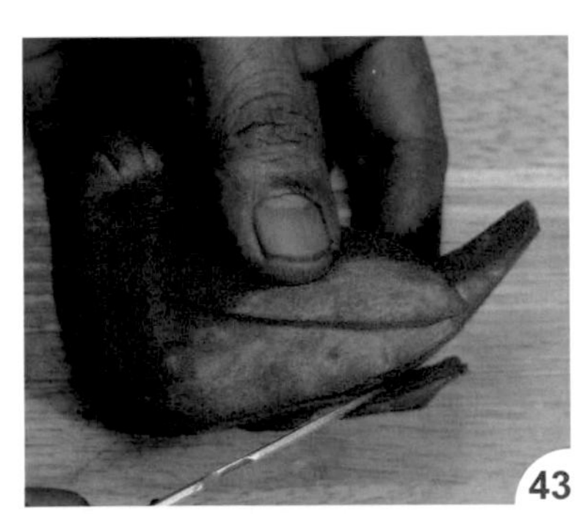

將尾部下面的邊角切除。

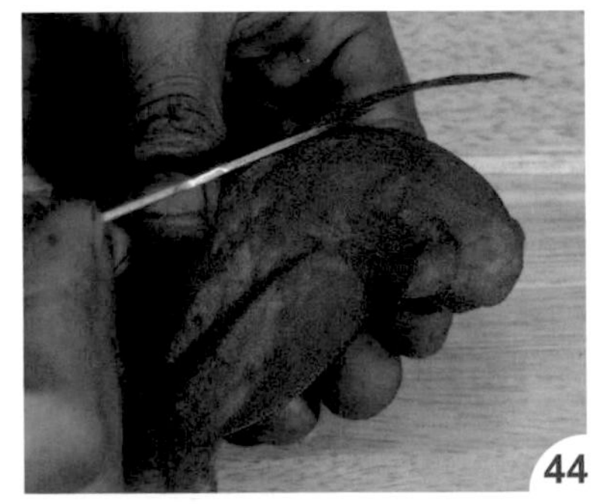

把頸胸部線條刻出。

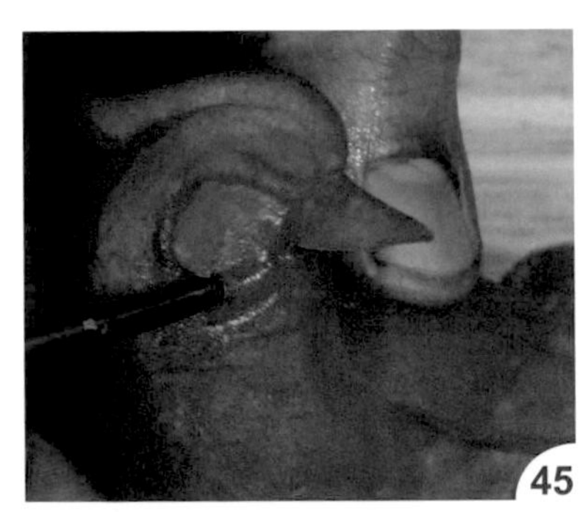

用小圓槽刀刻出臉頰形狀。

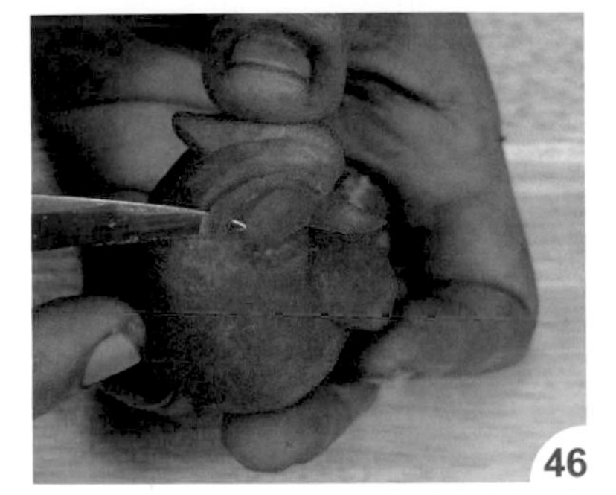

把旁邊的廢料切除，這樣臉頰才會凸出。

用雕刻刀把臉頰線條再刻一次，讓線條更清楚

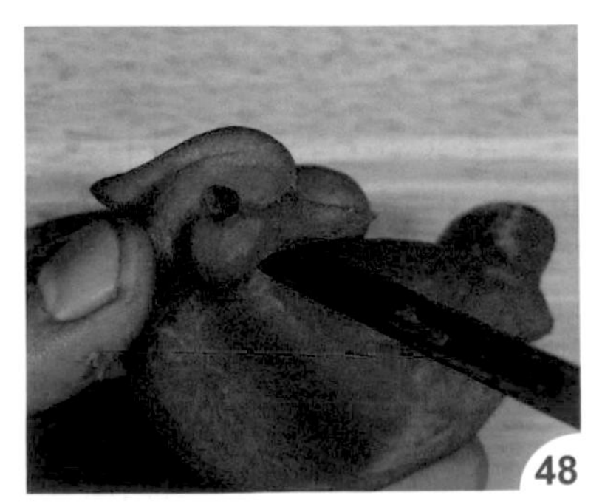

挖出眼睛凹槽。

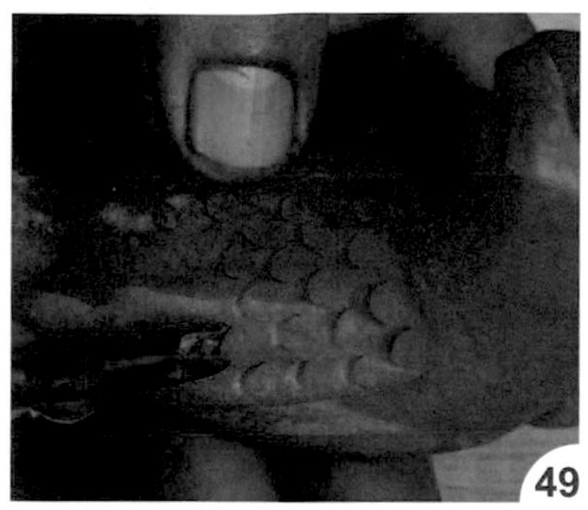

用小圓槽刀刻出翅膀鱗片。

再把副羽刻出。

接著刻出翅尾線條。

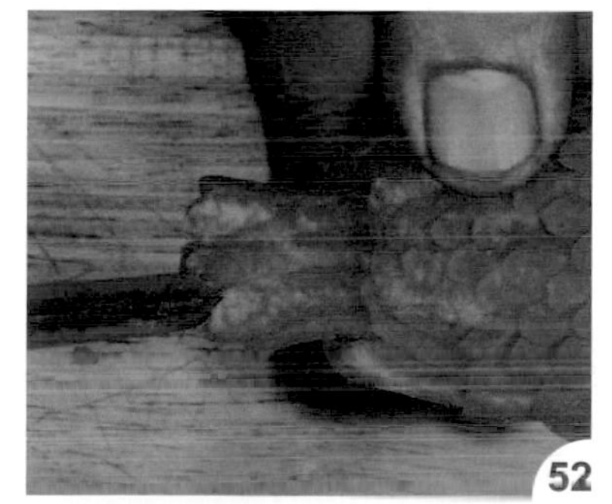

刻出尾巴線條。

翅膀線條特寫。

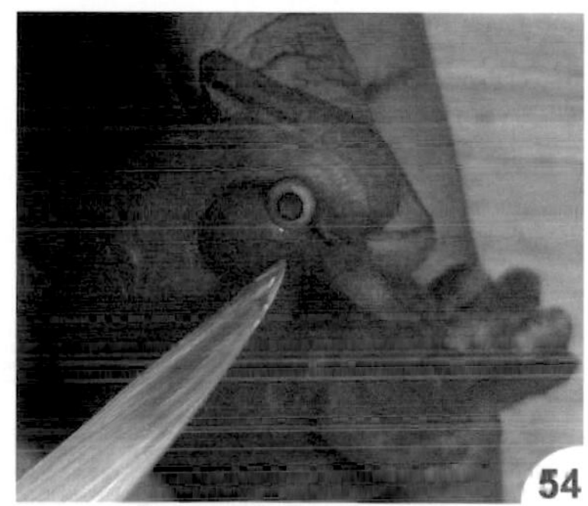

用南瓜刻出眼睛後再裝上（參 p.93 作法 70 ~ 72）。

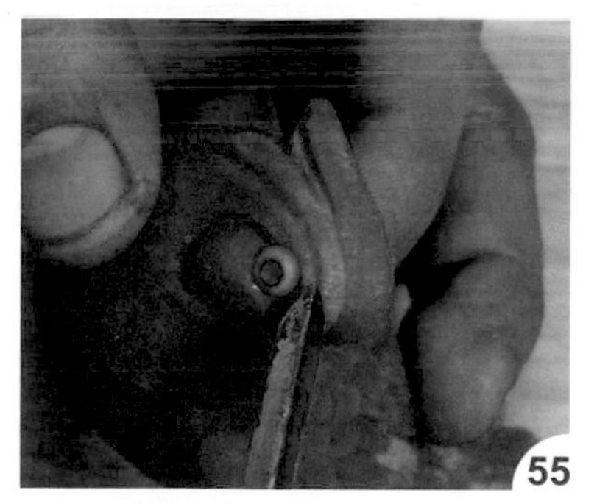

用 V 型槽刀刻出眼睛上線條。

左側眼線也刻出。

如圖完成母鴛鴦。

鴛鴦合照

芋頭

用芋頭變化出山羊、梅花鹿、猴子和老鷹等動物，
將牠們的樣貌及姿態，以精湛的手工藝術生動呈現。

山羊

▸材　料

芋頭 3 條、南瓜 1 小塊

▸工　具

西式切刀、雕刻刀、槽刀組、三秒膠

▸取 材 比 例

高：長：寬＝1：1 又 2/3：2/3，如果身高 1 是 9 公分，長 1 又 2/3 就是 15 公分，寬 2/3 就是 6 公分，前後腳及羊角比例依此類推即可

・ 示意圖

A. 俯視圖

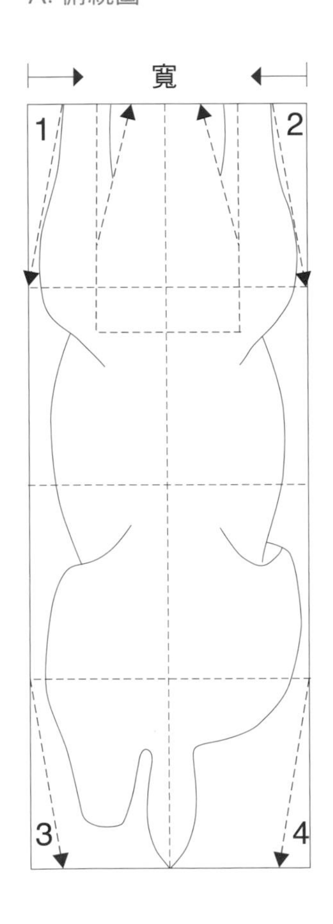

B. 側視圖

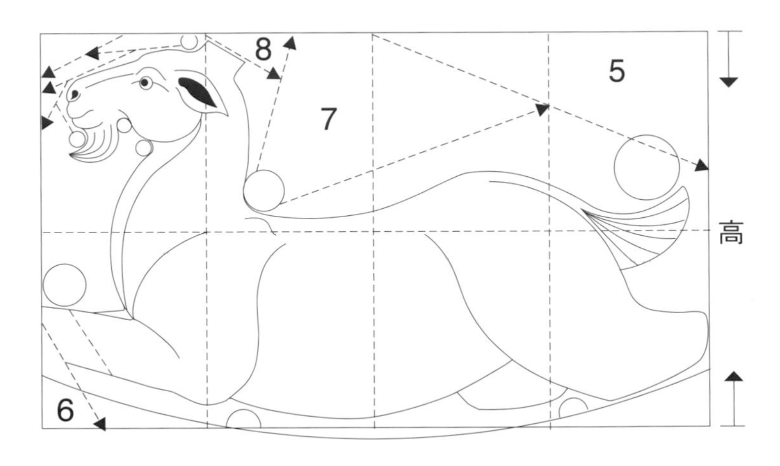

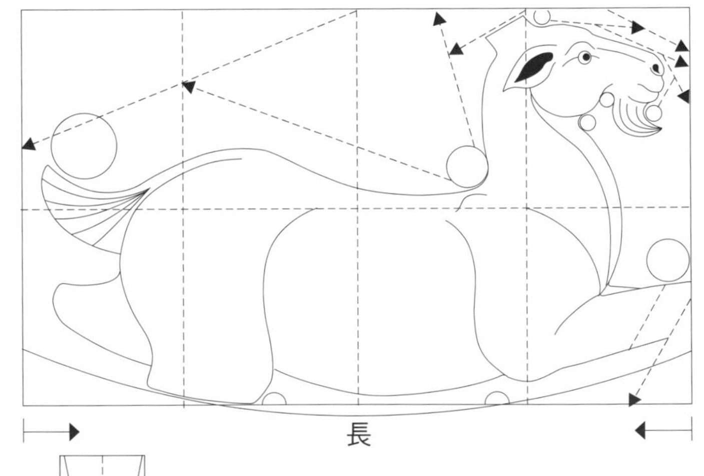

C. 部位圖

❶左右前腳
（比例為高：長＝ 1/4：3/4）

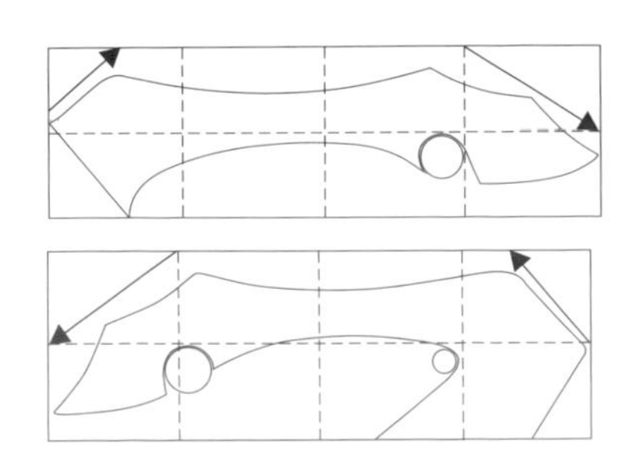

❷前腳粗細圖 ❸腳蹄

❹羊角
（比例為高：長＝ 1/3：3/5）

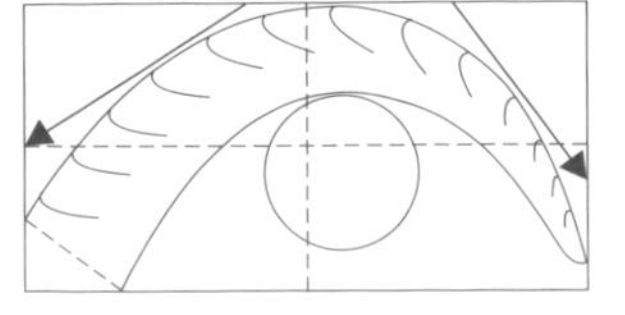

❺左後腳
（比例為高：長＝ 2/5：4/5）

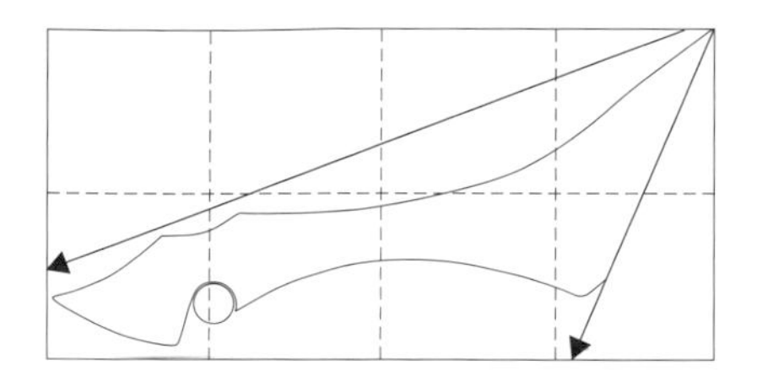

❻右後腳
（比例為高：長＝ 1/2：3/4）

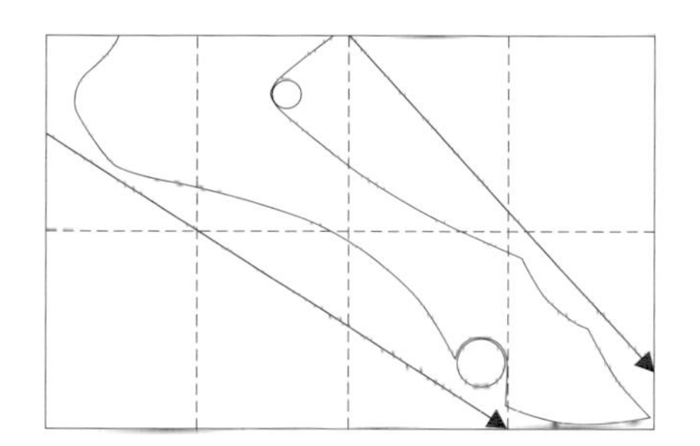

D. 流線動勢圖

・ 作法

將芋頭依取材比例用西式切刀切取身體大小。

依俯視圖，切除 A1、A2、A3、A4。

再將側視圖 B5 切除。

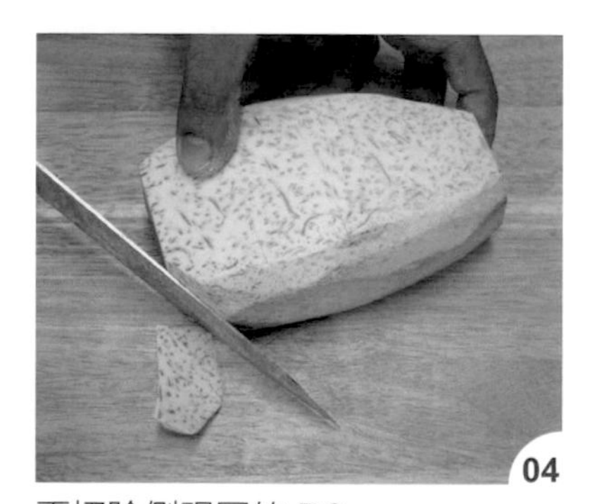

再切除側視圖的 B6。

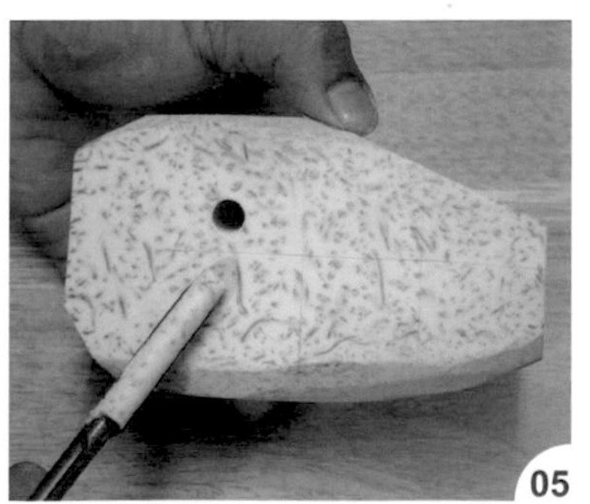

用中圓槽刀把山羊後頸部的圓孔刻出。

切除側視圖背部的 B7。

07
將尾部上面的圓孔刻出。

08
把背部的線條刻出並取下廢料。

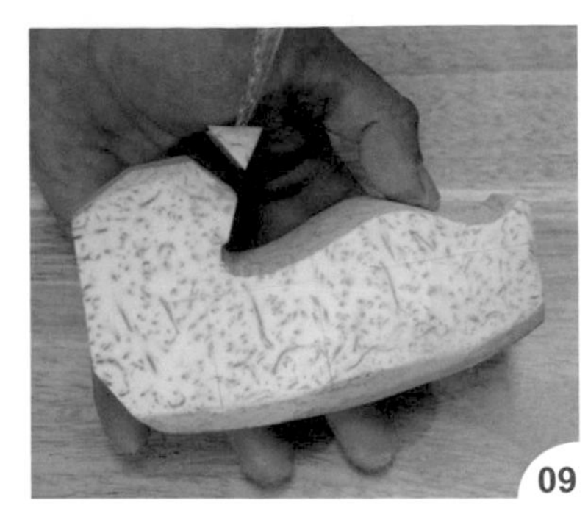
09
把頭部的 B8 切除。

10
刻出前腳的圓，定出高度。

11
把頸部線條刻出，分出頸、身部。

12
依俯視圖切出頭部的寬度。

13
切除頭部左右兩側，定出頭形。

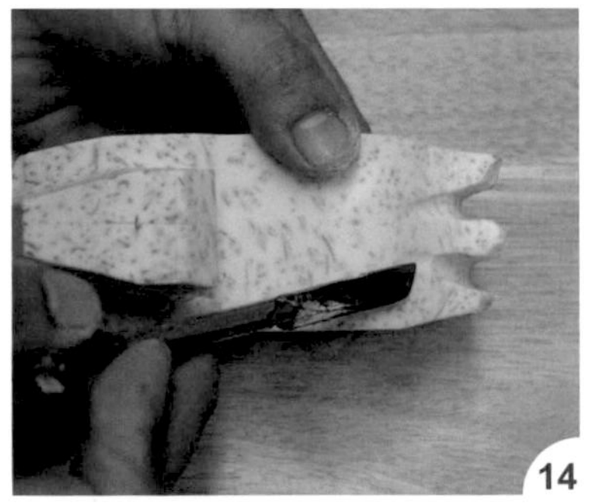
14
把尾巴位置刻出。

15
把旁邊多餘的廢料切除。

16
反轉材料，在底部刻出一條凹槽，分出左右邊，不要刻太深。

17
將身體側邊的邊角切除。

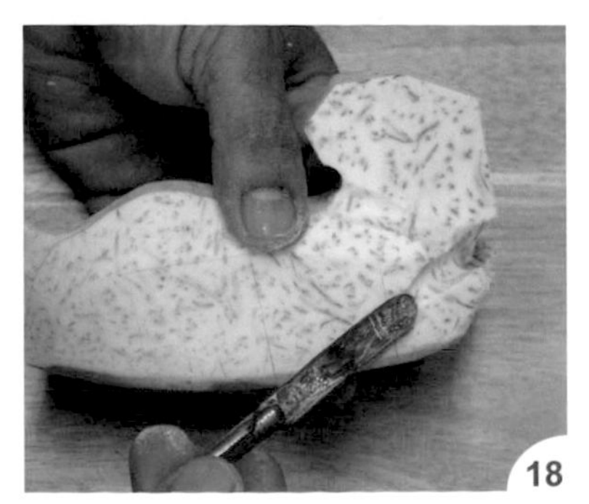
18
把前腳臂肘刻出。

刻出左前腳後線條。

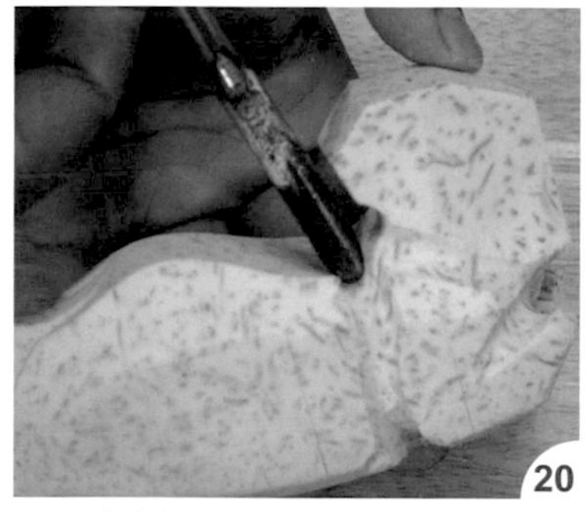

再把右前腳後線條也刻出。

刻出左後腳肘凹槽。

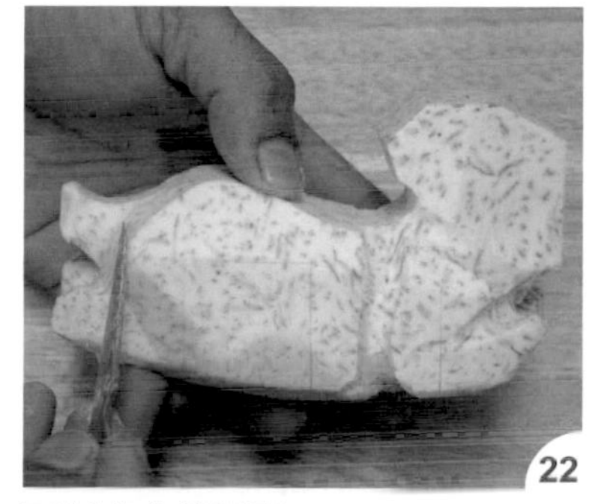

再刻出右後屁股。

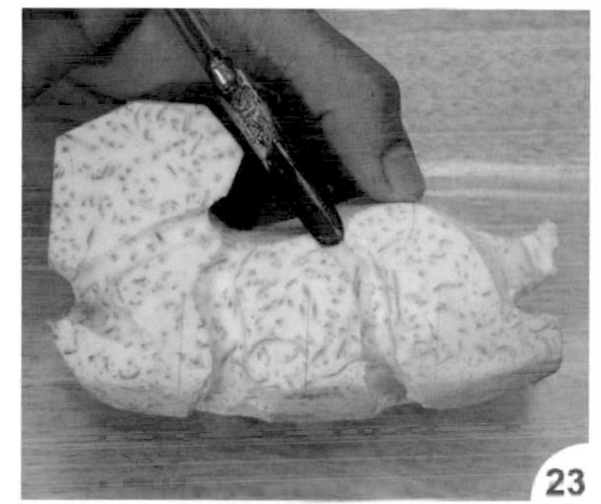

再把左後腿前線條刻出。

刻出右後腳肘凹槽。

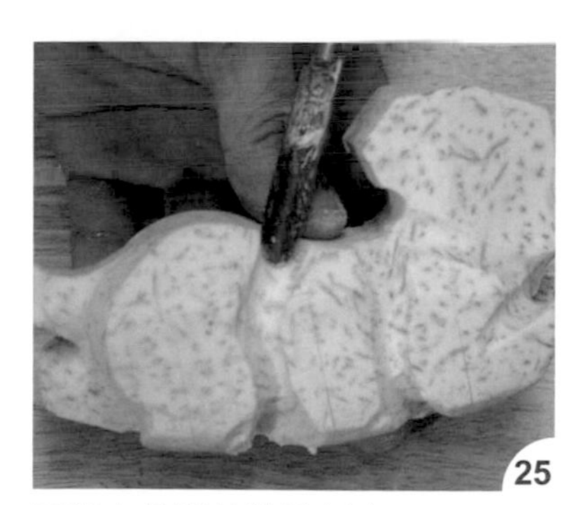

再把右後腿前線條刻出。

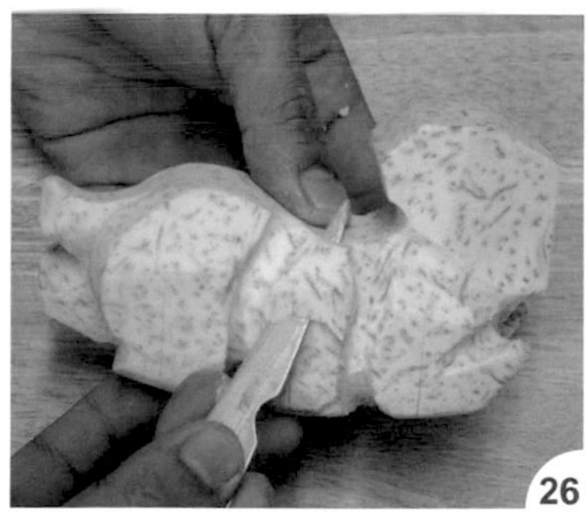

把肚子右上方的邊角切除。

再切除肚子左上方的邊角。

反轉材料至底部，把肚子的弧度切出。

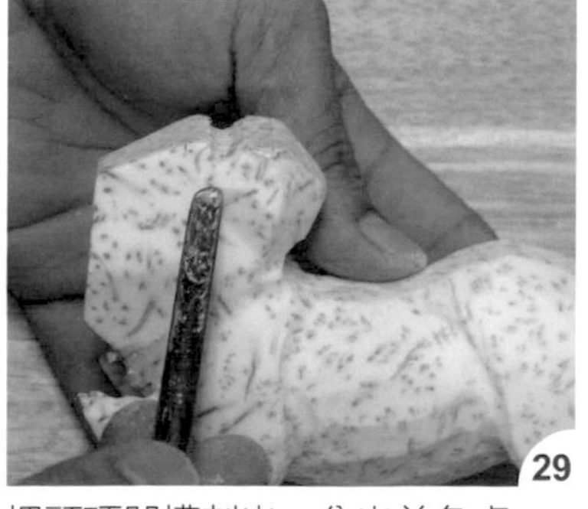

把頭頂凹槽刻出，分出羊角處。

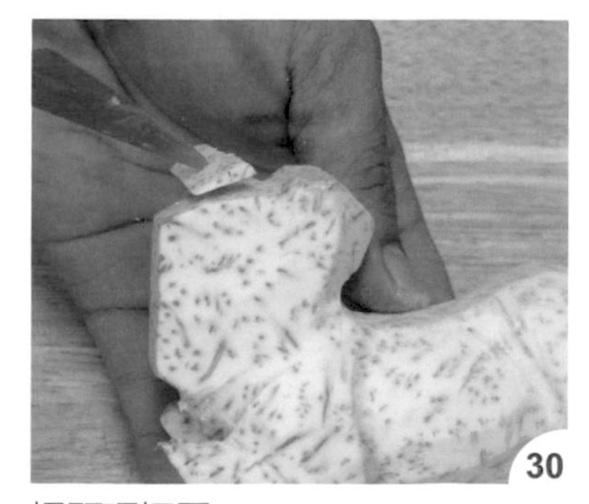

把頭頂切平。

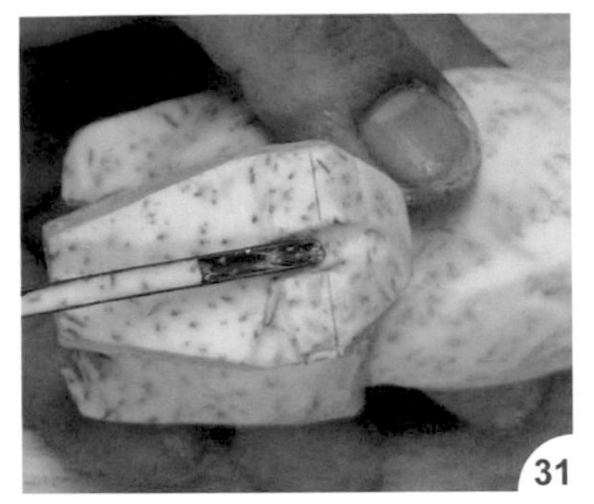

刻出凹槽，分出左右羊角。

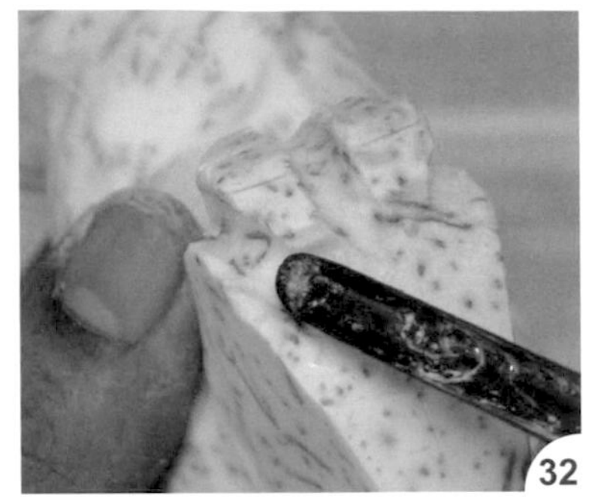

刻出羊角寬度。

定出後方位置。

刻出耳朵高度。

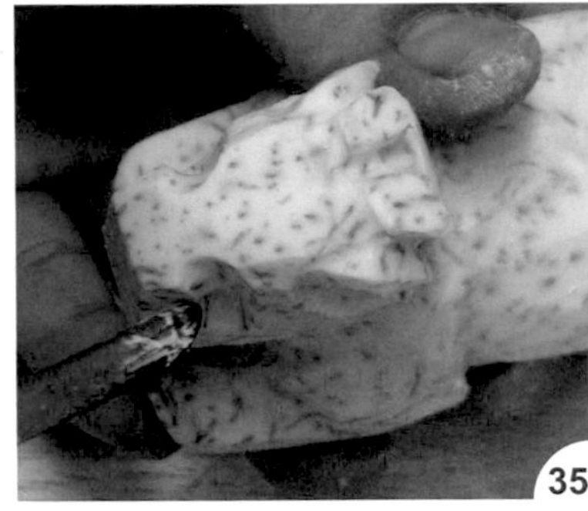

刻出臉部中間的寬度。

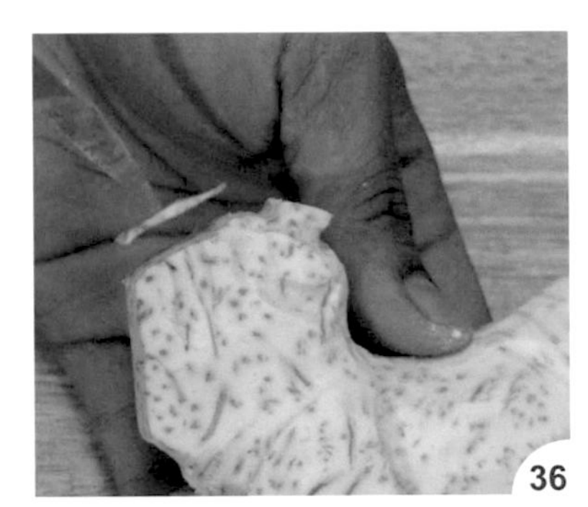

把鼻梁的斜度刻出。

切除鼻頭邊角。

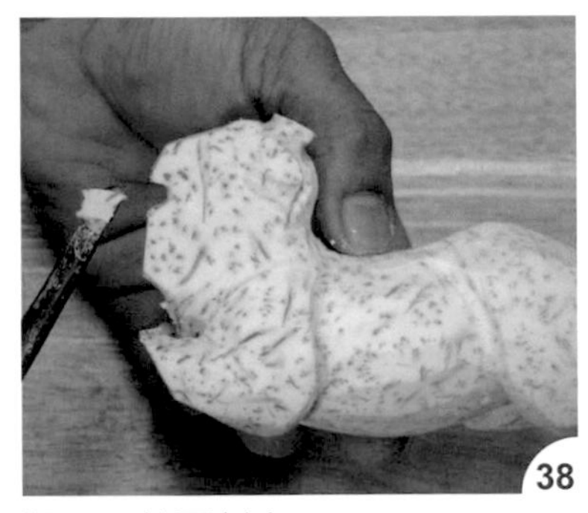

把下巴位置刻出。

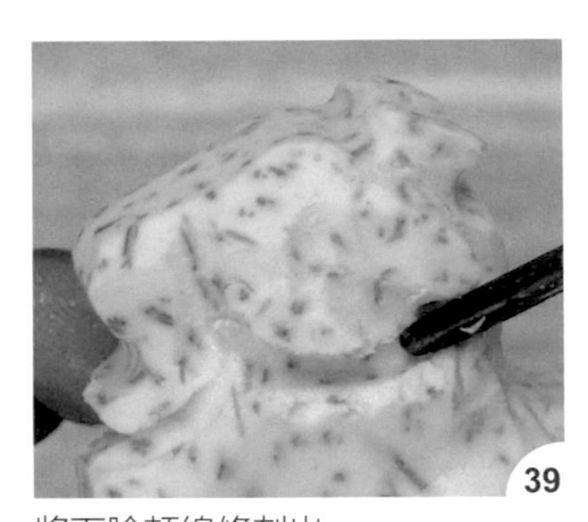

將下臉頰線條刻出。

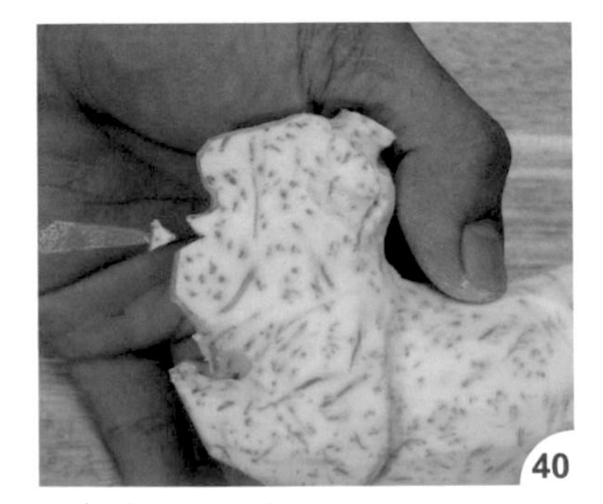

再刻出鬍鬚尾部。

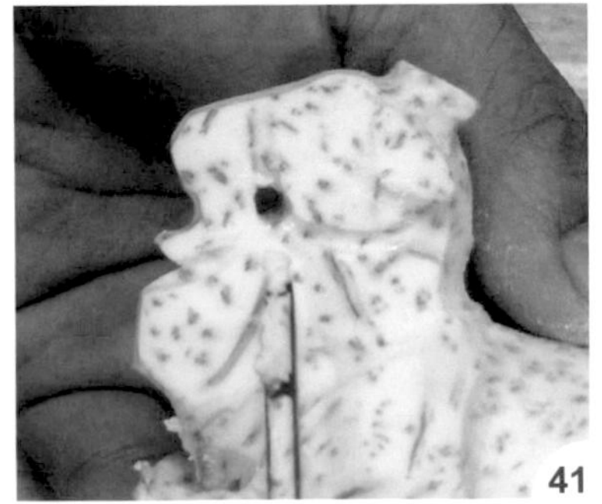

把下巴的圓刻出。

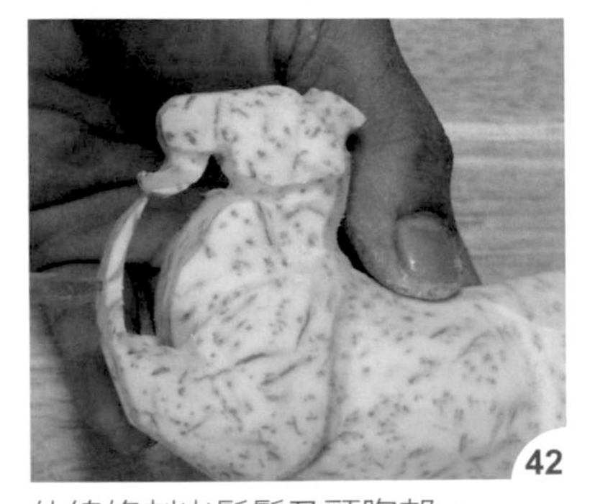

依線條刻出鬍鬚及頸胸部。

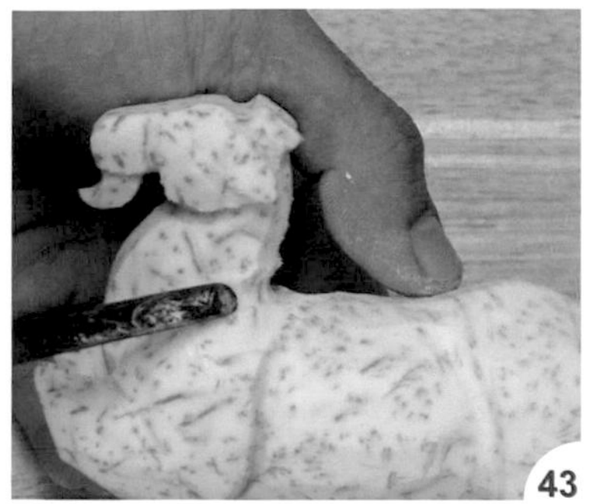

把肩胛處凹槽刻出。

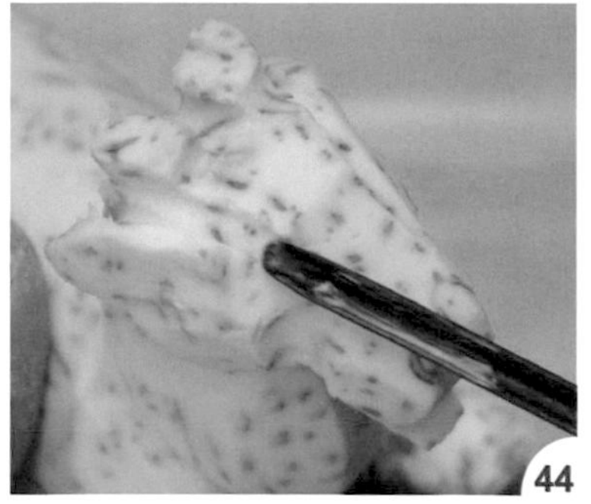

把耳朵上面的凹槽刻出。

再刻出下面弧度。

把耳朵形狀刻出。

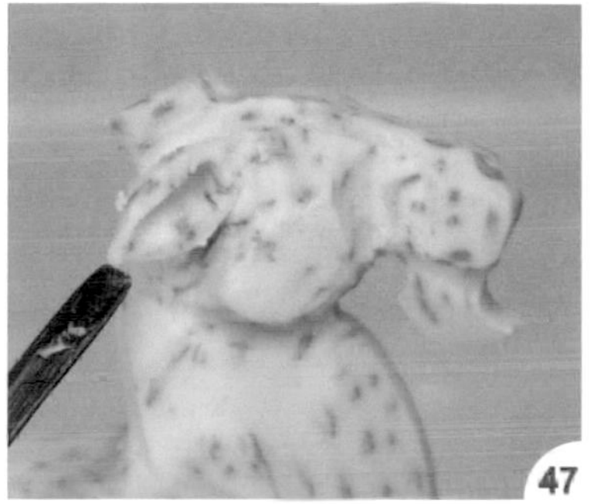

把耳朵中間挖空，形成耳廓。

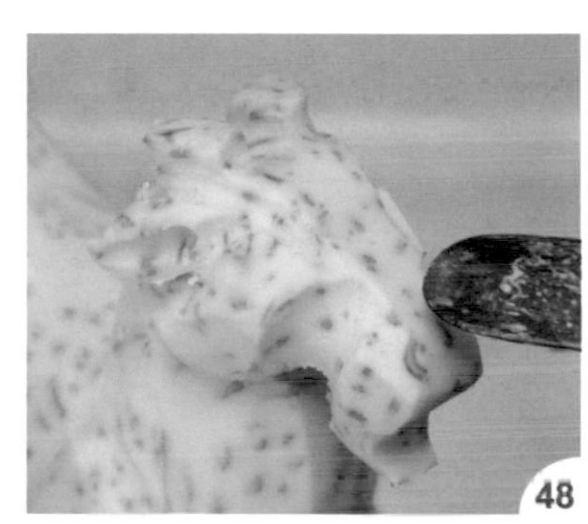

將臉頰弧度再刻明顯一點。

刻出眼線凹槽。

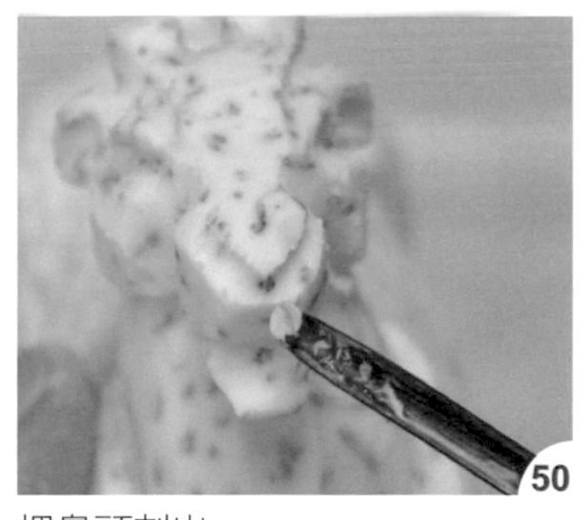

把鼻頭刻出。

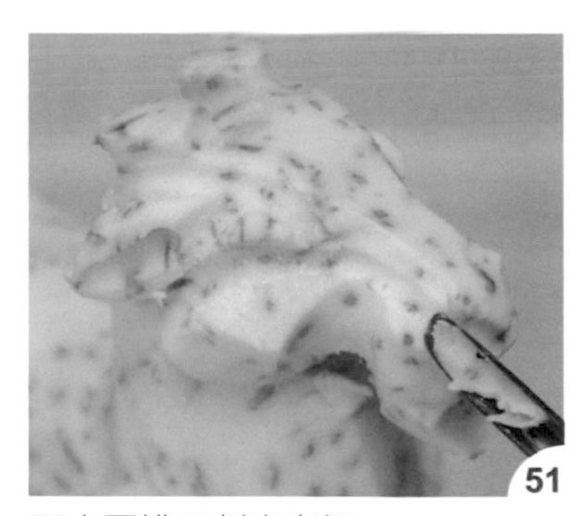

用小圓槽刀刻出鼻梁。

將下巴刻出。

鼻頭再刻明顯一點。

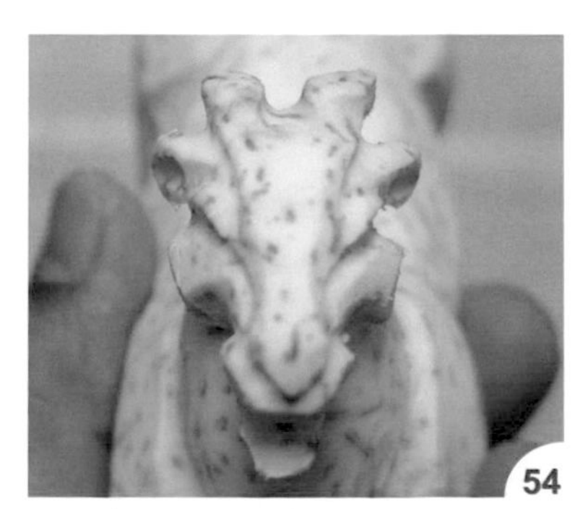

如圖刻出頭部的輪廓。

把嘴巴線條刻出。

刻出鬍鬚線條。

把臉頰修平順一些。

挖出眼睛位置。

刻出左頸線條。

再刻出右頸線條。

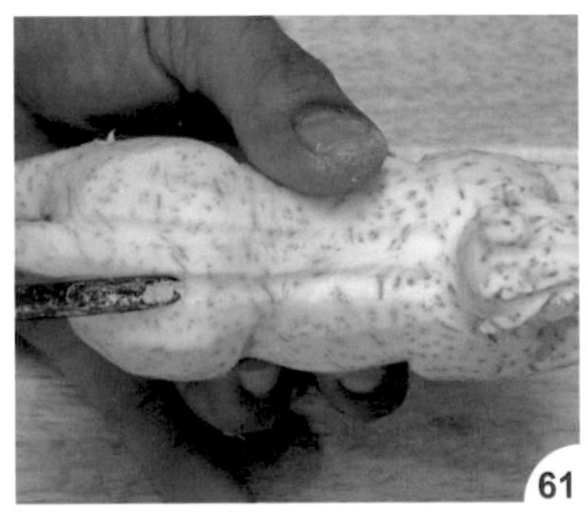

刻出背部脊椎線條。

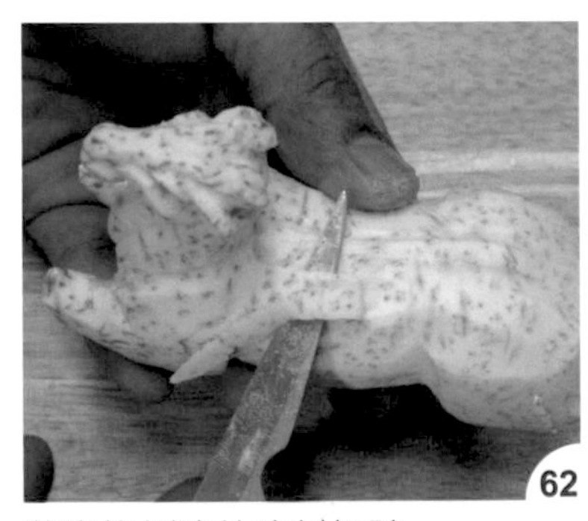

將脊椎側邊的廢料切除。

用 V 型槽刀把左臉頰的紋路刻出。

再刻出右臉線頰的紋路。

刻出尾巴的紋路。

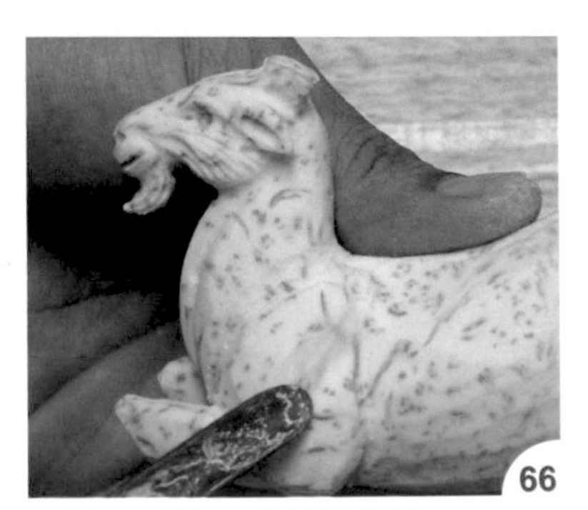

把前腿臂的肌肉線條刻出。

用雕刻刀再加強腿部後方線條。

把背部肩胛骨刻出。

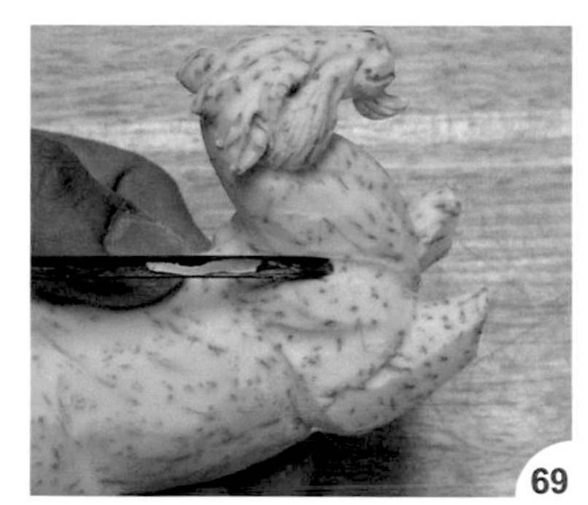

脖頸線再刻明顯一點。

腿臂的肌肉刻出。

用雕刻刀再加強腿部前方線條。

完成身體的雕刻。

頭部左側的特寫。

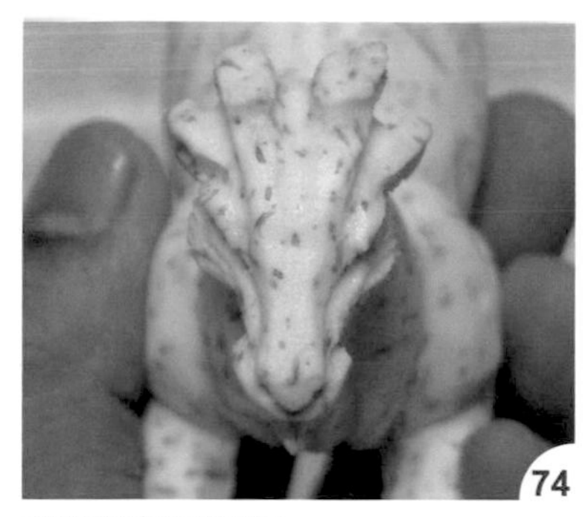

頭部的俯視形狀。

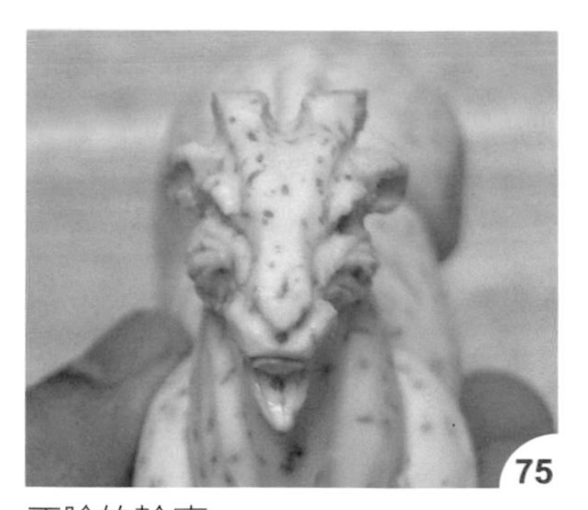

正臉的輪廓。

頭部右側的特寫。

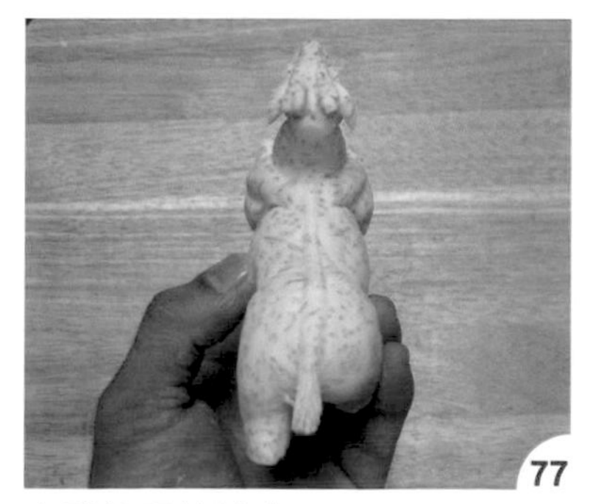

身體後視的輪廓。

身體右側的特寫。

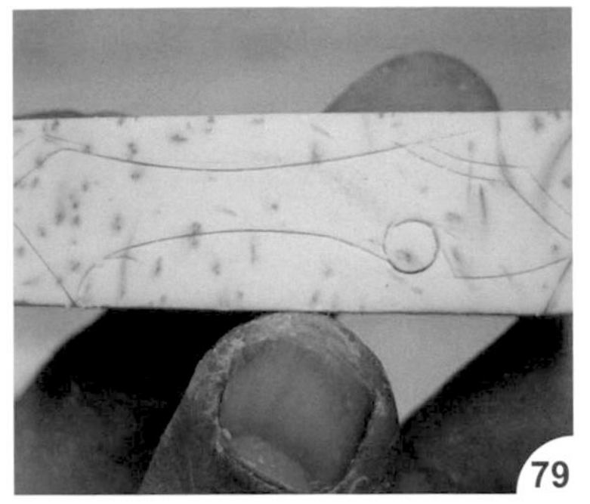
79
依比例切取四片芋頭，按部位圖畫出右前腳線條。

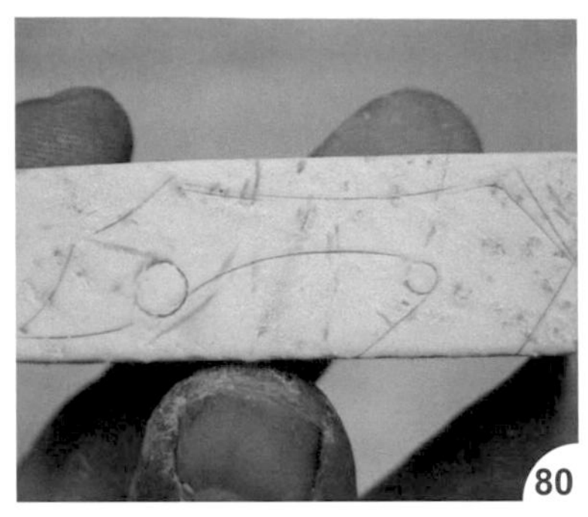
80
畫出左前腳線條。

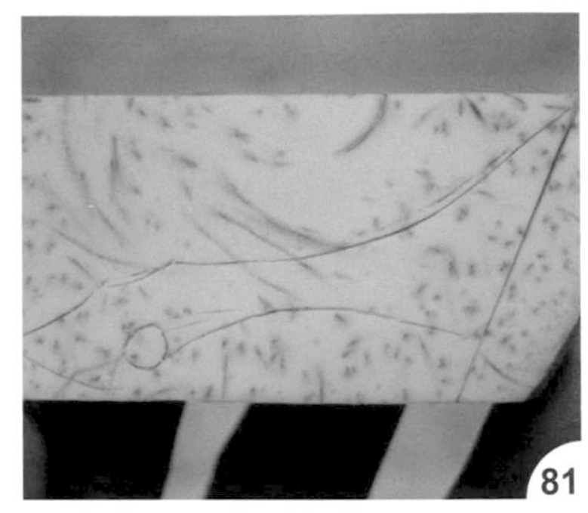
81
畫出左後腳線條。

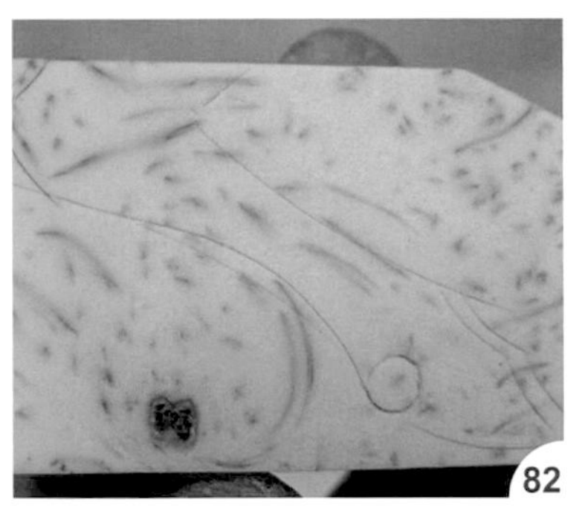
82
畫出右後腳線條。

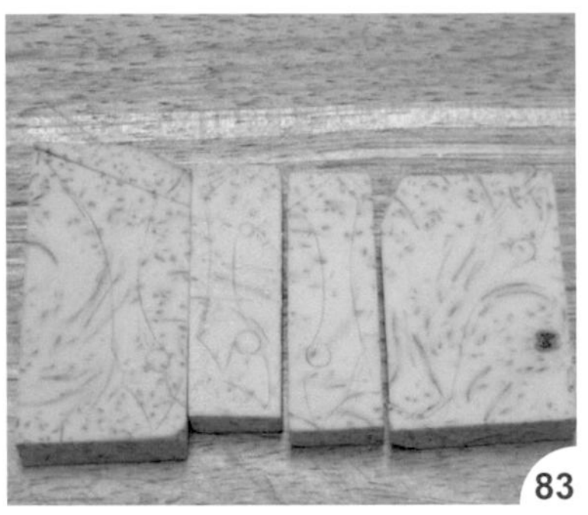
83
畫出四支羊蹄。

84
依左前腳線條刻出腳蹄。

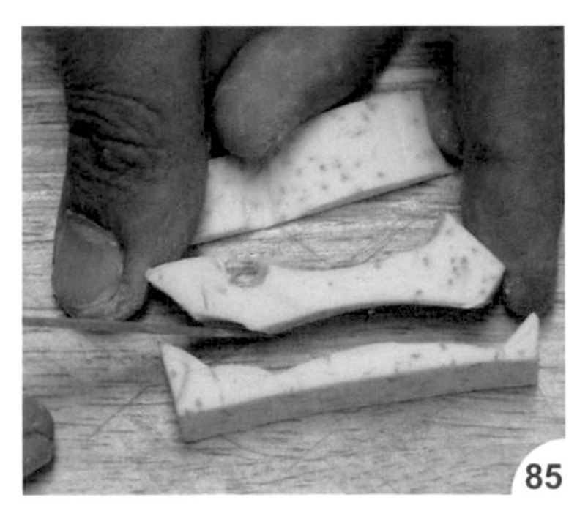
85
再刻出右前腳。

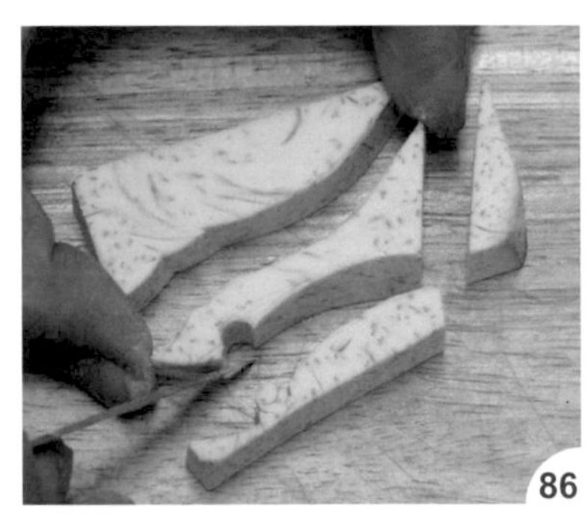
86
刻出左後腳。

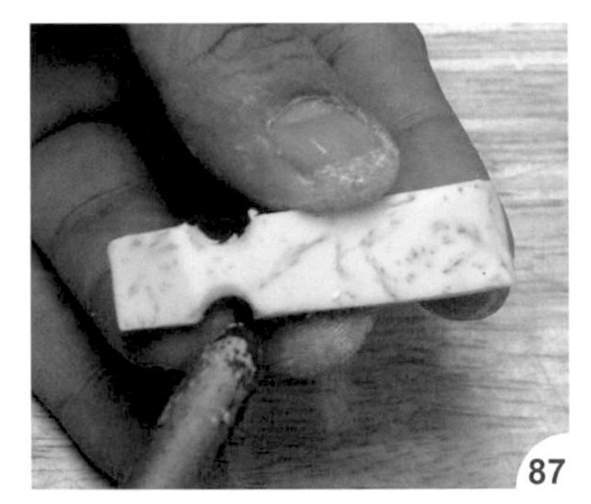
87
用中圓槽刀刻出關節處。

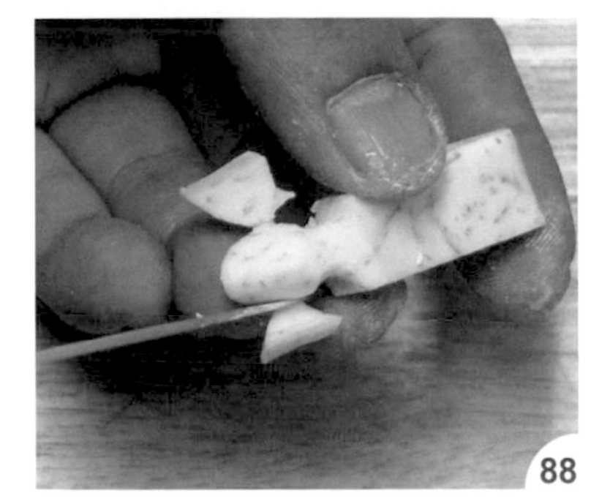
88
往左右兩側修出羊蹄。

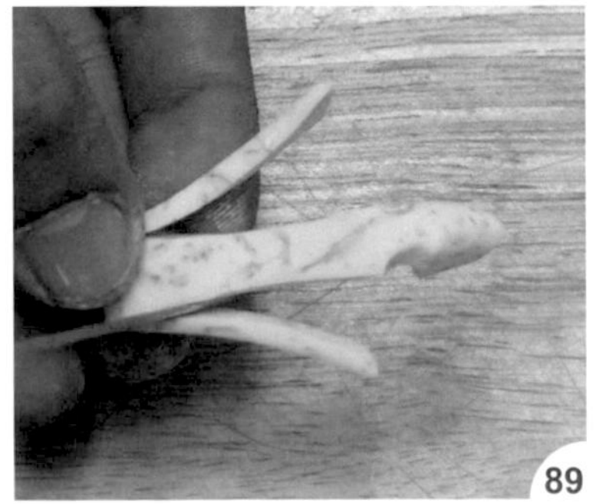
89
把腳骨的粗細刻出。

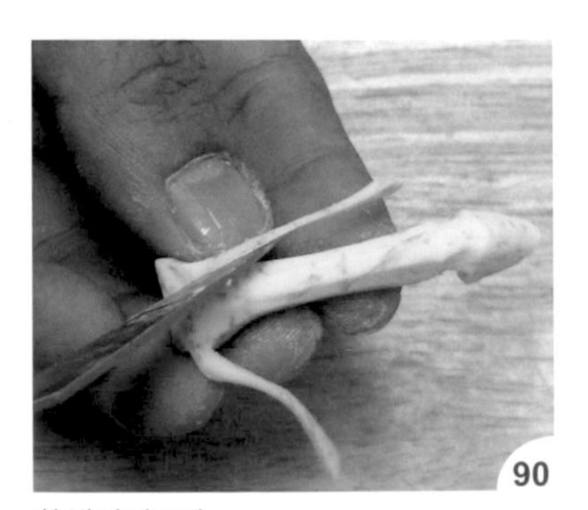
90
將邊角切除。

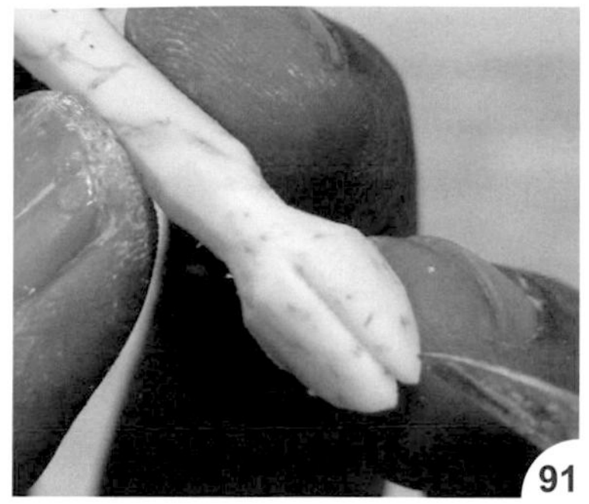
把羊蹄前端再對半切開。

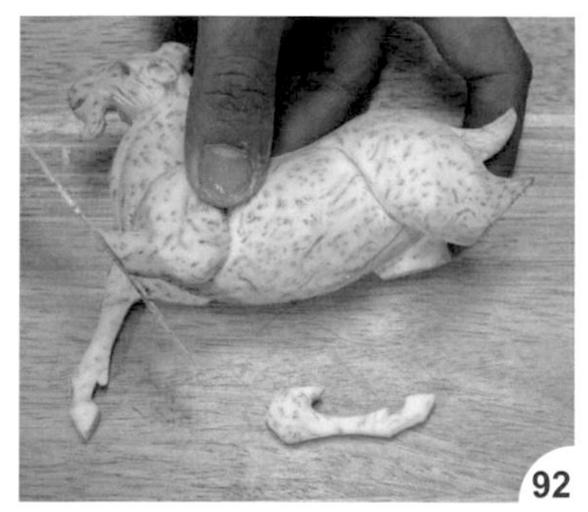
將黏接處切平整後再用三秒膠接上前腳。

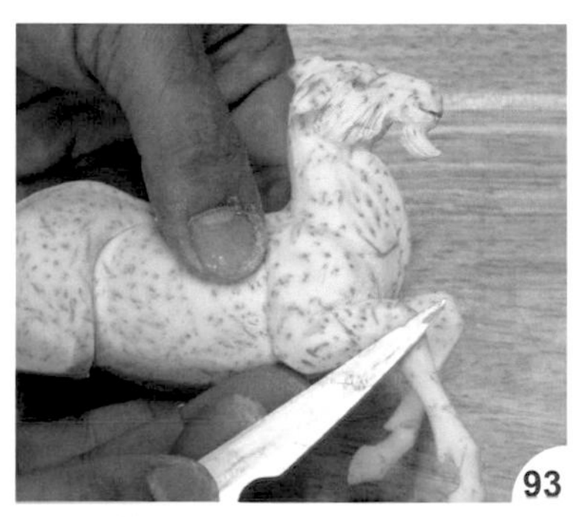
修順黏接處，使其看不出接縫痕。

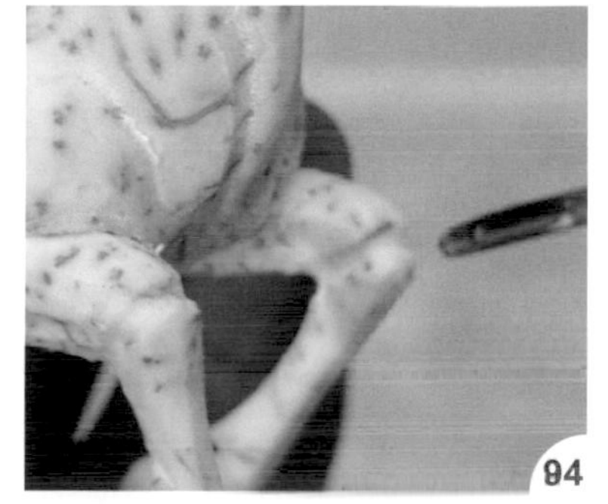
用小圓槽刀把關節處刻出。

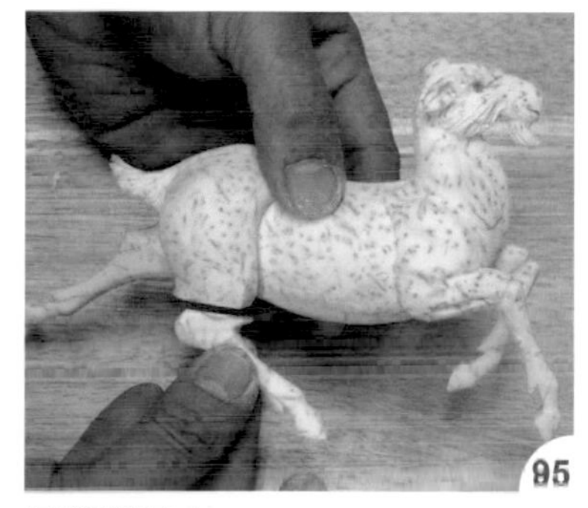
把後腳接上。

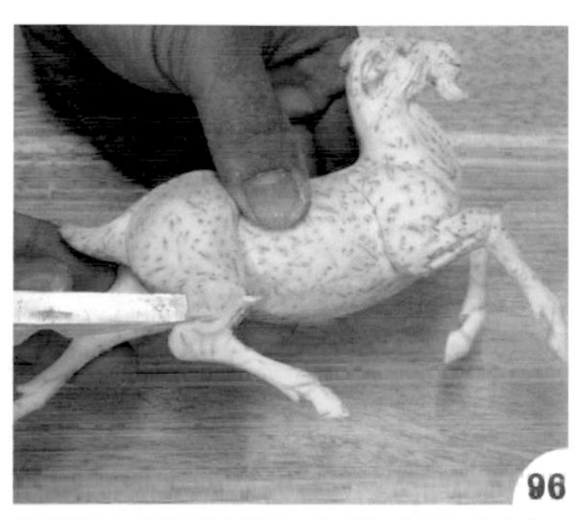
把黏接處再修順，切除多餘廢料。

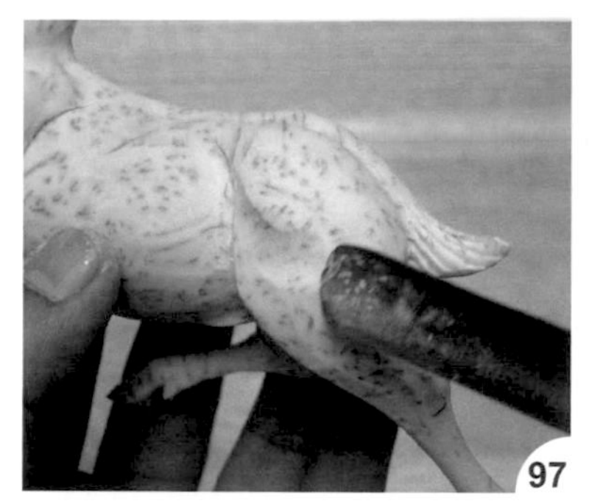
用大圓槽刀把後腿肌肉刻出。

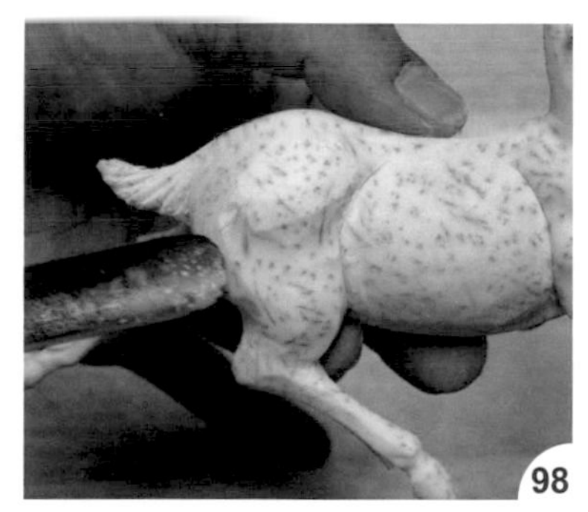
凹槽可以大一點。

完成腳部黏接修飾。

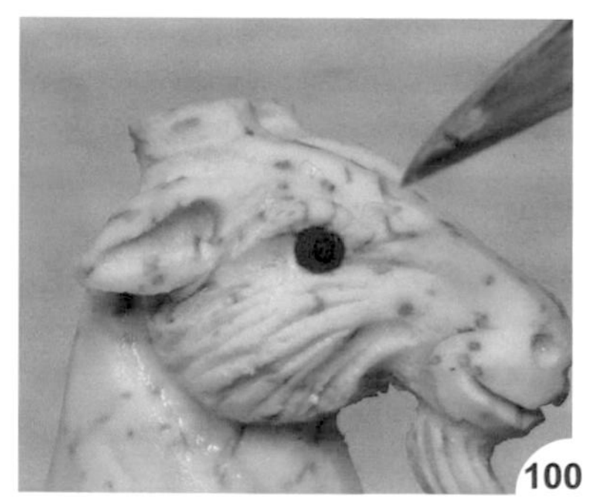
用南瓜刻出眼睛後裝上（參 p.92 作法 70 ~ 72）。

依比例切取羊角材料。

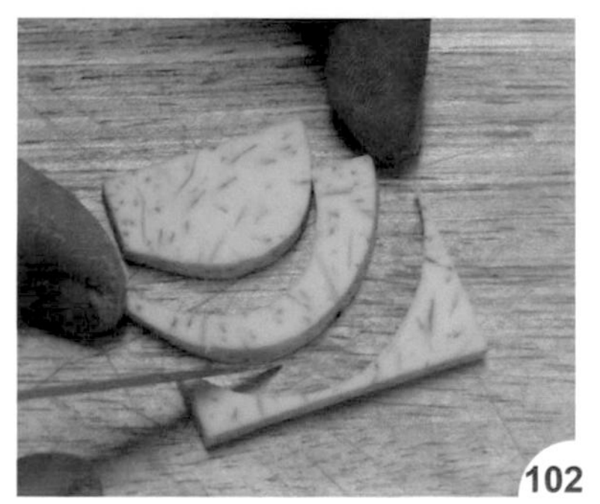
依線條刻出羊角。

修除邊角。

刻出羊角凹槽的紋路。

將刻好的羊角黏上頭部。

如圖完成山羊雕刻。

可再刻製底座，讓作品更有氣勢。

山羊成品圖。

梅花鹿

▸材　料

芋頭 3 條、南瓜 1 小塊

▸工　具

西式切刀、雕刻刀、槽刀組、三秒膠

▸取 材 比 例

高：長：寬＝1：1 又 3/4：3/5，如果身高 1 是 9 公分，長 1 又 3/4 就是 15.75 公分，寬 3/5 就是 5.4 公分

※ 芋頭要挑選大條圓胖形，會比較好操作

・ 示意圖

A. 側視圖

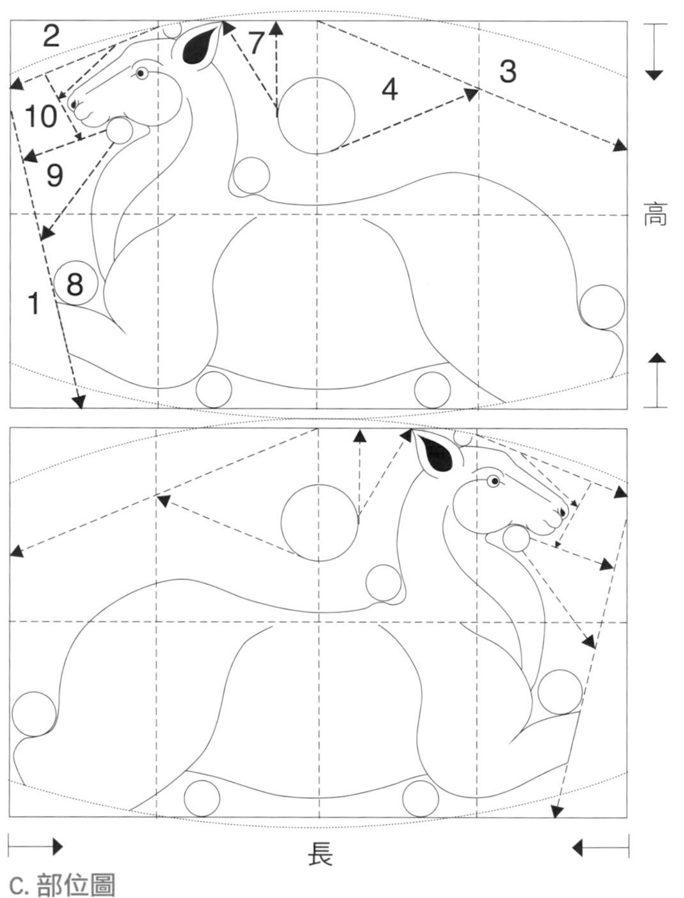

B. 俯視圖

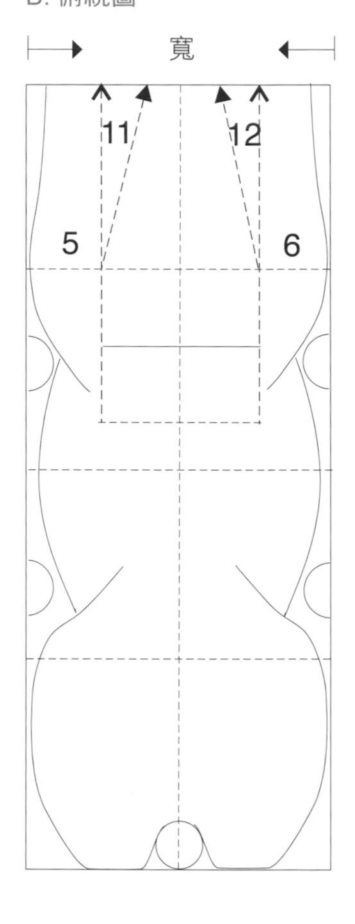

C. 部位圖

❶左右前腳（比例為高：長＝ 3/4：1/4）X2 支

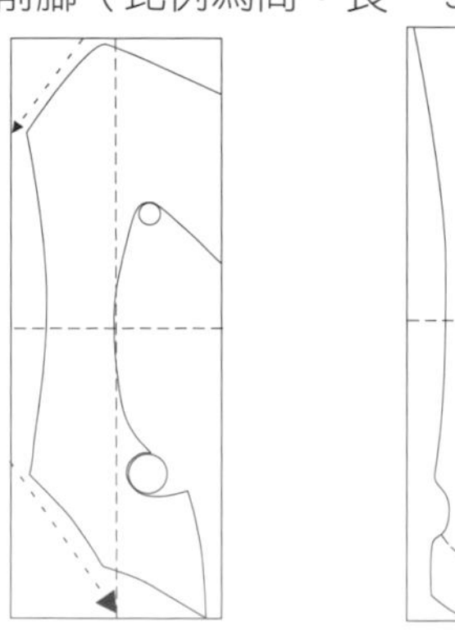

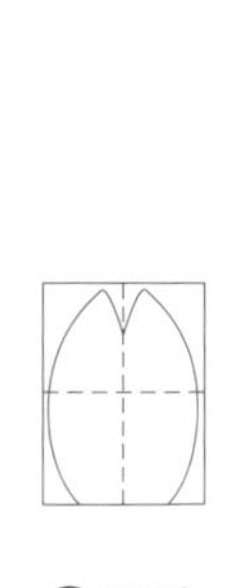

❷前腳粗細圖　❸腳蹄

❹左右後腳（比例為高：長＝ 4/6：5/6）X2 支

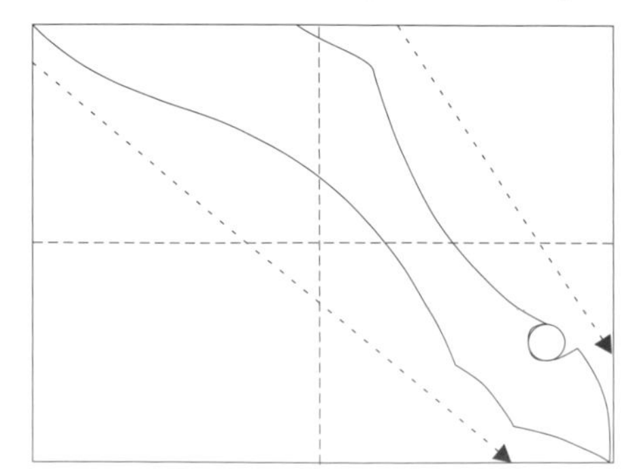

❺鹿尾

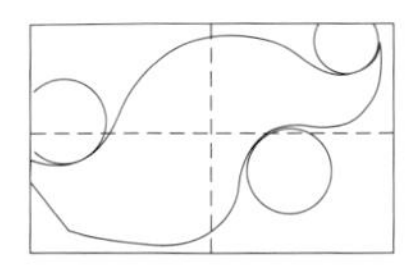

❻鹿角（比例為高：長＝ 1/2：3/5）X2 支

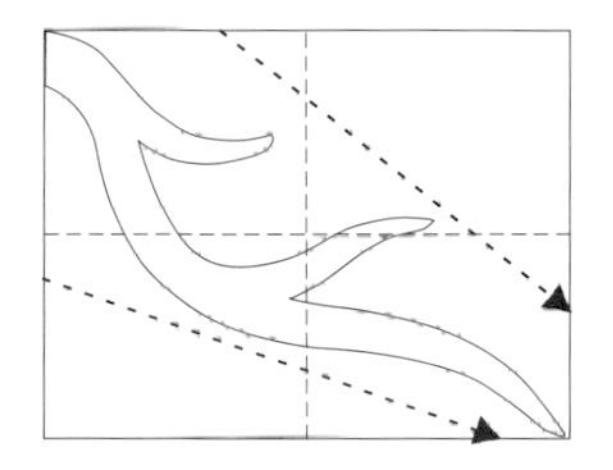

D. 流線動勢圖

· 作法

將芋頭依取材比例用西式切刀切取身體大小。

依側視圖切除前腳的斜線（側視圖 A1、A2）。

切除背部的斜線（側視圖 A3）。

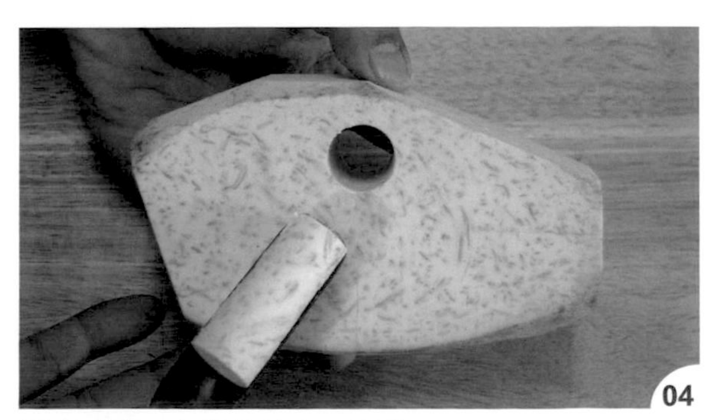

用大圓槽刀在背部挖出一圓孔。

把背部的廢料切除（側視圖A5）。

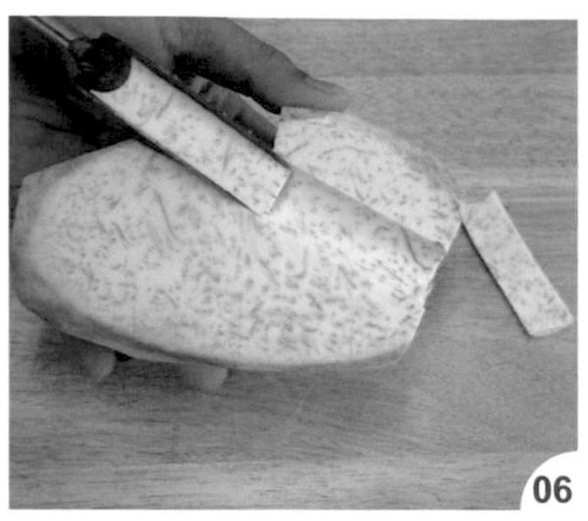

再用大圓槽刀在脖頸部兩側刻出凹槽。

依俯視圖 B5、B6 切出頭部的寬度。

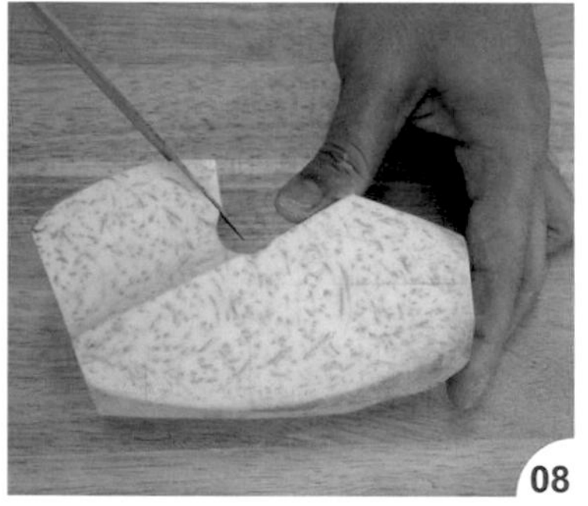

把頭部後方的斜度切出（側視圖A7）。

分出前腳的高度（側視圖 A8）。

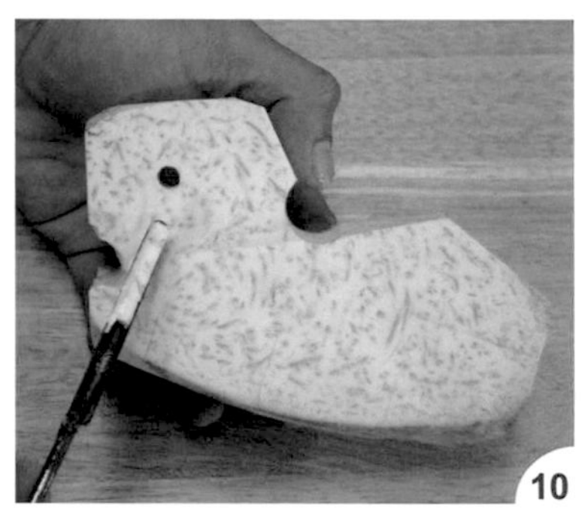

用小圓槽刀把下巴的小圓刻出。

切除下巴的廢料（側視圖 A9）。

切出頭部的長度（側視圖A10）。

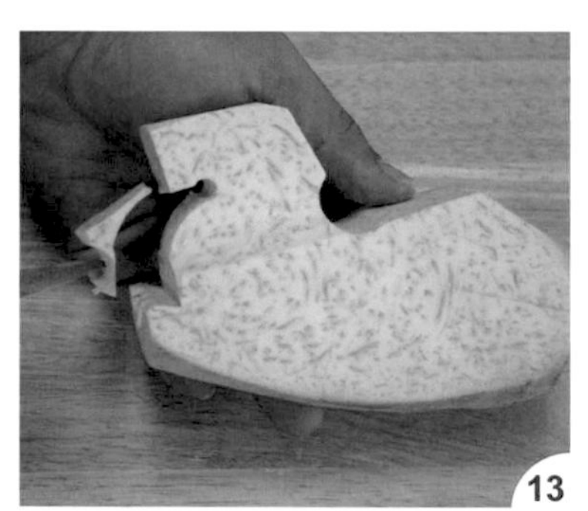

把前頸部線條刻出。

切除頭部左右兩側，定出頭形（側視圖 B11、B12）。

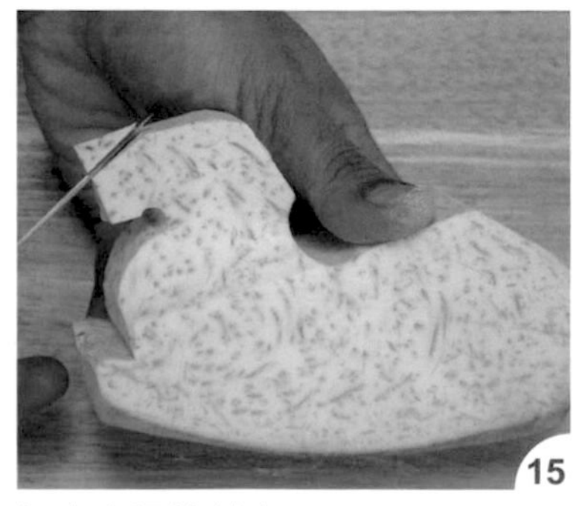

切出鼻梁的斜度。

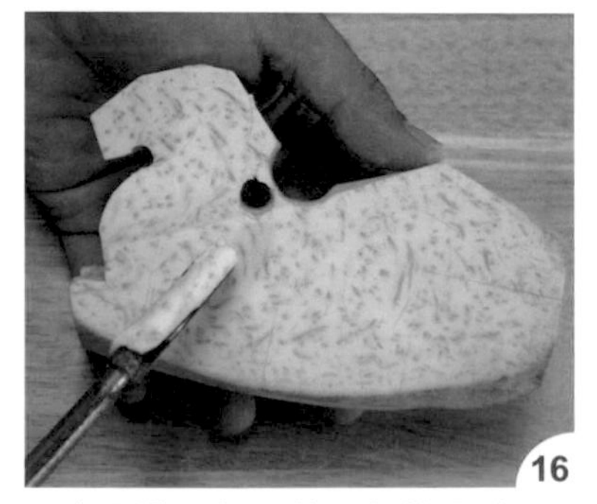

用中圓槽刀刻出後頸部的圓孔。

把後頸線條刻出。

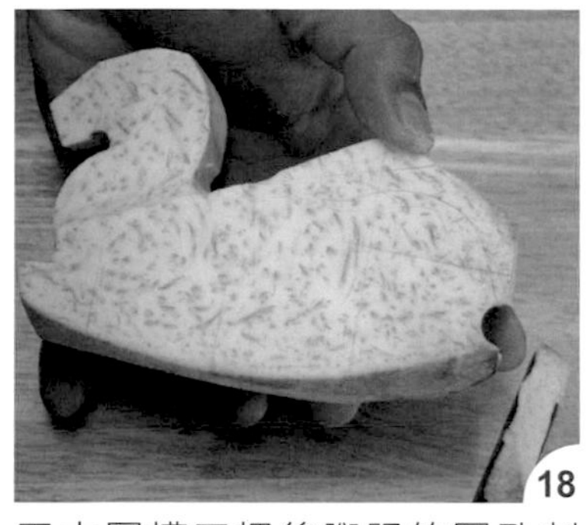

用中圓槽刀把後腳跟的圓孔刻出。

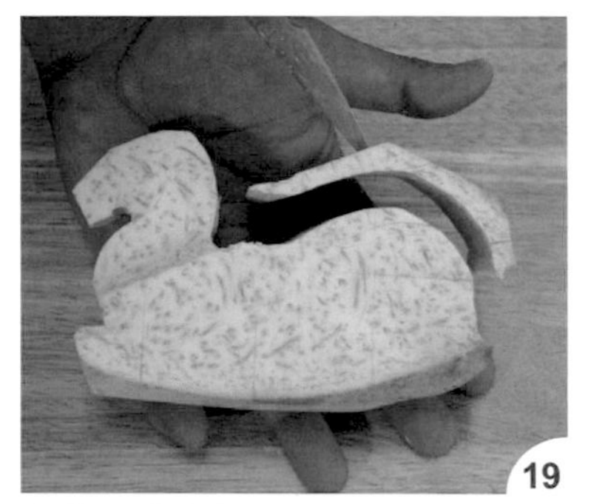

把背部線條刻出。

將背部的表面再修順一點。

在底部刻出一個凹槽，分出左右兩側。

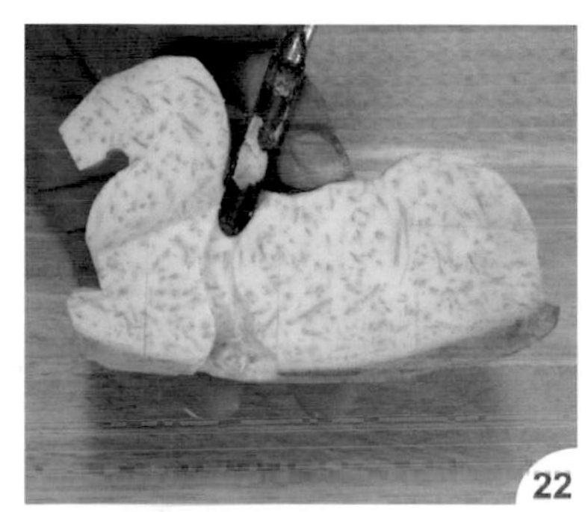

把左側的前腳後線條刻出。

再把後腳前線條刻出。

換邊，把右側的前腳後線條刻出。

再把後腳前線條刻出。

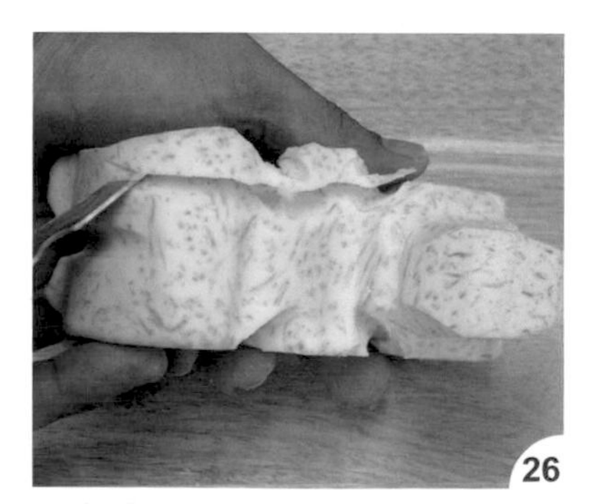

把身體的左上側邊角切除。

再切除右上側邊角。

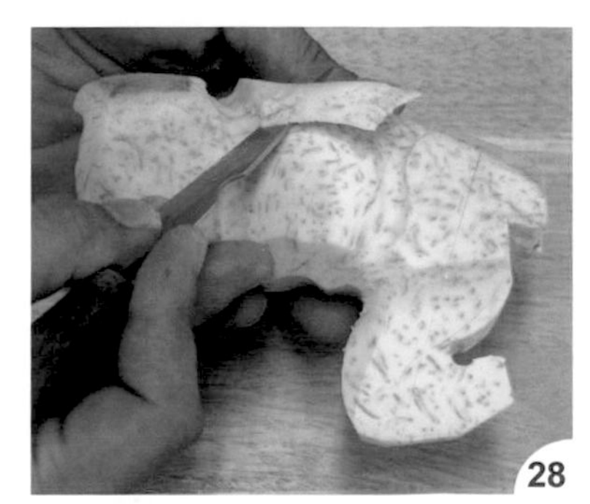

切除左下肚子的邊角。

再切除右下肚子的邊角。

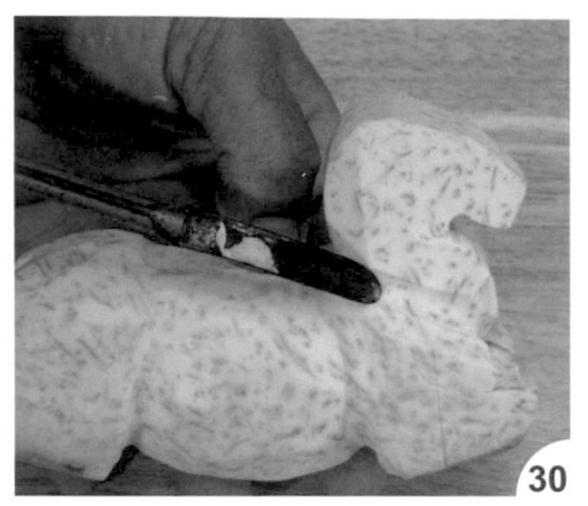

刻出右側肩頸線條。

再將左側肩頸線條刻出。

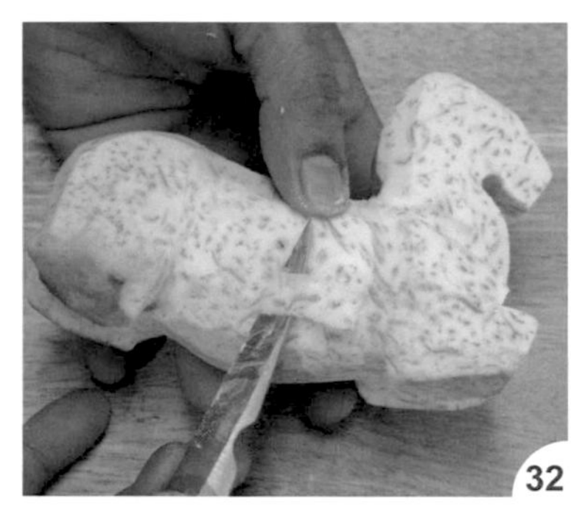

把肚子修平順一些。

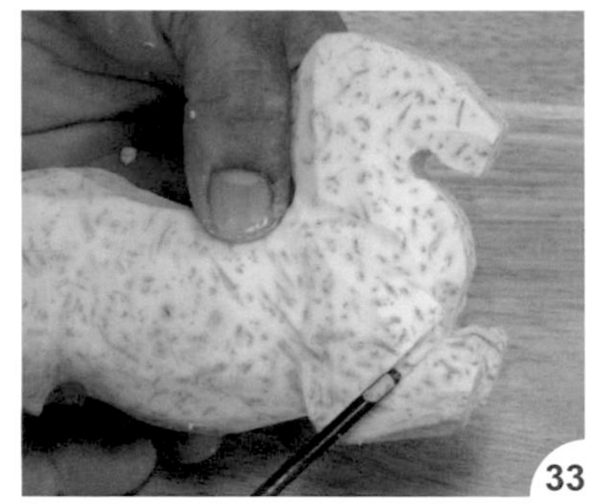

把前腳線條再刻明顯一點。

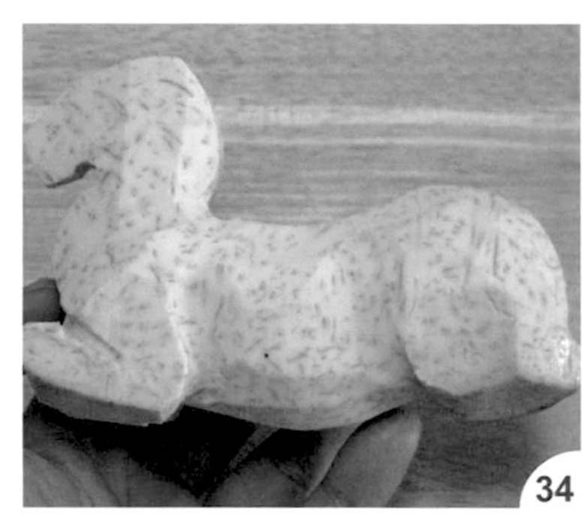

至目前為止，大約的身體雛形。

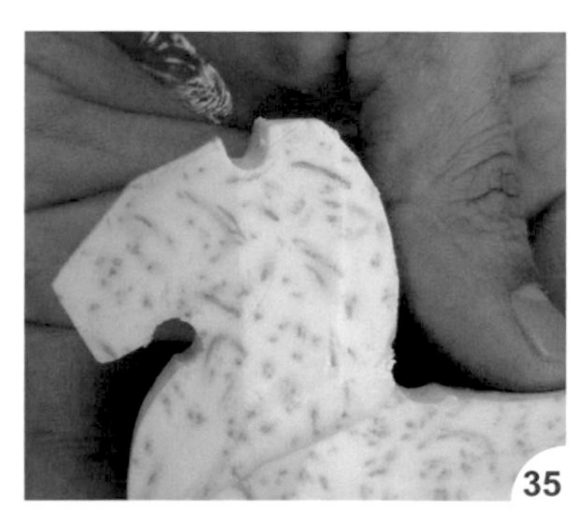

依側視圖，用小圓槽刀把耳朵跟頭部分開。

刻出頭部上線條。

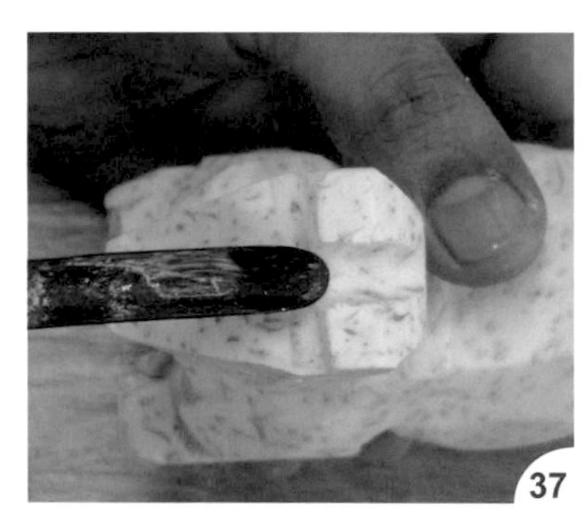

再按俯視圖，用小圓槽刀把耳朵由中間分開。

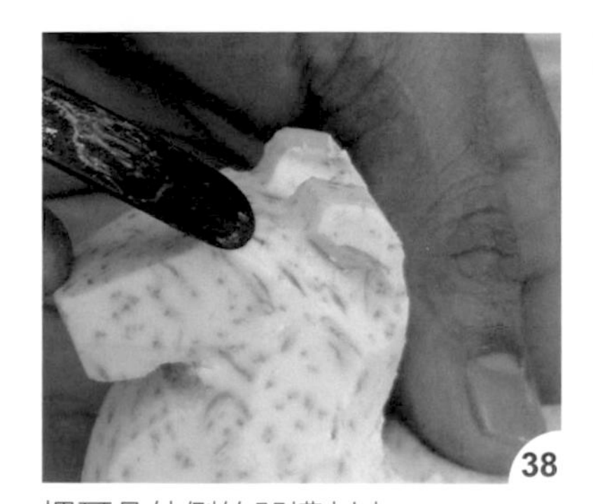

把耳朵外側的凹槽刻出。

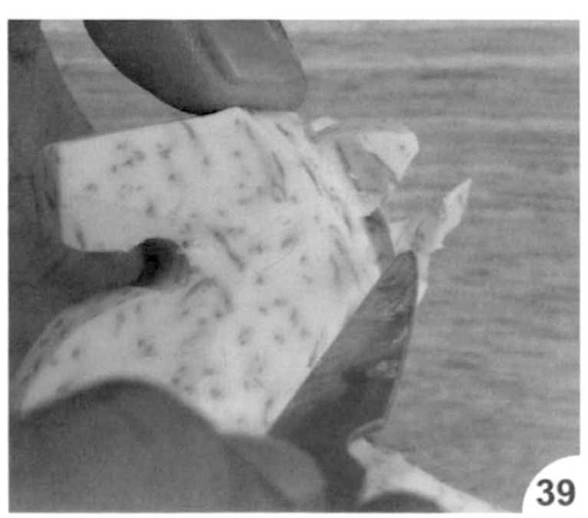

把耳朵形狀刻出。

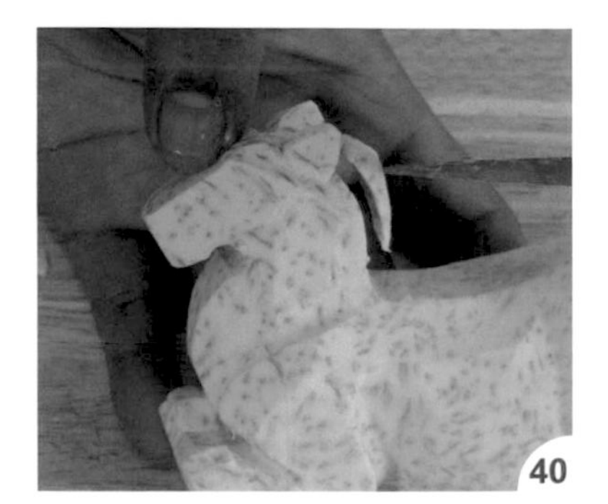

後頸部再切順一些。

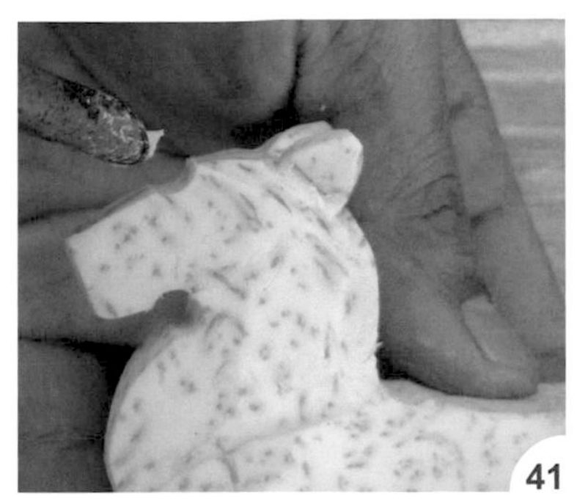

用小圓槽刀把額頭刻出。

把鼻梁兩側刻瘦。

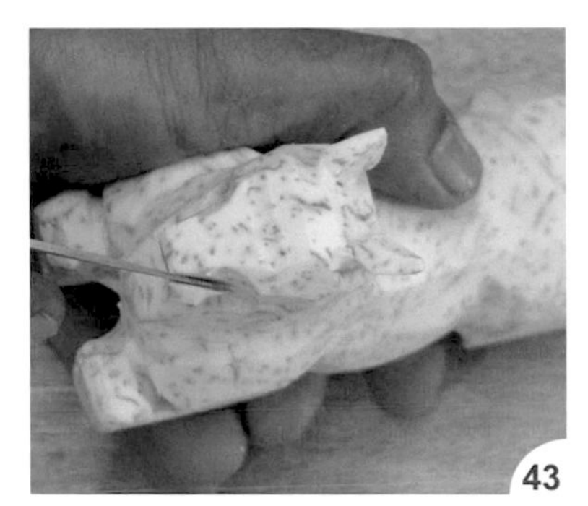

切出鼻部寬度。

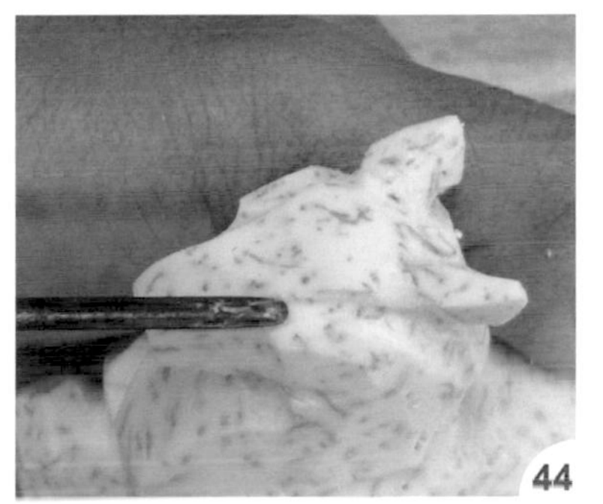

把眼線刻出。

再把臉頰弧度刻出。

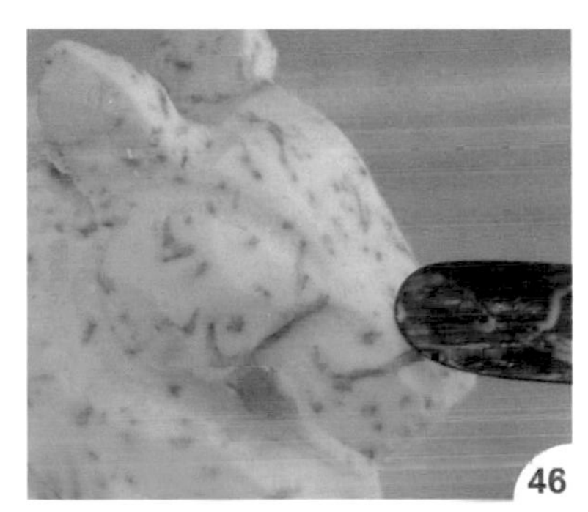

刻出臉頰弧線。

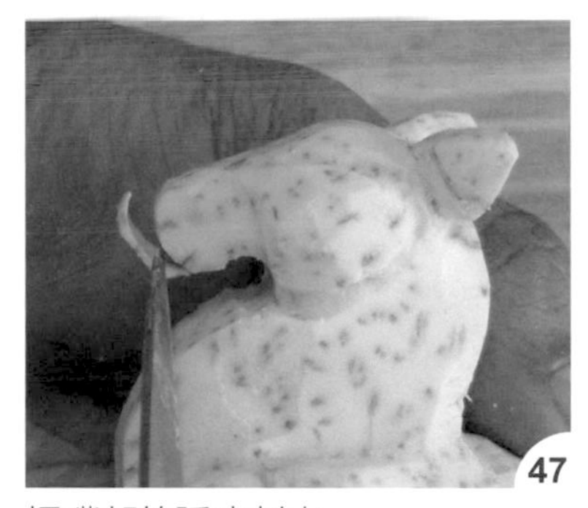

把嘴部的弧度刻出。

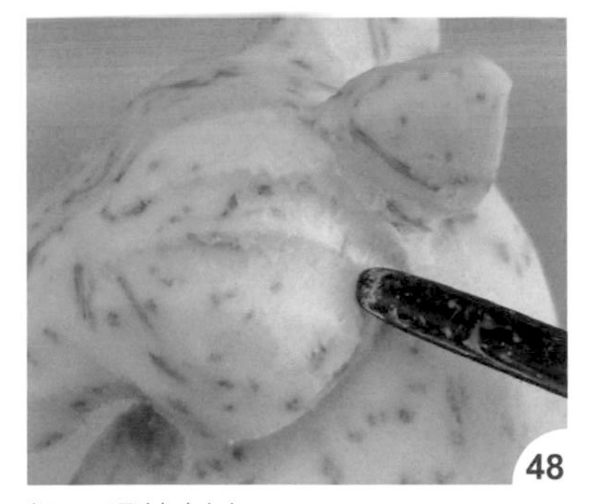

把下眼線刻出。

把耳朵中間挖空，形成耳廓。

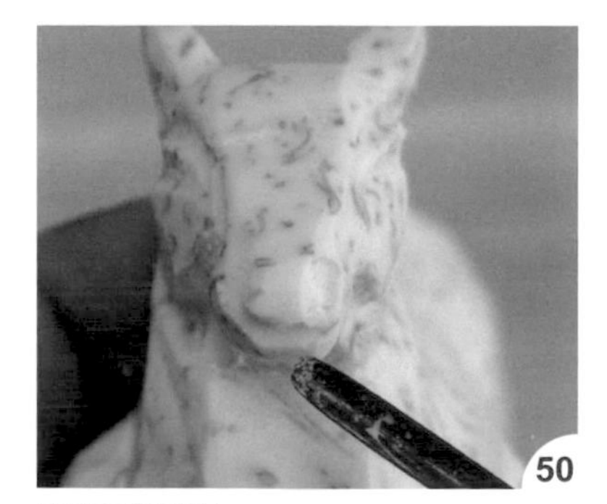

把鼻頭刻出。

用小圓槽刀刻出鼻梁。

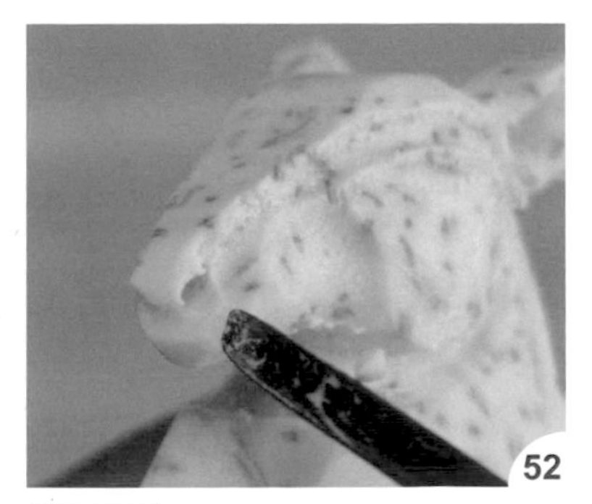

挖出鼻孔。

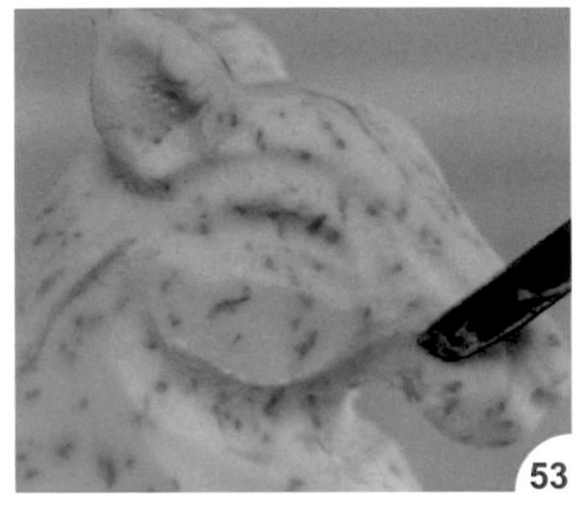

把臉頰下線條再刻明顯一些。

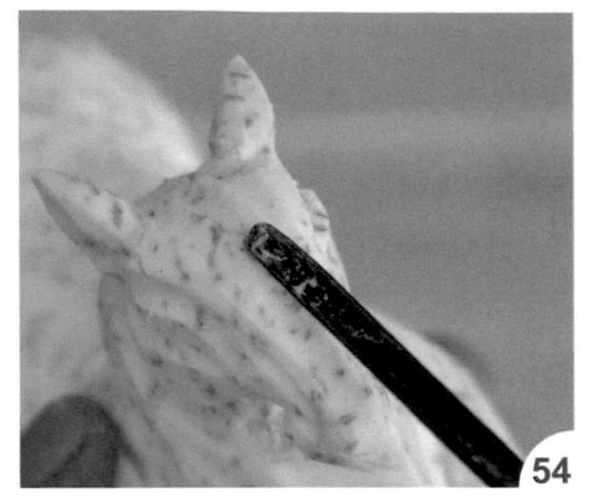

刻出頭頂中間的凹槽。

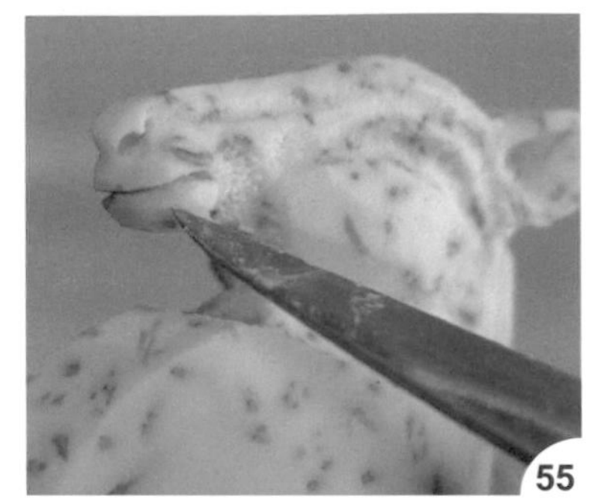

刻出嘴巴線條。

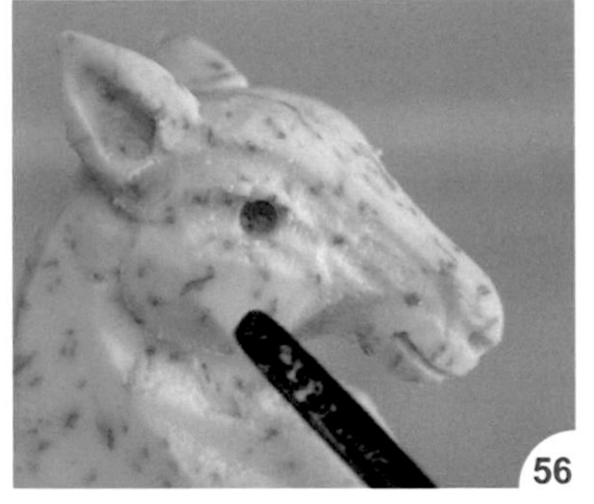

挖出眼睛的位置。

接著把後頸再修平順。

修飾前頸部的弧度。

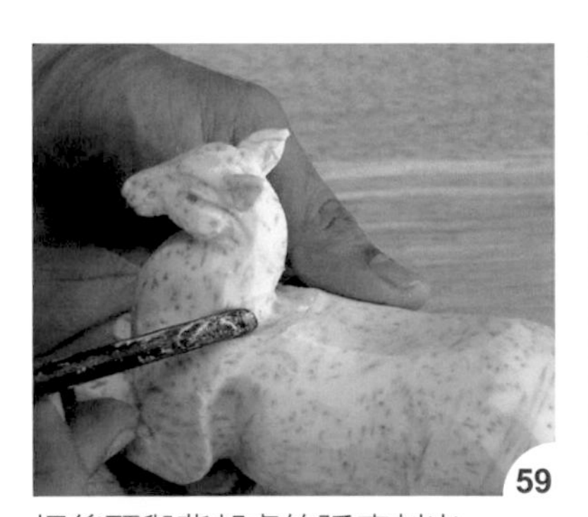

把後頸與背部處的弧度刻出。

把右頸胸的線條刻出。

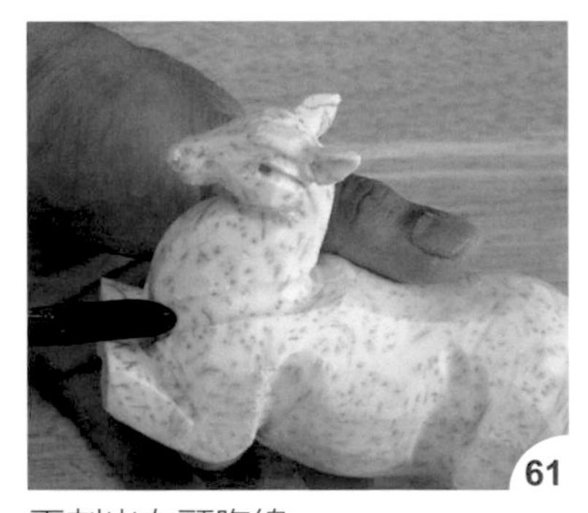

再刻出左頸胸線。

把背部肩胛骨刻出。

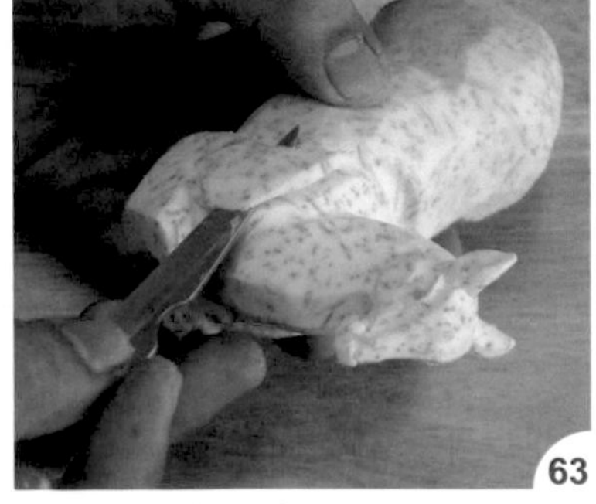

前腳再切瘦一點。

把背部再修到定位。

刻出頸部的加強線條。

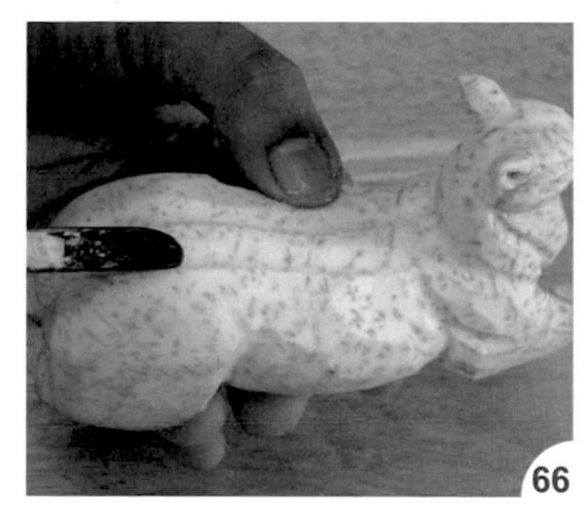

把背部脊椎刻出。

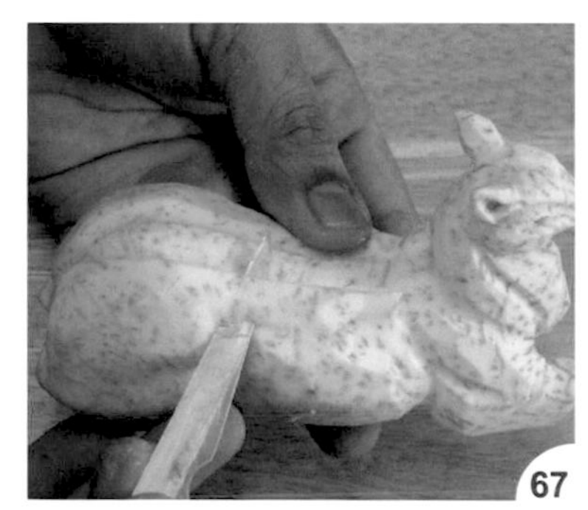

將脊椎側邊的廢料切除。

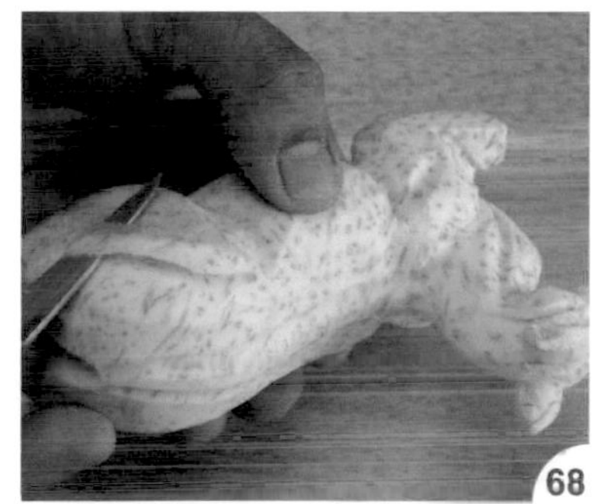

修飾大腿弧度。

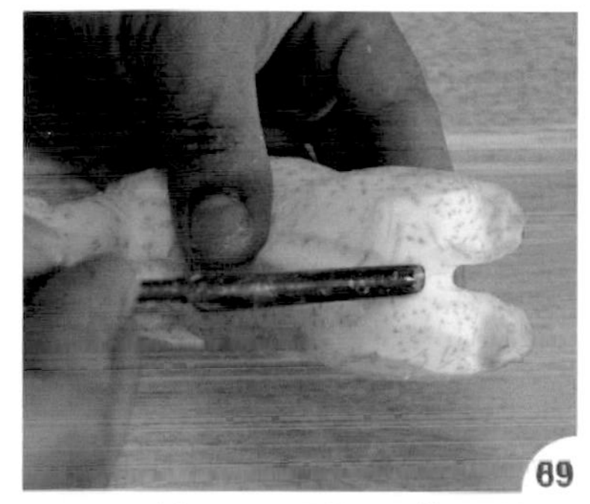

用小圓槽刀把屁股及後腿端分開。

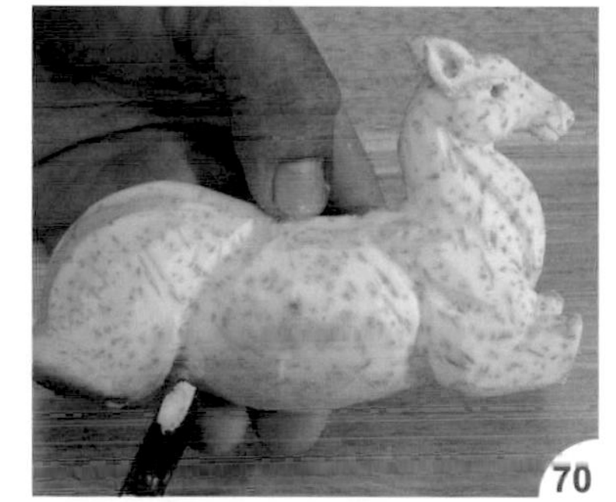

將後腿前線條再刻深一點。

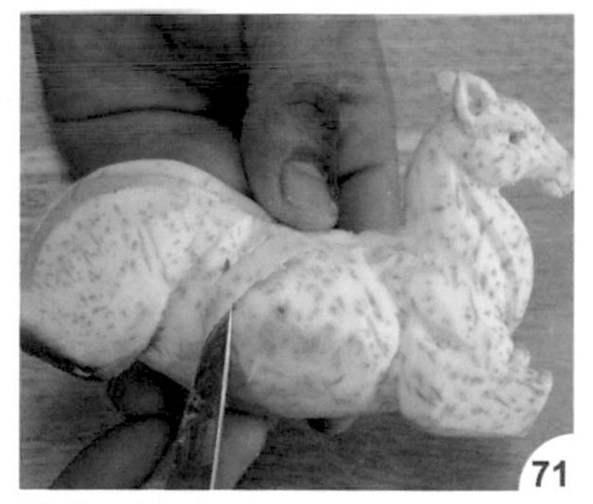

接著再把肚子修圓弧一些。

最後用 V 型槽刀再把腿部線條加強刻深，完成身體部分。

身體俯視完成圖。

左側身體完成圖。

右側身體完成圖。

依比例切取四片芋頭，按部位圖將四隻腳的線條畫出。

腳部取材範例。

刻出前腳線條。

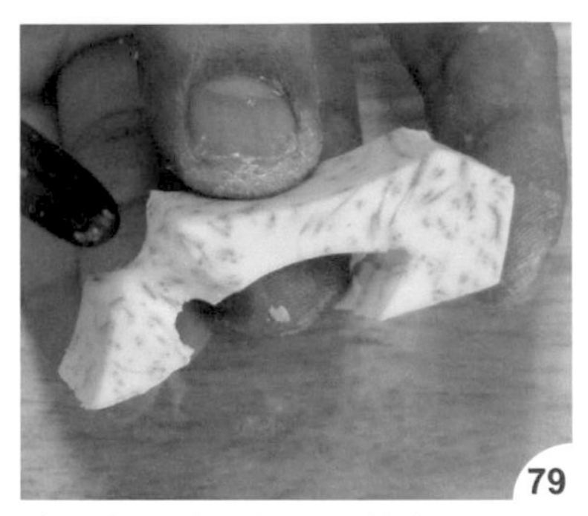

先用中圓槽刀刻出關節處。

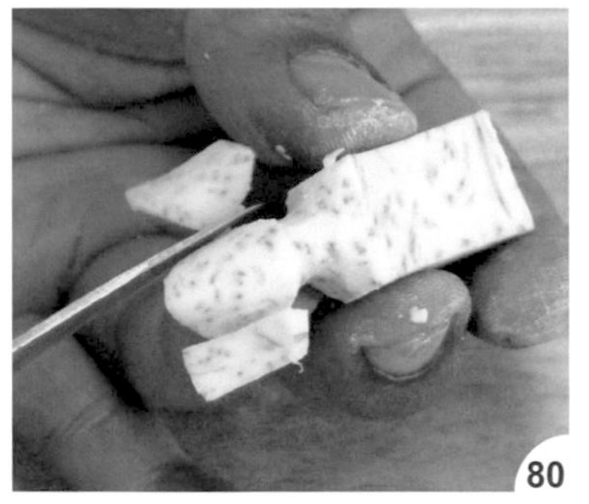

往左右兩側修出鹿蹄。

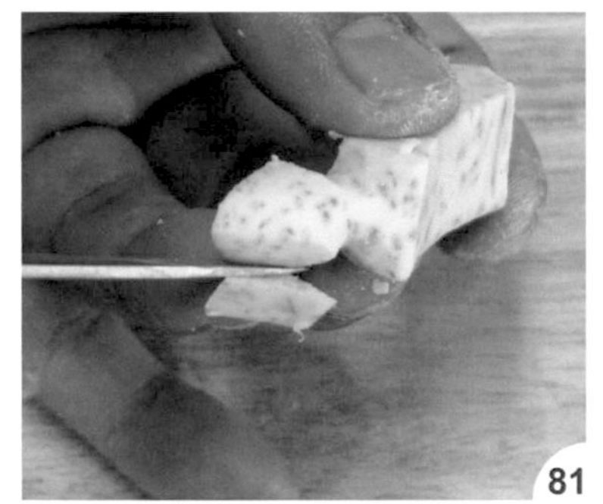

修飾鹿蹄的弧度。

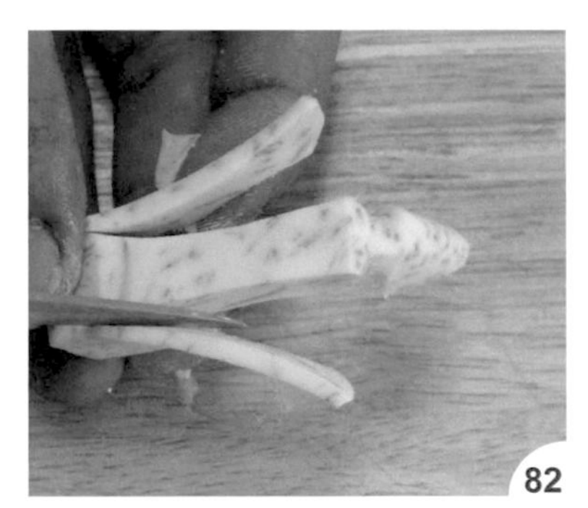

把腳骨的粗細刻出。

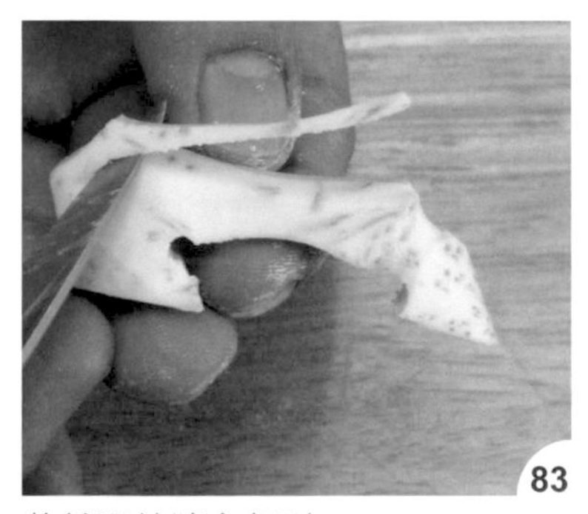

將前腳的邊角切除。

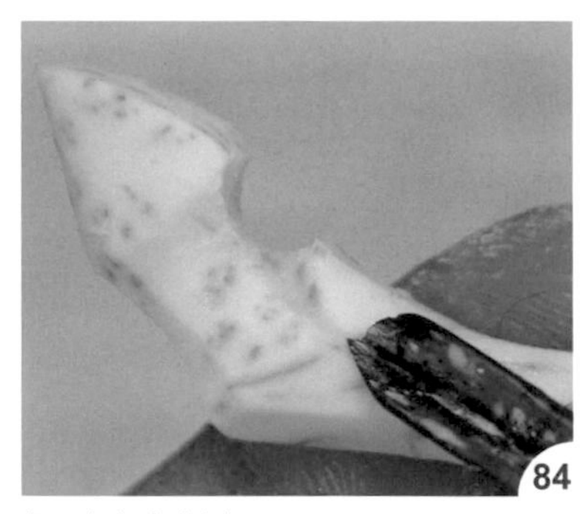

把副蹄尖刻出。

由中間刻一刀，分出兩個小副蹄。

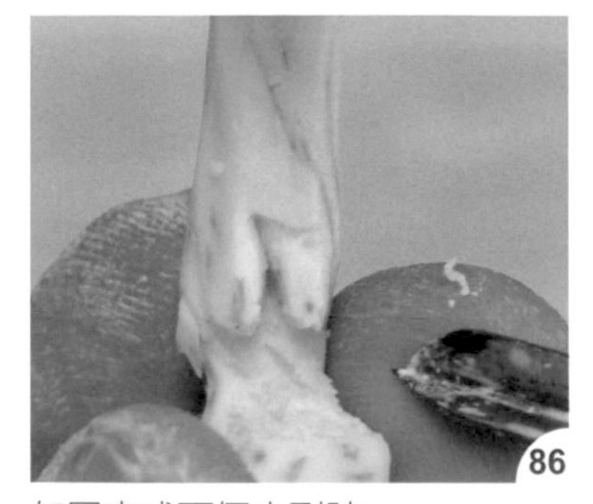

如圖完成兩個小副蹄。

把鹿蹄前端再對半切開。

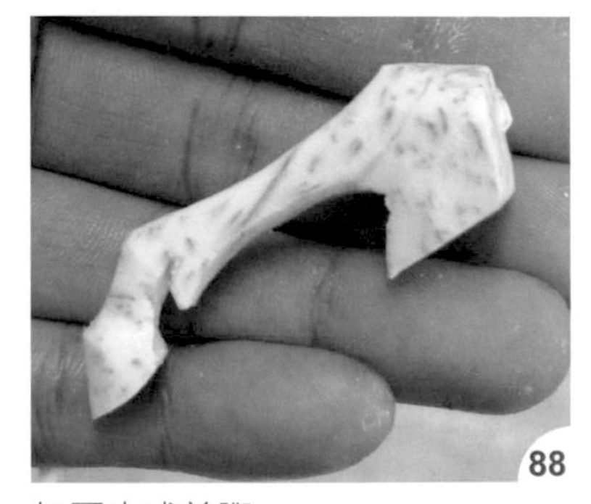

如圖完成前腳。

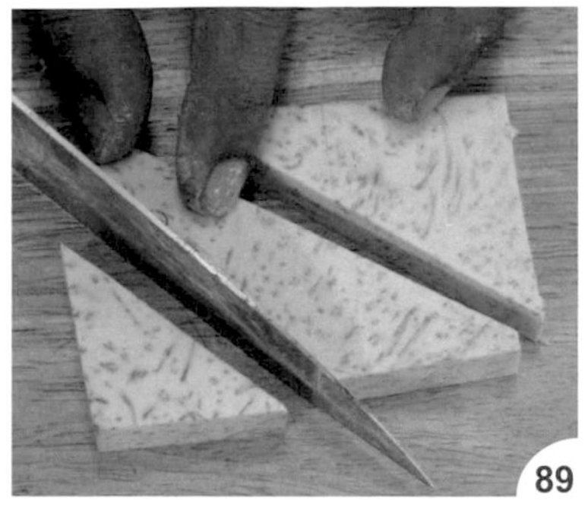

切取後腳的材料外形。

依腳部線條刻出後腳。

先用中圓槽刀刻出關節處。

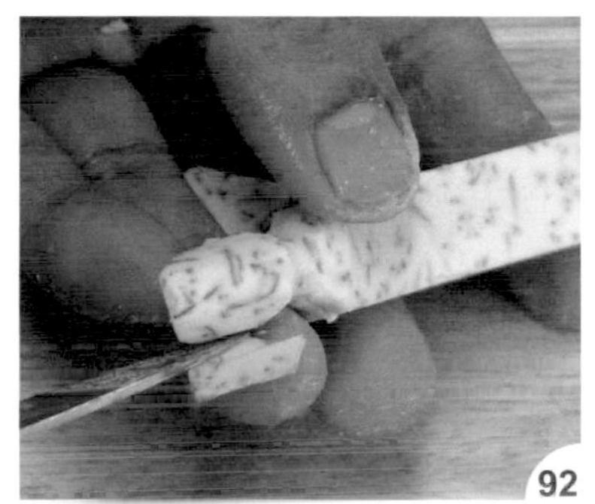

往左右兩側修出鹿蹄。

把腳骨的粗細刻出。

將後腳的邊角切除。

由中間刻一刀，分出兩個小副蹄。

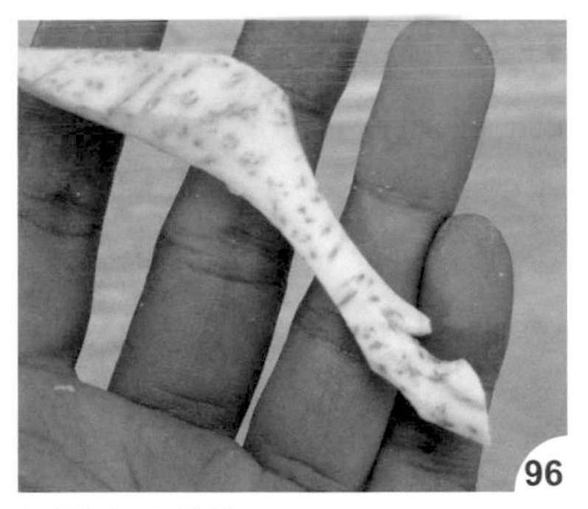

如圖完成後腳。

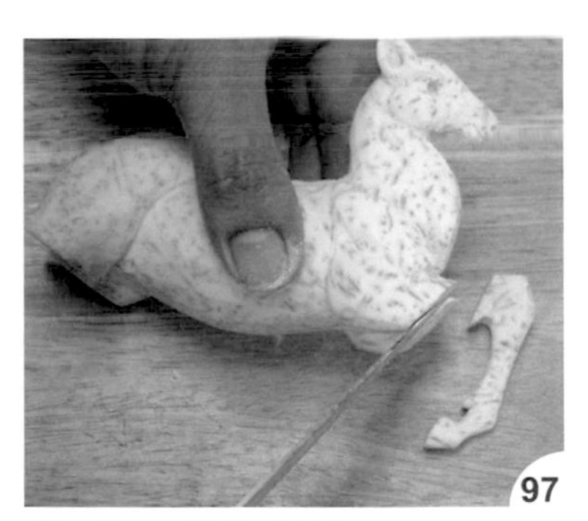

將要黏接處再切平整。

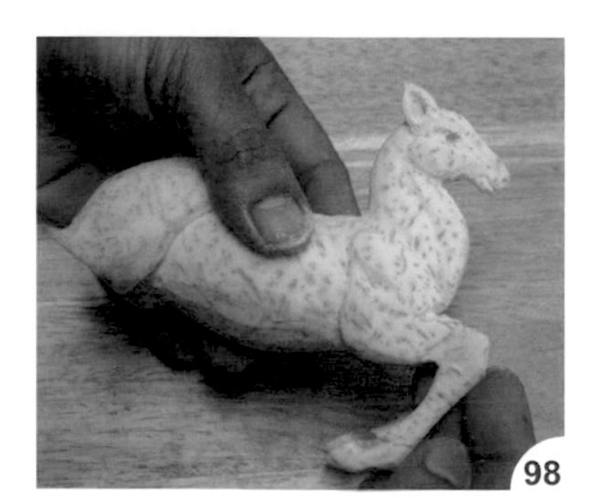

沾三秒膠後，將前腳黏接上去。

把黏接處再修順，比較看不出接縫痕。

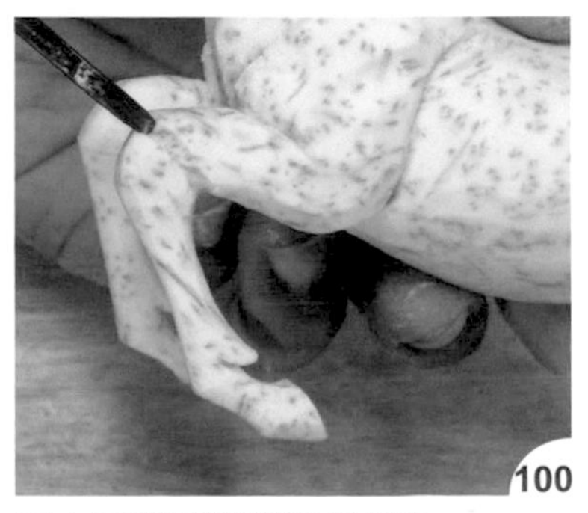

用小圓槽刀把關節處刻出。

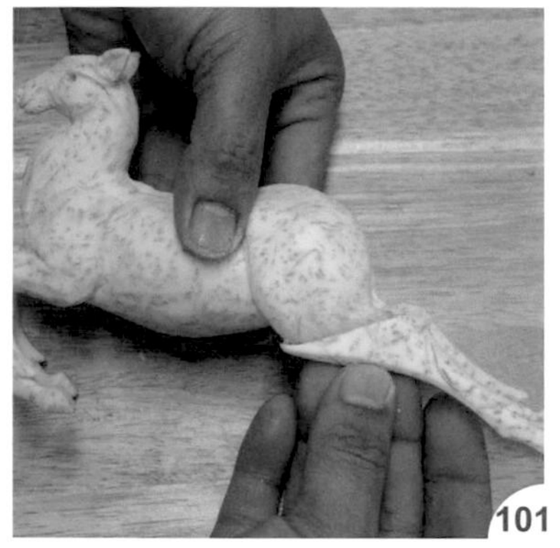

把後腳接上。

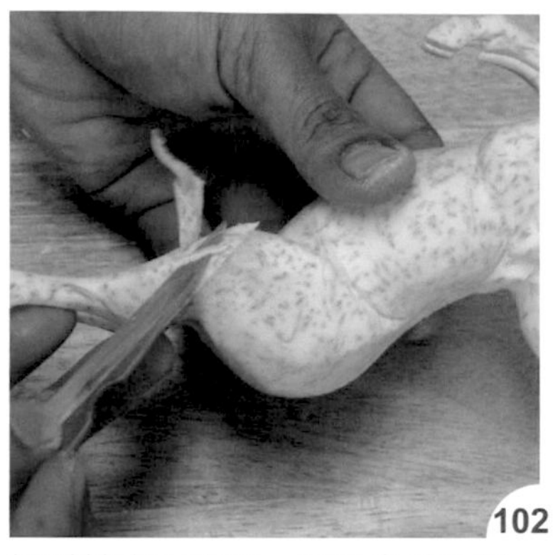

把黏接處再修順，切除多餘廢料。

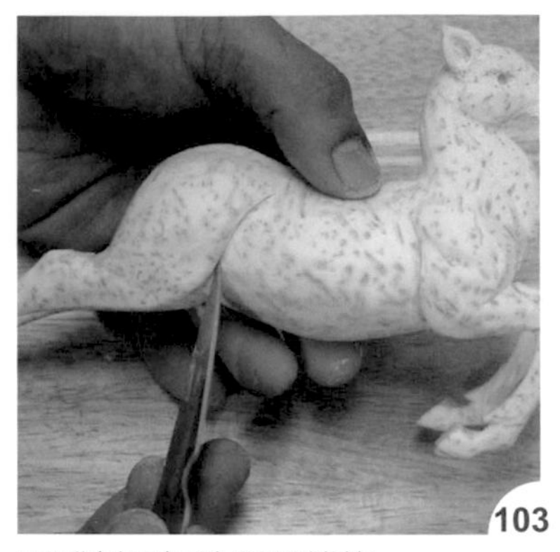

用雕刻刀加強腿部線條。

如圖完成腳部的黏接與修飾。

左側完成圖。

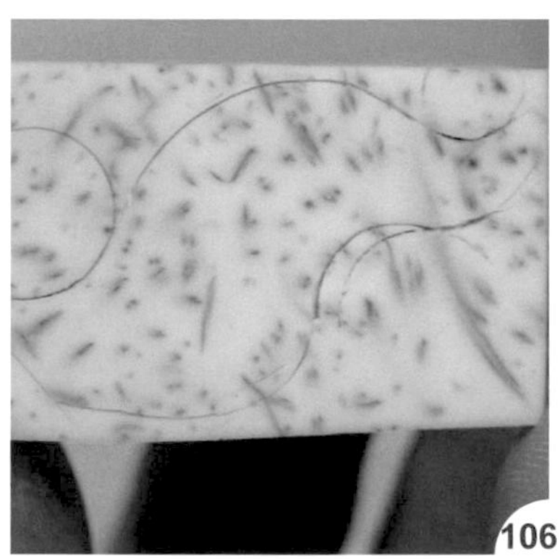

依比例切取尾巴的材料，並畫出線條。

將尾巴刻出。

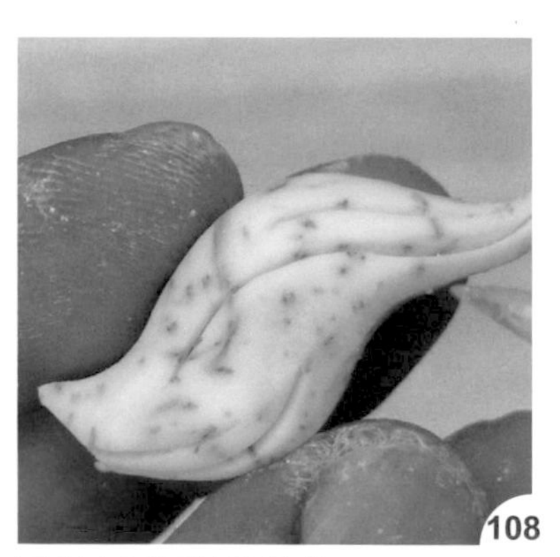

再刻出尾巴紋路線條。

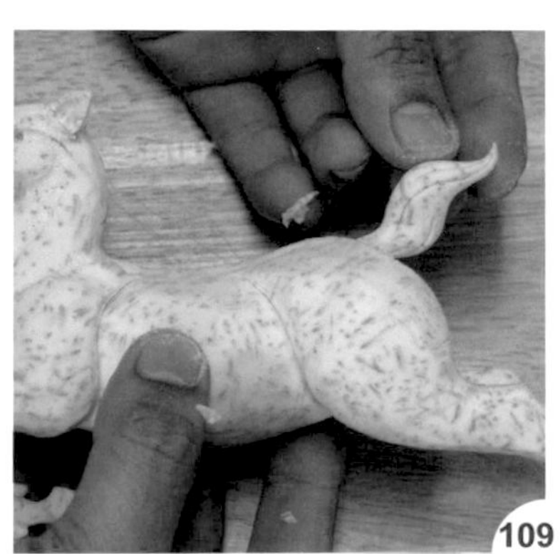

將尾巴黏接上。

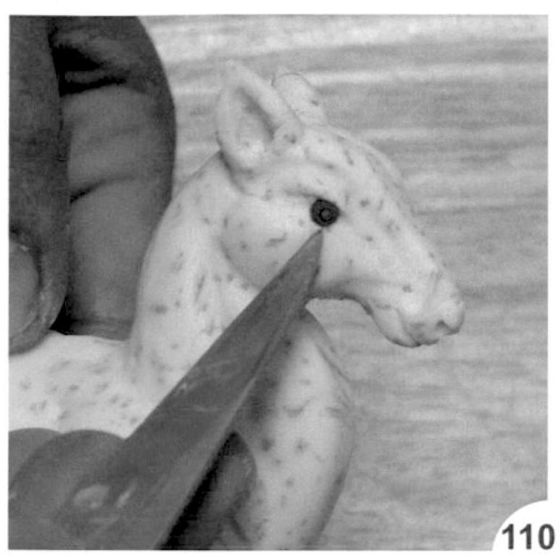

用南瓜刻出眼睛後裝上（參 p.92 作法 70 ~ 72）。

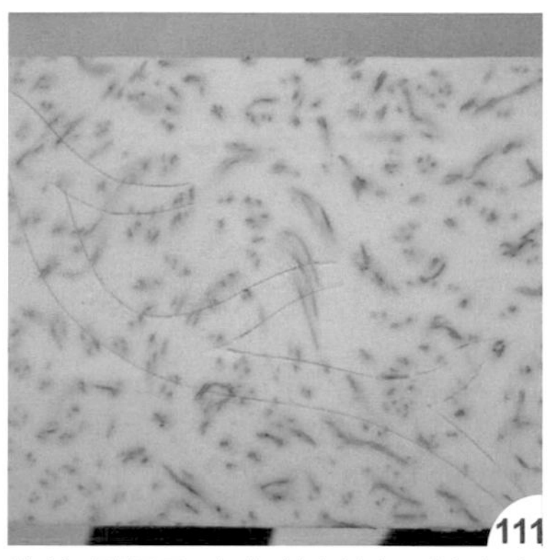

依比例切取鹿角的材料，並畫出線條。

依線條刻出鹿角。

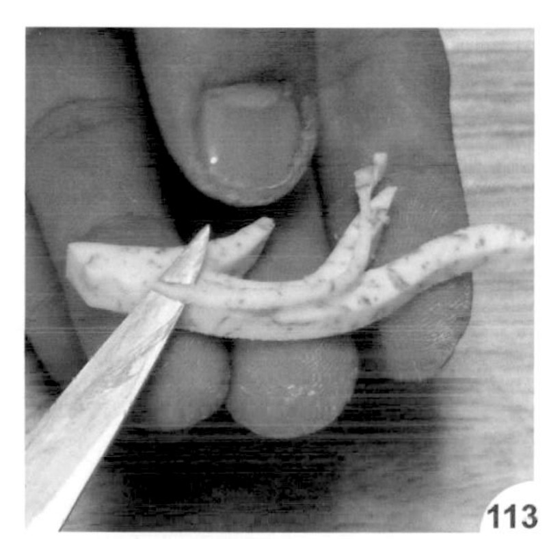

切除邊角呈圓弧狀。

將刻好的鹿角黏接上頭部。

如圖完成梅花鹿雕刻。

可再刻製底座，讓作品更有氣勢。

猴子

▶材　料
芋頭 1 條、南瓜 1 小塊

▶工　具
西式切刀、雕刻刀、槽刀組、三秒膠

▶取 材 比 例
長：高：寬 = 1：1 又 3/5：4/5，此比例以長度為基準，如長度是 9 公分，高 1 又 3/5 就是 14.4 公分，寬 4/5 就是 7.2 公分

※ 芋頭要挑選大條圓胖形，會比較好操作

・ 示意圖

A. 側視圖　❶左側身體

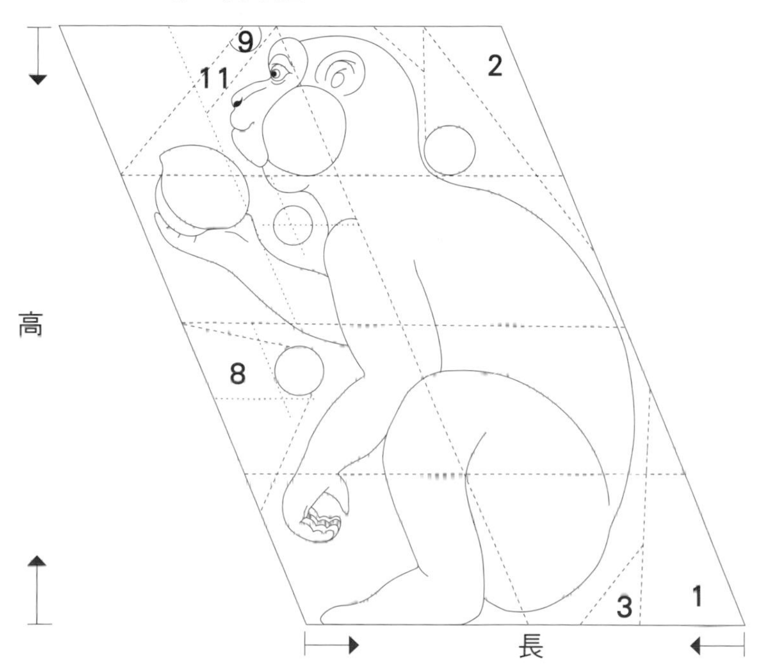

B. 正視圖

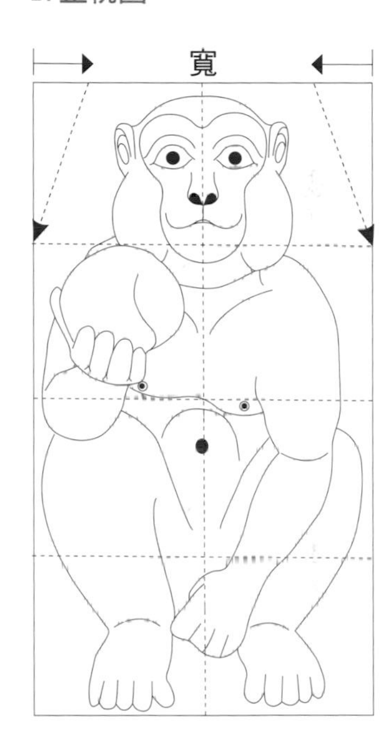

❷右側身體

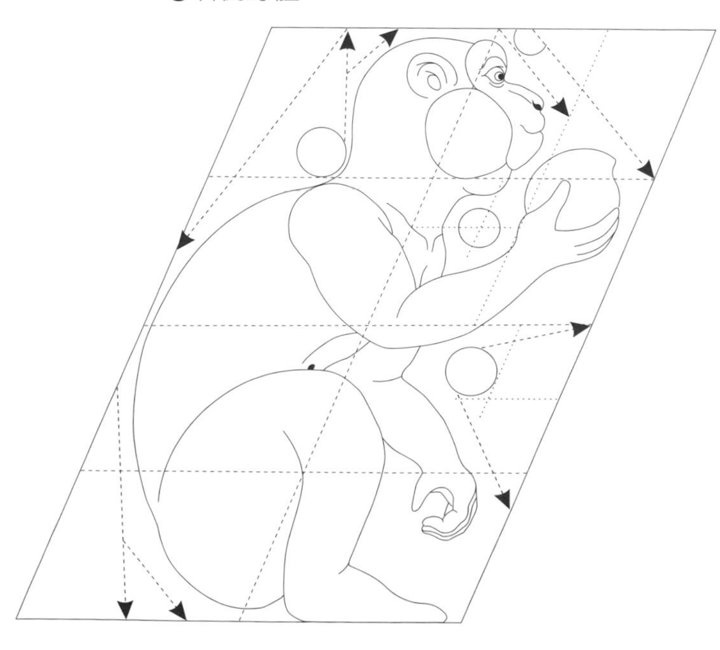

C. 後視圖

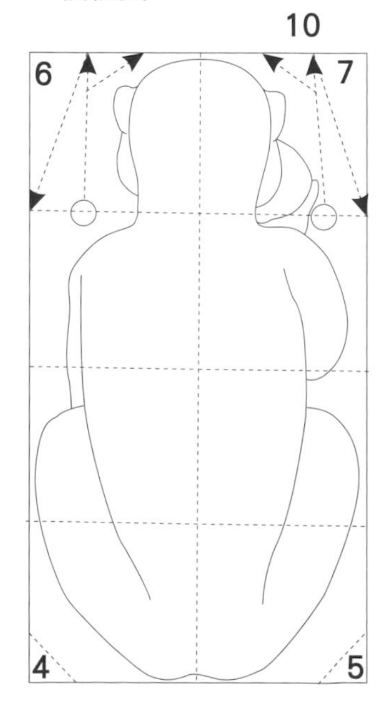

D. 尾巴
（比例為高：長＝ 1/2：1 又 1/5）

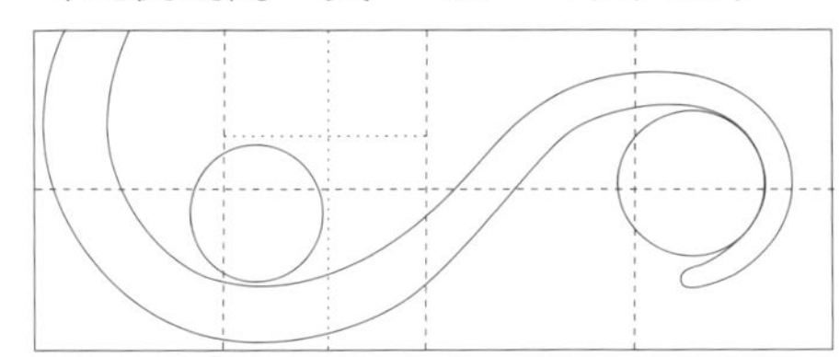

E. 完成圖

· 作法

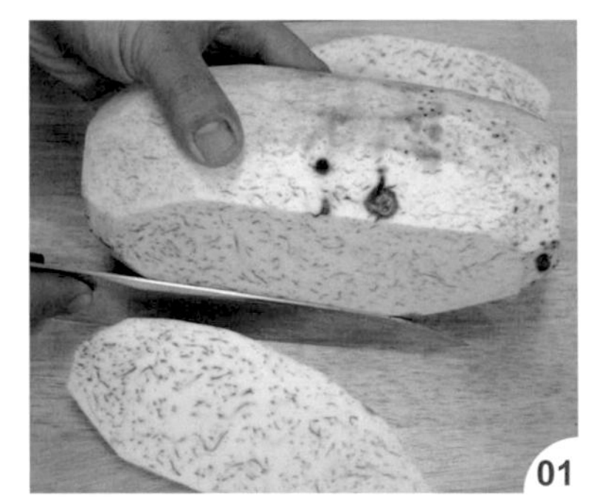

用西式切刀把芋頭側邊切除。

依取材比例切取身體大小。

把斜邊切除，儘量呈斜的平行四邊形。

把側視圖 A1、A2 切除。

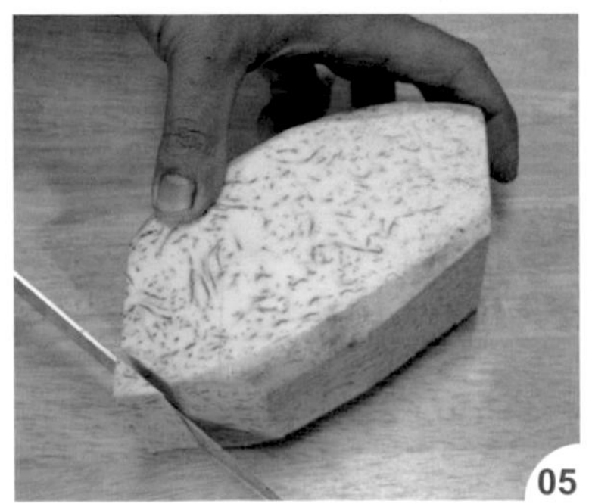

再切除 A3 的位置。

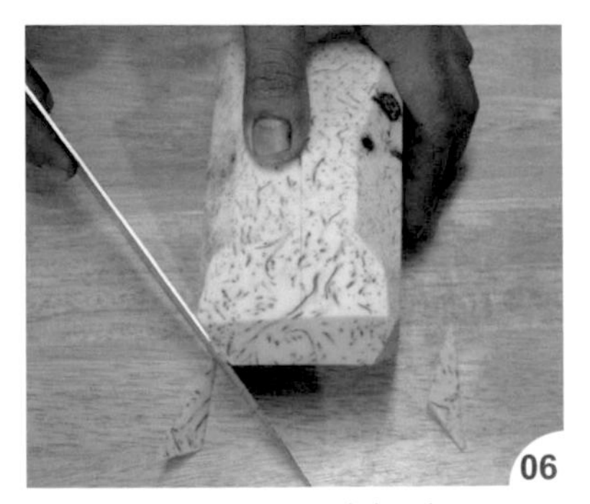

把後視圖 C4、C5 處切除。

把後視圖 C6、C7 切除。

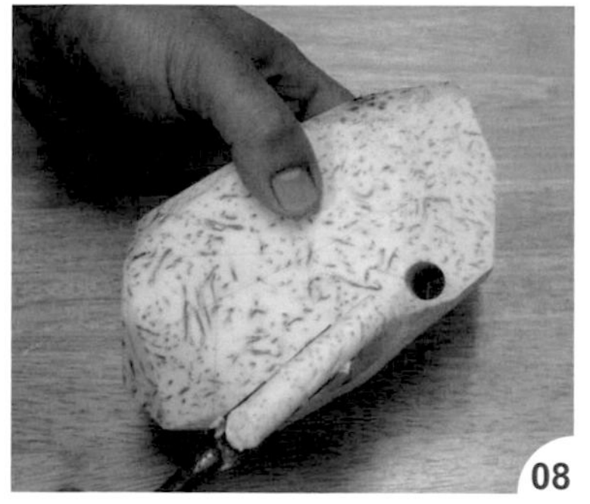

依側視圖，用中圓槽刀刻出後頸部的圓。

用雕刻刀把廢料切除。

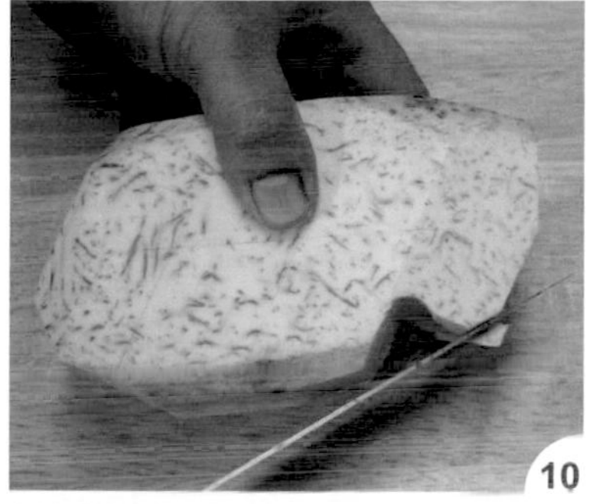

並把後腦上面的三角形也切除。

將背部的弧度刻出。

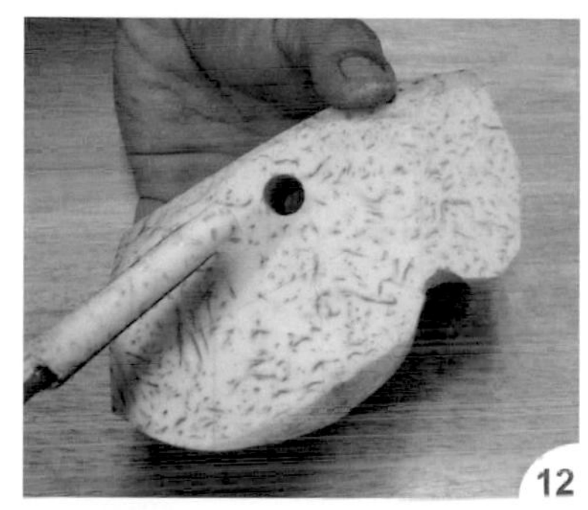

用中圓槽刀把兩手中間的圓刻出。

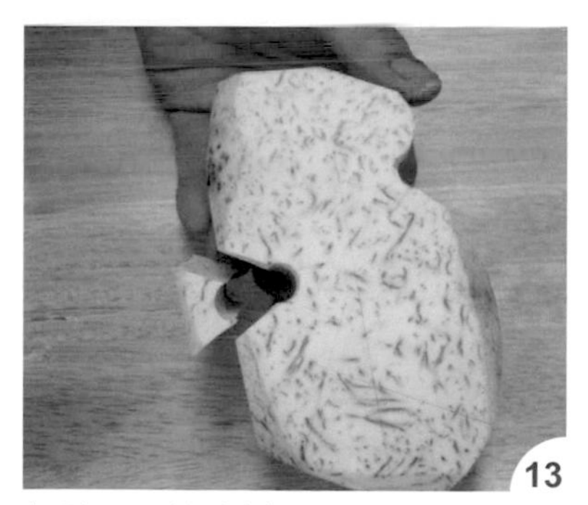

切除 A8 的廢料。

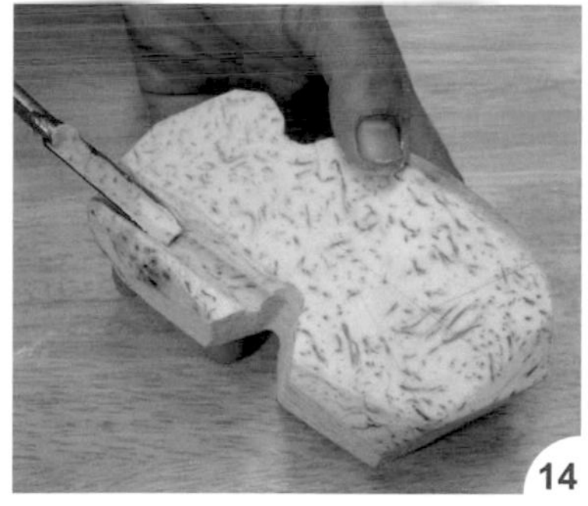

再用中圓槽刀依 A 圖右手虛線的位置刻出凹槽。

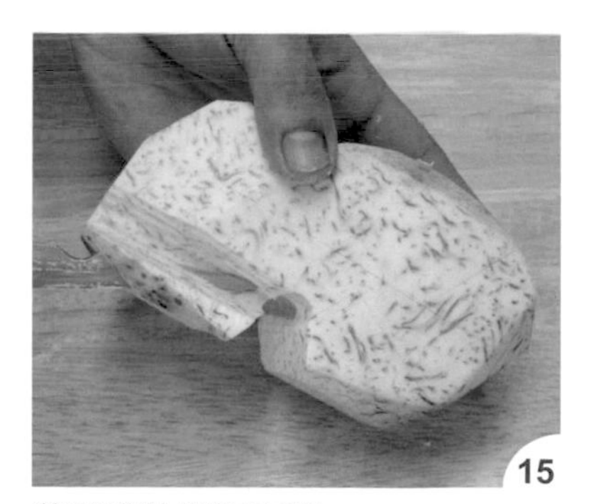

將凹槽外側切平順。

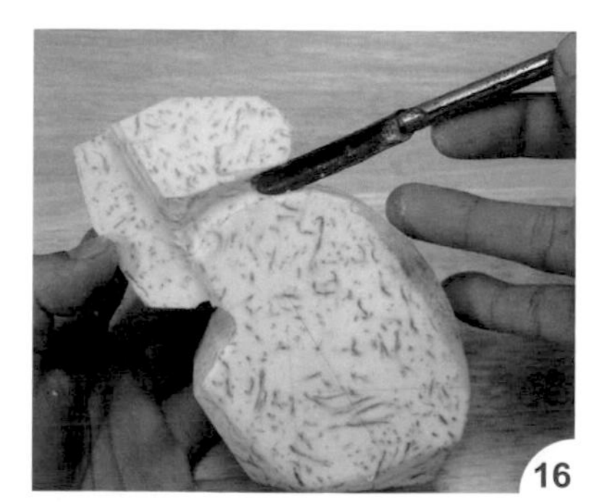

把頸部刻出。

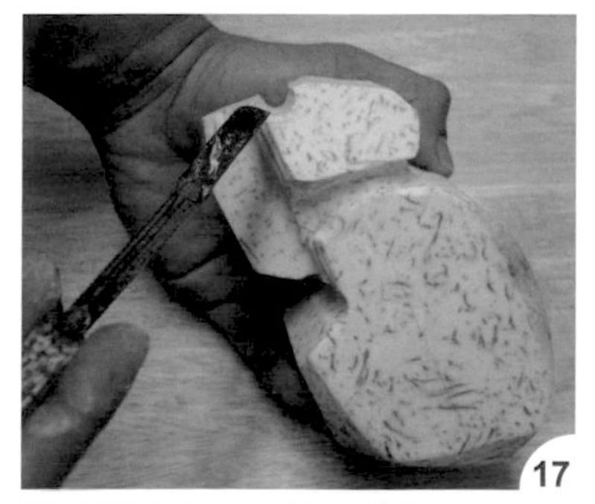

把額頭上方 A9 的凹槽刻出。

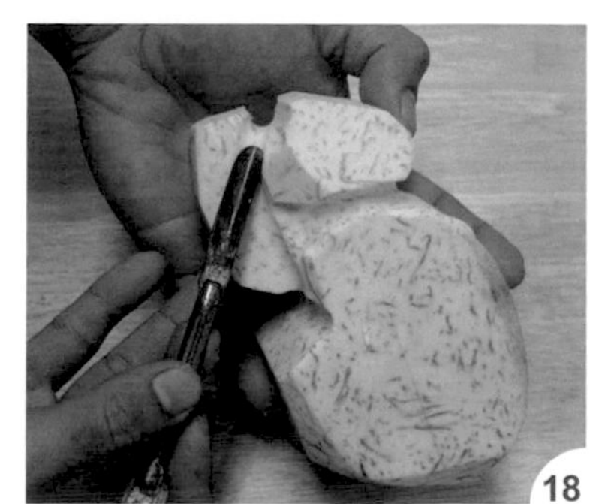

將凹槽連接刻至頂端。

將右手往內切。

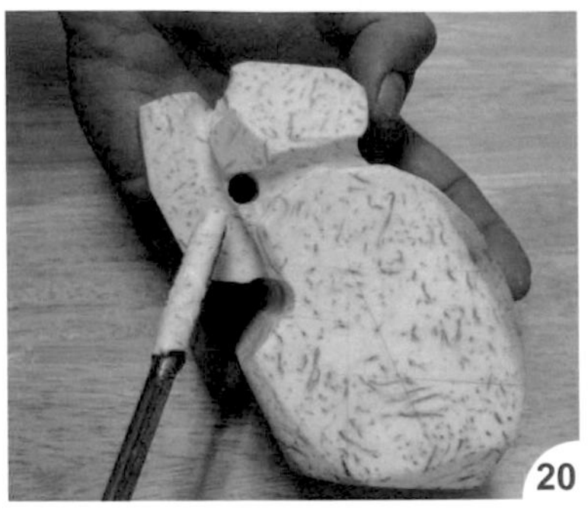

用中圓槽刀把下巴的圓刻出。

再將右側的頸部刻出（後視圖 C10）。

把頭部右側多餘的廢料切除（側視圖 A11），將臉部的斜度切出。

用大圓槽刀把右手腕的位置定出。

把手肘的斜度刻出。

切出壽桃的斜度。

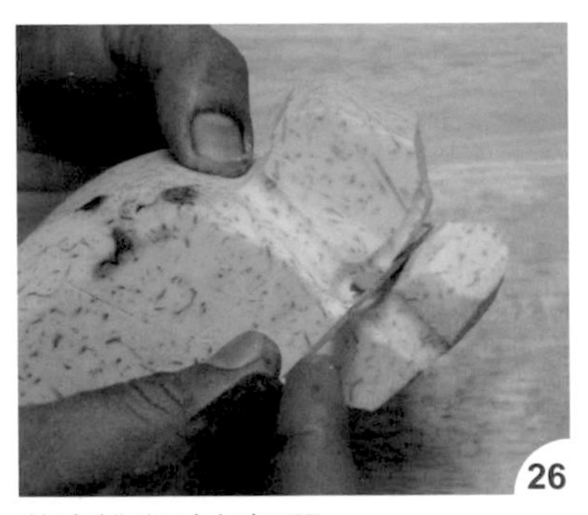

將壽桃與臉部切開。

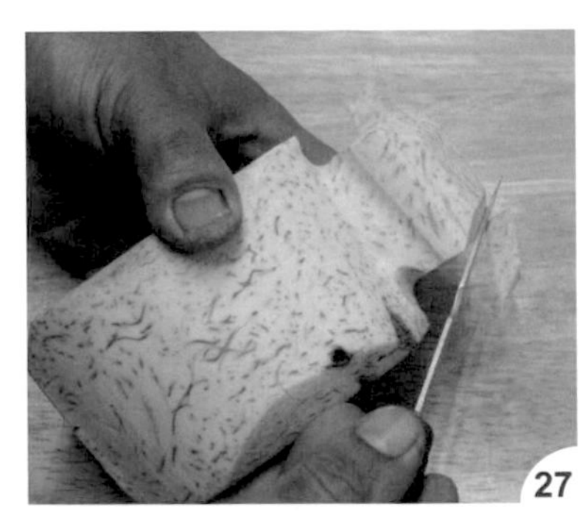

依後視圖切出頭部頂端的邊角。

再依側視圖把後腦的邊角切除。

切除身體兩側的邊角。

將頭左前邊角切除。

再切頭部的右邊角。

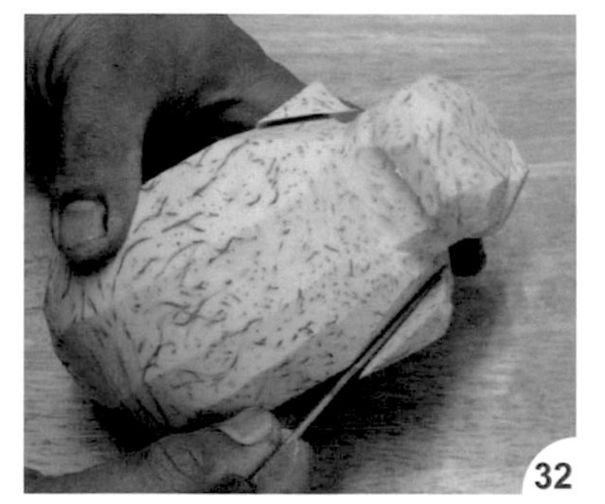

將肩膀往內切，縮小肩寬。

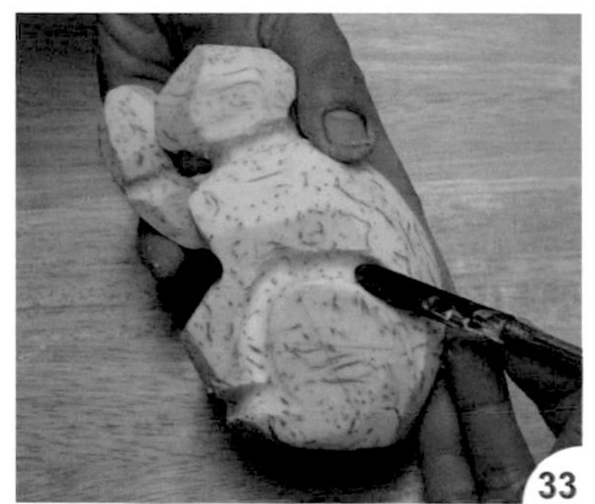

刻出左側大腿線條。

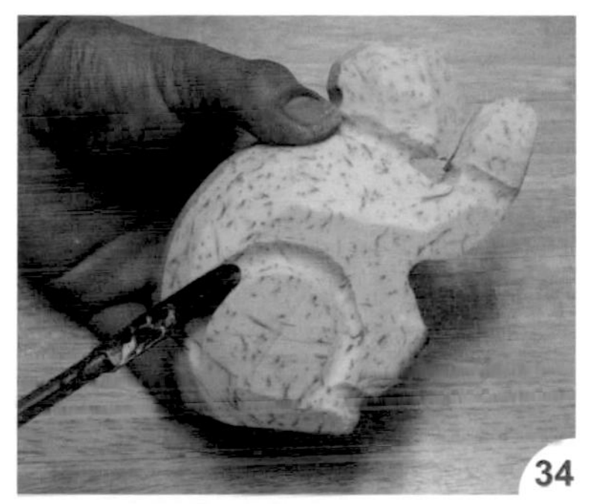

再刻出右側大腿線條。

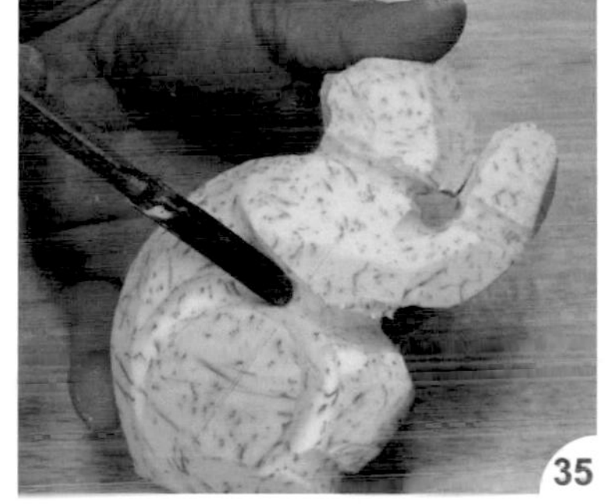

刻出右手臂膀。

把手肘刻出。

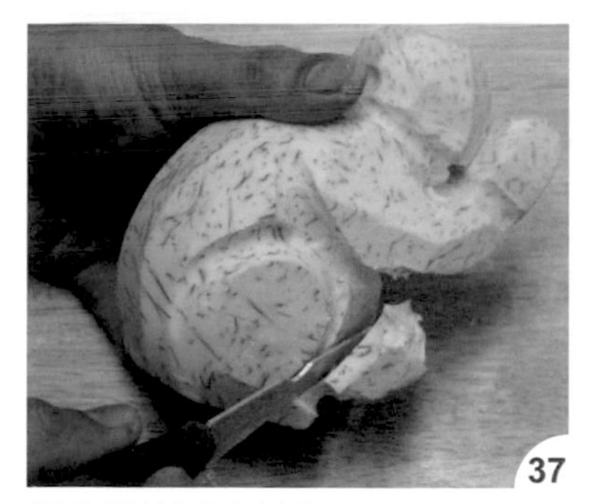

把小腿的弧度刻出。

刻出左手外側斜度。

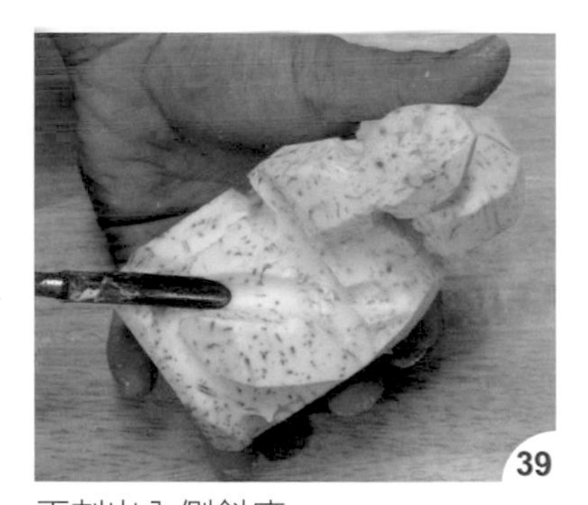

再刻出內側斜度。

把左手臂膀刻出。

將右手內側刻出。

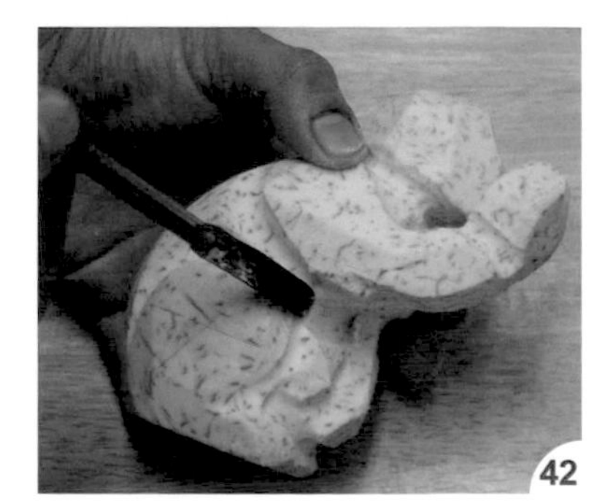

刻出肚子的深度。

把背部左側的弧度切出。

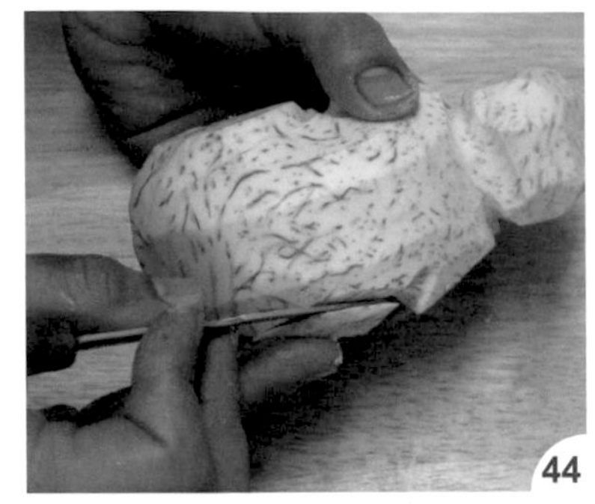

再切背部右側。

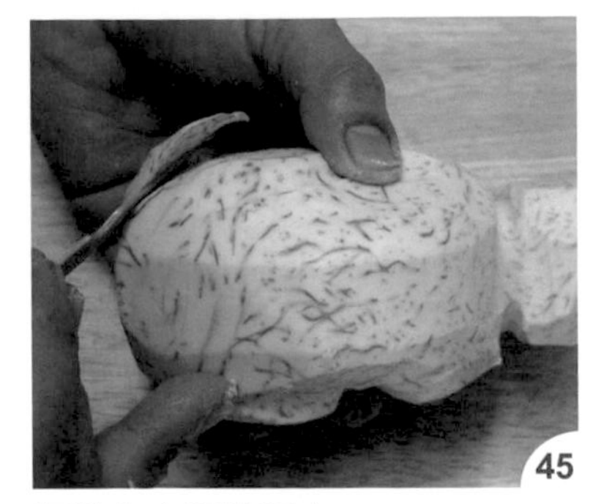

切除左大腿的弧度。

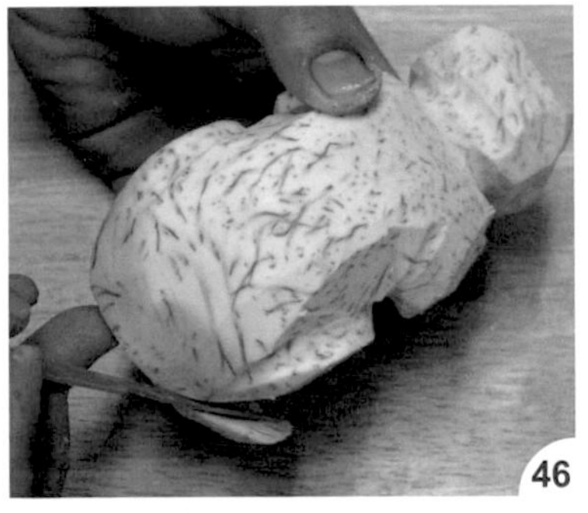

再修右側大腿。

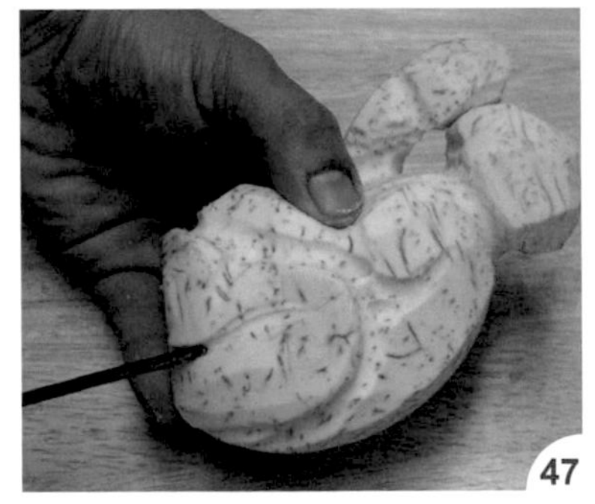

把小腿線條刻出。

翻至底部，刻出左右腳。

將右手手腕處再刻明顯點。

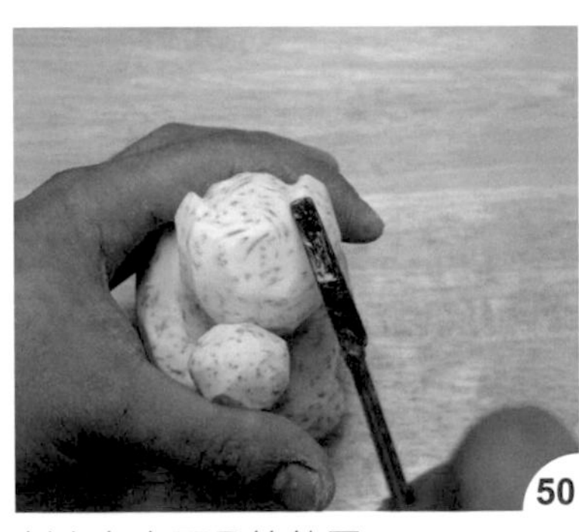

刻出左右耳朵的位置。

把鼻梁凹槽刻出。

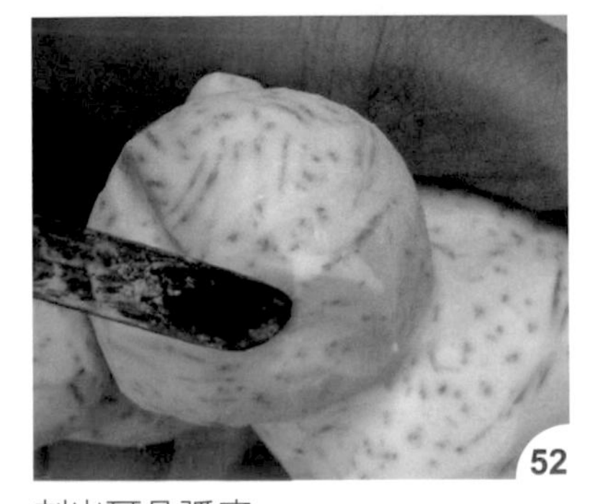

刻出耳朵弧度。

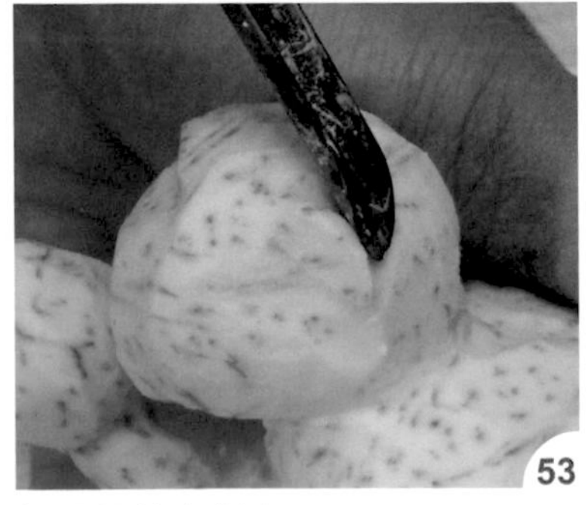

把耳朵後方刻出。

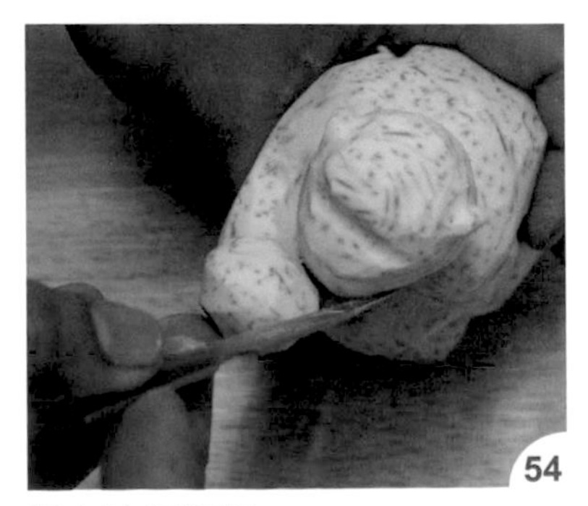

把左臉頰修順。

將臉型刻出。

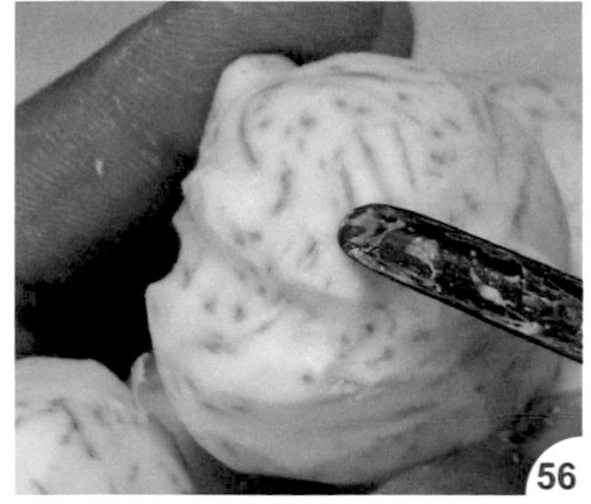

把眼骨上方凹槽刻出。

把側臉弧度刻出。

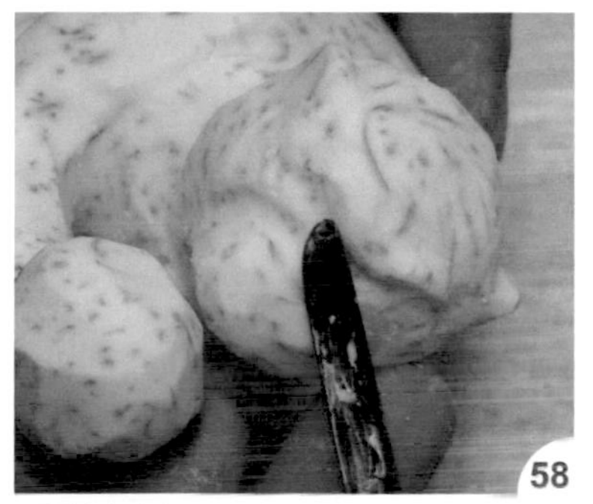

把眼窩刻出。

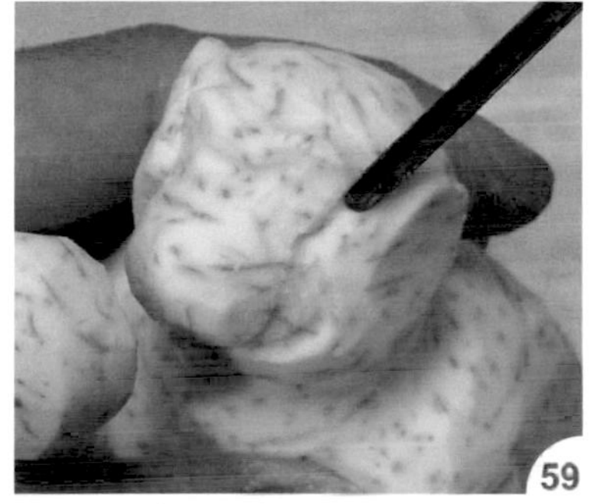

刻出上臉形狀。

再刻左下臉形狀。

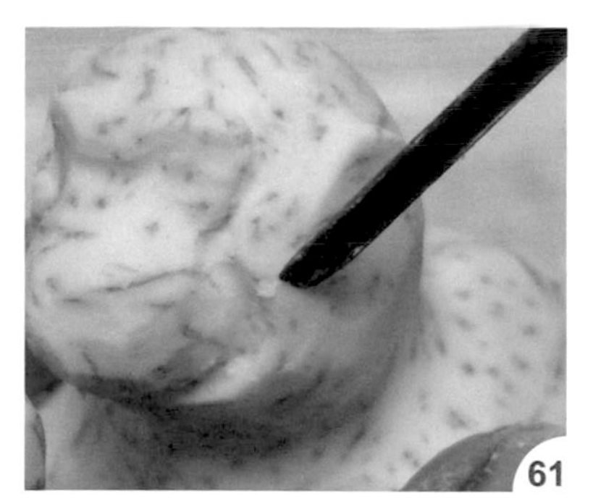

把弧度刻順。

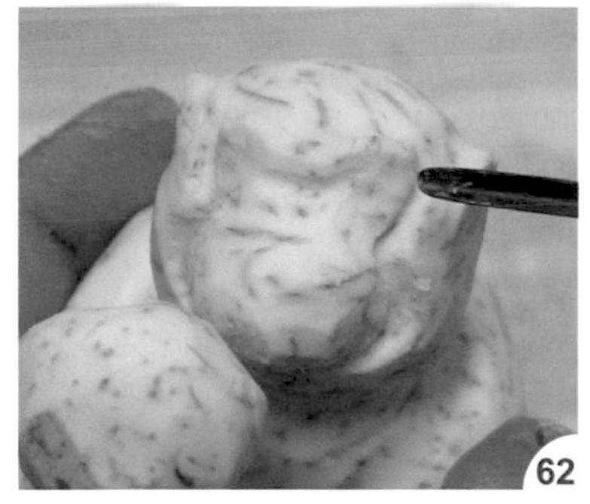

把眼窩上方刻深。

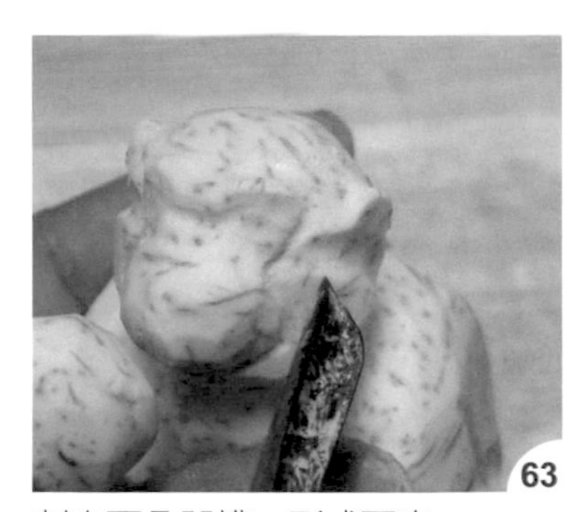

刻出耳朵凹槽，形成耳廓。

分出臉頰與耳朵。

再刻出臉頰輪廓。

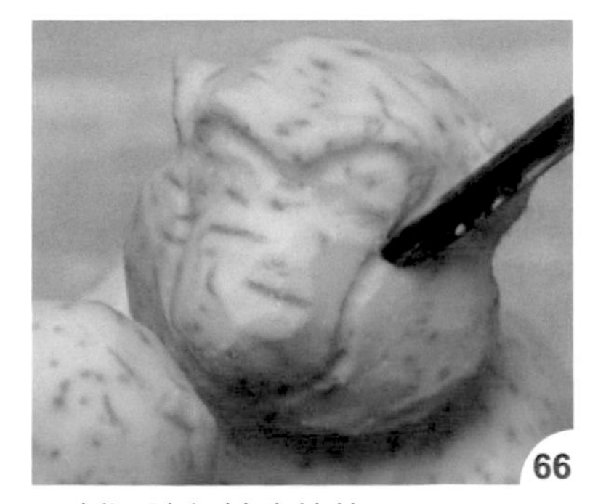

再刻深臉部輪廓線條。

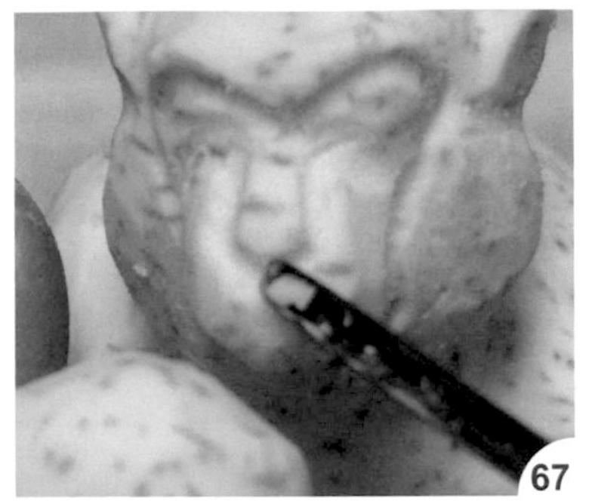

刻出鼻子。

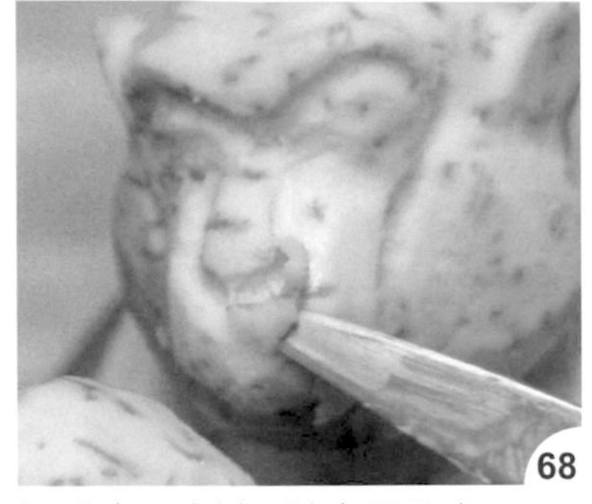

切除底下廢料，讓鼻子凸出。

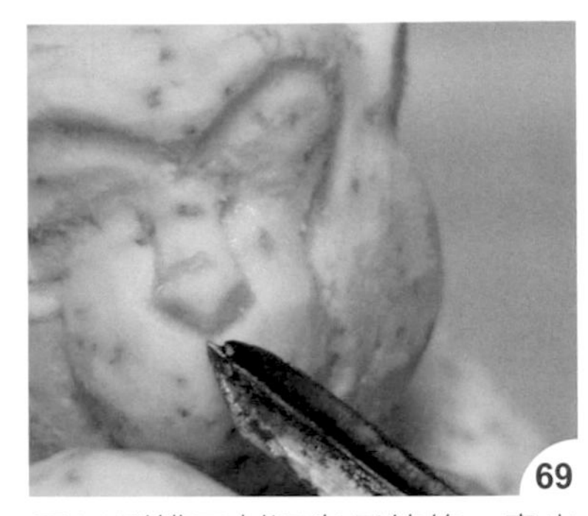

用 V 型槽刀刻深鼻子線條，畫出人中。

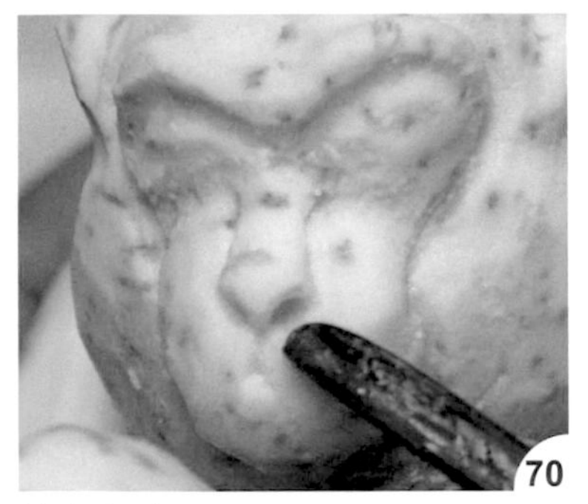

挖出鼻孔。

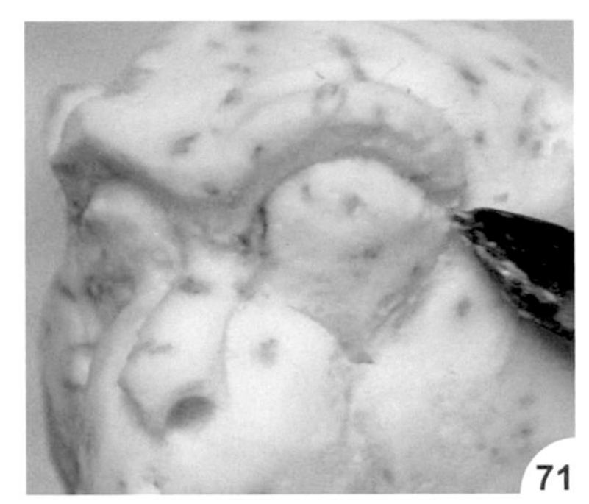

刻出上眼線。

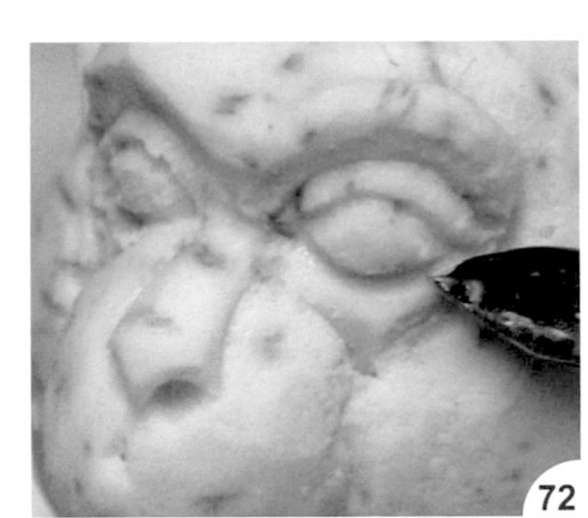

再刻出下眼線。

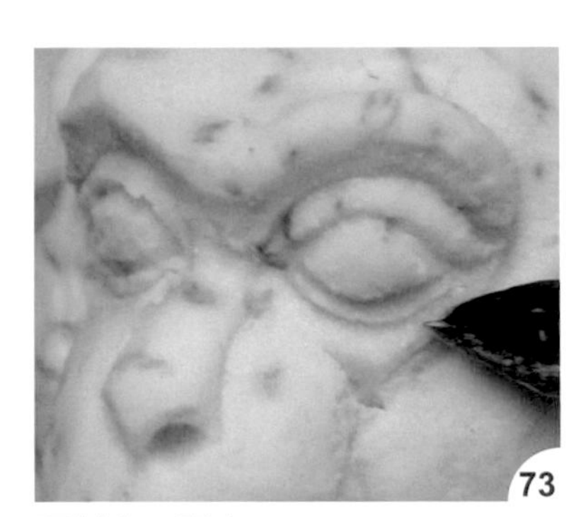

再刻出下眼皮。

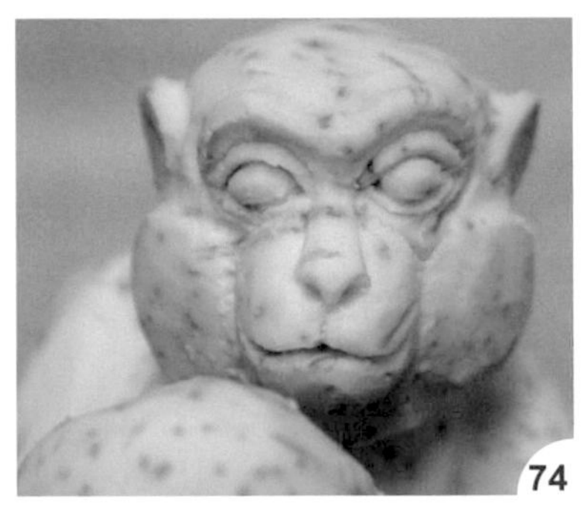

把嘴巴線條刻出。

刻出下臉頰弧度。

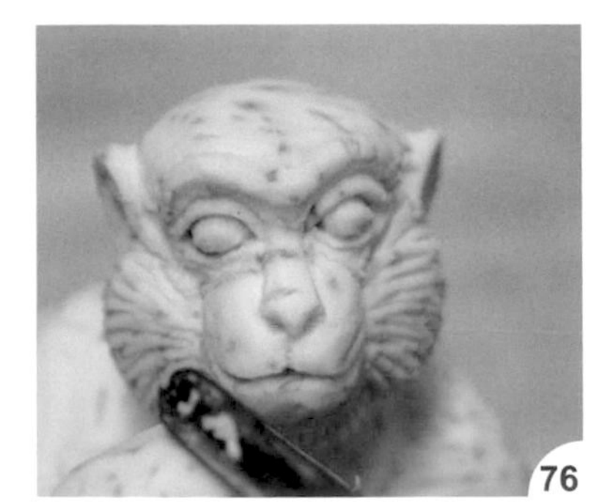

刻至目前為止的頭形。

把耳朵線條刻出。

再刻出臉頰的猴毛紋路。

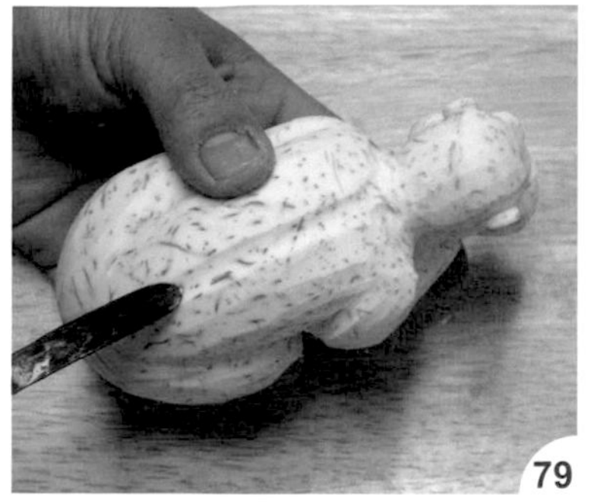

刻出背部凹槽。

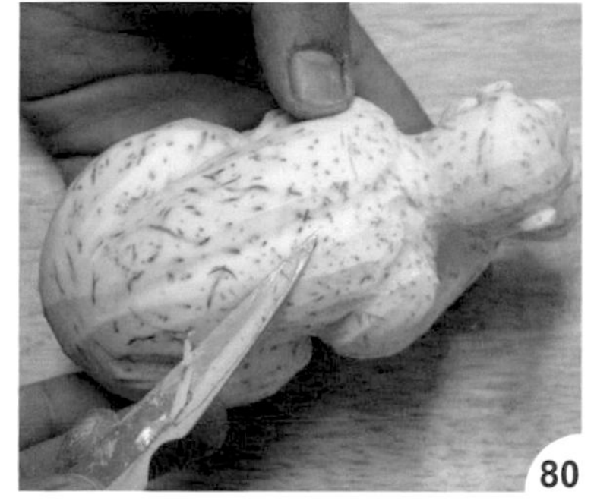

再把背部表面修順。

將後手臂刻至定位。

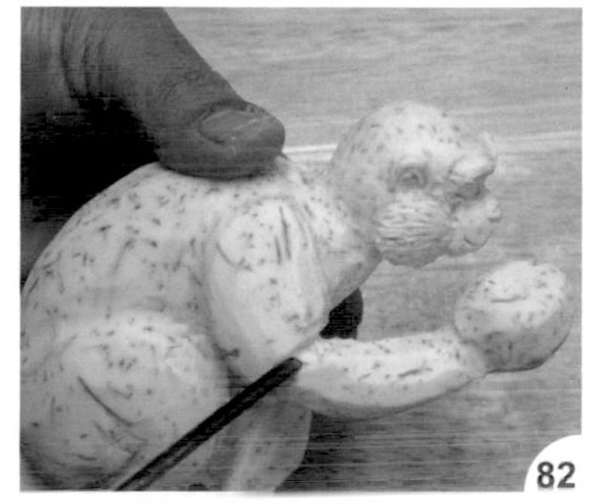

把手肘線條刻出。

將上臂修瘦一些。

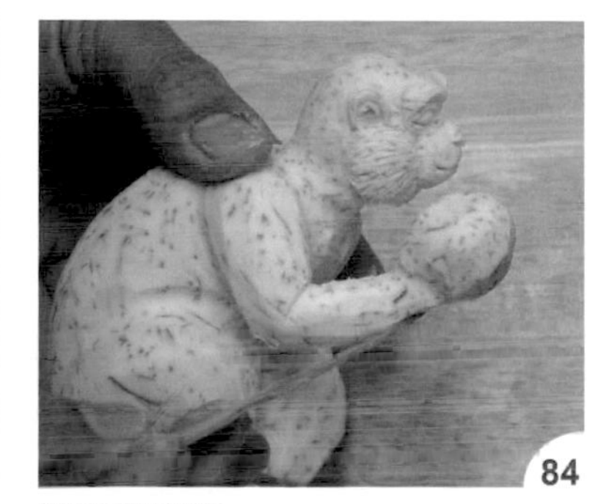

把手部修順。

手腕再刻明顯。

刻出手指的輪廓。

用 V 型槽刀把線條再刻深。

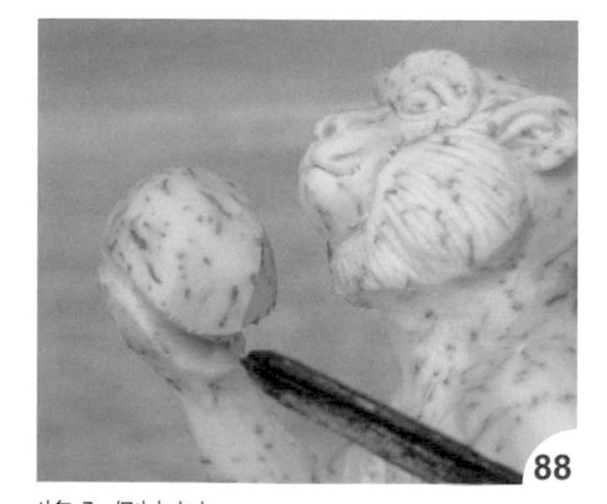

將內側刻出。

把壽桃外形修出。

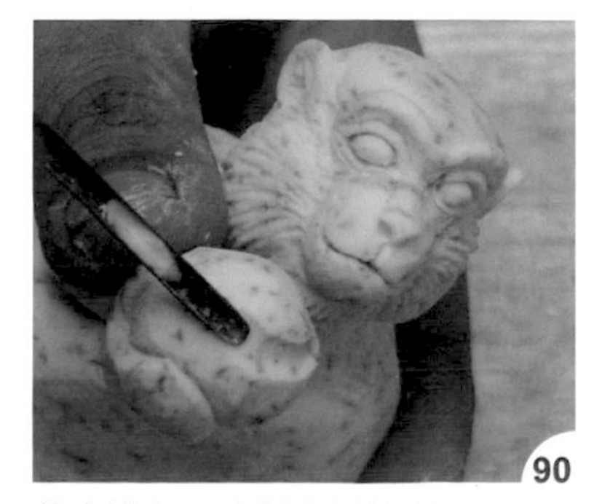

將壽桃上弧度刻出並修順。

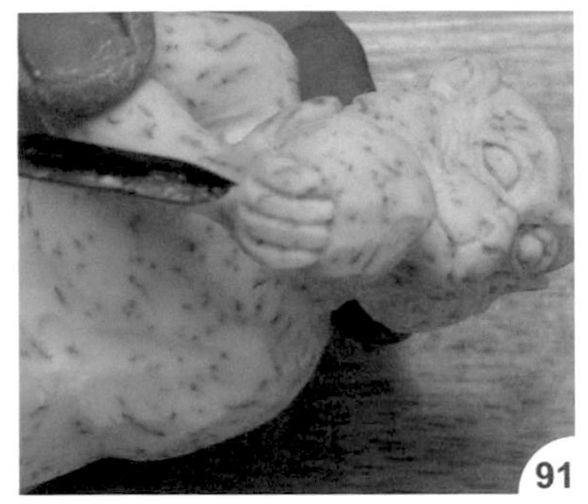

刻出猴子的手指頭。

刻出壽桃的 S 線條。

把大腿線條刻明顯一些。

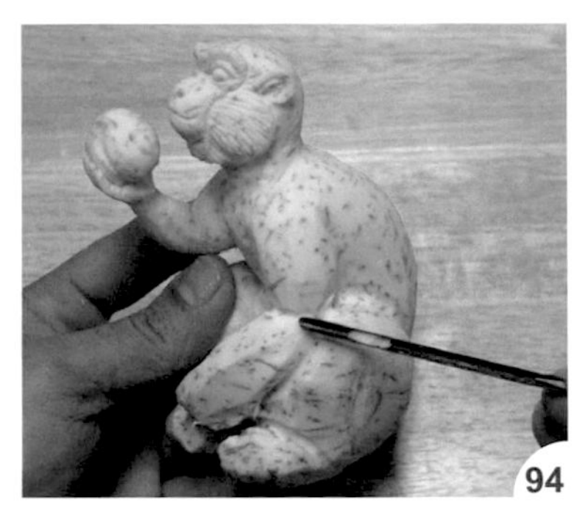

刻出左手肘線條。

刻出內側線條。

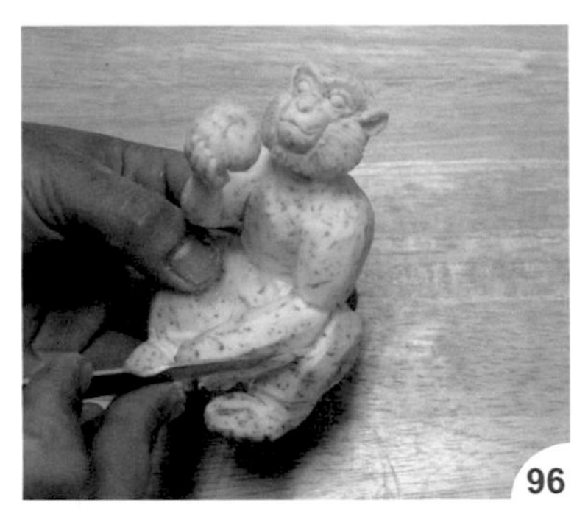

將手部修順。

把胸部輪廓刻出。

再將胸部修順。

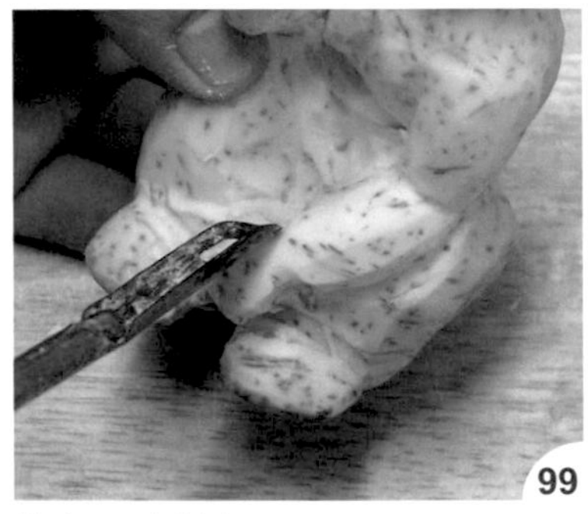

將左手腕刻出。

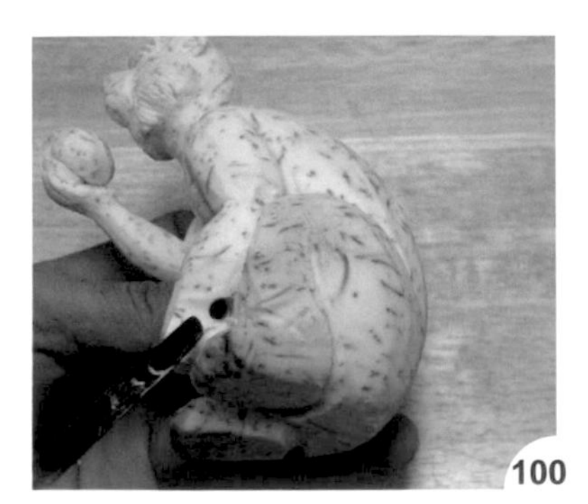

再把內手腕刻出圓孔。

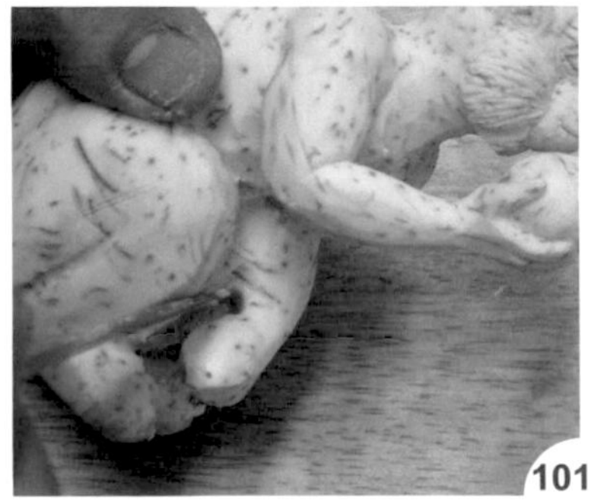

再刻出外形。

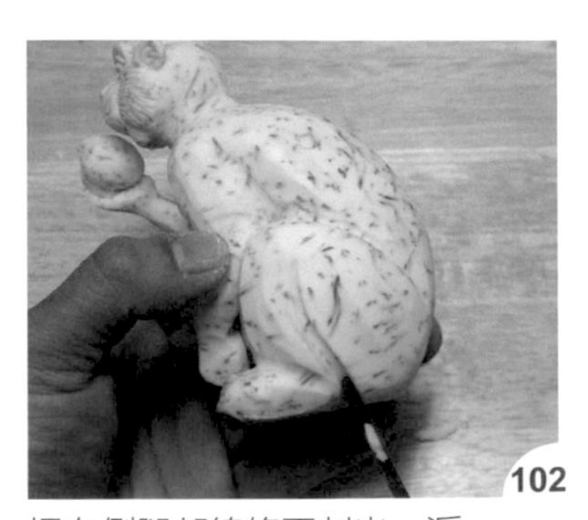

把左側腿部線條再刻出一遍。

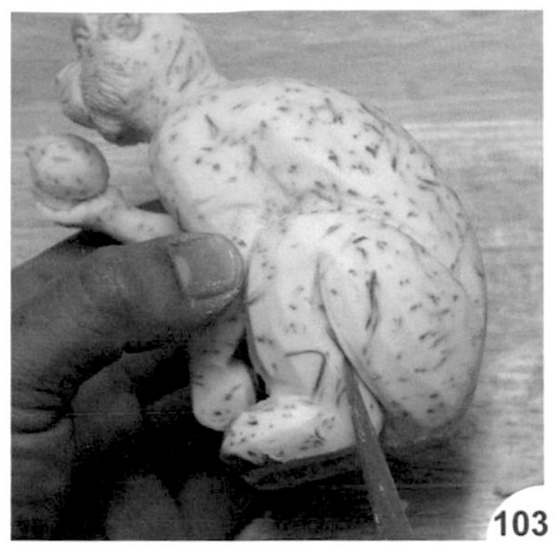

再用雕刻刀將線條刻出。

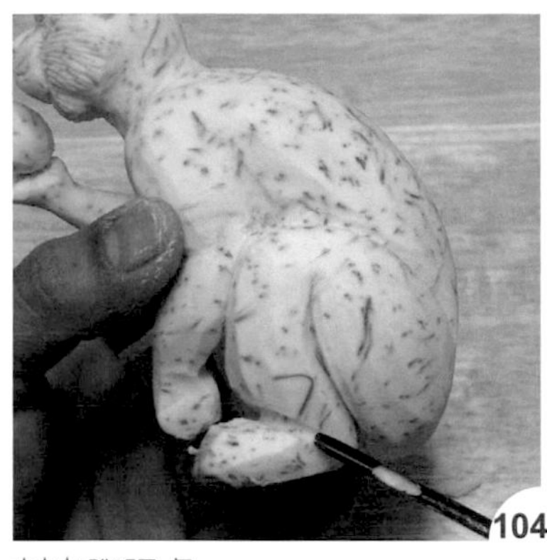

刻出腳踝處。

把小腿修瘦。

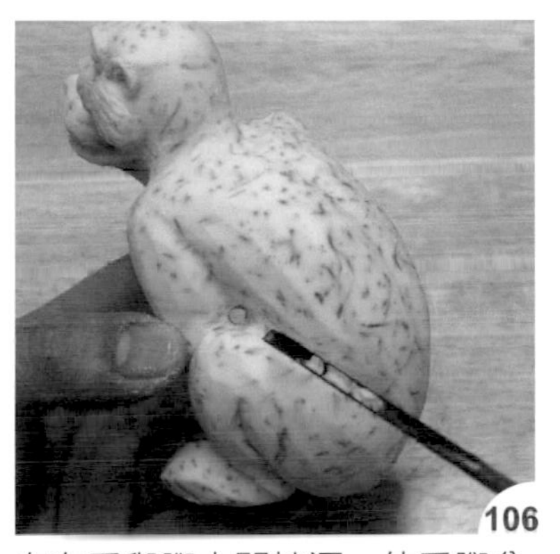

在左手與腳中間挖洞，使手腳分開。

刻出上臂膀線條。

將左手心挖空。

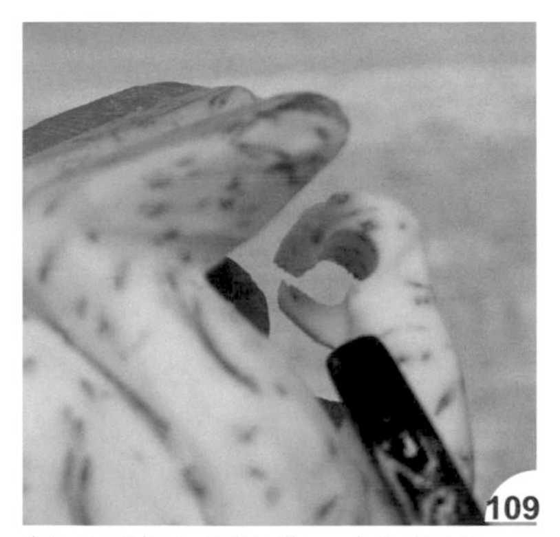

刻出手掌內側凹槽，成握物狀。

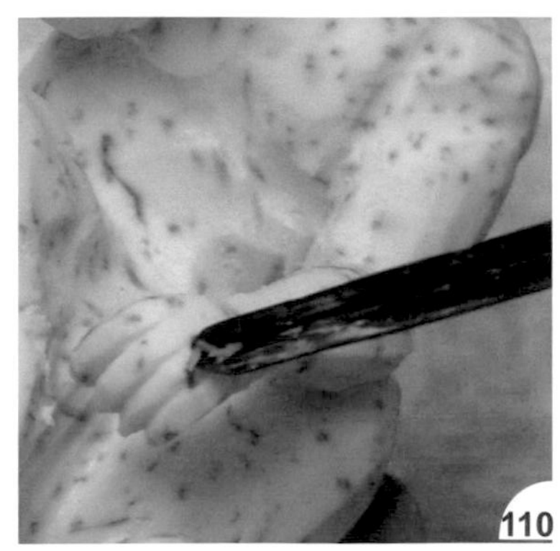

再刻出手指。

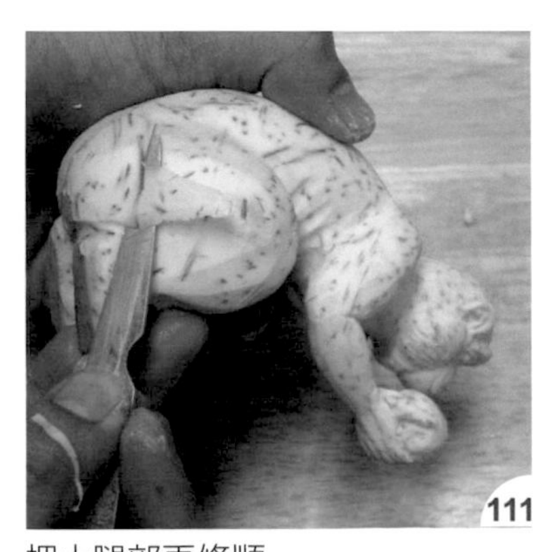

把大腿部再修順。

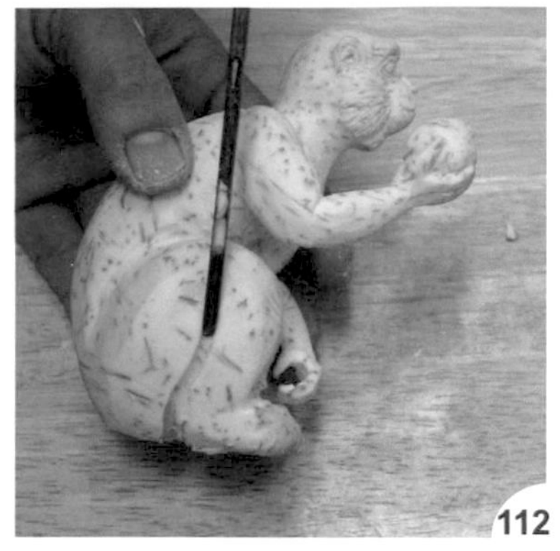
112
把右側腿部線條再刻出一遍。

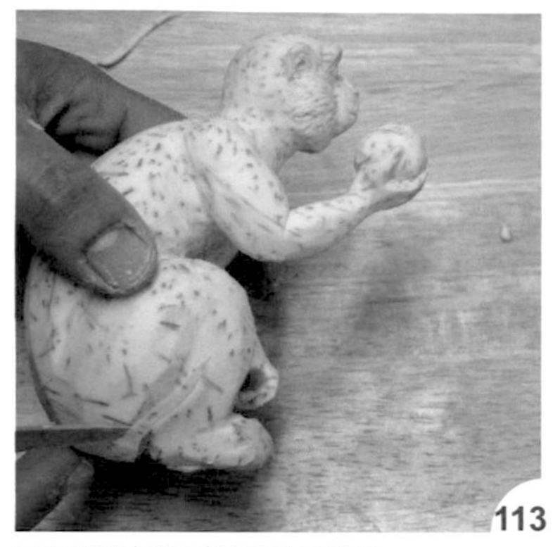
113
再用雕刻刀將線條刻出。

114
刻出腳踝處。

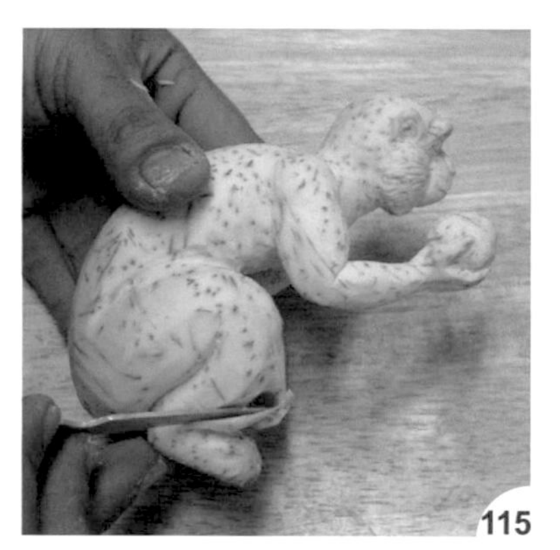
115
把小腿修瘦。

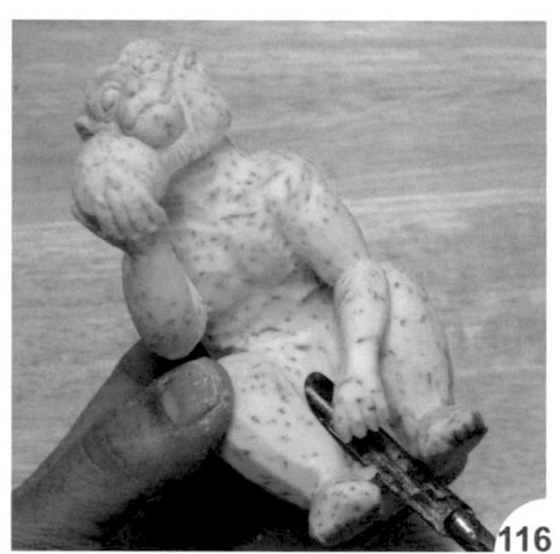
116
刻出大腿內側的弧度。

117
再把內側線條刻出。

118
切出腳掌外形。

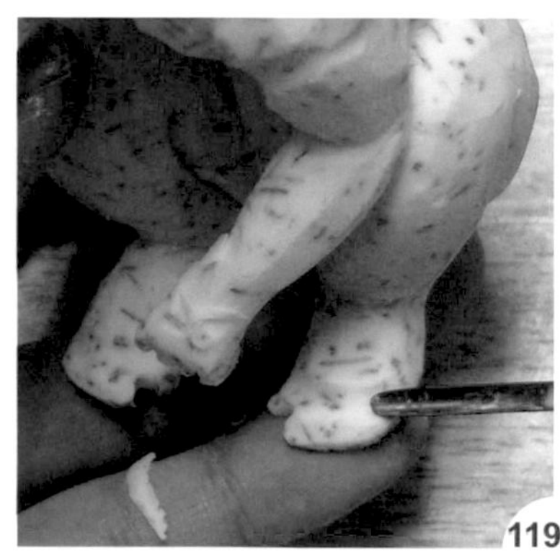
119
刻出腳指凹槽。

120
再刻出腳指頭。

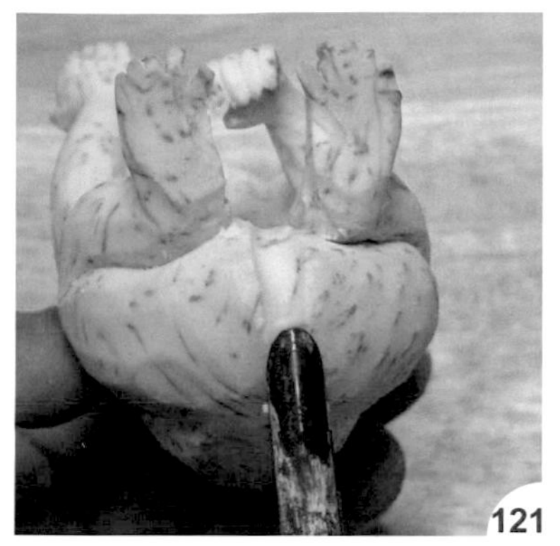

121 翻至底部，把屁股線條刻出。

122 刻至目前為止，左側完成圖。

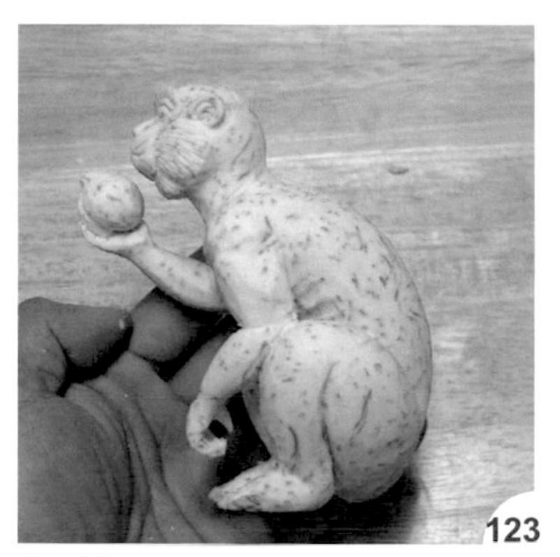

123 左側完成圖。

124 挖出肚臍。

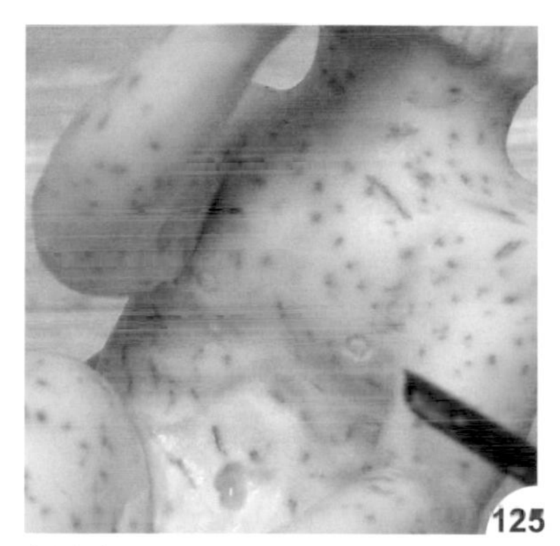

125 刻出奶頭。

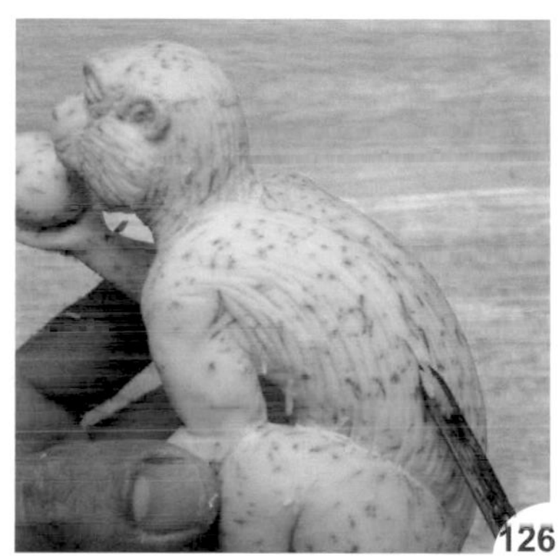

126 用Ｖ型槽刀刻出背部的猴毛紋路。

127 可以刻細一點。

128 紋路的方向需控制好，會比較自然。

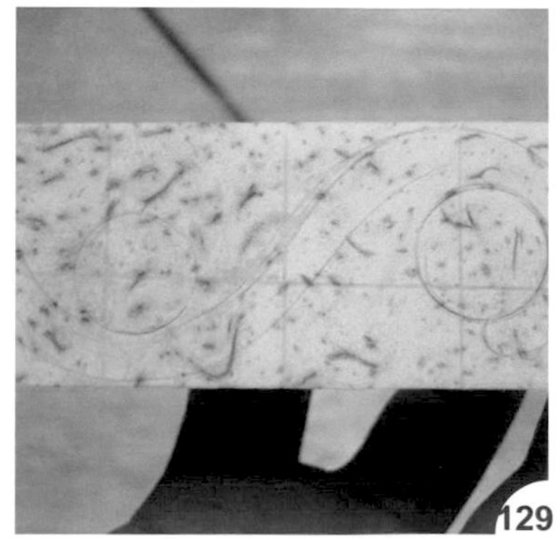

129 切取尾部材料並畫出形狀。

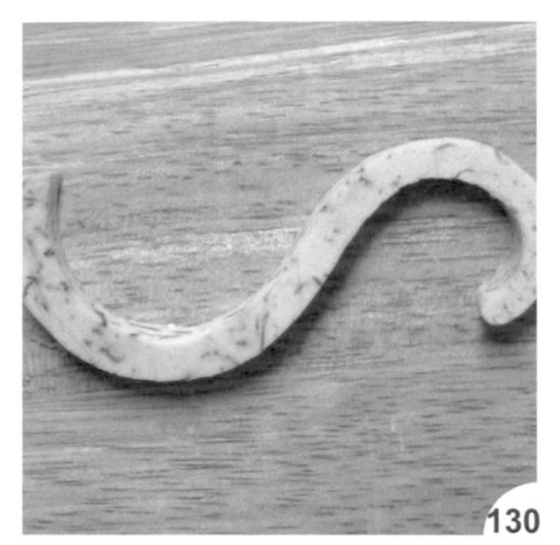

130 依線條刻出尾巴。

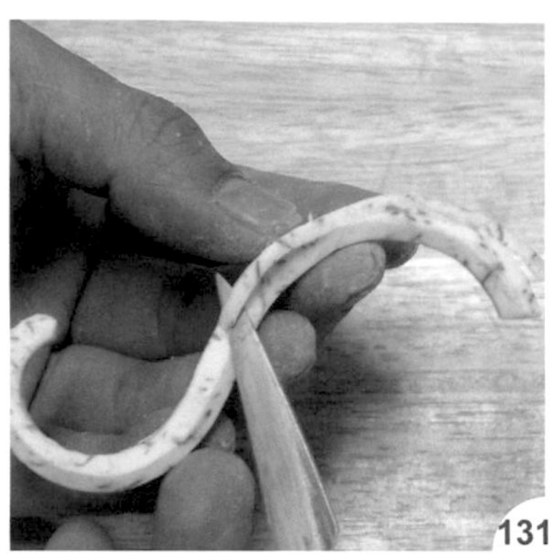

131 把邊角切除修順。

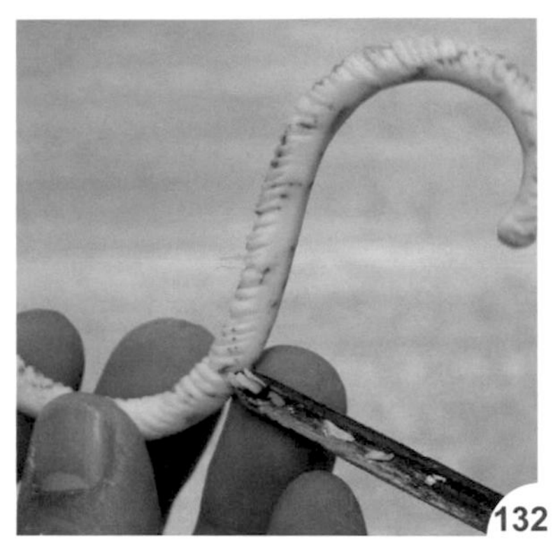

132 刻上猴毛紋路。

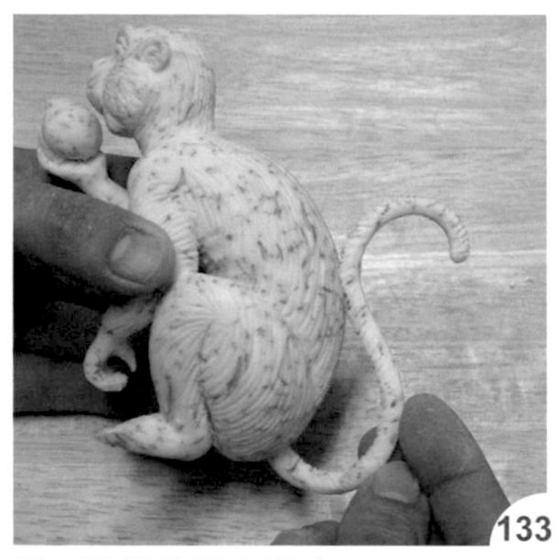

133 以三秒膠將尾巴黏上。

134 左側完成形狀。

135 右側完成形狀。

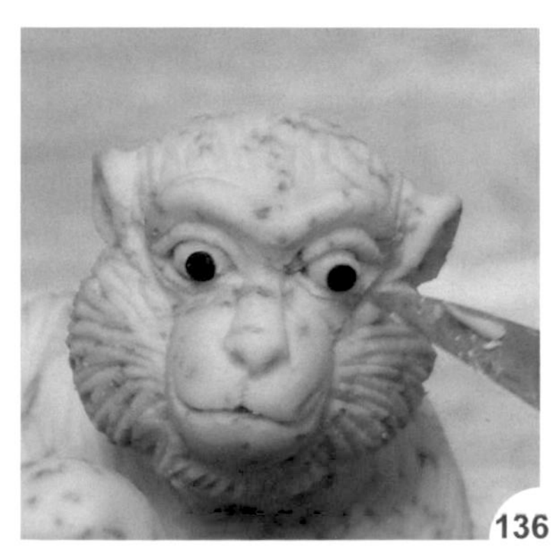

136 切取南瓜表皮當眼睛並黏上（參 p.93 作法 70 ~ 72）。

137 如圖完成猴子。

138 頭部特寫。

老鷹

▸材　料
芋頭3條

▸工　具
西式切刀、雕刻刀、槽刀組、牙籤、三秒膠

▸取 材 比 例
高:長:寬＝1:2:1，如果身體的比例高1是9公分，那翅膀的寬1/3就是3公分，鷹爪的長3/5就是5.4公分

・ 示意圖

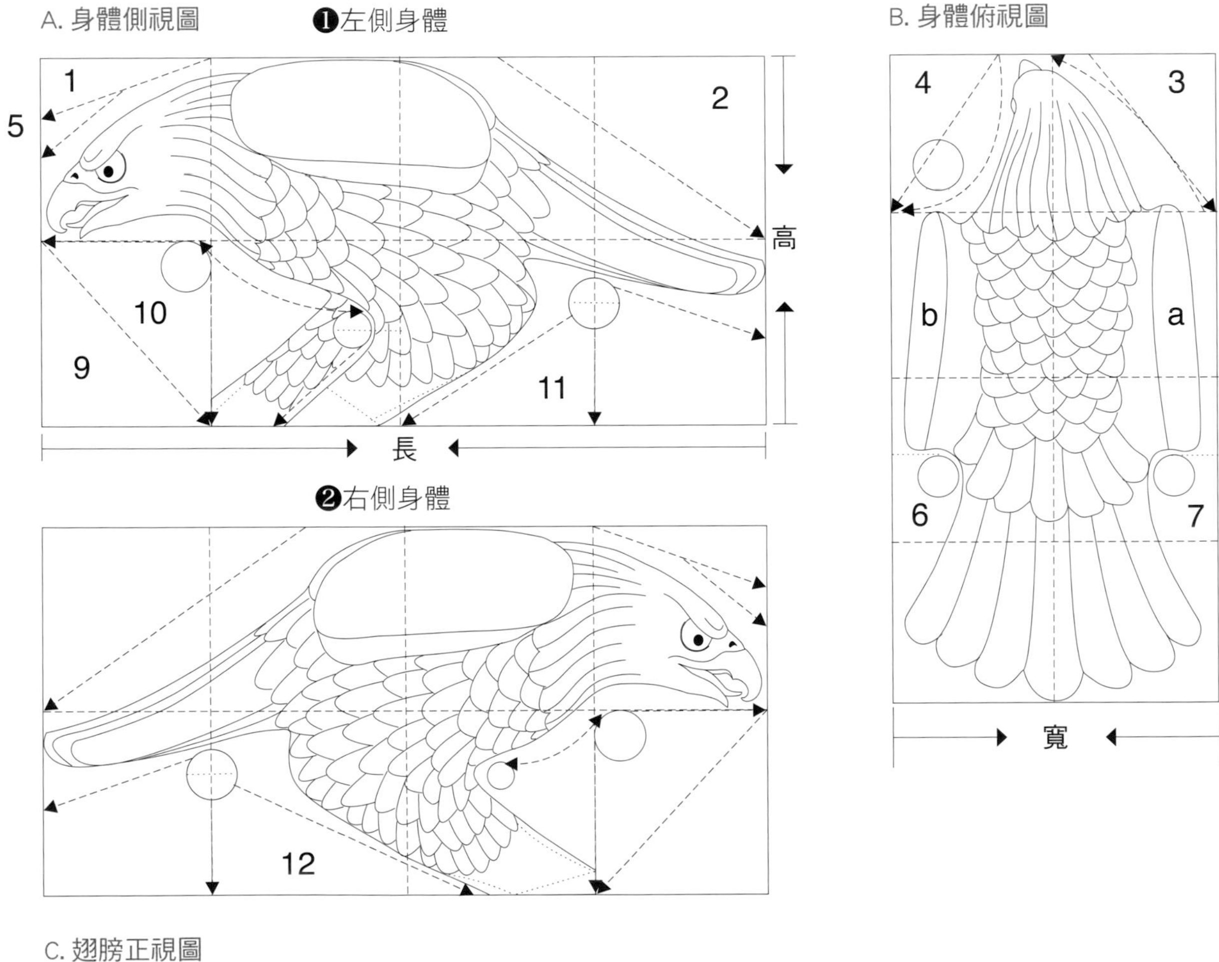

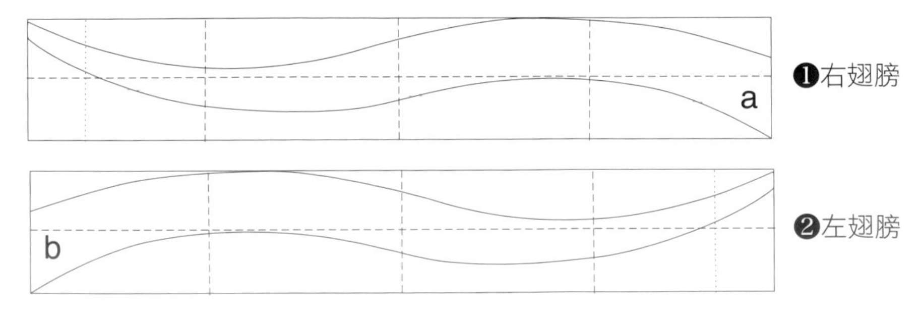

D. 翅膀俯視圖

（比例為高：長：寬＝ 1：2：1/3）

❶左翅膀

❷右翅膀

a

E. 鷹爪

❶側視圖（比例為高：長：寬＝ 1/3：3/5：1/3）

❷俯視圖

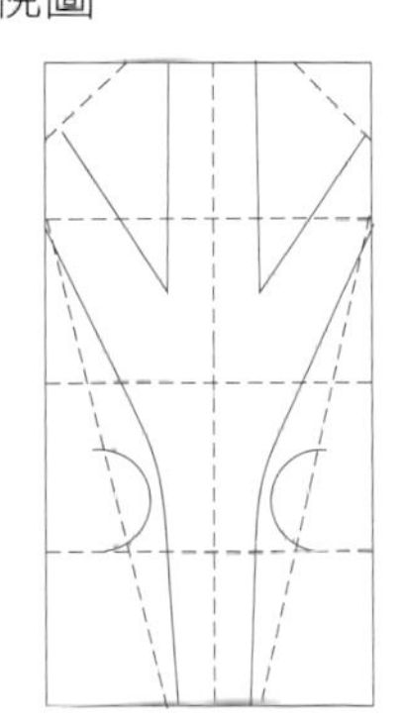

・ 作法

將芋頭依比例切取身體大小，把側視圖 A1 切除。

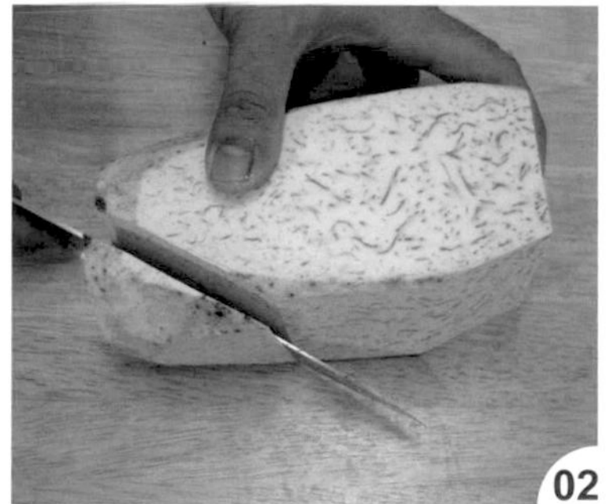

再切除 A2 的三角形。

把俯視圖 B3 切除

再切除 B4。

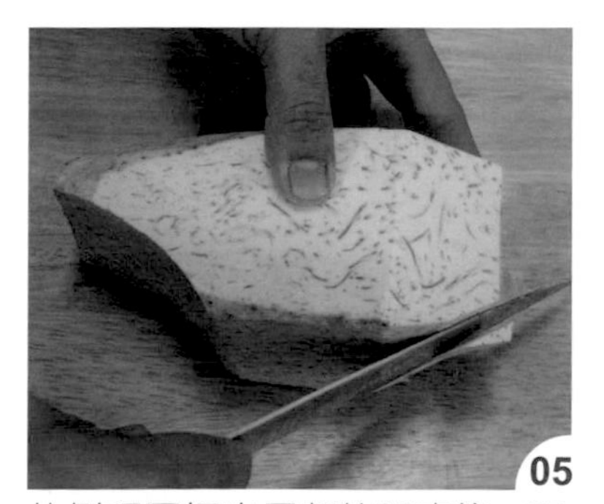

依側視圖切出尾部的弧度後，再切出頭部斜度。

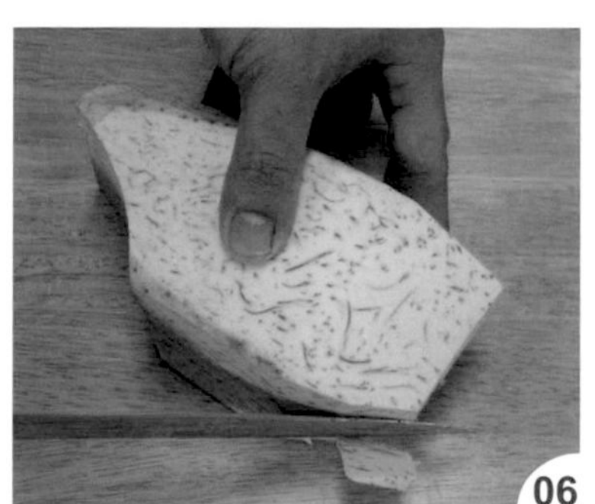

如側視圖 A5 切除。

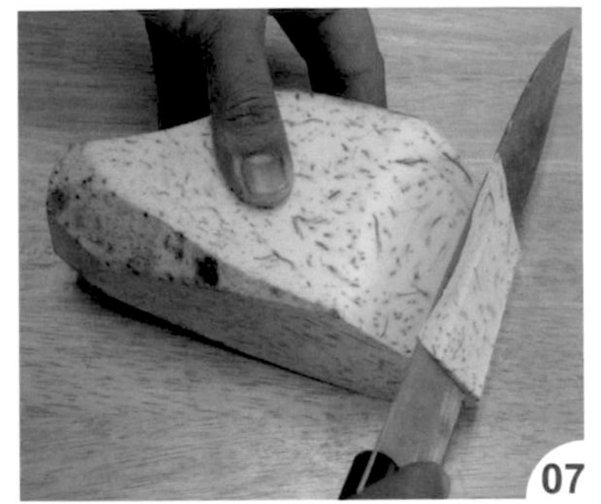

切出右頸部的弧度。

用大圓槽刀刻出左肩的圓。

再刻出左側線條。

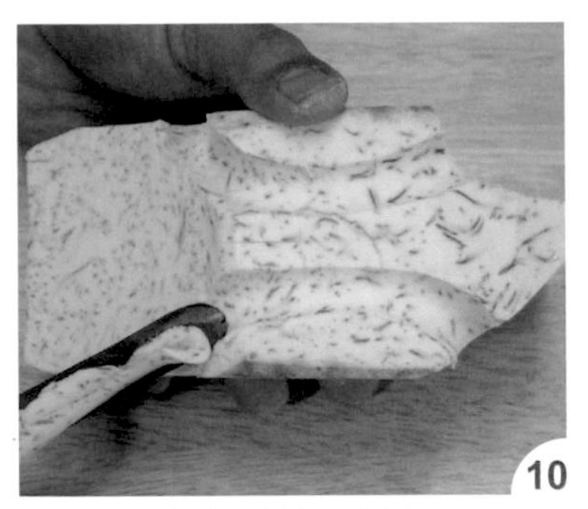

依俯視圖把翅膀位置刻出。

依側視圖刻出左側翅膀的位置。

把右側翅膀也刻出。

把背部中間的廢料切除。

刻出左側尾部的凹槽（俯視圖 B6）。

刻出右側尾部的凹槽（俯視圖 B7）。

刻出尾部下面的圓。

把側視圖 A8 切除。

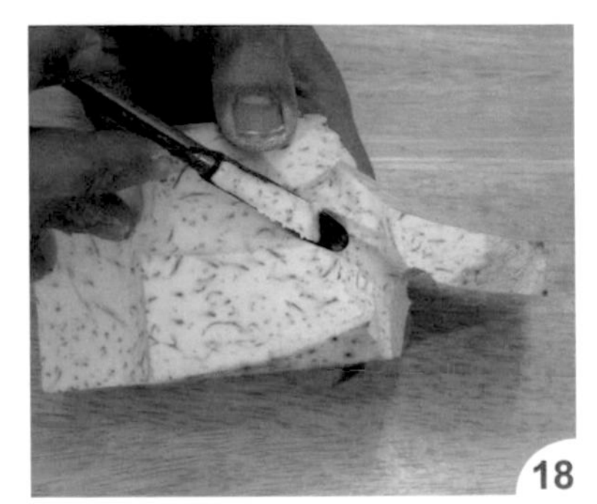

刻出左側尾部下面的凹槽。

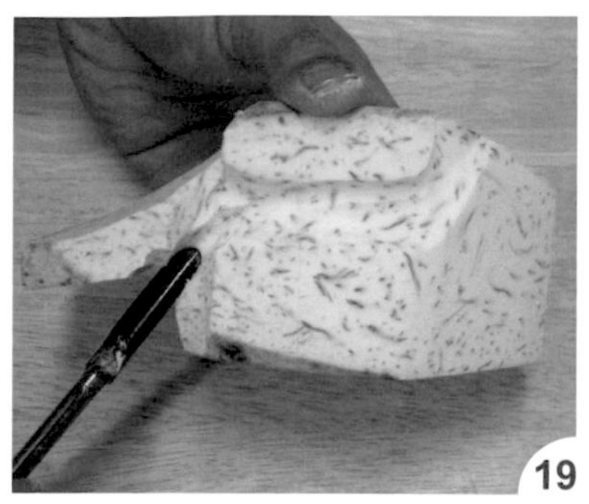

再刻右側尾部下面的凹槽。

把側邊腿部切瘦一些。

把側視圖 A9 切除。

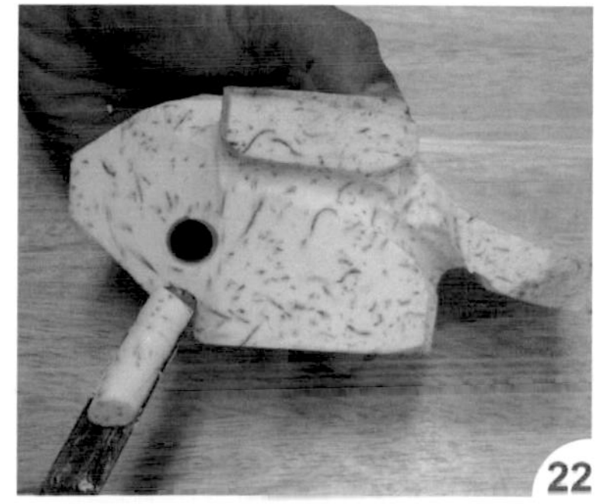

刻出胸前的圓孔。

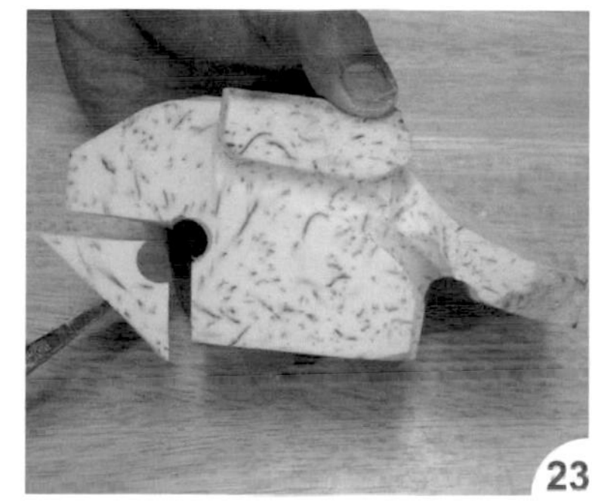

把側視圖 A10 切除。

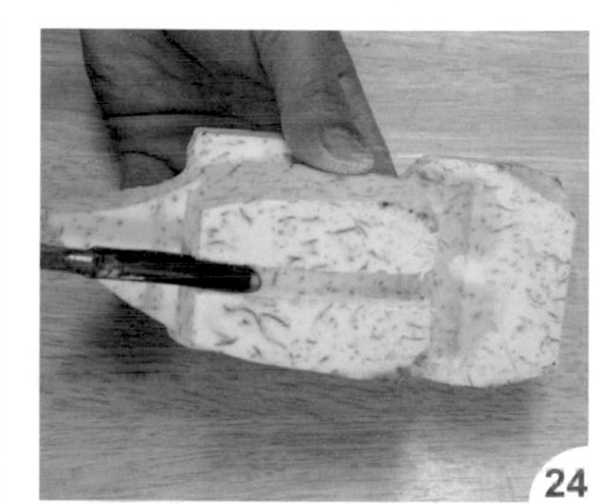

翻至底部，分出左右腳。

切出右側翅膀黏接處的斜面。

再切左側。

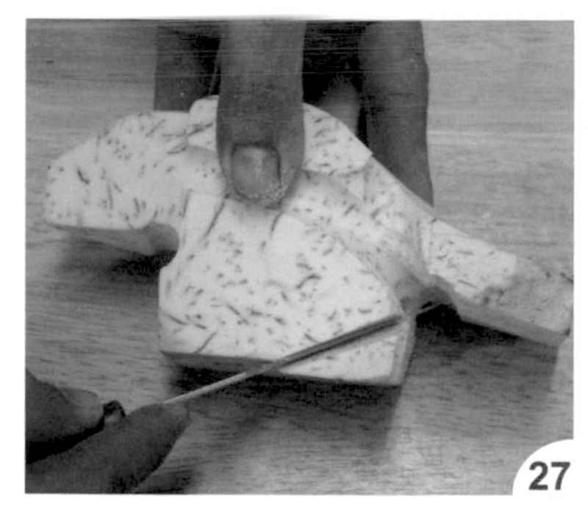

把左腳的後斜面切出（側視圖 A11）。

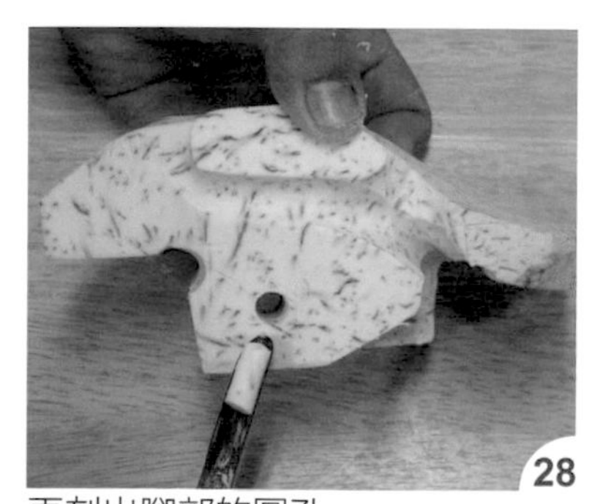

再刻出腳部的圓孔。

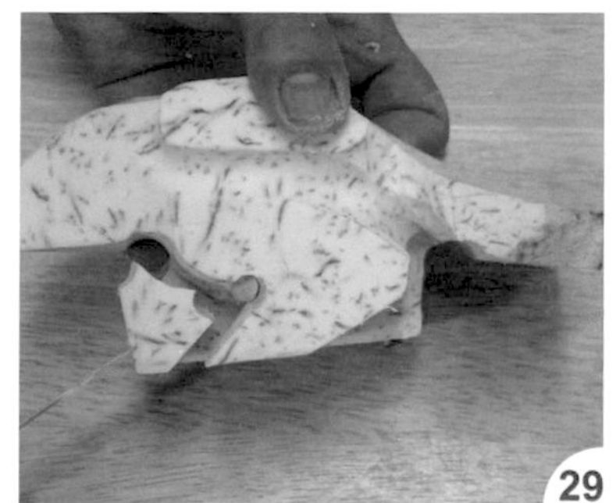

並依腳部線條刻除廢料。

刻出右腳後斜面（側視圖 A12）。

刻出腳肘凹處。

大腿下面的弧度刻出。

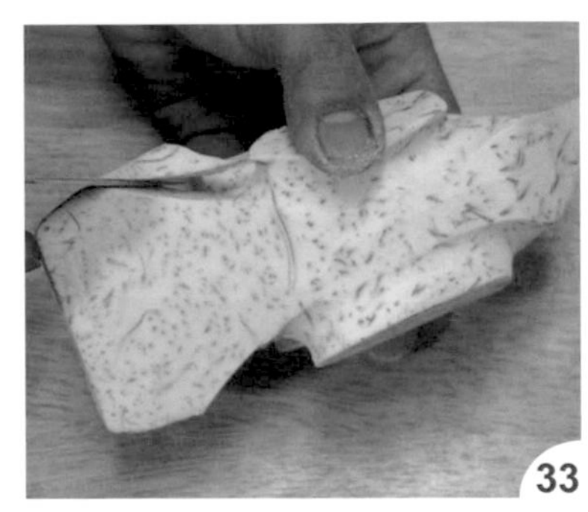

切出尾巴側邊線條。

再修出下緣弧度。

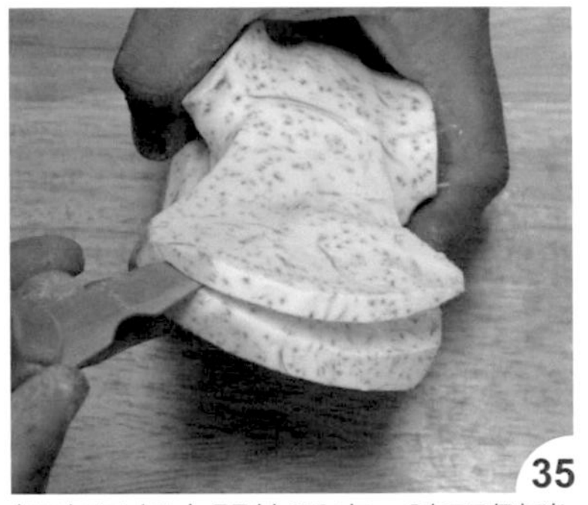

切出尾部中間的弧度，讓兩側稍往上翹。

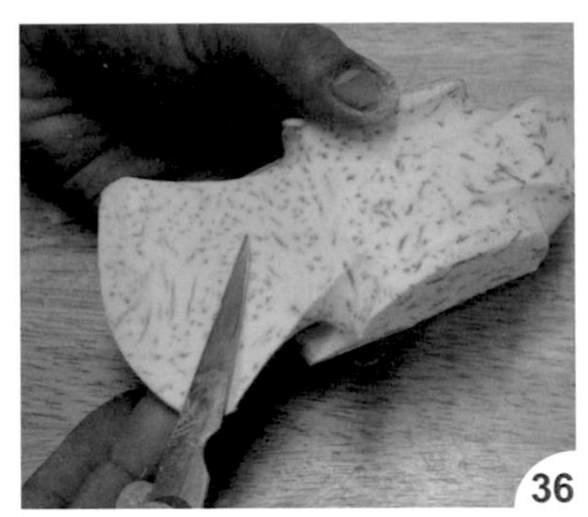

把尾部修順。

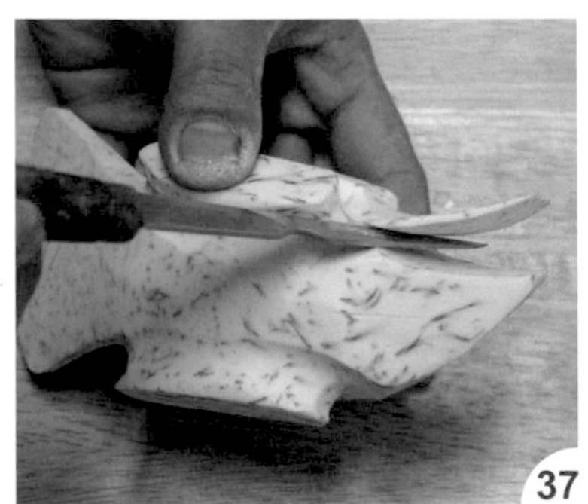

修出左側臉頰。

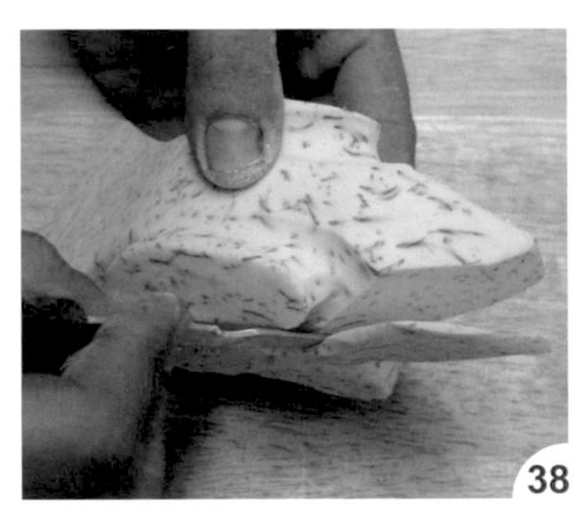

再修右側臉頰。

切除左側邊角。

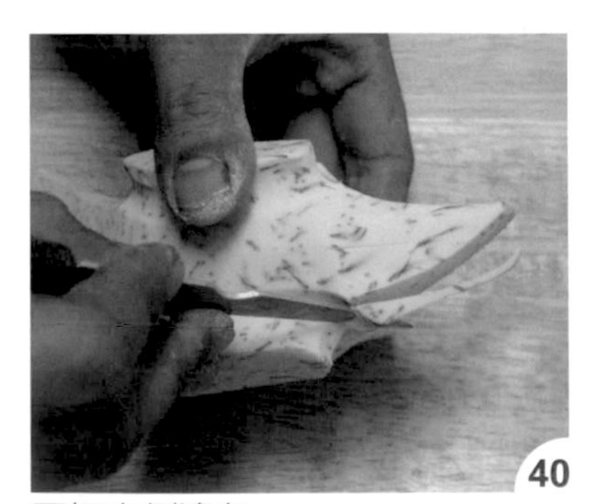

再切右側邊角。

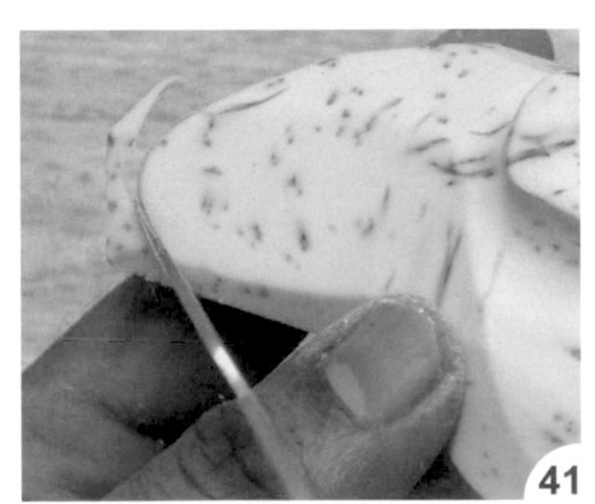

刻出嘴巴的弧度。

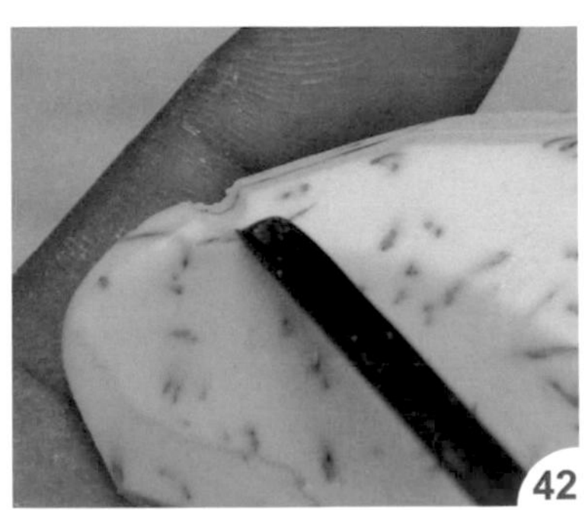

刻出額頭部位。

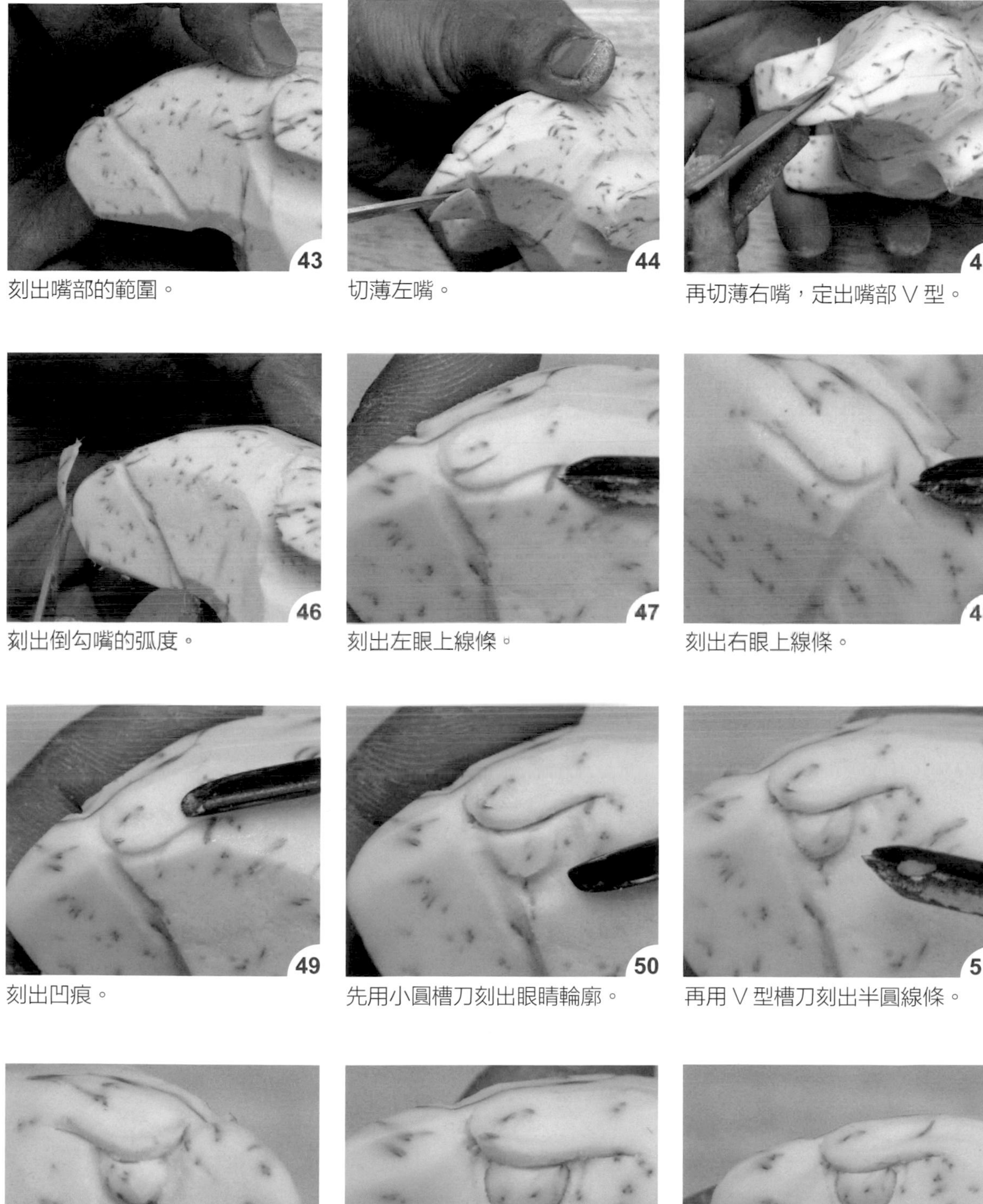

刻出嘴部的範圍。

切薄左嘴。

再切薄右嘴，定出嘴部 V 型。

刻出倒勾嘴的弧度。

刻出左眼上線條。

刻出右眼上線條。

刻出凹痕。

先用小圓槽刀刻出眼睛輪廓。

再用 V 型槽刀刻出半圓線條。

再刻出右眼。

接著刻出下眼線。

刻出嘴巴勾角處。

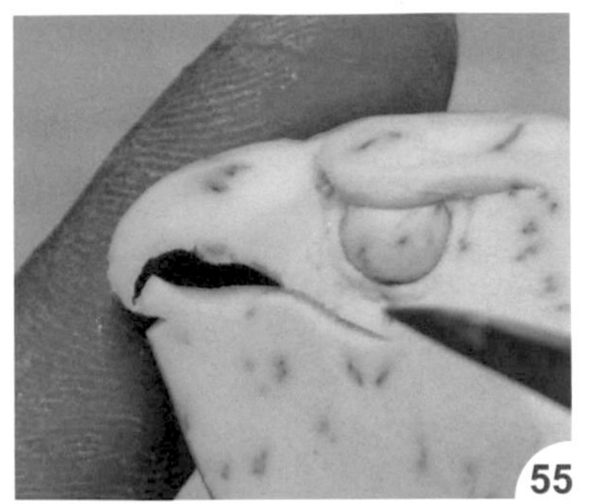

再刻出上嘴下線條。

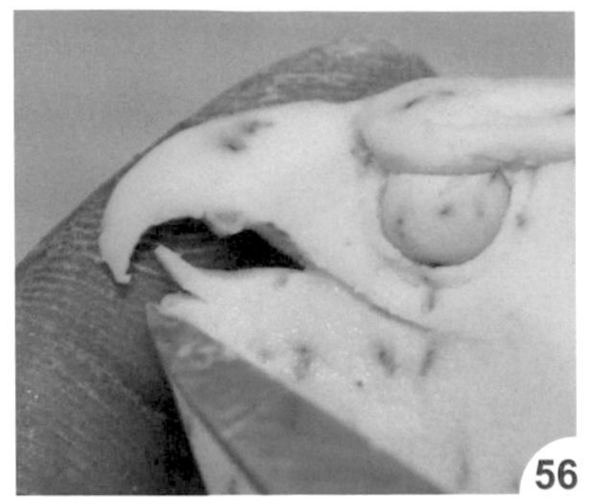

刻出舌尖。

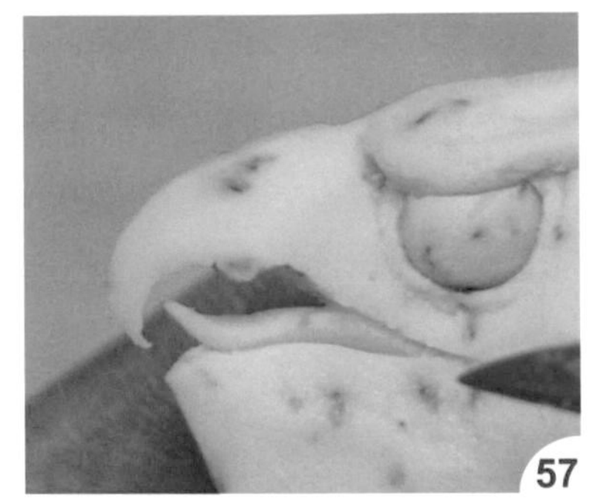

再刻出舌頭線條。

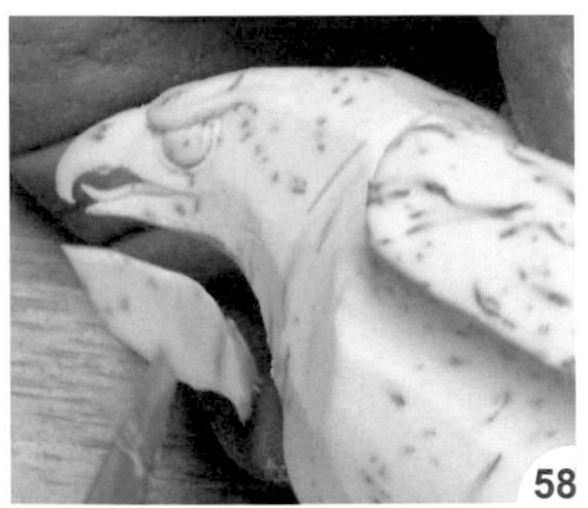

刻出下嘴線條，取下廢料。

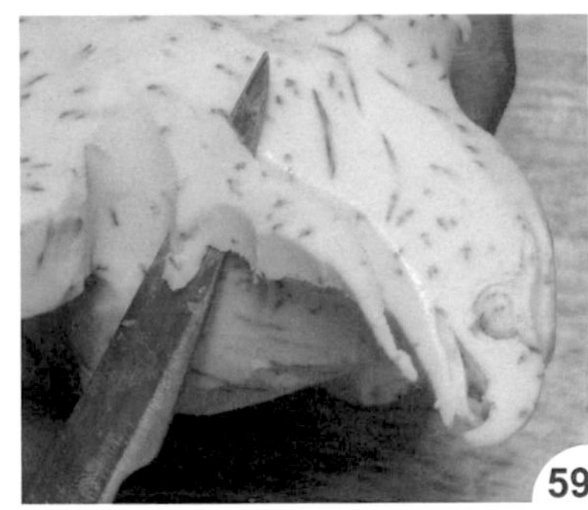

把右頸部切瘦。

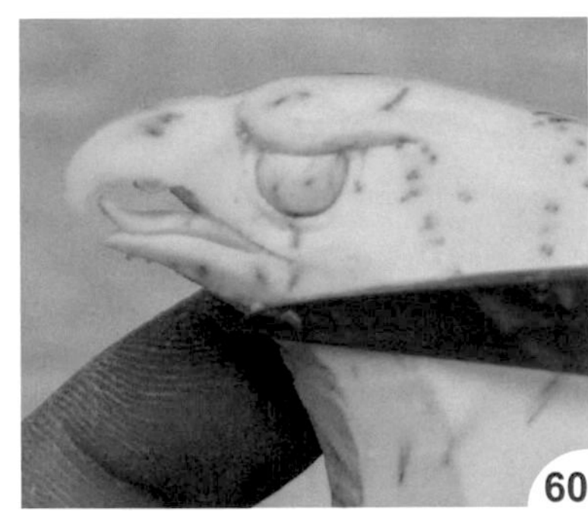

再修左頸部。

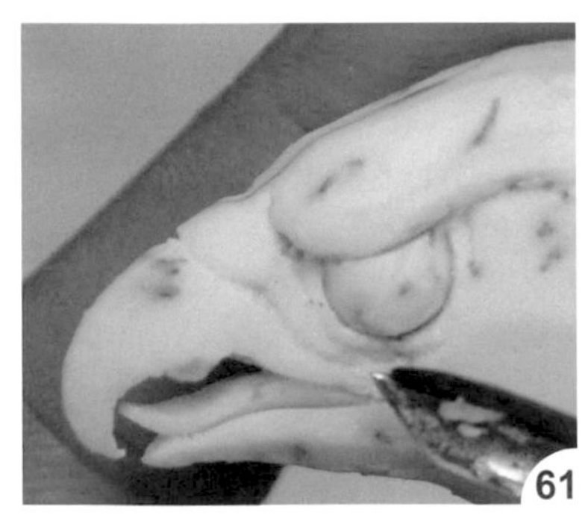

刻出嘴巴上方線條。

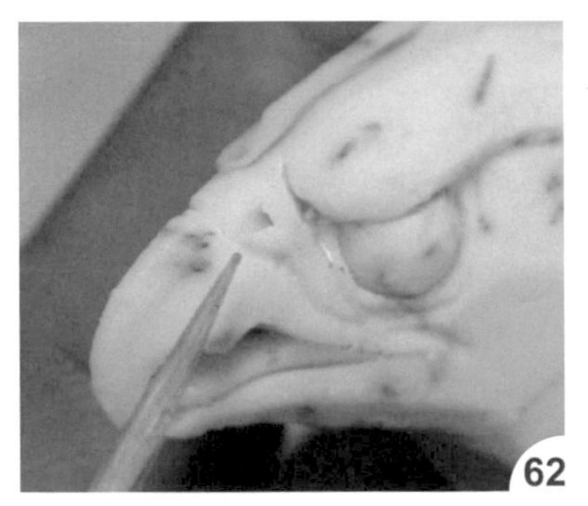

用牙籤挖出鼻孔。

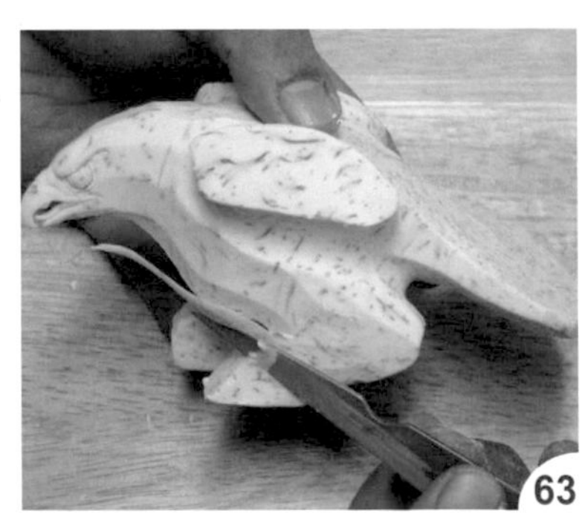

把下腹部修順。

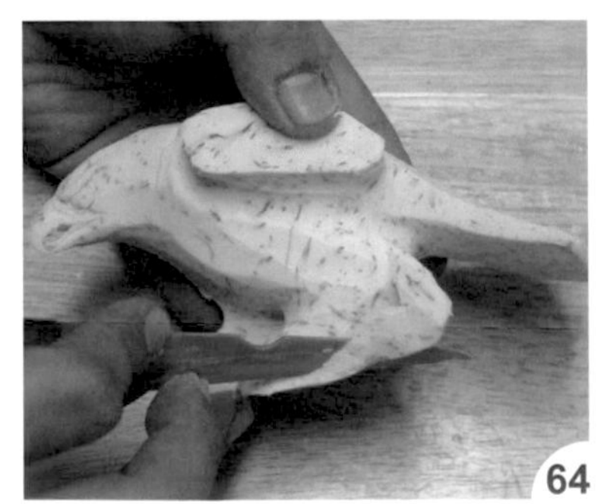

修出腳部的弧度。

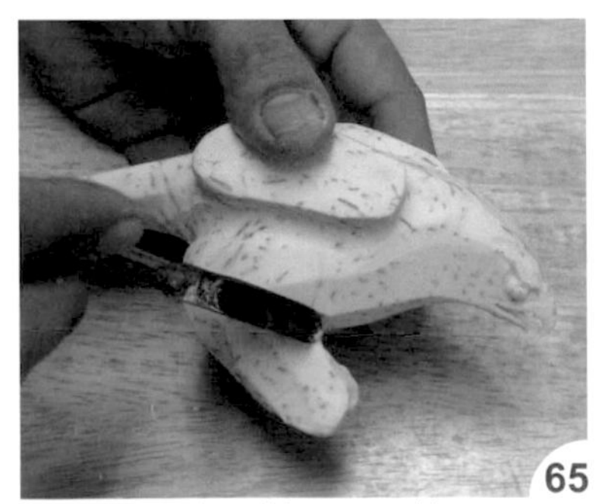

把腳部凹痕再刻明顯一些。

兩腳中間再刻深一點。

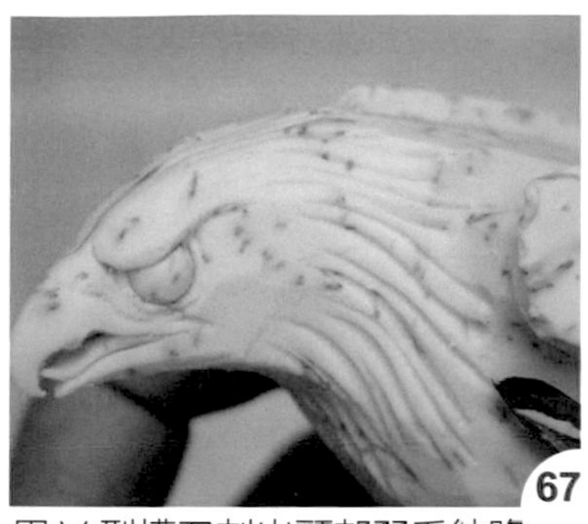

用Ｖ型槽刀刻出頸部羽毛紋路。

再刻出頭部紋路。

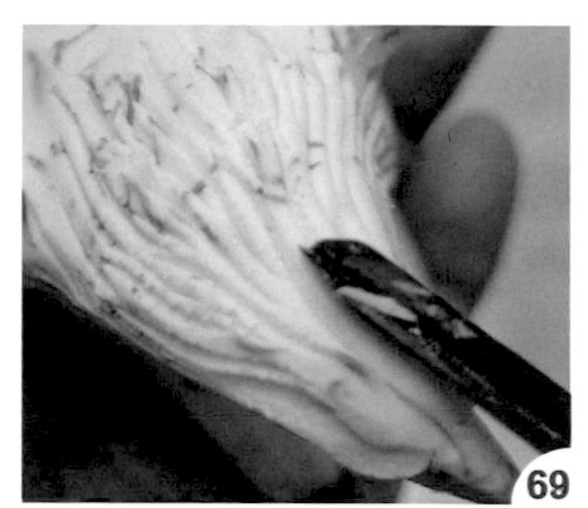

紋路間距要緊密一點。

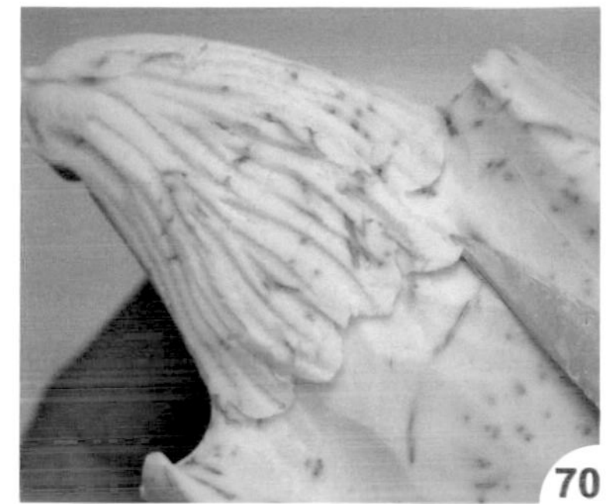

在肩部刻出羽毛鱗片。

將背部整個刻出羽毛鱗片。

再刻出尾部副羽。

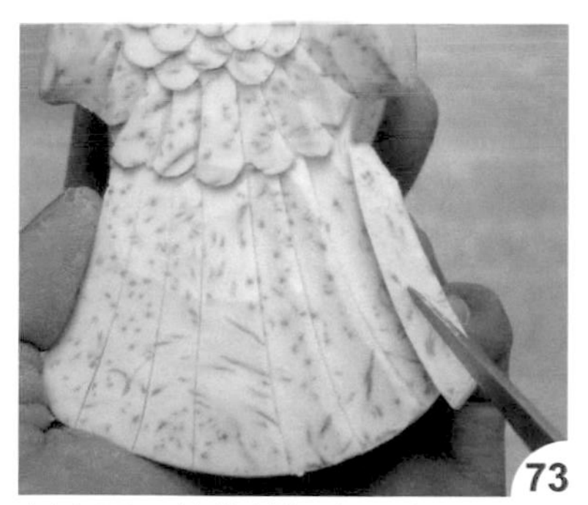

刻出尾巴線條並切出層次。

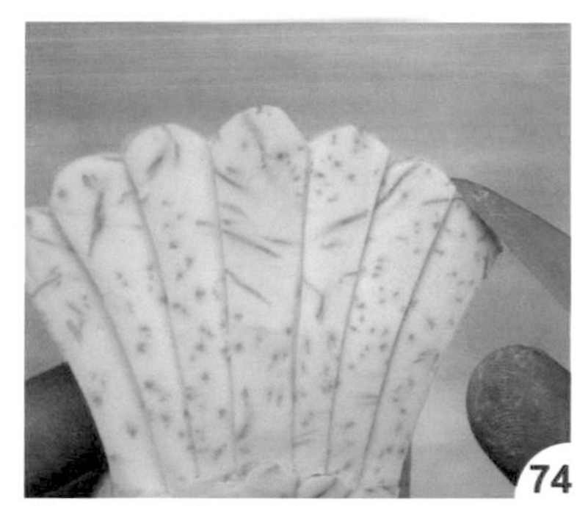

將羽毛尾端弧度刻出。

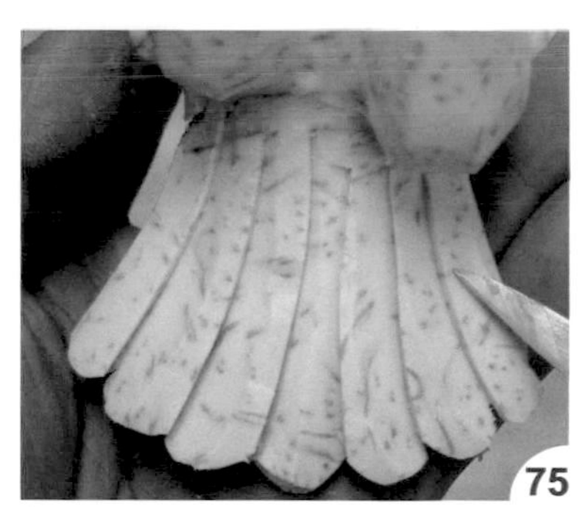

轉至內側，刻出尾巴底部的層次。

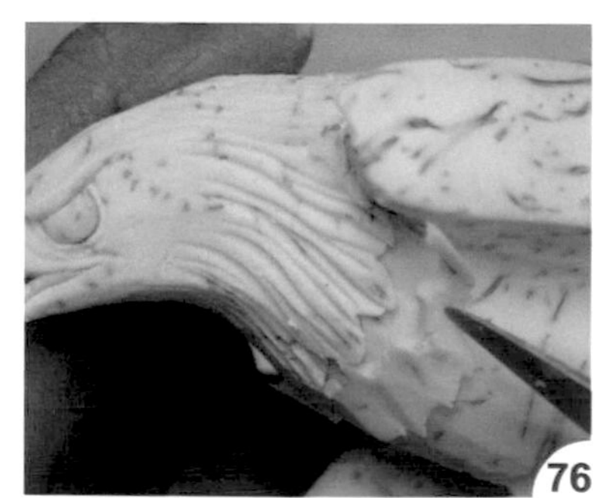

在下頸部刻出羽毛起點。

羽毛紋路再刻細密一些。

慢慢刻出羽毛鱗片層次。

一圈一圈刻出羽毛鱗片。

刻出大腿處的羽毛。

再切薄小腿處。

羽毛須順著方向轉彎並刻出層次。

刻至腳部上方。

如圖完成身體的雕刻。

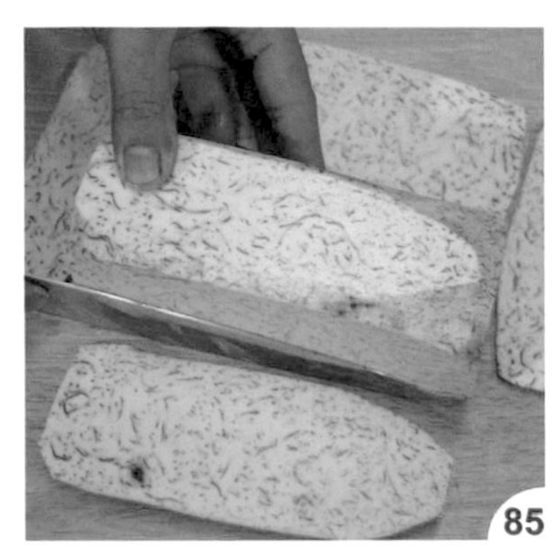
依翅膀比例切取適當芋頭。

對半切開。

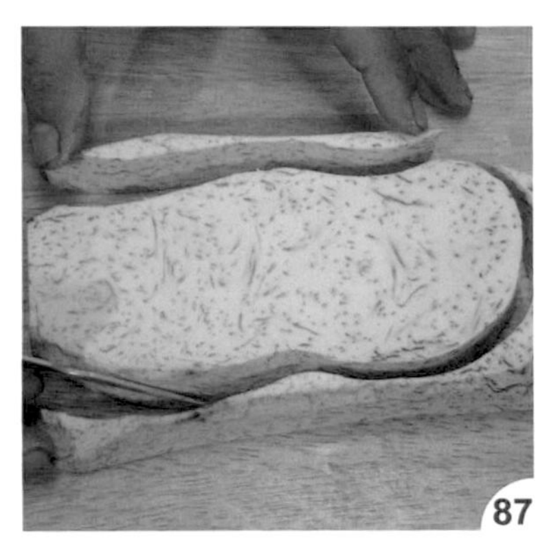
依俯視圖線條刻出外輪廓。

將兩片芋頭都刻出。

可疊一起修飾邊緣。

依翅膀正視圖的線條刻出起伏形狀。

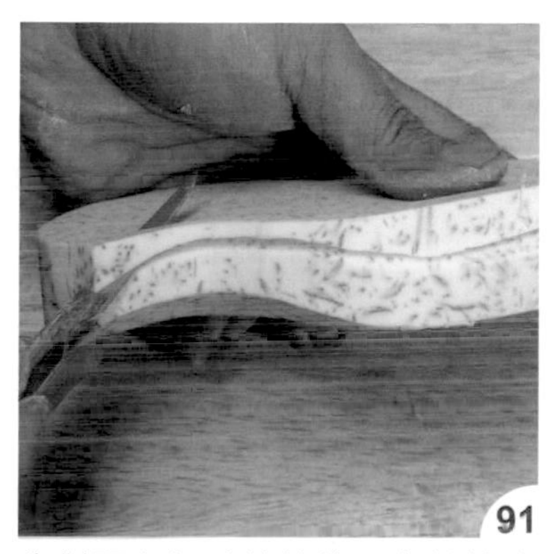

先對照左翅膀的線條，在前端先刻出起伏弧度。

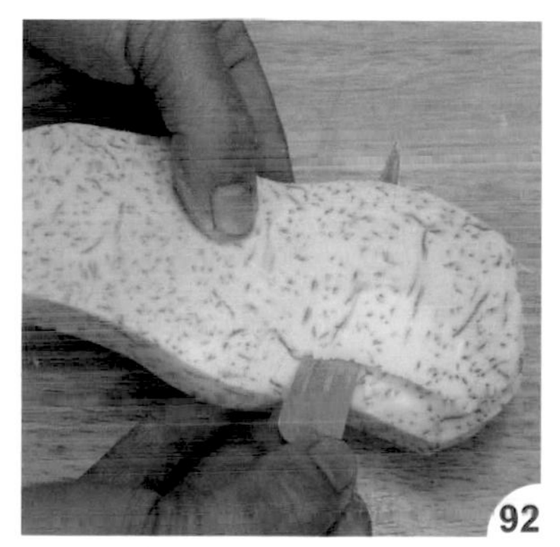

再修出中間的凹面。

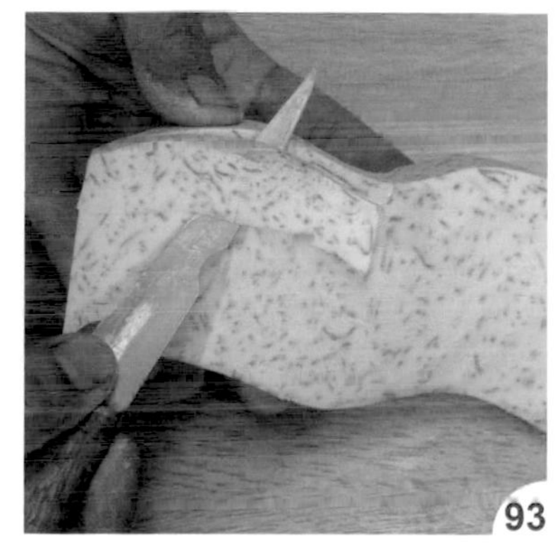

再刻出後端的弧度。

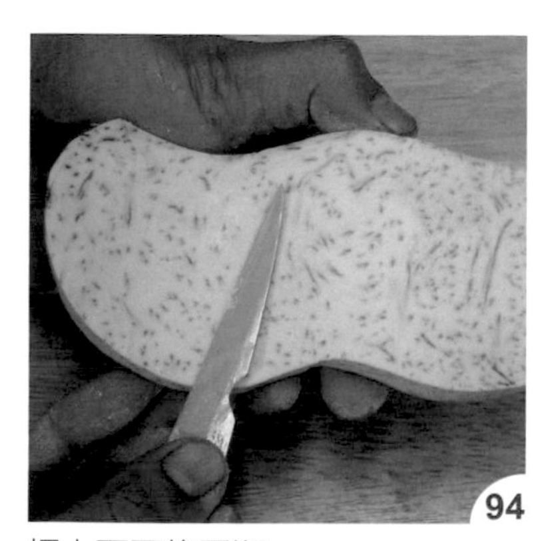

把上面再修平順。

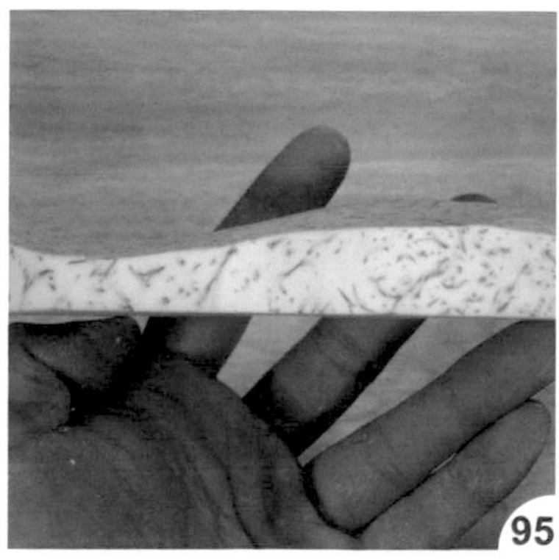

把上面再修平順。

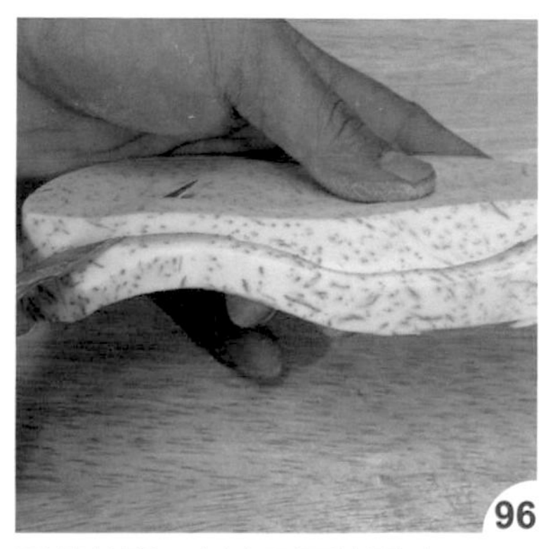

反轉芋頭，刻出下面的弧度。

切薄厚度。

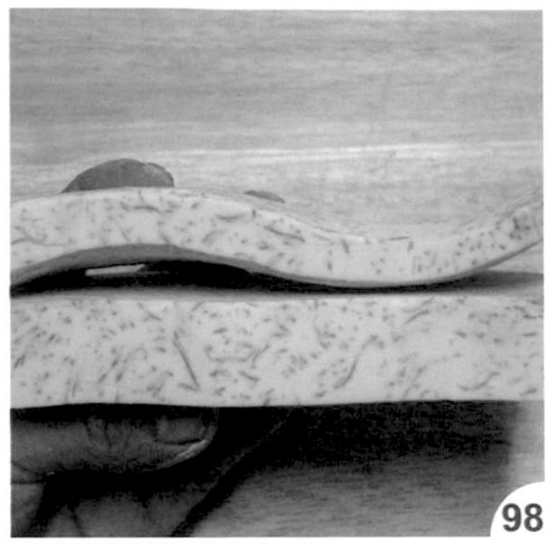

如圖完成左側翅膀的弧形，接著再刻出右翅膀弧形。

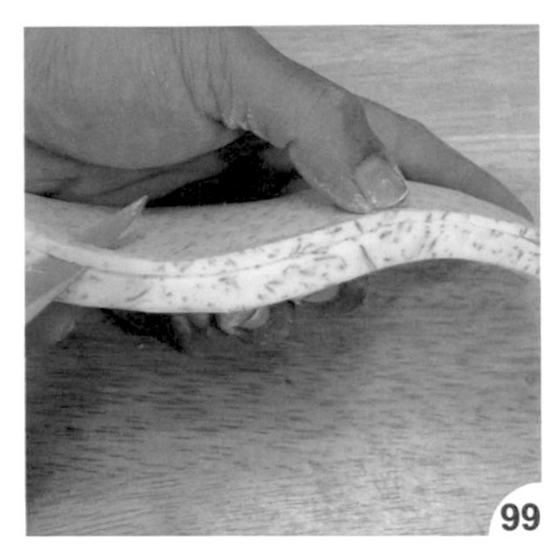

先刻右翅膀的邊角。

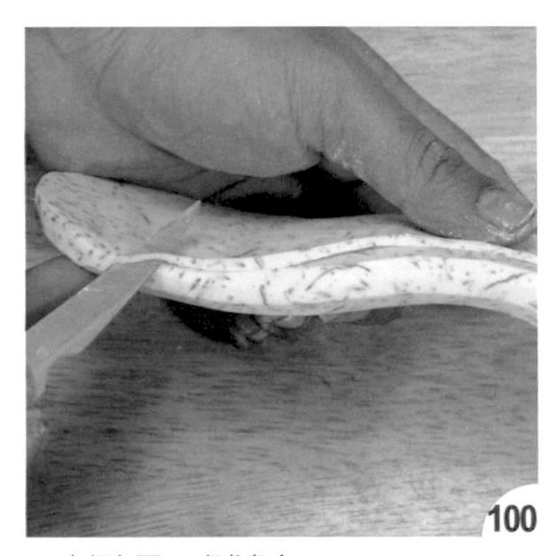

再刻除另一側邊角。

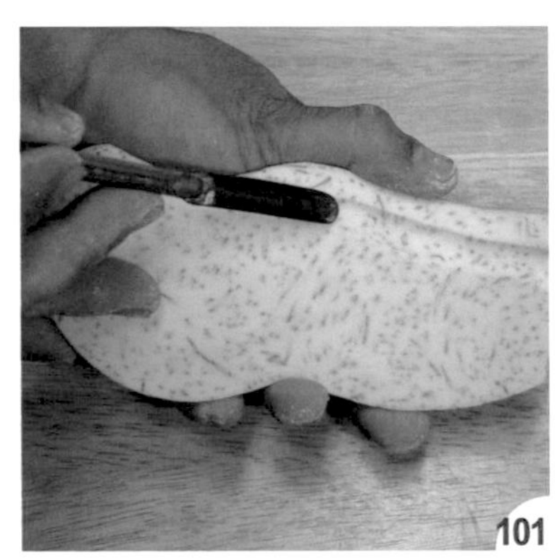

在右翅膀的下面刻出凹槽。

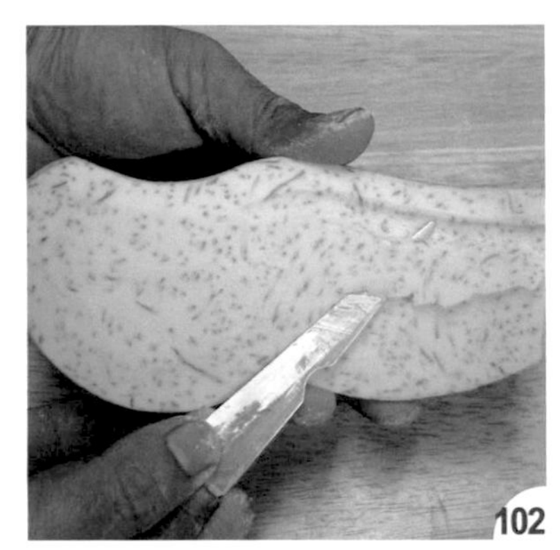

並把旁邊修平打薄。

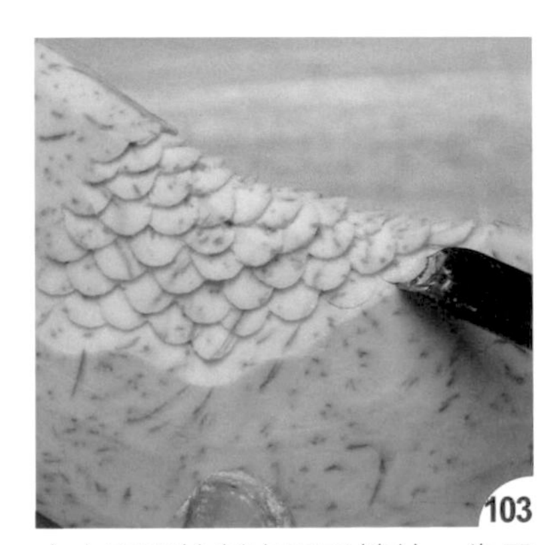

由上面開始刻出羽毛鱗片，先用中圓槽刀刻出半圓形。

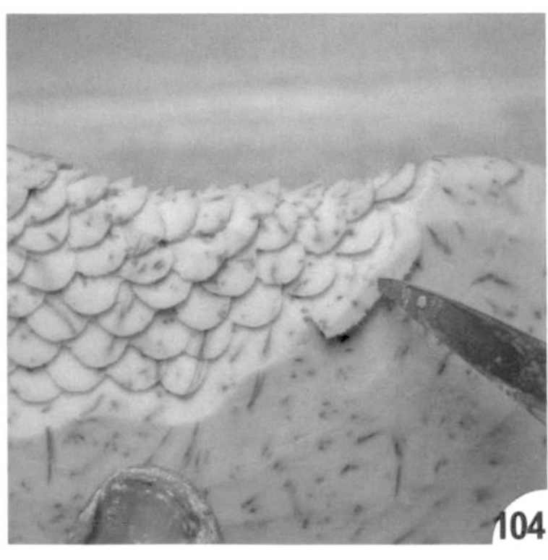

再用雕刻刀把旁邊廢料切除，依此類推。

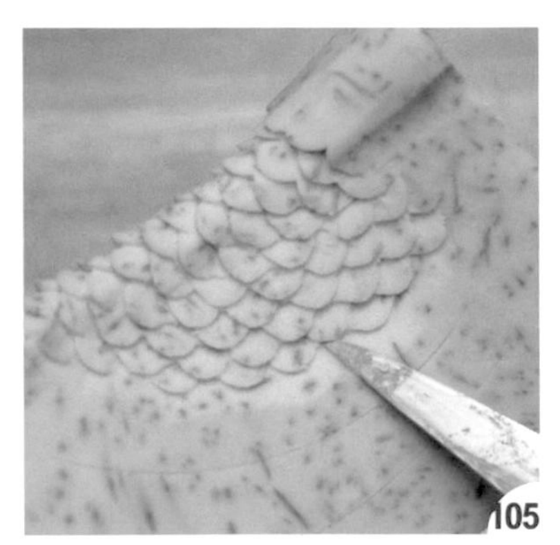

翅膀內側也要刻出羽毛鱗片。

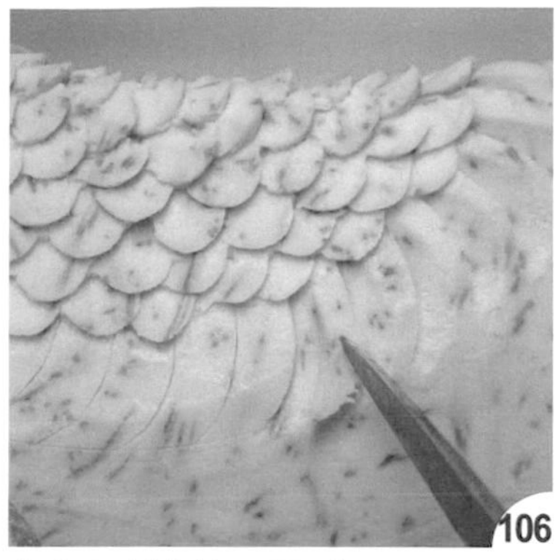

在上面刻出第一層副羽。

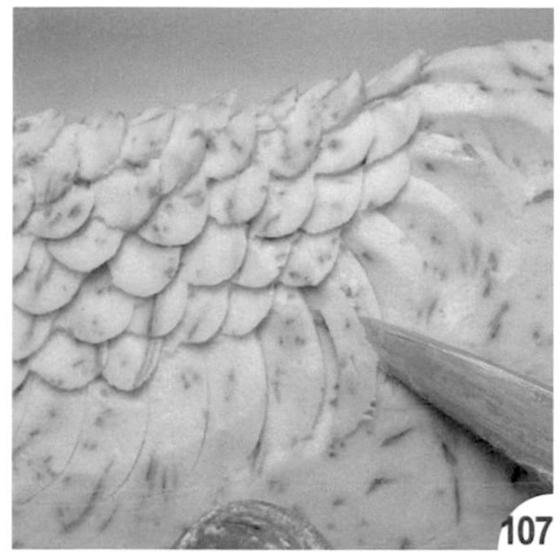

羽毛切出層次。

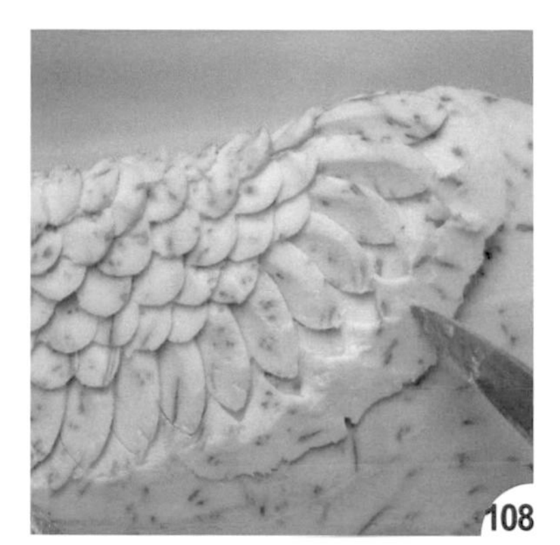

刻出羽尾端並切除廢料。

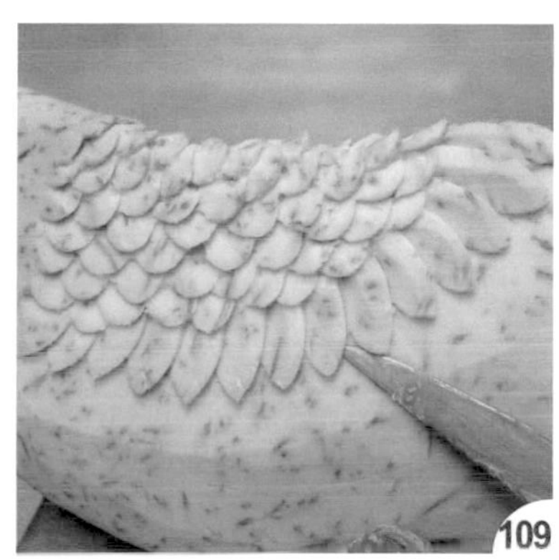

並把羽毛下方修平順。

再刻出第二層副羽。

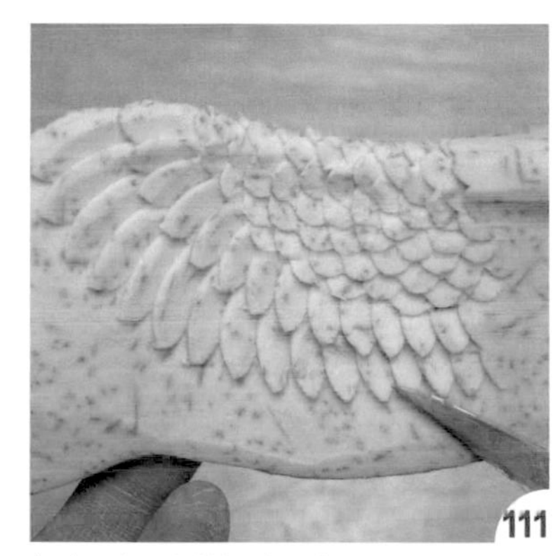

把翅膀內側的副羽刻出。

刻出第三層主羽線條。

把羽尾端弧度刻出。

切出羽尾端下面的層次。

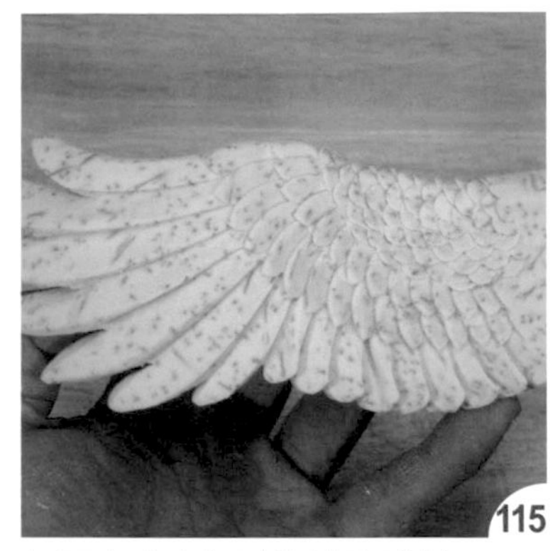

115

如圖完成右翅膀的紋路雕刻。

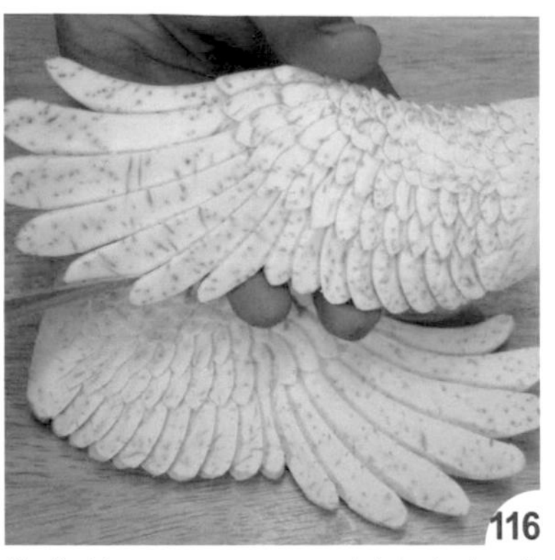

116

依作法 101 ～ 115，刻出左翅膀紋路。

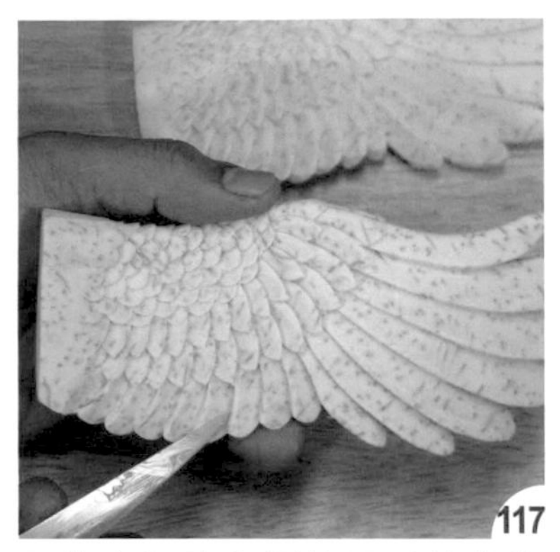

117

再將右翅膀內側的羽毛線條修順。

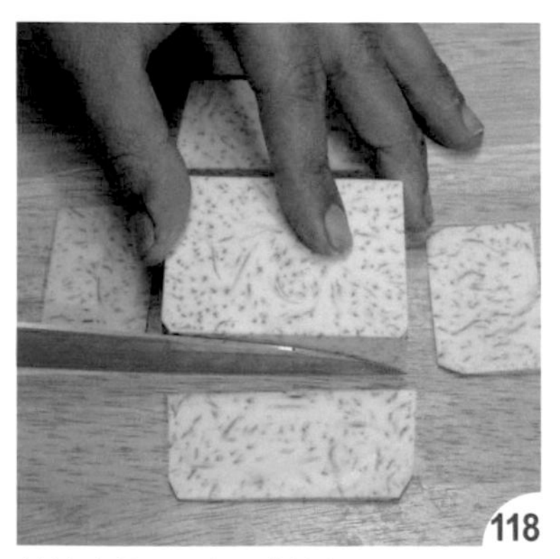

118

依比例切取鷹爪材料。

119

將芋頭對半切開。

120

切出爪部外形。

121

切除側視圖前後下方的小角。

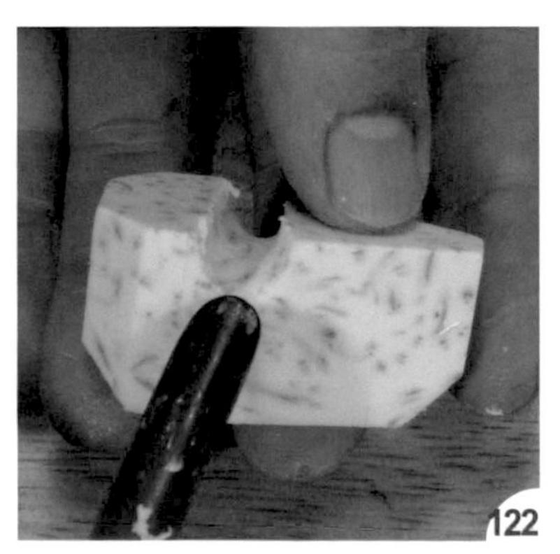

122

刻出前爪端的凹槽。

123

再刻出後爪的寬度。

將爪部側邊的弧度刻出。

切 V 型，分出前面三爪。

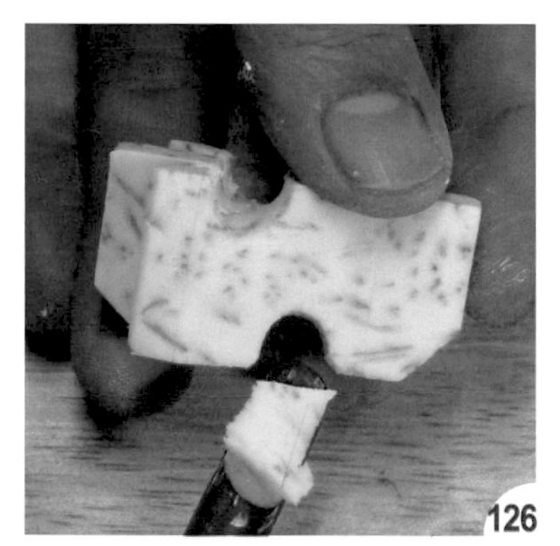

在下面刻一凹槽，定出爪的厚度。

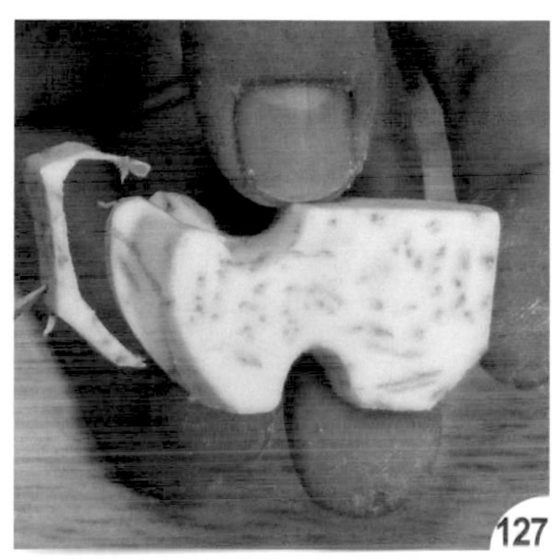

刻出前爪弧度。

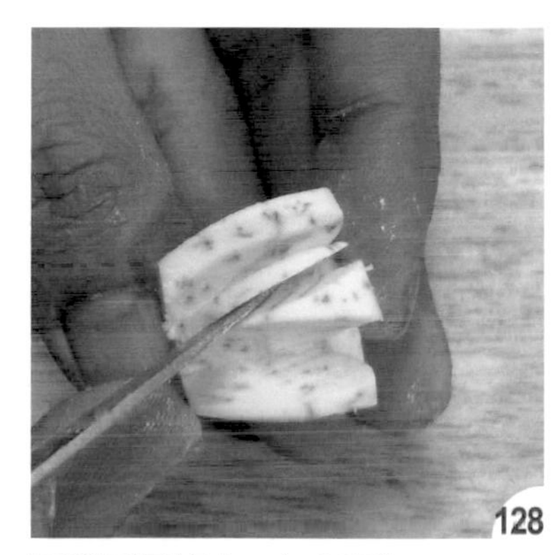

再把爪子修尖，如 V 型。

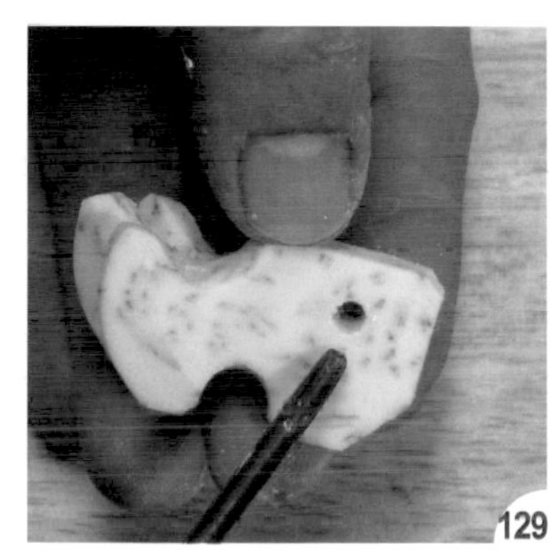

刻出後爪的圓孔。

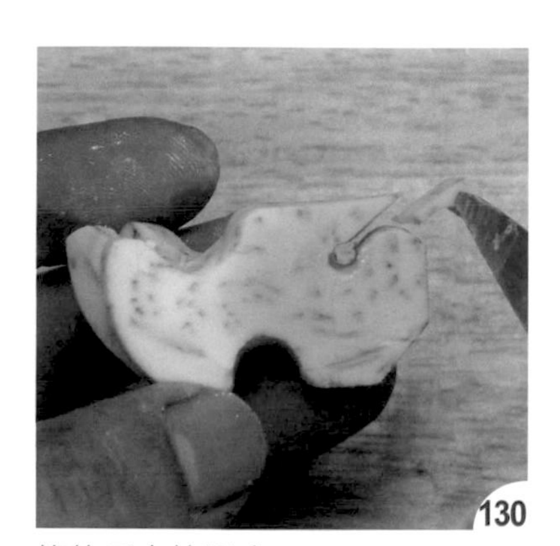

修飾爪尖的弧度。

修除爪的小邊角。

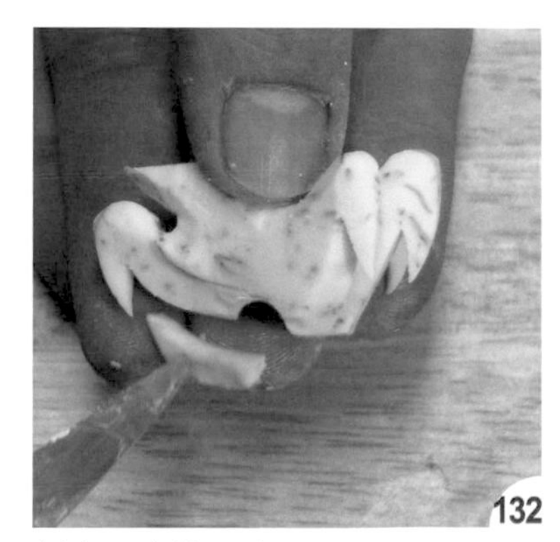

刻出爪底的弧度。

133
前爪側邊也要切除。

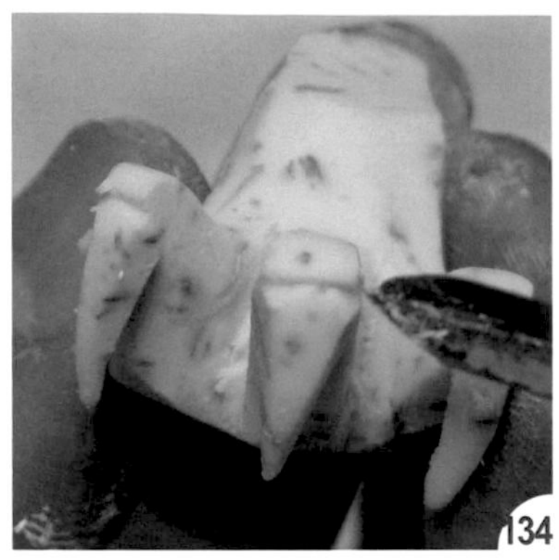
134
再刻出爪子上方的弧線。

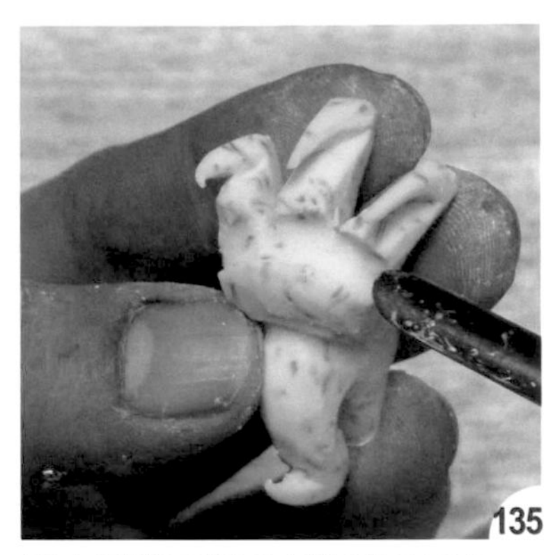
135
用中圓槽刀把爪底的弧度刻出。

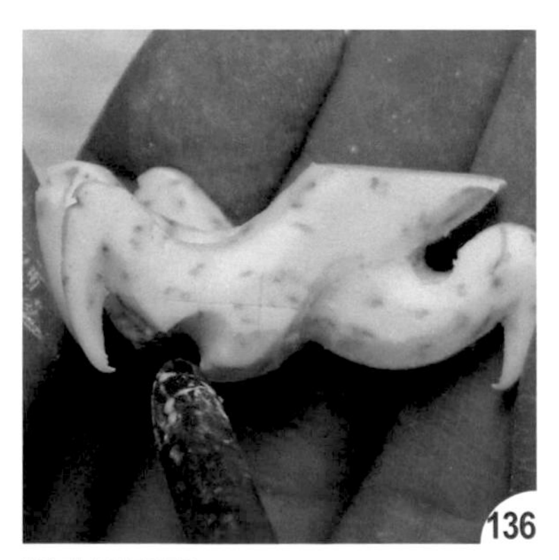
136
弧度要明顯。

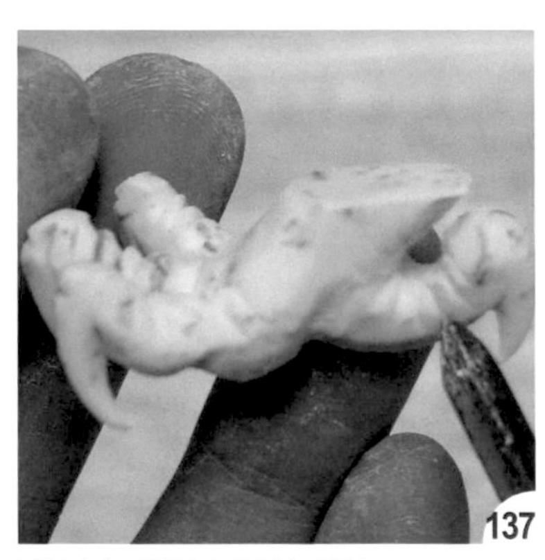
137
再刻出爪子上面的爪紋。

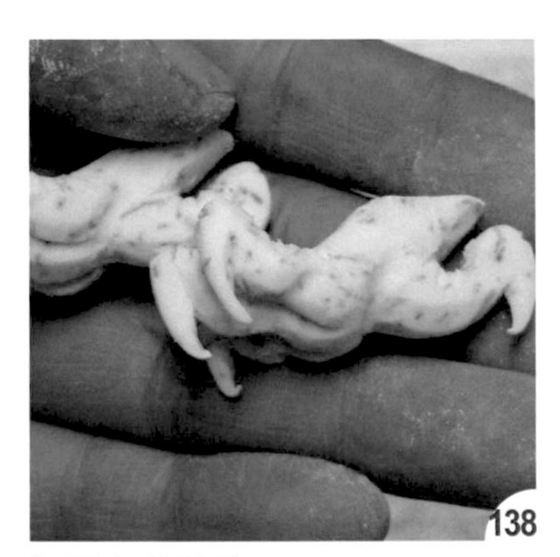
138
如圖完成鷹爪。

139
將黏接面切平整，沾三秒膠後接上右翅膀。

140
將表面修平順。

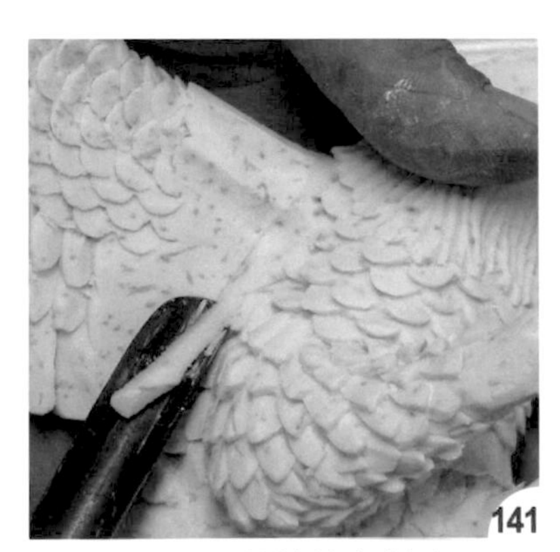
141
內側再用槽刀將接縫處刻除。

再刻出羽毛補滿即可。

同作法 166 ~ 169，接上左翅膀。

黏接爪子。

修平順後再刻出爪紋。

如圖完成鷹爪黏接。

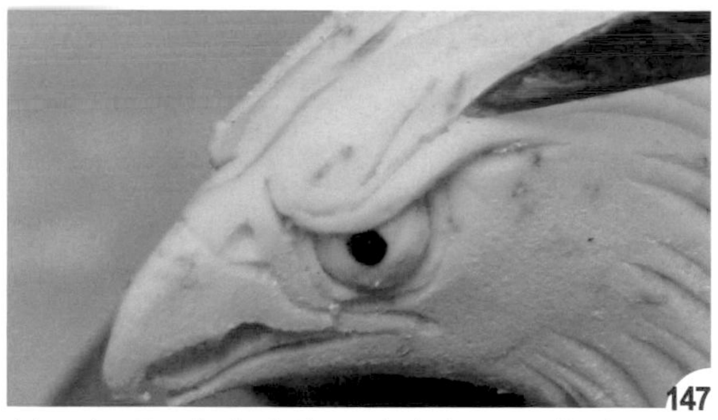

刻取南瓜深綠表皮當眼睛（參 p.92 作法 70 ~ 72），再刻出上眼皮線條。

如圖完成老鷹。

可再刻製底座黏接，讓整體更有氣勢。

附錄

作品欣賞

關公
西瓜頭像雕刻

達摩

西瓜頭像雕刻

苦瓜

香皂雕刻

鯉魚

香皂雕刻

海棉寶寶

南瓜雕刻

魁星踢斗

芋頭雕刻

龍

地瓜、芋頭雕刻

駿馬

芋頭雕刻

麒麟

芋頭雕刻

周處除三害

芋頭雕刻

花和尚～魯智深

地瓜、芋頭雕刻

笑揮禪杖
戰天下英雄好漢
怒掣戒刀
砍世上逆子纔臣
花和尚　魯智深

貂蟬

芋頭雕刻

吉弟龍門

芋頭雕刻

劉安製豆腐

芋頭雕刻

老鷹～王者之風

芋頭雕刻

孔子

芋頭雕刻

憤怒鳥

地瓜、芋頭、
紅蘿蔔、南瓜雕刻

地址：　　　　縣/市　　　　鄉/鎮/市/區　　　　路/街

段　　巷　　弄　　號　　樓

廣　告　回　函
台北郵局登記證
台北廣字第2780號

三友圖書有限公司 收

SANYAU PUBLISHING CO., LTD.

106　台北市安和路2段213號4樓

購買《蔬果雕中級大全》的讀者有福啦！只要詳細填寫背面問券，並寄回三友圖書，即有機會獲得「蔬果雕刻刀具專賣」獨家贊助之好禮！

「雕刻刀組（實用經濟版）」乙組（市價2,500元，共乙名）

活動期限至 2017 年 5 月 31 日止

詳情請見回函內容

本回函影印無效

四塊玉文創×橘子文化×食為天文創×旗林文化
http://www.ju-zi.com.tw
https://www.facebook.com/comehomelife

【黏貼處】對折後寄回，謝謝。

親愛的讀者：

感謝您購買《蔬果雕中級大全》一書，為回饋您對本書的支持與愛護，只要填妥本回函，並於 2017 年 5 月 31 日前寄回本社（以郵戳為憑），即有機會參加抽獎活動，得到「雕刻刀組（實用經濟版）」乙組（共乙名）。

姓名＿＿＿＿＿＿＿＿ 出生年月日＿＿＿＿＿＿＿＿

電話＿＿＿＿＿＿＿＿ E-mail ＿＿＿＿＿＿＿＿

通訊地址＿＿＿＿＿＿＿＿

臉書帳號＿＿＿＿＿＿＿＿ 部落格名稱＿＿＿＿＿＿＿＿

1 年齡

□ 18 歲以下 □ 19 歲～ 25 歲 □ 26 歲～ 35 歲 □ 36 歲～ 45 歲 □ 46 歲～ 55 歲
□ 56 歲～ 65 歲□ 66 歲～ 75 歲 □ 76 歲～ 85 歲 □ 86 歲以上

2 職業

□軍公教 □工 □商 □自由業 □服務業 □農林漁牧業 □家管 □學生
□其他＿＿＿＿＿＿＿＿

3 您從何處購得本書？

□網路書店 □博客來 □金石堂 □讀冊 □誠品 □其他＿＿＿＿＿＿＿＿
□實體書店＿＿＿＿＿＿＿＿

4 您從何處得知本書？

□網路書店 □博客來 □金石堂 □讀冊 □誠品 □其他＿＿＿＿＿＿＿＿
□實體書店＿＿＿＿＿＿＿＿ □ FB(微胖男女粉絲團 - 三友圖書）
□三友圖書電子報 □好好刊（雙月刊）□朋友推薦 □廣播媒體＿＿＿＿＿＿＿＿

5 您購買本書的因素有哪些？（可複選）

□作者 □內容 □圖片 □版面編排 □其他＿＿＿＿＿＿＿＿

6 您覺得本書的封面設計如何？

□非常滿意 □滿意 □普通 □很差 □其他＿＿＿＿＿＿＿＿

7 非常感謝您購買此書，您還對哪些主題有興趣？（可複選）

□中西食譜 □點心烘焙 □飲品類 □旅遊 □養生保健 □瘦身美妝 □手作 □寵物
□商業理財 □心靈療癒 □小說 □其他＿＿＿＿＿＿＿＿

8 您每個月的購書預算為多少金額？

□ 1,000 元以下 □ 1,001 ～ 2,000 元 □ 2,001 ～ 3,000 元 □ 3,001 ～ 4,000 元
□ 4,001 ～ 5,000 元 □ 5,001 元以上

9 若出版的書籍搭配贈品活動，您比較喜歡哪一類型的贈品？（可選 2 種）

□食品調味類 □鍋具類 □家電用品類 □書籍類 □生活用品類 □ DIY 手作類
□交通票券類 □展演活動票券類 □其他＿＿＿＿＿＿＿＿

10 您認為本書尚需改進之處？以及對我們的意見？

＿＿＿＿＿＿＿＿＿＿＿＿＿＿＿＿

感謝您的填寫，
您寶貴的建議是我們進步的動力！

本回函得獎名單公布相關資訊
得獎名單抽出日期：2017 年 6 月 12 日
得獎名單公布於：
臉書「微胖男女編輯社 - 三友圖書」：https://www.facebook.com/comehomelife/
痞客邦「微胖男女編輯社 - 三友圖書」：http://sanyau888.pixnet.net/blog

【黏貼處】對折後寄回，謝謝。